高等学校交通运输类实践系列教材

系　统　工　程

主　编　谢家贵　马　悦

副主编　陈　佳　蒋浩然　刘佳佳

参　编　王玉珠　夏鹏圆　甘宇涛

西安电子科技大学出版社

本书结合交通运输及物流系统的研究需求，对系统工程的基础概念、基本理论知识和系统解决问题的方法进行了全面介绍。全书共分为系统工程概述、系统分析、系统需求预测、系统规划、系统优化、系统评价及系统决策七个模块，其内容组织充分考虑了教和学的紧密结合，可对读者全面掌握系统工程的技能和方法提供全方位的帮助，同时也为企业系统管理提供了很好的思路。

本书提供电子课件、电子网络资源库、同步测试题库及答案、案例库等全套教学资源，有需要者可与出版社联系。

本书在系统方法应用方面准备的案例素材以物流和交通运输相关案例为主，可作为普通高等院校物流及交通运输专业的教材，同时也适合作为物流、交通运输专业从业人员的培训用书。

图书在版编目(CIP)数据

系统工程/谢家贵，马悦主编. —西安：西安电子科技大学出版社，2023.3
ISBN 978 - 7 - 5606 - 6788 - 1

Ⅰ.①系… Ⅱ.①谢… ②马… Ⅲ.①系统工程 Ⅳ.①N945

中国国家版本馆 CIP 数据核字(2023)第 032926 号

策　　划　刘玉芳　刘统军
责任编辑　刘玉芳
出版发行　西安电子科技大学出版社(西安市太白南路 2 号)
电　　话　(029)88202421　88201467　　邮　　编　710071
网　　址　www.xduph.com　　电子邮箱　xdupfxb001@163.com
经　　销　新华书店
印刷单位　广东虎彩云印刷有限公司
版　　次　2023 年 3 月第 1 版　2023 年 3 月第 1 次印刷
开　　本　787 毫米×1092 毫米　1/16　印张 21
字　　数　499 千字
印　　数　1～1000 册
定　　价　59.00 元
ISBN 978 - 7 - 5606 - 6788 - 1/N

XDUP 7090001 - 1

前言

系统工程是一门方法论学科，它给人们提供了一套处理问题和解决问题的系统方法论，即如何以系统的观念及工程的观念处理所面临的经济、管理、社会和工程问题。系统的观念就是整体最优的观念，工程的观念就是工程方法论，系统工程使得人们能够以工程的观念和方法来研究、解决各种社会问题。

系统工程是为了最好地实现系统的目的，对系统的组成要素、组织结构、信息流、控制机构等进行分析研究的科学方法。它运用各种组织管理技术，使系统的整体与局部之间的关系协调和相互配合，实现总体的最优运行。

本书主要介绍系统工程的基本概念、相关理论的方法。全书共分七个模块。模块一为系统工程概述，主要介绍系统的认识、系统工程的认识、系统工程方法论。模块二为系统分析，主要介绍系统分析的要素、步骤、技术基础及方法。模块三为系统需求预测，主要介绍定性预测、时间序列定量预测、因果关系定量预测及预测误差分析。模块四为系统规划，主要介绍系统设施的选址规划、节点设施的内部布局规划和系统资源的优化配置。模块五为系统优化，主要介绍运输方式的选择、单车辆路径优化、多车辆路径优化。模块六为系统评价，主要介绍评价指标体系、评价指标的数量化和综合系统评价等。模块七为系统决策，主要介绍战略决策、确定型决策、不确定型决策及风险型决策。

本书以培养应用型人才为基本出发点，每个模块的结构基本固定，主要包括知识结构导图、教学目标、重难点、案例引入、模块内容(含思政、扩展、练习等)、模块小结、同步测试、实训设计等内容，如图1所示。

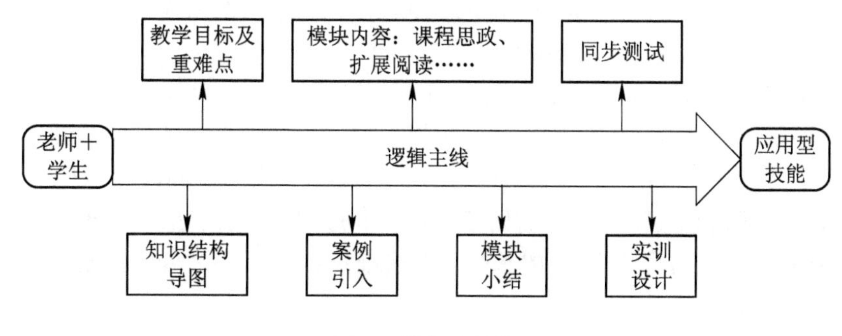

图1　模块的结构

本书具有如下特点：

第一，为了让师生更好地把握知识结构和形成知识串联，每个模块都专门设计了“知识结构导图”，以及明确的“教学目标”“重点”“难点”。

第二，以模块名称为主题，参考大量硕博士论文中的真实案例，设计“案例引入”来提出本模块所学知识要解决的主要问题，落实解决问题能力培养的“实训设计”，以巩固技能，实现理实一体化的教和学。

第三，为了引导师生积极开展课程思政的教与学，本书以系统工程为主线，结合每个模块不同的内容及特征有针对性地设计了课程思政的扩展内容。

第四，为了更好地辅助师生理解知识内容，书中准备了一些有针对性的“扩展阅读”“举一反三”等二维码资源。

第五，“完成学习”和练习之后，本书设计了“模块小结”来辅助师生总结教和学的知识，设计了“同步测试”以帮助学生完成知识的巩固。

本书明确了知识结构，融入了课程思政，设计了基于真实案例的“提出问题→知识学习→解决问题”的任务驱动逻辑主线，构建了“扩展阅读”+“举一反三”等巩固知识的线上资源库等。

本书由谢家贵、马悦主编。马悦负责模块一、二、三的教学目标、重难点、模块内容、模块小结、同步测试的编写；陈佳负责每个模块的课程思政素材的收集、整理与编辑；刘佳佳负责每个模块所需的真实案例素材的查找、整理与编辑以及案例编写和实训设计；蒋浩然负责每个模块内容的初步校对与排版；甘宇涛和夏鹏圆协助收集、整理与编辑案例素材、科研成果等；其余模块以及全书的扩展阅读、强化理解、练习案例素材等由谢家贵编写。王玉珠、白远洋在前期工作中为本书框架的构建提供了宝贵建议，在此表示最诚挚的感谢！李研秋、刘红霞、王任慧、李龙霞、李娜、谢沁伶等为本书的图表编辑和使用反馈提供了大力帮助，在此深表感谢！

在本书的编写过程中，直接或间接地参考、借鉴了国内外大量的关于系统工程的书籍以及系统工程方法应用的硕博士论文等，作者已尽可能详细地列在书后参考文献中，但难免有所疏漏。在此向有关作者表示衷心的感谢！

目前交通运输及物流行业仍处于高速发展过程中，系统工程的理论和方法仍在不断发展进步，限于作者的水平，本书难免会有不妥之处，真诚希望广大读者不吝赐教！

作　者

2022 年 12 月

目录

模块一　系统工程概述 …… 1
任务一　系统的认识 …… 3
一、系统科学的产生与发展 …… 3
二、系统的含义 …… 4
三、系统的特征 …… 5
四、系统的分类 …… 7
五、系统要素及其作用关系 …… 9
任务二　系统工程的认识 …… 14
一、系统工程的含义 …… 14
二、系统工程的基础理论 …… 17
三、系统工程的核心内容 …… 20
任务三　系统工程方法论 …… 22
一、霍尔三维结构方法论 …… 23
二、软系统方法论 …… 31
模块小结 …… 34
同步测试 …… 34

模块二　系统分析 …… 37
任务一　系统分析的认识 …… 39
一、系统分析的定义 …… 39
二、系统的目的分析 …… 40
三、系统的结构分析 …… 42
四、系统分析的原则及要点 …… 47
任务二　系统分析的要素及步骤 …… 49
一、系统分析的要素 …… 49
二、系统分析的步骤 …… 53
三、系统分析举例 …… 57
任务三　系统分析的技术基础及方法 …… 58
一、系统分析方法论 …… 58
二、系统分析的常用技术方法 …… 60
模块小结 …… 66
同步测试 …… 66

模块三　系统需求预测 …… 69
任务一　系统需求的认识 …… 71

一、系统需求的含义 …… 71
二、系统需求的特性 …… 72
任务二　预测的认识 …… 73
一、预测的含义 …… 73
二、预测的基本原则 …… 74
三、预测的作用 …… 75
四、预测的步骤 …… 75
五、预测方法的分类 …… 76
任务三　定性预测 …… 78
一、德尔菲预测法 …… 78
二、主观概率预测法 …… 82
任务四　时间序列定量预测 …… 86
一、移动平均预测法 …… 86
二、移动平均季节指数预测法 …… 91
三、指数平滑预测法 …… 98
任务五　因果关系定量预测 …… 101
一、回归分析预测法 …… 101
二、灰色系统预测法 …… 107
任务六　预测误差分析 …… 117
一、误差分析的认识 …… 117
二、举例 …… 119
模块小结 …… 122
同步测试 …… 123
实训设计 …… 124

模块四　系统规划 …… 127
任务一　系统规划的认识 …… 130
一、系统规划的含义 …… 130
二、系统规划的步骤 …… 131
三、系统规划的基本内容 …… 134
任务二　系统设施的选址规划 …… 135
一、选址问题介绍 …… 135
二、负荷距离法单设施选址规划 …… 138
三、因素评分法单设施选址规划 …… 140
四、选址度量法单设施选址规划 …… 142
五、精确重心法单设施选址规划 …… 145
六、多设施选址规划 …… 148
任务三　节点设施的内部布局规划 …… 151
一、节点设施的内部布局规划介绍 …… 151
二、SLP 法设施布局规划 …… 153
任务四　系统资源的优化配置 …… 170
一、物资调配 …… 170
二、任务分配 …… 176

模块小结 …… 180
同步测试 …… 182
实训设计 …… 183

模块五 系统优化 …… 187
任务一 系统优化的认识 …… 189
一、系统优化的含义 …… 189
二、系统优化的方法 …… 190
三、系统优化的内容 …… 193
任务二 运输方式的选择 …… 194
一、总成本分析法的运输方式的选择 …… 194
二、综合评价法的运输方式的选择 …… 197
任务三 单车辆路径优化 …… 203
一、起讫点相同的单车辆路径优化 …… 203
二、起讫点不同的单车辆路径优化 …… 212
任务四 多车辆路径优化 …… 218
一、多车辆路径优化问题介绍 …… 218
二、采用扫描法的多车辆路径优化 …… 221
三、采用节约里程法的多车辆路径优化 …… 223
模块小结 …… 229
同步测试 …… 230
实训设计 …… 231

模块六 系统评价 …… 233
任务一 系统评价的认识 …… 236
一、评价的含义 …… 236
二、系统综合评价的含义 …… 236
三、系统综合评价的步骤 …… 237
四、系统评价方法简介 …… 238
任务二 评价指标体系 …… 239
一、评价指标的含义 …… 239
二、评价指标体系的含义 …… 240
三、系统评价指标体系的构建原则 …… 241
四、系统评价指标体系的构成 …… 242
任务三 评价指标的数量化 …… 242
一、数量化的定义 …… 242
二、指标的权重分析 …… 242
三、指标数量化的方法 …… 243
任务四 单项系统评价 …… 253
一、成本效益分析法 …… 253
二、模糊评分法 …… 255
任务五 综合系统评价 …… 257
一、简单综合法 …… 257

二、关联矩阵法 …… 258
三、层次分析法 …… 261
四、模糊综合评价法 …… 267
五、点评估法 …… 274
六、因素分析法 …… 277
模块小结 …… 280
同步测试 …… 281
实训设计 …… 282

模块七　系统决策 …… 289
任务一　系统决策的认识 …… 292
一、系统决策的含义 …… 292
二、系统决策的步骤 …… 295
任务二　战略决策 …… 297
一、SWOT 分析模型的战略决策 …… 297
二、BCG 矩阵模型的战略决策 …… 302
三、PEST 分析法的战略决策 …… 306
四、波特五力模型的战略决策 …… 309
任务三　确定型决策 …… 312
一、确定型决策的介绍 …… 312
二、确定型决策的步骤 …… 313
三、确定型决策的举例 …… 313
任务四　不确定型决策 …… 314
一、不确定型决策的介绍 …… 314
二、不确定型决策 …… 314
三、不确定型决策的举例 …… 316
任务五　风险型决策 …… 318
一、风险型决策的介绍 …… 318
二、决策树模型的系统决策 …… 320
三、决策表模型的系统决策 …… 322
模块小结 …… 324
同步测试 …… 325
实训设计 …… 326

参考文献 …… 328

模块一

系统工程概述

知识结构导图

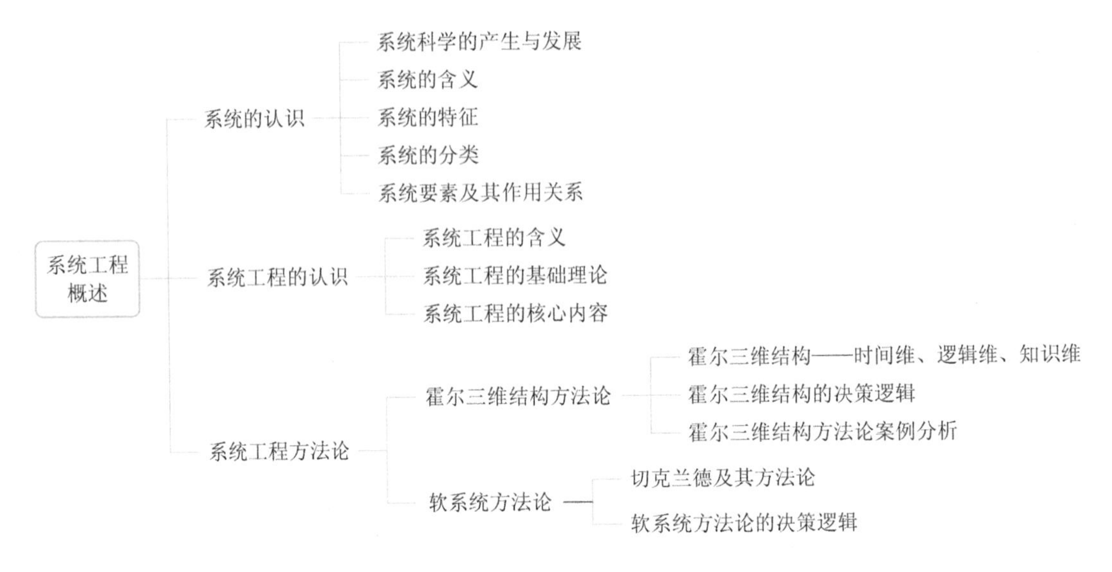

教学目标

(1) 了解系统的产生与发展；
(2) 理解系统的含义、特征以及分类；
(3) 理解系统要素及其作用关系；
(4) 理解系统工程的含义、基础理论；
(5) 了解系统工程的核心内容；
(6) 掌握霍尔三维结构方法论。

重点

(1) 系统的含义、特征；
(2) 系统工程的含义；
(3) 系统工程的基础理论；
(4) 霍尔三维结构方法论。

难点

(1) 系统要素及其作用关系；
(2) 系统工程的基础理论、核心内容；
(3) 霍尔三维结构方法论。

案例引入

小李在家使用计算机时，计算机系统突然出现了故障，无法正常进行工作。他对计算机维修不在行，于是拜托朋友小周帮忙维修。小周问明情况后，采用许多方法进行检测，最后确定计算机硬件发生了故障，需要更换硬件才能修好。

小李很疑惑，他认为，计算机系统和硬件是两个不同的东西，一个有实体，一个无实体，为什么计算机系统的故障最后会归因于计算机硬件？

小周解释：计算机系统如果不能正常工作，问题可能出在软件上，也可能出在硬件上，还可能两者都出现了故障。这是因为计算机系统的功能是由软件和硬件共同协作来实现的。计算机系统正常运作时，软件产生的各种数据通过计算机硬件实现了计算与传输，计算机硬件又由于不同软件的需求而得到更为精密的设计，软件依托于硬件实现功能，而硬件基于软件产生了不同架构的设计。

小李思考后提出，计算机系统其实是由软件和硬件两者形成的一个整体，没有硬件提供的物质基础，软件无法单独实现它的功能，但是如果没有软件设计出的功能，那么硬件就只能作为一个装饰品而不能发挥任何作用。小周认可小李的看法，并做了补充：在进行计算机维修时，既需要进行硬件上的检查，也需要进行软件上的检查；可能是硬件发生故障，也可能是运行在硬件上的软件出现问题，进而导致计算机系统无法正常工作。

思考：系统是什么？系统有哪些共同属性？

任务一　系统的认识

一、系统科学的产生与发展

作为人类知识总体系的一部分，系统工程直接用于改造客观世界的实践活动，用于解决实际问题。国内外系统工程的思想方法和实际应用源远流长，最早可以追溯到远古时代，在我国系统工程发展的历史长河中更是形成了万里长城和都江堰等一系列伟大成就。近代以来，随着工业、国防和科学技术的发展，各类复杂的大系统以及巨系统不断增多，系统工程这门综合性交叉学科更是得到了全面、迅速的发展。

系统工程是一门方法性学科，主要研究如何建立系统、进行系统分析和系统设计，以及为了实现系统的目的和功能所必需的各种思想、技术方法和理论。

随着近代工业、国防和科学技术的迅速发展，出现了许多规模庞大、构造复杂、影响因素众多的大系统(如钢铁、石油、化工、机械制造等生产系统，电力系统，交通运输系统，通信情报系统和军事指挥系统等)，这些大系统往往是多级分层决策的多输入多输出系统，系统输入的信息绝大多数是随机的，并且这些系统往往需要同时具有控制功能和管理功能，即这些系统是能够完成多种功能的人机系统、社会经济系统和环境生态系统等。因此，系统工程作为一门综合性的交叉学科，在国内外都有了较大发展。系统科学的发展简史如图1-1所示。

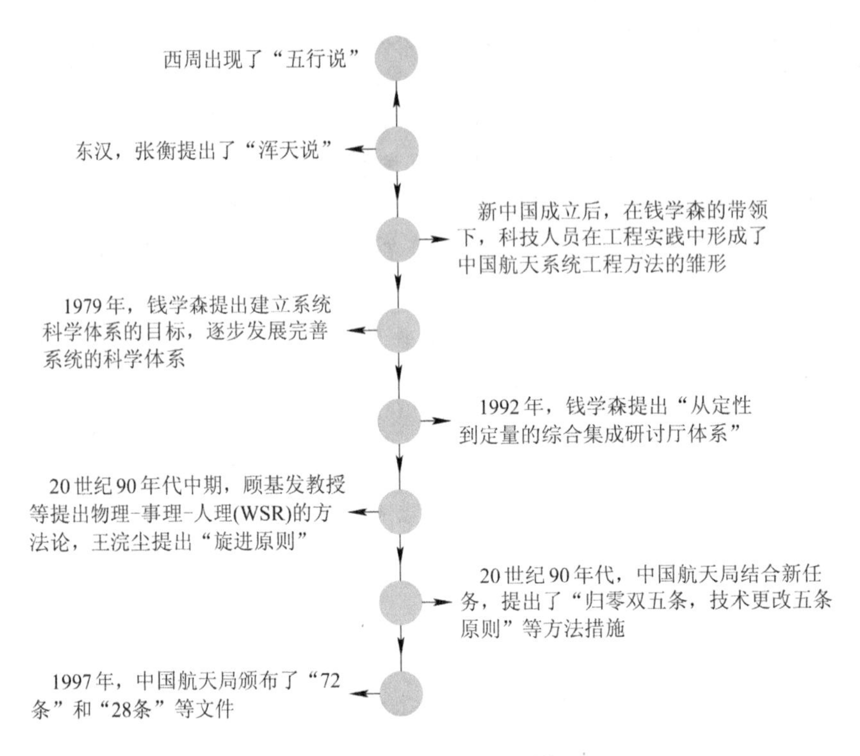

图 1－1　系统科学的发展简史

二、系统的含义

系统(System)一词源于拉丁文，表示群体、集合等。本书中引用钱学森对系统的定义：系统是由相互作用而又相互依赖的若干组成部分结合的具有特定功能的有机整体。该定义指出了系统的三个基本属性，它们是不同系统的共同属性。

第一，系统是由两个以上要素组成的整体。要素是构成系统的最基本部分，没有要素就无法构成系统，单个要素也无法构成系统。

第二，系统的诸要素之间、要素与整体之间以及整体与环境之间存在着一定的有机联系。若系统的诸要素之间没有任何联系和作用，则不能称其为系统。

第三，系统要素之间的联系与相互作用，使系统作为一个整体具有特定的功能或效能，这是各要素个体所不具备的功能。

对系统定义的理解可以用图 1－2 描述。图中，e_1、e_2、e_3、e_4、e_5 表示要素；要素间的箭头线表示要素间的联系。

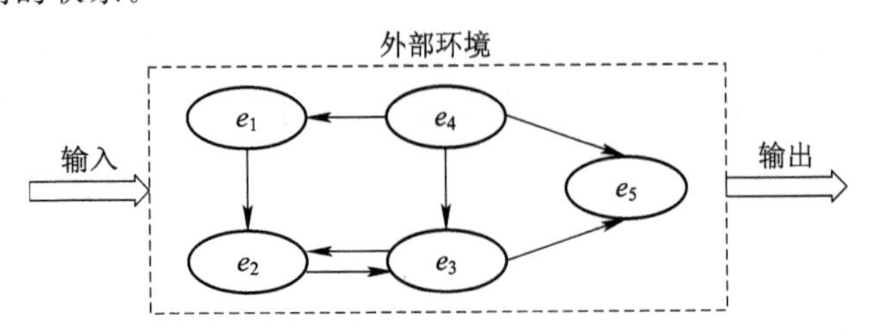

图 1－2　系统的图形描述

（一）边界

边界是指人们在认识事物时对所要认识问题划出的一个范围。为了对问题进行有效的思考和控制，人们通常要将问题从无限的联系中割离出来，形成一个与人类能力相匹配的范围。边界是在思考问题时产生的，对于不同的思考者来说，同一问题可能呈现不同的边界。

例如，某百货商店打出一则广告："买左鞋，送右鞋"。商家的意图是想表达对折销售，但一般人都会觉得有些另类，这一说法与我们的日常思维发生了冲突。因为大多数人在想到鞋的时候，自然呈现出来的边界是一双鞋。而这一广告将单只鞋作为一个整体，其边界是一只鞋，就与思维习惯所形成的边界产生了冲突。

（二）串联

串联是指人们在同一时间只能考虑一个方面的问题。这一特征体现了人类思维的局限性，思想的串联给我们思考整体与联系带来了很大困难，但更强调了联系与整体观念的必要性。

（三）整合

整合也称集成或综合，是指将在不同时间思考的问题联系起来进行考虑。这是人脑具备的基本功能之一。例如，通过将某零件的三个平面视图联系起来，可以整合得出该零件的立体图形。系统思维的训练实际上就是要强化整合能力。

三、系统的特征

系统的特征主要是指系统在一般意义上的本质特性。介绍系统的本质特性有助于读者进一步理解系统的概念。一般系统所具有的特征主要表现为系统的集合性、整体性、相关性、层次性、目的性和环境适应性等六个方面。

（一）集合性

将具有某种属性的一些对象看作一个整体，就形成了一个集合。集合里的各个对象称为集合的要素。系统的集合性表明，系统是由两个或两个以上可以互相区别的要素所组成的。例如，计算机系统一般都是由中央处理器(CPU)、存储器、输入与输出设备等硬件组成的，另外还包含操作系统、各种应用工具等软件，它们形成了一个完整的集合。

（二）整体性

系统的整体性可以直观地理解为系统是一个整体的对外联系的单元，系统内部的各组成要素只有在整体中才具有意义。

系统的整体性说明，系统各要素之间存在一定的组合方式，各要素之间必须相互统一、相互协调和配合，才能形成一个系统，才能发挥系统特有的功能。系统整体的功能并不是各个要素的功能的简单叠加，而是呈现出各组成要素所没有的新的功能，并且系统整体的功能大于各组成要素的功能总和。

如果系统各要素之间不能很好地协调和配合，即使每个要素都是良好的，也不可能作为一个整体发挥良好的功能，这样的系统就不能称为完善的系统。相反，在一个系统整体中，即使组成要素并不都很完善，但它们可通过协调、综合而成为具有良好功能的系统。

整体性强调的是组合效果的复杂性和组合的创新作用。系统的整体性是系统论的核心思想。

（三）相关性

相关性是指组成系统的各要素之间是相互联系、相互作用的。它用来说明这些要素之间的特定关系。如果各基本要素只是彼此孤立地堆积在一起，相互之间没有任何联系或相互作用，则构不成系统。

相关性是系统具有整体性特征的原因之一。系统的思想强调要素之间联系方式的重要性，同样的要素，其联系方式不同可以使系统成为不同的整体，具有不同的功能。另外，相关性既重视整体内部各要素间的关联，也重视整体与外部环境之间的联系。

（四）层次性

物质运动总是以特殊的时空来表现的，而时空是有层次的。系统作为一个相互作用的诸要素的总体，可以分解为一系列子系统，子系统还可进一步分解为更低一级的子系统，并存在一定的层次结构，这是系统时空结构的特定形式。

系统层次结构表述了不同层次子系统之间的从属关系或相互作用。不同层次结构存在着动态的信息流和物质流，构成了系统的运动特性，为深入研究系统层次之间的控制与调节功能提供了条件。

（五）目的性

通常系统都具有某种目的。要达到某种既定的目的，系统就必须具有一定的功能。系统的目的和功能正是一个系统与另一个系统区别的标志。系统的目的性在行为层次上指一定范围内的输入可能产生相同的输出，如稳压器。

系统的目的一般用更具体的目标来体现。比较复杂的系统一般都具有多个目标，因此需要一个指标体系来描述系统的目标。例如，衡量一个物流企业的经营业绩，不仅要考核它的物流服务量，而且要考核企业的利润、成本投入和服务满意度等指标的情况。在指标体系中，各个指标之间有时是相互矛盾的，有时是此消彼长的。

因此，要从整体出发力求获得全局最佳的效果，在相互矛盾的目标之间进行协调，寻求平衡点，以便实现系统的目的。另外，系统还必须具有控制、调节和管理功能，通过各要素之间的有序化调节，使之进入与系统目的相适应的状态，从而实现系统的目的。

（六）环境适应性

任何一个系统都存在于一定的外部环境之中。系统是作为一个整体与外部环境发生联系和作用的。在这个联系和作用的过程中，系统必然要与外界环境产生物质的、能量的和信息的交换。

因此，外界环境的变化必然会引起系统内部各要素的变化。系统只有通过内部结构的调整，才能适应外部环境的变化。如果一个系统不能通过内部结构的调整去适应外部环境的变化，就不会持续发展。

例如，企业是存在于经济社会这个复杂大系统中的一个子系统，企业的外部环境包括经济环境、政治法律环境、文化环境、科学技术环境等。一个企业必须经常了解经济政策、行业发展状态、国内外市场环境及竞争情况，并针对外部环境的变化及时调整企业的经营策略，形成与环境相适应的管理体系和模式，才能维持其在市场上长久的竞争优势。实际上，一个企业发展壮大的过程也是企业不断适应环境变化的过程。

四、系统的分类

由系统的概念可知，系统是非常普遍的，不同的系统可以不同的形态存在。根据系统形成的原因、系统的存在方式等，可以对系统进行多种分类。下面介绍几种常见的系统分类。

（一）自然系统与人造系统

按照系统形成的原因，系统可分为自然系统和人造系统。自然系统是由自然过程产生的系统。这类系统是以自然物为要素所形成的系统，如海洋系统、生态系统、太阳系等。人造系统则是人们将有关元素按其属性和相互关系组合而成的系统，或者说是对自然要素加以人工利用所形成的系统。例如，人类通过对自然物质进行加工和利用，构造出各种工程系统、运输系统等。

区分自然系统和人造系统有助于提示人们在认识不同系统时应该有不同的切入点。人造系统主要是为了实现某种特定功能而创造的系统，因此它是功能需求的产物，而自然系统并不是人类功能需求的产物。

对自然系统，往往是先认识其结构，再认识其可被利用的功能；而对人造系统，则是先设定系统的功能，再以功能为出发点，研究用怎样的结构来实现预定的功能。因此，对于自然系统，人们应该优先关注其结构；而对于人造系统，则应该优先关注其功能。

实际上，大多数系统是自然系统与人造系统的复合系统。在人造系统中，有许多是人们运用科学技术改造自然系统的结果。随着科学技术的发展，出现了越来越多的人造系统。值得注意的是，有些人造系统的出现破坏了自然生态系统的平衡。近年来，系统工程越来越注重从自然系统的属性和关系中探讨人造系统。

（二）实体系统与概念系统

按照系统的存在方式，系统可分为实体系统与概念系统。凡是以矿物、生物、机械等有物理意义的实体为构成要素的系统称为实体系统。凡是由概念、原理、方法、制度、程序等不具备物理属性的非实体物质所构成的系统称为概念系统。例如，太阳系是一个实体系统，而人们对太阳系的描述则是一个概念系统，管理系统、社会系统也属于概念系统。

在实际生活中，实体系统和概念系统在多数情况下是结合在一起的。实体系统是概念系统的物质基础，而概念有时需要以实体为载体反映出来，概念系统往往是实体系统的抽象和简化。人造系统中一般先有概念系统，再有实体系统。

例如，制造一个产品，先要有设计思想和方案（设计图纸），这是一个概念系统；依靠设计图纸生产出来的产品是一个实体系统，它的性能主要是由设计方案决定的。再如，一个军事指挥系统，既包括军事指挥员的思想、信息、原则、命令等概念要素，也包括计算机设备、通信设备等实体要素，因此，它是实体系统与概念系统的组合。

（三）动态系统和静态系统

按系统的形态是否随时间而变化，系统可分为动态系统和静态系统。随时间而变化的系统是动态系统；系统行为、状态与时间无关的是静态系统，即处于稳定状态的系统。例如，江河上的一座桥梁可以看作一个静态系统，其构成要素及其关联不随时间而变化。但是，从严格意义上来说，实体系统中是不存在静态系统的，因为任何系统都有其寿命周期。

动态系统强调的是系统行为或结构的动态变化特征。放在长远的时间背景下，大多数系统都是动态系统。但是，由于动态系统中各种参数之间的相互关系非常复杂，要找出其中的规律性有时非常困难，因此，有时为了使问题简化，会忽略系统的动态特性，将系统简化成为静态系统来描述。如果系统的动态特性不能忽略，就不能将系统简化成静态系统。一般来说，绝对的实体系统是静态系统，而概念系统一般是动态系统。

（四）封闭系统和开放系统

按系统是否与外界环境有物质、能量或信息的交换，系统可分为封闭系统和开放系统。封闭系统是指与外界环境不发生任何形式交换的系统。它既不向外界环境输出，也不从外界环境输入。开放系统是指与环境有相互关联，能从外界环境得到输入，并向外界环境产生输出的系统。一个系统如果不是开放系统，就是封闭系统，二者必居其一。大部分人造系统属于开放系统，如社会系统、经济系统。研究开放系统的意义在于可以通过系统与环境的关系来研究系统的结构及演变特征。

最早涉及开放系统与封闭系统研究的是物理学领域。但物理学中的概念与本书中的概念有区别。物理学中的封闭系统是只有能量交换的系统，开放系统是同时进行物质交换和能量交换的系统。而同时进行物质、能量和信息交换的系统，在物理学中尚无专门定义。本书定义的封闭系统是物理学中的孤立系统。

将系统按照某些特征进行分类，其目的是希望能更深刻地认识具有这些特征的系统的共性。随着系统思想的不断发展，未来还会出现新的系统分类。

在物流系统中，绝大多数是自然系统与人造系统的复合，既有实体系统，又有概念系统，是动态的、开放的系统。

一般的系统模式都由输入、转换及输出构成，通过输入和输出使系统与社会环境进行交换，系统和环境相互依存。在不同的领域或不同的子系统中，由于系统的目的不同，因此其输入、输出及转换活动的内容可能不同，但基本模式不变，如图 1－3 所示。

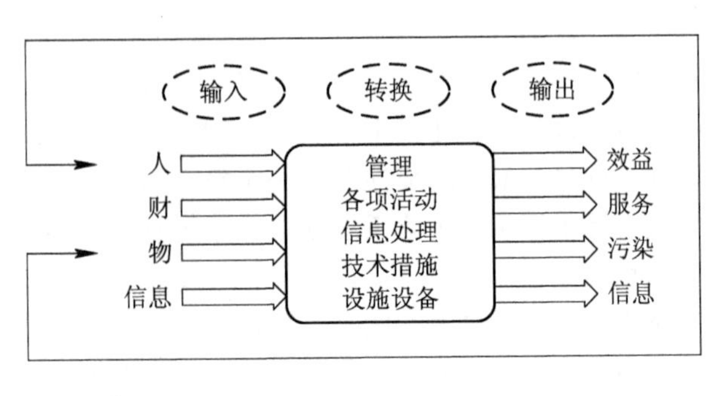

图 1－3 系统的基本模式

五、系统要素及其作用关系

（一）系统要素的描述

系统要素是构成系统的具有一定独立性的组成单元，进行系统结构分析时，可给予每个要素一个特定的名称或代号。由于系统是有层次的，因此系统结构也具有层次性，这种层次性体现为系统要素的时空联系方式。

处于系统某一层次的要素，接收来自系统内其他要素的输入和外部环境的干扰，并通过要素具有的特定功能将输入转换成输出，然后将输出输送给系统的其他要素或外部环境。这说明，系统中的要素具有一定的功能，能将来自其他要素的输入转换成输出。我们可以借用黑箱来描述要素的这一特征，如图 1-4 所示。

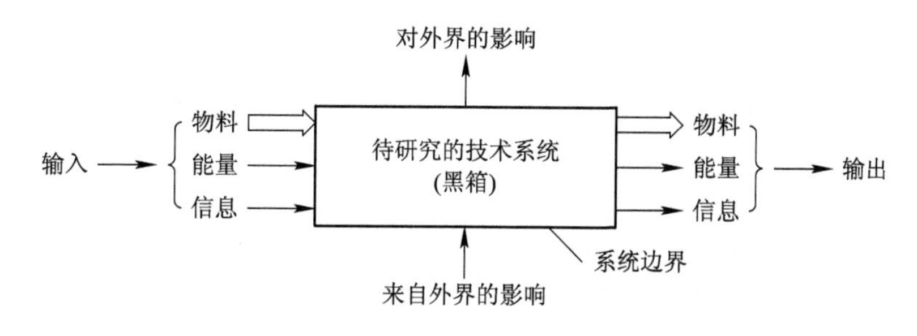

图 1-4　黑箱模型图

知识延伸

黑箱理论是指对特定的系统开展研究时，人们把系统作为一个看不透的黑色箱子，研究中不涉及系统内部的结构和相互关系，仅从其输入、输出的特点了解该系统规律，用黑箱方法得到对一个系统规律的认识。黑箱理论不分析生态系统的内部结构和相互关系，而是根据生态系统整体物质与能量的输入和输出关系及其影响因子得到该生态系统的结构和功能的规律。

进行系统结构分析时，可以将要素看成一只黑箱。对每个要素的描述最终要能反映出该要素的功能，即要对输入的类型、输出的种类、品质要求及输出的方向作出完整描述。

例如，某公司要聘请一名总经理，首先要把总经理岗位作为公司管理系统中的一个要素，认定其特征，也就是将要素作为一个黑箱来描述；然后，揭示这一要素应具有怎样的特征才能满足要求，比如对各种能力素质与经历的要求等；最后，提出招聘条件。

（二）要素之间的关联及描述

要素之间的关联是指要素之间的相互联系或作用。按照不同的分类标准，关联可划分为不同的类型。例如，按照要素之间关系明确与否，关联可划分为下面三种：

（1）确定性关联。确定性关联中，要素之间的关联是受确定的规律支配的。

（2）不确定性关联。不确定性关联中，要素之间是随机，如统计学中所揭示的关联大多属于这一类。

（3）确定性关联与不确定性关联的混合。

对要素之间的关联进行描述，本质上就是建立模型。而每一种描述关联的方法都多少存在着局限性。一般而言，我们按照因果关系、过程顺序或职能结构的方式对关联进行简单描述。因果描述就是根据人们对因果的思考结果画出要素之间的关联。

过程描述是从时间的整体性上描述各要素之间的关联。人类行为过程具有明显的时间顺序特征，因此，过程描述法被经常使用。图 1-5 是用过程描述的新产品规划网络的例子。

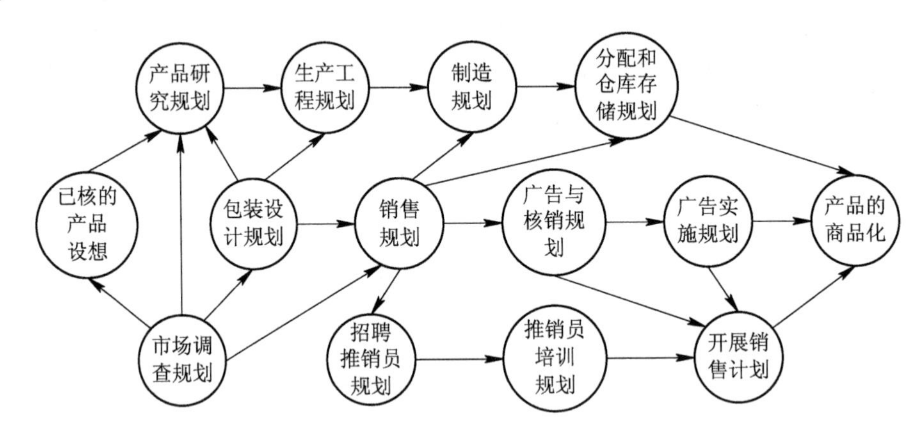

图 1-5　用过程描述的新产品规划网络

职能描述方式在组织系统中经常采用，实际上它是一种以功能为基础的结构描述方法。图 1-6 所示为某制造企业按职能划分组织系统。

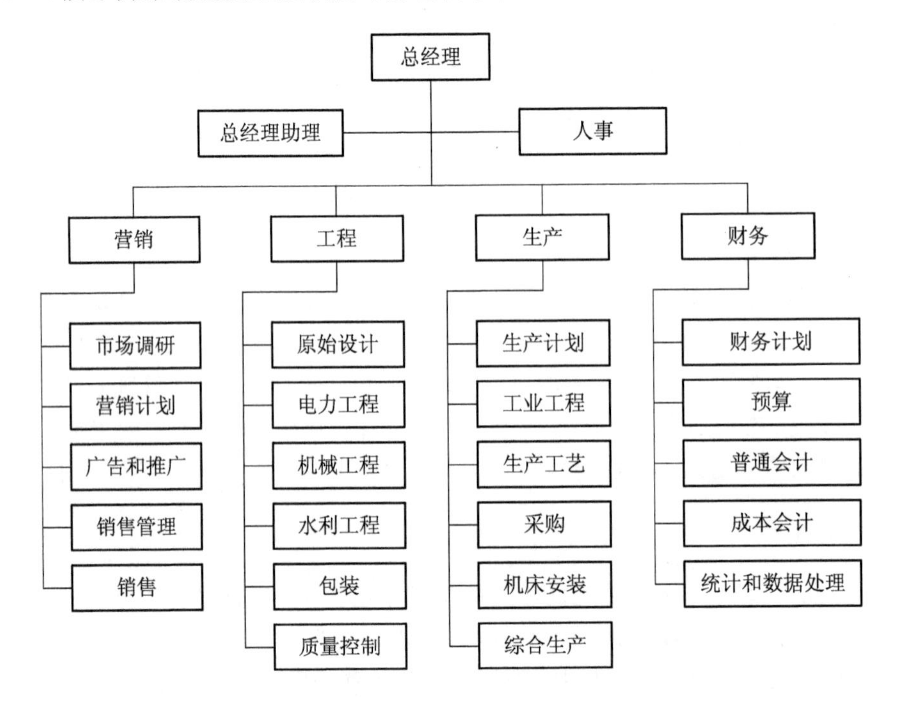

图 1-6　某制造企业按职能划分组织系统

（三）系统要素的作用关系

描述要素之间的关系时，通常以要素某种状态变化对其他要素状态变化的影响作为基本出发点，先分析由两个要素构成的最简单的系统。例如，某系统由 S_1 和 S_2 两个要素构成，两要素间的作用关系有三种类型，分别如图 1－7(a)、(b)、(c)所示。

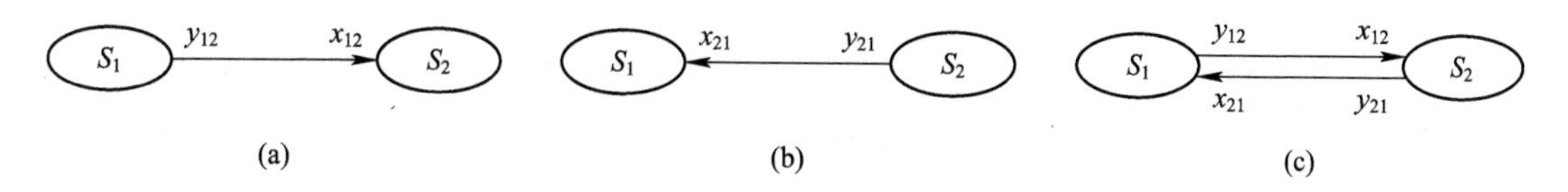

图 1－7　系统要素的作用关系

图 1－7 中，箭头→表示要素之间的作用方向。图(a)、(b)中，要素 S_1 和 S_2 的作用是单向的。图(a)中，S_1 作用于 S_2，S_2 不作用于 S_1；图(b)中，S_2 作用于 S_1，S_1 不作用于 S_2；图(c)则说明 S_1 与 S_2 是相互作用的。

x_{12} 和 x_{21} 分别表示从 S_1 到 S_2 和从 S_2 到 S_1 的输入，y_{12} 和 y_{21} 分别表示从 S_1 到 S_2 和从 S_2 到 S_1 的输出。当 S_1 直接作用于 S_2 时，从 S_1 到 S_2 的输出 $y_{12}=x_{12}$；同理，从 S_2 到 S_1 的输出 $y_{21}=x_{21}$。这种两要素处于直接作用的状态，称为连接状态。

图 1－7 中，S_1 直接作用于 S_2 称为从 S_1 至 S_2 的连接。

用符号 C_{ij} 表示要素 S_i 与 S_j 的这种连接状态，称为连接系数，并定义为：S_i 直接作用于 S_j 时，$C_{ij}=1$；S_i 与 S_j 未连接时，$C_{ij}=0$。

按上述定义，C_{ii} 表示要素内部自己与自己连接，或称为自我连接。但是，由于没有意义，所以规定自我连接系数都为 0。

连接系数的一般表达式可写为输入＝连接系数×输出，即

$$x_{ij} = C_{ij} \times y_{ij} \tag{1-1}$$

图 1－7 中三种情况的连接系数分别为

(a) $C_{12}=1$，$C_{21}=0$；

(b) $C_{12}=0$，$C_{21}=1$；

(c) $C_{12}=1$，$C_{21}=1$。

系统诸要素之间的关联方式可分为串联、并联和反馈连接。一切系统的结构都可看作由这三种基本连接形式通过复杂的组合而构成，如图 1－8 所示。

下面以图 1－8(a)为例进行分析，系统由 5 个要素串联组合而成，各要素的输入与输出表示方法与图 1－7 中的相同。

系统与外部环境的作用是通过外部对要素 S_1 的输入和要素 S_5 对外部的输出反映的，分别用符号 x_1 和 y_5 表示。

例如，图 1－8(a)中各要素间的关联可用连接系数表示为

$$C_{12} = C_{23} = C_{34} = C_{45} = 1$$
$$C_{11} = C_{13} = C_{14} = C_{15} = 0$$
$$C_{21} = C_{22} = C_{24} = C_{25} = 0$$
$$\vdots$$
$$C_{21} = C_{52} = C_{53} = C_{54} = C_{55} = 0$$

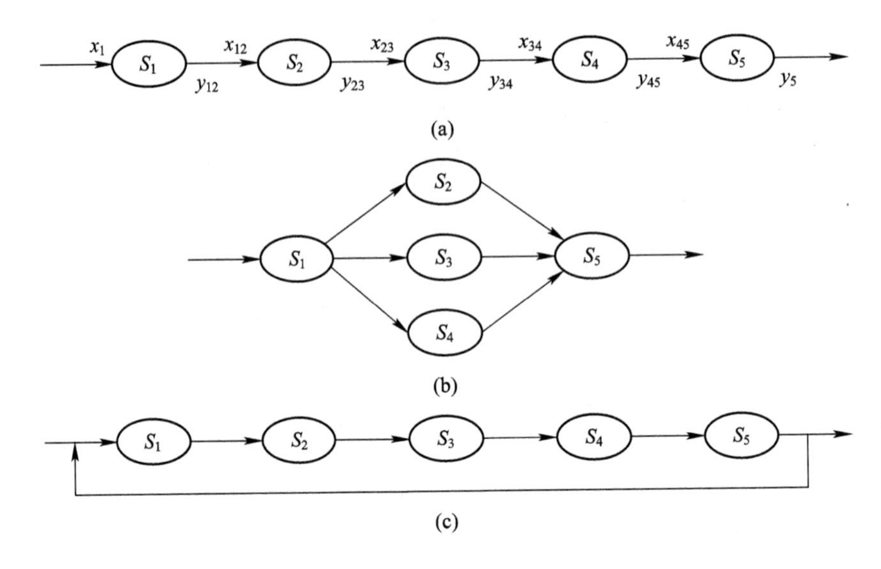

图 1-8　系统要素的关联类型

可见，系统要素之间的关系可以用要素之间的连接系数来说明。

将系统中所有要素之间的连接系数组成一个矩阵，该矩阵可以反映出系统构成要素及其相互关联的情况，即反映系统结构状况，该矩阵就称为系统的结构矩阵。

对一个由 5 个要素构成的系统，其作用关系用连接系数 C_{ij} 表示，如表 1-1 所示。

表 1-1　构成要素之间的连接系数

起始	连接系数			
	至 S_2	至 S_3	至 S_4	至 S_5
S_1	C_{12}	C_{13}	C_{14}	C_{15}
S_2	C_{22}	C_{23}	C_{24}	C_{25}
S_3	C_{32}	C_{33}	C_{34}	C_{35}
S_4	C_{42}	C_{43}	C_{44}	C_{45}
S_5	C_{52}	C_{53}	C_{54}	C_{55}

其结构矩阵用 $\boldsymbol{M}$ 表示如下：

$$\boldsymbol{M}=\begin{bmatrix} C_{11} & C_{12} & C_{13} & C_{14} & C_{15} \\ C_{21} & C_{22} & C_{23} & C_{24} & C_{25} \\ C_{31} & C_{32} & C_{33} & C_{34} & C_{35} \\ C_{41} & C_{42} & C_{43} & C_{44} & C_{45} \\ C_{51} & C_{52} & C_{53} & C_{54} & C_{55} \end{bmatrix}$$

根据图 1-8(a)、(b)、(c)中各元素的关联情况，相应地可写出任意两元素间的连接系数，进而可写出图中串行结构、并行结构和反馈结构的结构矩阵，分别用 $\boldsymbol{M}_{串}$、$\boldsymbol{M}_{并}$、$\boldsymbol{M}_{反}$ 表示如下：

$$M_{串} = \begin{bmatrix} 0 & 1 & 0 & 0 & 0 \\ 0 & 0 & 1 & 0 & 0 \\ 0 & 0 & 0 & 1 & 0 \\ 0 & 0 & 0 & 0 & 1 \\ 0 & 0 & 0 & 0 & 0 \end{bmatrix}$$

$$M_{并} = \begin{bmatrix} 0 & 1 & 1 & 1 & 0 \\ 0 & 0 & 0 & 0 & 1 \\ 0 & 0 & 0 & 0 & 1 \\ 0 & 0 & 0 & 0 & 1 \\ 0 & 0 & 0 & 0 & 0 \end{bmatrix}$$

$$M_{反} = \begin{bmatrix} 0 & 1 & 0 & 0 & 0 \\ 0 & 0 & 1 & 0 & 0 \\ 0 & 0 & 0 & 1 & 0 \\ 0 & 0 & 0 & 0 & 1 \\ 1 & 0 & 0 & 0 & 0 \end{bmatrix}$$

通过这样的连接矩阵形式，整个系统各要素间的相互连接关系就非常清楚了，而且各结构矩阵可直接应用数学中的矩阵运算规则，因此可利用该矩阵进行系统结构的数学分析。

（四）系统要素的冲突与集成

根据系统的定义，组成系统的各要素之间存在着有机联系，这种联系实际上就是要素之间冲突与协同的综合表现。

协同是以冲突为前提的，冲突推动着系统向协同、集成的方向发展。系统中不同的要素具有各自的目标，这些不同要素的目标之间可能存在相互矛盾、相互冲突的地方。比如，物流系统中运输要素与仓储要素的目标就存在冲突，要想少批次、多批量地运输以降低运输成本，必定会导致库存增加，从而使得仓储成本增加，如果想要分别降低运输成本和仓储成本，这显然是冲突的。认识系统内部要素目标之间的冲突现象，有助于寻找要素间协调的方法，以便使系统的总体目标最优化。

那么，如何解决系统内部要素之间的目标冲突呢？答案是集成，集成是解决系统要素冲突的有效途径。

集成可以理解为一体化或整合的过程。这一概念来源于 20 世纪 40 年代研制的集成电路。在一个只有指甲盖大小的硅片上集成了十几亿个晶体管，组合成一个整体后，能发挥一定的功能，成为计算机技术、信息技术、自动化技术应用中不可缺少的技术载体。20 世纪 80 年代，随着计算机信息技术的发展，不同厂家生产的硬件和软件系统能通过一定的方式进行集成，形成具有完整功能的信息系统。进入 21 世纪后，随着网络技术的发展，通过互联网，几乎可以将全球的计算机系统集成为一个全球性的网络。在这些领域，集成的概念发挥了重要的作用。

集成(Integration)就是通过某种方式将一些孤立的要素集中在一起，产生联系，从而构成一个有机整体的过程。比如，前面提到的运输要素目标与仓储要素目标之间存在冲突，我们基于集成的思想，站在运输要素和仓储要素所处的共同的大系统——物流系统层面来考虑成本的降低时，就不能分别考虑运输成本和仓储成本的最低，而是要综合考虑这两个要素所在的物流系统的总成本最低，这样目标就一致了。

任务二　系统工程的认识

一、系统工程的含义

系统工程(System Engineering)是以研究大型复杂的人造系统和复合系统为对象的一门交叉科学，对数学要求高，离不开计算机。系统工程既是一个技术过程，又是一个管理过程，它的定义有很多种，钱学森教授说它是一种科学方法，美国学者说它是一门科学，还有人说它是一门特殊工程学，但大多数科学家认为它是一种管理技术。

在国外，系统工程应用的一个经典案例就是阿波罗登月计划。20 世纪 60 年代美国开始实施阿波罗载人登月计划，参加者有 42 万多人，涉及 2 万多个厂家，历时 11 年。项目成功后，美国人首先宣布，这是系统工程的胜利。

总体上讲，20 世纪 40 年代是现代系统工程的起点；50 年代，系统工程方法全面形成；60 年代，系统工程方法取得突破；70 年代，系统工程的应用范围不断扩大，系统工程方法可处理更加复杂的系统问题，系统工程由工程系统工程发展到复杂系统工程，特别是复杂巨系统工程，如社会经济系统工程。

20 世纪 70 年代中后期发展起来的软系统思想是系统工程从面向工程系统到面向无结构问题转变的典型标志。此后，人们又创造出一些面向更复杂系统的方法，如综合集成法。

系统工程的特点主要体现在以下 5 个方面：

(1) 研究对象是工程系统；

(2) 研究目标是让系统达到最优；

(3) 系统工程学是工业工程学的发展，应用广泛，而工业工程学只适用于中小规模；

(4) 是横跨许多技术的交叉科学；

(5) 对数学要求高，离不开计算机。

系统工程解决系统问题的总体思路如下：

(1) 确定一个或多个目标；

(2) 确定达到目标需要的资源与条件；

(3) 确定可达到目标的备选方案；

(4) 对各个方案在达到目标与所需资源、条件等方面进行综合分析与评估；

(5) 根据一定的标准，判别各个方案优劣的次序；

(6) 选择最终实施的方案。

(一) 典型定义

从学科发展和学术研究的角度看，系统工程是一门新兴的交叉学科，尚处于发展阶段，至今还没有统一的定义。国内外许多知名学者对系统工程进行了定义和内涵解释，下面列举几个有代表性的解释，以帮助我们更好地认识和理解系统工程。

中国著名科学家钱学森教授给出的定义："系统工程是组织管理系统的规划、研究、设计、制造、试验和使用的科学方法，是一种对所有系统都具有普遍意义的科学方法。""系统工程是一门组织管理的技术。"

美国著名学者H.切斯纳(H. Chestnut)的定义："系统工程认为虽然每个系统都由许多不同的特殊功能部分所组成，而这些功能部分之间又存在着相互关系，但是每一个系统都是完整的整体，每一个系统都要求有一个或若干个目标。系统工程就是按照各个目标进行权衡，全面求得最优解(或满意解)的方法，并使各组成部分能够最大限度地互相适应。"

日本工业标准JIS的定义："系统工程是为了更好地达到系统目标而对系统的构成要素、组织结构、信息流动和控制机制等进行分析与设计的技术。"

日本学者三浦武雄的定义："系统工程与其他工程学的不同之处在于它是跨越许多学科的科学，而且是填补这些学科边界空白的边缘科学。因为系统工程的目的是研究系统，而系统不仅涉及工程学的领域，还涉及社会、经济和政治等领域，为了圆满解决这些交叉领域的问题，除了需要某些纵向的专门技术以外，还要有一种技术横向把它们组织起来，这种横向技术就是系统工程，也就是研究系统所需的思想、技术和理论等体系化的总称。"

学术界有时把系统分析作为系统工程的同义词来解释。什么是系统分析呢？我们先看看几个国家大百科全书对系统分析的解释。

《美国大百科全书》对系统分析的解释：系统分析是研究相互影响的因素的组成和运用情况。这些因素及相互影响可能是抽象的，也可能是具体的，如运输系统、工业生产系统等。系统分析显著的特点是完整的而不是零星地处理问题，这就要求人们考虑各种主要的变化因素及相互的影响。运用这种方法常常可以更好地、全面地解决问题。因此，系统分析就是用科学的和数学的方法对系统进行研究和应用。

美国《麦氏科技大百科全书》指出：系统分析是运用数学方法研究系统的一种方法。系统分析的概念是对研究对象(系统)建立一种数学模型，按照这种模型进行数学分析，然后将分析的结果运用于原来的系统。

日本《世界大百科年鉴》指出：系统通常是指作用于一个共同目的的两个或者两个以上要素的集合体，但它并不是单纯几个要素的集合，而是从输入到输出的整个过程。系统分析是人们为了从系统的概念上认识社会现象，解决环境问题、城市问题等复杂问题而提出的从确定目标到设计手段的一整套方法。系统分析的用处是：明确一切和问题有关的要素同实现目标之间的关系，提供完整的资料，以便决策者选择最合理的解决方案。

系统分析是以系统思想为基础的，其内容庞大，尤其是复杂的大系统通常会受到社会、经济和技术因素的影响，对这类系统进行系统分析时往往夹杂着决策者个人的价值观和主观判断，因此，从方法论的角度看，系统分析不仅需要计算，还需要依赖直观和经验进行判断。可以说，系统分析的方法既有科学性，又具有某种艺术性。

综上所述，系统工程是以研究大型复杂的人造系统和复合系统为对象的一门交叉科学，它既是一个技术过程，又是一个管理过程。它把自然科学和社会科学中的某些思想、理论、方法、策略和手段根据总体协调的需要有机地联系起来，应用定量分析和定性分析相结合的方法以及计算机等技术工具，对系统的构成要素、组织结构、信息交换、反馈控制等功能进行分析、设计、制造和服务，从而实现系统整体目标的最优化。因此，系统工程是一门现代化的组织管理技术，是特殊的工程技术，是跨越许多学科的边缘科学。

（二）系统工程与其他工程的区别

工程的类型多种多样，有以硬件为主的工程，如机械工程、电子工程、水利工程等，也有以流程重组和以软件为主的工程，如软件工程、物流工程等。系统工程与机械工程、电子工程、水利工程等有很大差异。机械工程、电子工程、水利工程等都有其特定的工程物质对象，而系统工程则不然，任何一种物质系统都能成为它的研究对象，而且不只限于物质系统，还包括自然系统、社会经济系统、经营管理系统、军事指挥系统等。我们经常会在“系统工程”前面加上一个领域限定词，从而形成了不同的系统工程应用分支。

系统工程常见的应用分支包括：

(1) 社会系统工程：组织管理整个社会活动的工程技术，其研究对象是整个社会。

(2) 宏观经济系统工程：运用系统分析方法研究宏观经济问题，如经济发展战略、国民经济宏观调控、宏观经济规划、产业结构与产业政策、投入产出分析、物价系统分析、投资决策分析、综合国力分析、税率与汇率分析、货币需求建模与预测、世界经济模型等。

(3) 区域规划系统工程：运用系统分析的方法研究区域经济发展战略、区域综合发展规划、区域产业结构和产业政策、区域资源优化配置、城镇布局和发展规划、区域投资规划、地区之间的分工与协作、区域经济协调发展等。

(4) 环境生态系统工程：应用系统分析方法研究大气生态系统、淡水生态系统、大地生态系统、森林与生物生态系统、城市生态系统、环境监测系统、环境计量预测模型等。

(5) 交通运输系统工程：应用系统工程的理论和方法分析和解决交通运输复杂系统中的问题，如综合运输网络的建设和规划、各种运输方式的规划及调度、运费定价、综合运输优化模型以及交通运输系统的动力学分析、城市公共交通系统分析等问题。

(6) 农业系统工程：应用系统工程的理论和方法研究农业问题，如农业发展战略、农业产业结构、农业综合规划、农业政策分析、农业投资规划、农产品需求预测、农作物合理布局、立体农业发展规划、农业服务系统综合规划、农业多目标决策方法以及农户家庭经济模式等问题。

(7) 军事系统工程：研究国防战略、作战模拟、情报通信与指挥、参谋、武器装备发展规划、一体化后勤保障、国防经济学与军事运筹学等问题。

(8) 工业及企业系统工程：以现代工业和企业为研究对象，研究其发展中的问题，如市场分析与预测、新产品研究与开发、企业重组、生产计划与调度、质量保障、信息管理、企业发展与竞争战略、企业决策与决策支持、企业竞争力分析等。

此外，还有人口系统工程、能源系统工程、水资源系统工程等。另外，由于系统方法向管理领域的渗透，有些管理方法虽然没有冠上“系统工程”的名称，但其本质是系统思想的管理方法的体现，如项目管理，也可认为其属于广义的系统工程。

系统工程处理的对象主要是信息，因此，有些学者认为系统工程是一门软科学。系统工程在自然科学与社会科学之间架设了一座沟通的桥梁。利用现代数学方法和计算机技术，通过系统工程，为社会科学研究增加了极为有用的定量方法、模型方法、模拟实验方法和优化方法。系统工程也为从事自然科学的工程技术人员和从事社会科学的研究人员的相互合作开辟了广阔的道路。

二、系统工程的基础理论

（一）一般系统论

一般系统论(General System Theory)是通过对各种不同系统进行科学理论研究而形成的适用于一切种类系统的学说，主要创始人是美国的理论生物学家 L. V. 贝塔朗姆。

一般系统论的基本观点是重视系统的整体性、系统的开放性、系统的动态相关性、系统的多级递阶性和系统的有序性。

（二）大系统论

大系统一般是规模庞大、结构复杂、环节多或层次较多、目标多样、影响因素众多、关系错综复杂并常具有随机性质的系统，如经济计划管理系统、物流系统、区域经济开发系统等。大系统归纳起来有如下六个特征：

(1) 系统结构庞大且复杂。现在的一些大系统一般来说都牵涉到多级递阶控制。比如国外的跨国公司，一个公司跨几十个国家进行技术开发和经营管理，是一个多级管理结构。另外一些社会经济大系统，如交通运输大系统，其结构也非常复杂，由许多子系统组成。

(2) 信息复杂。在一个大系统里，信息的收集、传输、处理往往都是量大而且复杂的，当然由于现代计算机技术的发展、现代通信以及信息理论的发展，在大系统里信息的交流和处理有较好的条件，如铁路的集中控制的程度是很高的，因此，需要将大量信息及时传输到控制中心，然后才能及时得到反馈，从而指挥整个铁路系统的运输。

(3) 计算复杂，工作量大。大系统要用许多现代的数学方法(如运筹学、现代控制理论)来处理一些关于数学模型的问题。

(4) 采用分散化控制。由于系统越来越大，越来越复杂，因此要实现集中控制越来越困难，所花代价也很大。例如，要对一个庞大部门的设备实行完全集中控制，那就需要容量很大、速度很高的计算机。现代计算机在向大容量、高次数、巨型化发展的同时，也向微型化发展，特别是超大规模集成电路的发展，可使计算机越做越小。

因此，现在出现了一种分散化控制的趋势，就是每个子系统用一台微型计算机进行控制，然后在中心控制室用一台大型计算机来加以协调，用计算机控制计算机，从而实现了计算机多级控制网络。这就引起了一个理论问题，即分散控制理论，这一理论正处于研究阶段，还不成熟。

(5) 多目标。我们对课题进行系统分析要有一个目标，用线性规划的方法来求得目标函数。开始是一个单目标，由于系统越来越复杂，因此就出现了多目标。多目标出现后，由于其往往不是协调一致的，常常有矛盾，因此，科研人员提出了多目标规划问题。

(6) 在大系统里人的因素、经济因素越来越多。

在一个大的工程系统或社会经济系统中，人的因素越多，则对系统的干扰越大，人的主观能动性在系统里的表现越突出。我们知道，人的因素或社会因素不像工程技术问题那么单纯，因为人的因素有许多是不确定的，带有主观意识，这就大大地把问题复杂化了。

大系统优化的基本方法是特定的分解与协调方法，即把可分解的大系统分解成许多互不相关的子系统，这些互不相关的子系统又都与大系统相关，各子系统将性能反馈给大系统用总目标度量后，再将指示下达给各个子系统，这就是大系统分解与协调的基本思路。

大系统优化又可分为静态优化和动态优化。静态优化采用 Dantzig-Wolfe 大线性规划方法来解决，其基本原理仍是应用分解协调原理；动态优化也是采用分解协调原理，将各子系统之间具有联系约束的动态优化问题用 Lagrange 乘子向量化为无联系约束的动态优化问题，经过模型协调计划，求得各子系统分散控制的规律，使大系统达到优化。

(三) 协同论

1973 年，德国的赫尔曼·哈肯提出了协同学理论(Synergetics)(简称协同论)，认为不同系统之间存在着各要素的协同行为，这种协同作用超越各要素自身的单独作用，从而形成了整个系统的统一作用和联合作用。协同作用是形成系统有序结构的内部作用力，通过这种作用，系统能够自动产生时间上、空间上或功能上的有序结构。

协同论的核心是自组织理论，即复杂大系统在演变过程中通过内部诸要素的自动协同来达到宏观有序的状态。协同论在发展进程中推动了系统工程的发展，成为系统科学重要的理论基础。

(四) 耗散结构理论

耗散结构(Dissipative Structure)理论由比利时学者 I. 普利高津提出，他认为一个开放的系统在远离平衡的情况下，通过不断与外界交换能量、物质和信息，当发生某些特殊事物耦合，达到一定的阈值时，就会突然以新的方式组织起来，产生新的质变，从原来混沌无序的混乱状态转变为在时空上或功能上稳定的有序状态。耗散结构理论为贝塔朗菲的“一般系统论”的有序结构稳定性提供了严密的理论根据。

(五) 经济控制论

经济控制论是应用现代控制论的科学方法分析经济控制过程的学科。20 世纪 60 年代初期控制论开始应用于经济领域。1965 年，美国哈佛大学的经济教授 R. 多贝尔和控制论教授何毓琪首次合作利用控制论建立经济模型。1966 年该校经济系的 L. 泰勒和 D. 肯德里克教授应用控制理论中的共轭梯度法制订了当时韩国的最优经济计划模型。该理论为贝塔朗菲的“一般系统论”的有序结构稳定性提供了严密的理论根据。此后，控制理论在微观经济和宏观经济方面都得到了广泛的应用。

经济控制论的重要内容是投入-产出模型。由于经济系统是相互依存的一个整体，投入-产出模型是一种简单而有用的经济分析工具，是包含许多经济部门、高度解集、确定供给的综合模型。但在实际经济运行中，考虑到收益变化、生产技术变化、生产中的时间滞后和资本积累过程等时间因素引起变量变化，人们在静态投入-产出模型的基础上加入变化因素后，研究动态投入-产出模型，从而形成经济控制论的重要内容。

经济控制论是系统优化分析中常用的基础理论。比如，在物流系统中主要用于解决资源(包括设施、设备)的最优利用与控制、预测技术以及物流系统合理化等问题。

(六) 运筹学

运筹学主要运用模型化的方法，按提出的预期目标，将一个已确定研究范围的现实问题中的主要因素及各种限制条件之间的因果关系、逻辑关系建立数学模型，通过模型求解来寻求最优方案。

运筹学的分支主要有规划论、库存论、排队论、对策论等。

1. 规划论

规划论包括线性规划、非线性规划、动态规划、整数规划等理论和方法，用于解决物流系统中的配送组织、设施规划、计划优化等问题。

2. 库存论

在经营管理工作中，为了保证系统的有效运转，往往需要对原材料、元器件、设备、资金以及其他保障物资进行量的决策，保持必要的储备量。

库存论就是应用数学方法研究在什么时间、以多少数量、从什么供应渠道来补充这些储备，使得在保证生产正常运行的情况下，保持库存和补充采购的总费用最少。

3. 排队论

排队论是研究排队现象的统计规律性并用以指导服务系统的最优设计和最优经营策略。在这种服务系统中，服务对象何时到达、占用系统时间的长短等事先都无从确知。

排队论是通过对每个随机服务现象统计规律的研究，找出反映这些随机现象平均特性的规律，从而在保证较好经营效益的前提下改进服务系统的工作能力。

排队论用于解决物流系统中的流程概率性问题，按随机过程的到达率处理各种现象，如装卸系统中的设备配置、人员配置等。

4. 对策论

对策论是用来研究对抗性竞争局势的数学模型，探索最优的对抗策略。一般在已知竞争或对抗的各方全部可采取的策略而不知他方如何决策的情况下，给竞争或对抗各方提供最优决策。在这种竞争局势中，参与对抗的各方都有一定的策略可供选择，并且各方具有相互矛盾的利益。

目前，对策论已在政治、军事、经济等领域得到广泛应用。对策论可用于研究物流系统。

(七) 系统动力学理论

系统动力学理论是在总结运筹学理论的基础上，为适应社会系统管理需要而发展的。其主要特征是不进行抽象的数学假想，不单纯追求最优解，而是以对系统实际观测的数据为依据，建立动态仿真模型，通过计算机模拟实验获得系统行为的描述，达到改进和完善系统的目的。

物流系统中可采用系统动力学理论研究分析系统与子系统以及不同子系统间的发展变化趋势、相互关系和相互影响。

三、系统工程的核心内容

(一) 系统工程的技术内容

系统工程综合工程技术、应用数学、社会科学、管理科学、计算机科学、计算技术等专业学科的内容。它以多种专业学科技术为基础，为研究和发展其他学科提供共同的途径。系统工程不是孤立地运用各门学科的技术内容，而是把它们横向联系起来，综合利用这些学科的基础理论和方法，形成的一个新的科学技术体系。系统工程所涉及的学科内容极为广泛，主要的技术内容有：

1. 运筹学

运筹学是一门应用学科，它研究的主要内容是在既定条件下对系统进行全面规划，用数量化方法(主要是数学模型)来寻求合理利用现有人力、物力和财力的最优工作方案的统筹规划和有效运用，以期用最少的费用取得最大的效果。

运用运筹学的具体程序大致可归纳为五个步骤：

(1) 收集资料，归纳问题。应大量收集所要处理问题的现象和有关数据资料，经归纳提炼后，确定问题的性质、特征和类别。

(2) 建立相应的模型。可用获得的资料，建立各种相应的数学模型。

(3) 求解模型。有关运筹学问题的求解，往往需要复杂的计算。目前，由于高功能电子计算机的发展，已研制出多种软件，可用于模型的求解。

(4) 检验和评价模型的解。应利用模型进行判断、预测，并对各种结果进行比较，以确定出最优值(极值)。

(5) 参考所获得的最优值，做出正确的决策。

可以看出，运筹学是系统工程重要的技术内容，它为系统工程的发展和应用奠定了重要的技术基础。

2. 概率论与数理统计学

概率论是研究大量偶然事件基本规律的学科，广泛应用概率型的描述。数理统计学主要研究取得数据、分析数据和整理数据的方法。

3. 数量经济学

数量经济学是经济学中的一门新学科，它在马克思主义经济理论的指导下，在质的分析的基础上，利用数学方法和计算技术来研究社会主义经济的数量、数量关系、数量变化及其规律性。这一学科的主要内容有国民经济最优计划和最优管理、资源的最优利用、远景规划中的预测技术、储备问题的经济数学分析、经济信息的组织管理和自动化体系的建立等。

4. 技术经济学

技术经济学是一门跨自然科学和社会科学，同时包含研究技术与经济两个方面的交叉学科，它用经济的观点分析评价技术的问题，研究技术工作的经济效益，它既要研究科学技术进步的客观规律性，又要分析和评价技术工作的经济效果，回答如何最有效地利用技术资源促进经济增长的问题，从而实现技术上先进和经济上合理的最优方案，为制订技术政策、确定技术措施和选择技术方案提供科学的决策依据。

5. 管理科学

管理科学是在20世纪初形成的。1911年，泰罗在总结了他几十年的管理经验和泰罗制的有关管理理论的基础上，出版了《科学管理原理》一书，从而开创了“科学管理”的新阶段。科学管理原理理论在20世纪初得到了广泛的传播和应用。但是从科学管理的理论和内容中可以看出，泰罗所解决的问题还只是涉及生产作业方面的有关问题，还没有注意到管理组织和管理职能之间的相互关系，即尚未涉及管理系统化方面的有关问题，但它毕竟加强了生产过程中的现场管理，从而为系统化管理准备了条件，奠定了基础。其后，法约尔(Henry Fayol)(法)、韦伯(Max. Weber)(德)、甘特(Henry L. Gantt)(美)、吉尔布雷斯夫妇(Frankand Lillian Gilbreth)(美)、福特(Henry Ford)(美)等人的有关管理的理论为科学管理的发展、巩固和提高做出了杰出的贡献。

第二次世界大战后，由于运筹学、工业工程以及质量管理等理论的出现和应用，形成了新的管理科学。一方面，它强调建立数学模型，进行定量分析，应用电子计算机技术，从而为实现现代化管理提供了技术、方法和工具；另一方面，以梅奥(Elton Mayo)、巴纳德(Chester I. Barnard)等人为代表的心理学家、社会学家和企业家等以霍桑试验为起点，把心理学、社会学、人类学等科学应用到企业管理领域，形成了一个重要的学科分支——行为科学理论，这一理论的特点在于侧重对人的研究，研究人与人的关系(人群关系)，以及对人的管理问题。与此同时还出现了其他现代管理理论，其中主要有社会系统理论、系统管理理论、权变理论、管理过程理论等。这些新理论的形成使企业管理从“科学管理”阶段逐步地过渡到“管理科学”阶段。

管理科学的形成促进了系统工程的进一步发展。系统工程思想和方法在现代化管理中的具体运用必须在管理科学的基础上才能实现，从而使管理走向管理体制的合理化、经营决策的科学化、管理方法的最优化、管理工具的现代化。

(二)系统工程的常用技术

1. 模型化技术

所谓模型，是指由实体系统经过变换而得到的一个映像，是对实体系统的描述、模仿或抽象。模型化就是通过说明系统结构和行为的数学方程或物理形式表达实体系统的一种科学方法。模型建立的方法有直接分析法、数据分析法和系统分析法。目前物流系统领域的主要模型有库存模型、运输模型、投入-产出模型、选址模型等。

模型分为实体模型、图式模型和数学模型。数学模型是能够描述物流系统变量之间的相互作用和因果关系的模型。其一般方程式为

$$V = f(x_i, y_i) \tag{1-2}$$

其中：V——目标函数；

x_i——可控变量；

y_i——不可控变量；

$f(x_i, y_i)$——V 与 x_i 和 y_i 的关系。

2. 最优化技术

所谓最优化，就是在一定的约束条件下，找出使目标函数最大或最小的解。最优化求解的方法称为最优化技术。物流系统的最优化一般采用数学模型方法进行求解。物流系统的最优化技术有库存优化策略、最短路径问题、最大流量问题、最小费用问题等。

3. 网络技术

网络技术是以数理统计为基础，以网络分析为主要内容，以计算机为手段的现代化的计划管理方法，包括以时间控制为主的计划评审法(Program/project Evaluation and Review Technique，PERT)和以成本控制为主的关键路线法(Critical Path Method，CPM)。比如在物流系统中，通常利用网络技术实现统筹安排、合理规划，使得生产-流通-消费之间的物流实现平衡。

4. 分解协调技术

在分析研究中，先分别对各个子系统进行局部优化，再根据物流系统的整体利益原则，不断协调各子系统间的相互关系，以得到总体费用低、效率高、服务好的最优目标。复杂的物流系统通常可以按照目标关联或模型关联进行分解。例如，将企业物流系统的降低总库存水平的目标分解为控制采购部门、生产车间、销售部门等的库存就是按目标关联分解，将系统难以求解的数学模型分解为低阶、低维、方便求解的子系统数学模型就是按照模型关联分解。

5. 仿真技术

仿真技术亦称模拟技术，是指用系统模型结合实际或模拟的环境和条件进行研究分析或试验的技术方法。在物流系统中，进行物流需求的预测，特别是随机性、敏感性较强的需求的预测时，因素涉及面较广，难以用常规预测模型或者常规求解办法实施求解，采用计算机模拟技术比较方便。

任务三　系统工程方法论

从本质上讲，系统工程是一项组织与管理系统的过程。尽管对于不同的实际问题，可能采取不同的分析方法，但是系统工程解决问题的决策思维过程是一致的，这个决策过程

就是系统工程的方法论框架。实际上，决策过程本身也可看作一个系统。那么，该系统工程由哪些要素组成？各要素之间存在怎样的关系？该系统工程具有什么样的结构？显然，从任何单一的角度都不可能完全揭示该系统的全貌，必须从多角度进行观察。本节将通过介绍霍尔三维结构方法论和软系统方法论来揭示这一系统的结构，并通过三维结构中逻辑维的解释来说明系统工程决策思维过程。

一、霍尔三维结构方法论

（一）霍尔三维结构

1962 年美国学者霍尔(Hall)提出了被称为霍尔三维结构的系统工程方法结构。他从时间、逻辑、知识三个维度揭示出了系统工程的结构，如图 1－9 所示。

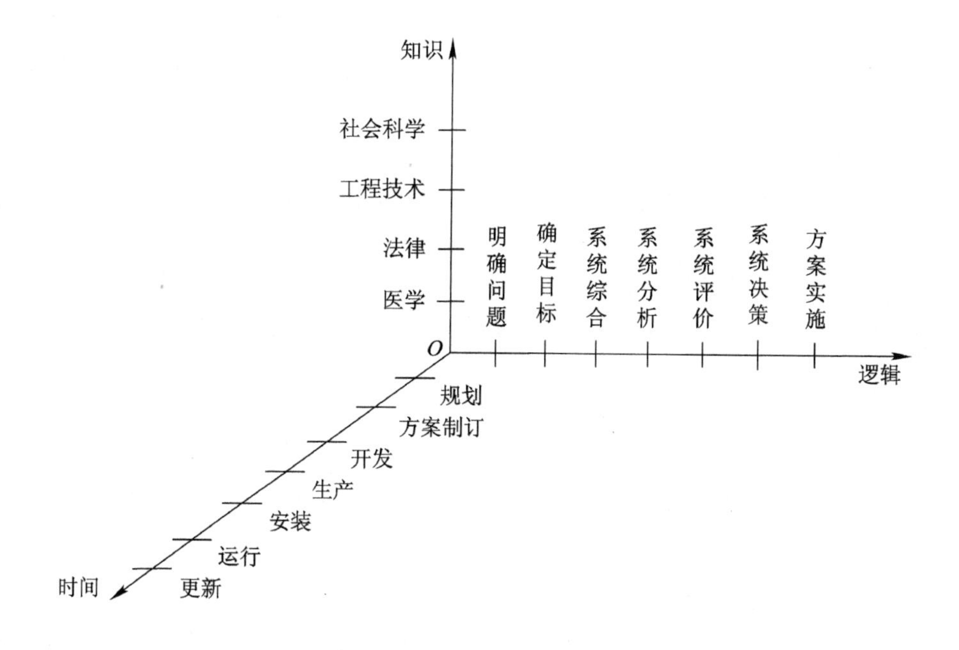

图 1－9　霍尔三维结构图

1. 时间维

时间维度是以时间的先后顺序来揭示工程中各要素及其相互联系，即工程是通过一系列按时间先后顺序排列的工作体现进展的，这里既有串联的工作，也有并联的工作。霍尔将系统工程按时间顺序分为图 1－9 中的七个阶段。

规划阶段：分析系统所处环境条件，确定所需资源，规划系统要实现的目标。

方案制订阶段：根据规划的目标，制订具体的总体方案。

开发阶段：根据总体方案，制订详细的生产计划。

生产阶段：生产制造所需的零部件(即方案的组成要素)，制订系统的安装计划。

安装阶段：安装系统，制订运行计划。

运行阶段：系统投入运行，实现功能。

更新阶段：根据运行过程中的问题，改进、更新系统。

用阶段对工程进行划分，最核心的是阶段成果，上一阶段的成果是下一阶段工作的基础，上一阶段的具体工作都体现在阶段成果之中，因此，阶段与阶段之间由阶段成果联系起来。

2. 逻辑维

逻辑维度是从工程管理的决策思维过程来考察，揭示系统决策的组成部分及其联系的规律。思维是围绕决策任务的完成而展开的，即决策过程的视角。霍尔将系统工程的决策思维活动划分成七个步骤，即明确问题、确定目标、系统综合、系统分析、系统评价、系统决策、方案实施。逻辑维上的结构比时间维上的结构更难把握，但也更能体现系统思想的特点和系统工程方法论的特征。

3. 知识维

知识维度是从工程活动中需要投入的科学知识角度来考察的，说明科学知识对工程进展的支撑作用。知识维可划分成社会科学、工程技术、法律、医学等。知识维是离散的、无排列顺序的。知识维的元素对时间维和逻辑维层面提供知识支撑。

霍尔三维结构方法论的特点是强调明确目标，核心内容是模型化和定量化。在20世纪60年代之前，系统工程主要用来寻求各种战术问题的最优策略，或用来组织与管理大型工程建设项目，非常适合应用霍尔的三维结构方法论。这类工程项目的任务一般比较明确，问题的结构很清楚，属于结构性问题，可以充分运用自然科学和工程技术方面的知识和经验来解决，有的项目甚至可以进行试验。这类问题大都应用数学模型进行描述，用优化方法求出模型的最优解。

（二）霍尔三维结构的决策逻辑

逻辑维是霍尔三维结构的核心，反映的是系统工程方法解决问题的决策思维过程，也是人们通过大量成功的实践总结出的解决系统问题的思路。

1. 明确问题

用任何方法解决问题，首先要将问题恰当地表述出来，以提供一个启动该方法的初始条件。比如，医生治病分成诊断、治疗两个阶段，要利用病人一系列状态所反映的信息来确定是什么病，即确诊，也就是明确问题。逻辑维中第一步“明确问题”就意味着行动方向的初步轮廓已形成，或建立目标的依据已充分。

明确问题不只要清楚地说明问题，更要进一步探明行动方向。比如，一家企业亏损了，可能有很多背景资料都能说明它的亏损是一个真实存在的问题。这已完成了说明问题，但尚未明确问题，因为还没有掌握行动指向的信息。只有进一步的研究与调查表明了亏损的根源是生产成本造成的，才可以认为问题初步明确了，降低生产成本是一个行动方向。

明确问题时不光要明确问题的内容与价值，还应明确解决这一问题所受到的主客观条件的限制，明确设计所应达到的标准。

怎样去明确问题呢？调查、经验、感觉都是十分重要的。创造学方法、统计学方法都可以在这一步骤中起作用，但是必须强调明确问题不是一个纯粹的技术问题。在新产品开发活动中，这一步骤也称为概念探索。比如，在调查中发现许多妇女提出了“电熨斗如果没有拖电线该有多好”的想法，由此引导开发人员开发一种不拖电线的电熨斗，这便是行动的指向。概念对于行动的指向是直接的。一般来说，问题明确时往往会有较强烈的行动欲望，但是并不是有行动欲望就是真的明确了问题。

明确问题也就是定义问题，这一阶段的任务包括：通过调查等手段弄清问题的结构、过程及态势，定义问题的边界和各种资源约束，寻找可能采取的行动方向。

系统工程人员面对的问题常常是难以解开的病态结构问题网。系统工程的活动可分成两部分：分析问题和解决问题。前者是从决策者的角度弄清现实存在的相互交织的问题网，后者是从专业角度提出和分析各种问题的途径。

2. 确定目标

目标是指希望得到的结果。这一步是将问题定义具体化、将行动方向转化为行动目标的过程。目标是在对问题及其产生原因、内外部环境、资源约束等信息进行分析的基础上由系统工程方法论形成的。目标太笼统，系统分析难度大；目标太具体，又容易以偏概全。因此，系统工程人员需要全面分析目标的结构层次，从而选择合适的层次目标。

✲ 小故事 ✲

二战时期，英国的战争物资要靠商船运输，而商船很容易被炸沉。后来，人们试验在商船上安装高射炮，就其击落敌机的效果而言，显然不如陆地上的高射炮命中率高。高射炮是一种紧缺资源，如果以击落敌机为目标，在商船上安装高射炮显然是不合理的。但是，如果按提高商船安全性这一目标来衡量，统计发现，装有高射炮的商船被击沉率由25%降到10%，出于对商船及战争物资安全性的考虑，最终选择了在商船上安装高射炮这一方案。

要点：目标的重要性。

确定目标之后，还需要建立目标评价体系和约束条件。目标评价指标用来反映方案达到目标的程度；约束条件是对备选方案及其目标实现程度的限制。

✲ 知识延伸 ✲

计时功能是手表最主要的功能。对一家生产手表的企业来说，提出“开发市场能接受的手表新品种”的目标，并不能表明已经明确问题了，从行动的要求来看尚未达到指明方向的作用。此时需要明确的是什么样的手表才是市场能接受的手表新品种。日本曾经研究得出这样的结果：妇女对手表的要求是除具有计时功能外，还具有装饰效果。根据这一结果可提出开发具有装饰效果的妇女手表。这时就可以称明确问题了，因为所要开发产品的概念已经形成，至此可进入指标设计阶段，比如可以从价格、款式、耐用性等方面来确定具体的目标。

要点：从明确问题到确定目标。

3. 系统综合

系统综合就是拟定实现目标的可行方案，即按照问题的性质以及总体目标要求，形成一组可供选择的系统方案，方案中要明确所选系统的结构和相应参数(如优缺点、成本等)。在系统综合时，最重要的问题是自由地提出设想，而不应以任何理由加以控制。

系统综合一般会拟定多个可行方案以备选择，并进行初步筛选。没有两种以上方案就算不上系统工程问题。只有存在多个可选方案，才能体现出科学决策的效率。因此，提出备选方案是进行系统分析的基础。

提出方案是创造力的体现，它强调把已有的发明应用于实践，往往要采用多种途径和方法，如类比法、功能分解法、联想法、头脑风暴法等。这些方法大体可以归纳为三类：

第一类方法是把其他事物中的原理借鉴过来，在类比中引申。创造学认为，新设想无一例外地是通过组合或不断改良从其他旧思想中脱颖而出的。

小故事

某公司总经理发现，企业里各部门的中层管理者在各自的岗位上都很出色，但彼此沟通却有困难，各部门之间的配合与合作不好，经常争论，出现问题时都想推卸责任。总经理偶然间看到一则关于“夫妻沟通技巧”训练课程的报道，该课程是某大学针对已婚夫妇开设的。课程设计是在探讨一些基本原理的基础上，请每对夫妇各自说出他们的问题，然后由其他夫妇针对该问题提出自己的看法，训练目的是强调建设性的沟通态度。总经理马上想到，该课程也可针对他的业务骨干开展，于是在公司内开设了名为“冷静的沟通”的课程。

要点：借鉴现有的原理，解决类似的问题。

第二类方法是把一个整体功能分解成为若干个分功能，分功能再分为若干子功能，继续细分，直到列出一系列末位功能，如此形成功能树。与该方法对应的是将一个产品(比如一部机器)分解成若干个部件，一个部件又分成若干个组件，组件细分为一个个零件，这就是结构树。

从总功能逐级分解直到末位功能，如同机器逐级分解成为一个个零件，这就是分解的过程。与之相反的就是组装的过程。可以看出，不同的分解、不同的组装可能形成不同的方案。

第三类方法是对一个简单的方案进行改造。在某些方案思路的启发下，往往会激发出另一些新的方案的构思，因此，可以对方案的特征进行概括，抽象出一些基本原理，然后形成更好的方案，也可以根据一个方案的原理引发联想，找到另一些可以借鉴的原理并提出方案，如此一步步前进。这种方法常称为爬山法。

4. 系统分析

系统分析是指对已提出的备选方案的特征进行比较研究，对方案执行的可能结果进行分析、预测和判断。系统分析的内容包括检验方案是否符合某个重要的单项指标约束的允许性分析、可行性分析等。

系统分析的主要内容大致如下：

(1) 允许性分析：约束条件分析，考察方案所利用的资源是否在允许的范围内，一般考虑人力、物力、财力、技术、经济、社会等方面能否具备允许该方案存在的条件。

(2) 可行性分析：分析方案所代表的系统在环境中的运行效果。主要考虑：

① 副作用分析：创建一个系统，除了要达到所需的功能以外，必然还存在着剩余功能，而剩余功能可能会导致严重后果，即副作用。比如，农药可以杀虫，却也可能使害虫增强对农药的抵抗力，还可能污染环境。

② 潜在问题分析：分析实施过程中可能出现的影响方案执行或者方案预期效果的因素。

③ 敏感性分析：分析一些不可控因素的微小变化被放大的效应。敏感性分析是基于这样的认识：任何一个系统，总会存在对某些输入或外部环境变化反应敏感的因素。比如，一座大桥可能对某些振动频率产生共振，这就是该大桥的敏感因素。

④ 费用效果分析：通过某种计量方式比较达到的效果与所付出的耗费，用以分析判断所付出的代价是否值得。

小故事

某企业拟在厂区大院中建一个喷泉。恰巧此时一个车间提出了水冷却问题。两件事结合在一起形成了一个一举两得的方案：把车间需要冷却的水引过来作为喷泉的水源，再引回车间，作为冷却水，但是在喷泉建成后发现喷泉口容易被堵塞。其原因是喷泉口长了很多水藻，经检测发现冷却水中含有少量氨，为水藻提供了一个良好的环境，这实际上就是方案中潜在的问题。

要点：潜在问题分析的重要性。

总之，系统分析是分析方案的品质和效果，重要的是在分析中提出改善与改造方案的建议，甚至引出新方案的设想。通过系统分析，可分析备选方案的质量，更主要的是在分析中提出改善或改造建议。系统分析可借助模型化方法进行。

5. 系统评价

系统评价是根据各个方案在不同情景下的分析结果并结合其他资料所获得的结果，将各种方案进行定性与定量相结合的综合分析。通常，备选方案在不同的评价指标方面各有优缺点，很难简单地断定某一方案绝对优于其他方案，这时就需要应用综合评价，既考察每一方案的利弊得失和效益成本，同时还考虑各种有关的无形因素，如政治、经济、科技、环境等，以获得对所有可行方案的综合评价和结论。

系统评价是方案优选和决策的基础。大多数情况下，多个备选方案各有利弊，需要依据一定的准则进行比选与评价。一般可以从单项评价入手，再到综合评价，从而得到方案的优先顺序。

6. 系统决策

系统决策是指决策者根据对可行方案的评价结果，再考虑自己的决策偏好，最终选择一个或少数方案予以试行。

确定方案的主体是决策者，分析者的分析结果仅作为决策时的参考，决策者在决策时会有自己的偏好。因此，最优方案不仅是经济上的，更是综合意义上的最优。

7. 方案实施

方案实施是将选定的方案加以贯彻和实施的过程。实施的过程中也可能对方案进行修正、完善甚至中断执行。应用项目管理方法可实现对方案实施过程的有效管理。

在系统工程分析与决策过程中，上述七个过程并不是一次性按顺序完成的，它们之间存在着反馈。

把逻辑维里的 7 个步骤和时间维里的 7 个工作阶段做成一个表格，就形成了表 1－2 所示的系统工程活动矩阵。

表 1－2 系统工程活动矩阵

时间维	逻辑维						
	明确问题	确定目标	系统综合	系统分析	系统评价	系统决策	方案实施
规划阶段	a_{11}						
方案制订阶段							
开发阶段							
生产阶段				a_{44}			
安装阶段							
运行阶段							
更新阶段		a_{72}					

矩阵中，a_{ij} 表示系统工程的一组活动。比如，a_{11} 表示在规划阶段中“明确问题”步骤进行的活动；a_{44} 表示在实验阶段里的“系统分析”步骤进行的活动等。

矩阵中各项活动是相互影响、紧密关联的。要从整体上达到最优效果，必须使得各阶段、各步骤的活动反复进行。反复性是霍尔活动矩阵的一个重要特点。

（三）案例分析

目前，中国水务市场正处于方兴未艾的发展时期，特别是 21 世纪以来，国外水务巨头纷纷抢滩登陆，把我国作为其全球市场的重要部分来开拓。我国城市水务业外商投资项目主要以项目融资的方式出现，包括建造-运营-移交模式(Build-Operate-Transfer，BOT)、转让-经营-转让模式（Transfer-Operate-Transfer，BOT)、融资模式（Public-Private-Partnership，PPP)等。截至 2008 年底，我国境内 16 家主要外资水务企业在我国城市水务市场中共签订约 100 个水务项目，涉及北京、上海、天津、重庆、深圳、乌鲁木齐、南昌、郑州、成都、沈阳、兰州、昆明等十几个城市。其中，从 1994 年至 2008 年，我国境内 6 家最有影响力、最活跃的外资水务企业分别为威立雅水务(前身为威望迪环球水务公司)、中法水务、中华煤气、金州环境、汇津水务和美国西部水务。

1. BOT、TOT 和 PPP 项目融资模式的霍尔三维结构模型

BOT、TOT 和 PPP 项目融资模式涉及面广，参与部门多，操作程序复杂。为了充分研究 BOT、TOT 和 PPP 项目融资模式，将现代系统科学理论、观点和方法引入其中，运用系统论思想，通过系统分析的方法，构建霍尔三维结构模型，以解决其存在的问题，促进其完善，推动现代水务业项目的发展，加快我国经济的现代化建设。

1）时间维

下面从 BOT、TOT 和 PPP 项目融资模式的运行过程进行考察。

(1) 准备阶段：确定项目，编制可行性研究报告；项目立项，审批文件；招标准备，编制招标文件；资格预审，由政府确定投标人。对于水厂项目，要重视资格预审文件中关于水处理的相关内容，最好找当地的水务公司组成联合体，以形成自己的竞争优势。

(2) 招标阶段：准备投标文件、政府汇总标书；评出候选中标者；选出中标者，政府通过商议后确定最后中标者；详细谈判，拟定特许权协议与合同。其中，标书的编制是重点，要重视环境影响报告书(应包括地质、水土、资源和节能减排等方面的内容)。特许权协议与合同是重中之重。水厂项目要注意水价、水量、环保许可证和环评报告。

(3) 融资阶段：实施融资决策，明确融资任务和目标；设计融资结构；进行融资谈判，确定放贷方；执行融资，签署融资协议。对于水厂项目，要做好融资计划的实施和管理，目的是通过合理的分析和组合，拓宽融资渠道，降低融资成本。

(4) 实施阶段：进行项目的设计与建造，以及项目建成后的运营与维护，还要将项目按要求移交给政府。此阶段是水厂项目的实际运行阶段，要注意项目本身的质量控制，并随时监测水量与实际用水需求。

2）逻辑维

下面从 BOT、TOT 和 PPP 项目融资模式的融资结构进行考察。

(1) 所在国政府：项目融资中的关键角色之一，在项目融资中发挥着重要作用。所在国政府可以是担保方，为融资提供帮助，为项目发起人提供特许经营权，还可以是项目产品或服务的购买者。另外，所在国政府可以通过制定相关的税收政策、外汇政策等为项目融资提供优惠待遇。

(2) 项目发起人：项目融资中的关键角色之二。项目发起人是负责筹集项目资金、负责项目实施的项目开发商，项目发起人通常不直接负责项目的建设和运营，而是通过设立专门的项目公司来负责项目的建设和运营，项目公司的业务只限于该项目的建设和运营。

(3) 贷款银行：项目融资中的关键角色之三。贷款银行是项目所需资金的最主要提供者。由于资金需求大，因此一家银行很难独立承担贷款业务。另外，基于对风险的考虑，任何一家银行也不愿意为一个大项目承担全部贷款，所以通常情况下由几个银行组成一个银团共同为项目提供资金。

其他项目融资的主要参与人包括项目承建商、项目供应商、项目担保机构、项目保险机构、项目使用方、咨询专家和顾问团等。特别地，水厂项目要注意咨询环保方面的专家。

由以上所有参与人构成一个完整的融资结构，其中有错综复杂的逻辑关系与利益关系，如图 1-10 所示。

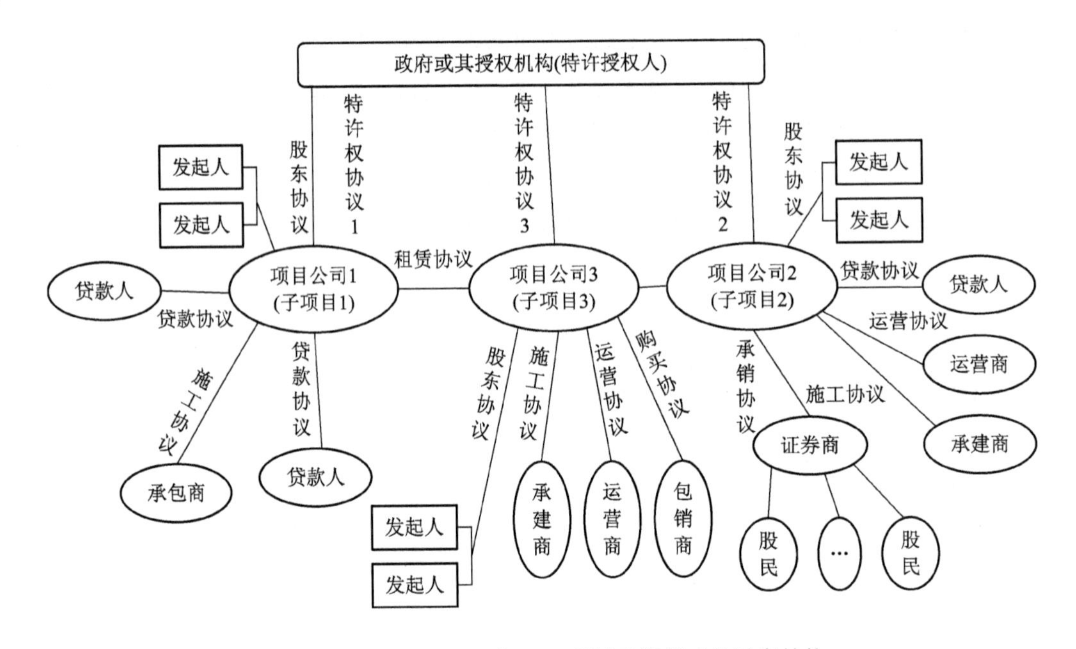

图 1-10　BOT、TOT 和 PPP 项目融资模式的融资结构

3）知识维

下面从 BOT、TOT 和 PPP 项目融资模式的相关知识进行考察。

(1) 政治。项目发起人要了解东道国的政治体制、政治局势的稳定性、政策的连续性、政府的信用等级和政府的对外关系等；要尽量排除东道国的政治状态和政治因素对项目融资活动产生的影响。对于水务业项目而言，要重视政府对水厂项目的行政干预。

(2) 法律。项目发起人要了解东道国的各种法律和法规，主要包括有关政府管制的规定、促进有关外国投资的立法、担保法、证券法、特别立法、合同法、公司法、劳动法、环境保护法、社会责任法、土地管理法等；要关注法律的变动可能对项目产生的影响。对于水务业项目而言，要格外重视环保方面的法律法规政策的相关条文。

(3) 商业。项目发起人首先要了解东道国财务、税收、外汇等方面的法规，同时也要对东道国的经济环境、经济政策、经济发展水平有充分了解。在微观领域，要注意所提供的产品或服务的市场价格、竞争情况与实际需求等问题。对于水务业项目而言，要重视那些吸引或限制水厂项目投资的相关政策及汇率担保等方面的规定。

(4) 金融。项目发起人既要了解东道国的金融市场体系的运行模式，又要关注该国的通货膨胀情况、汇率与利率的变动情况。对于水务业项目而言，要重视东道国政府的外汇储备额、货币和汇率的稳定性、受理水厂项目工程的保险额度和保险费费率等问题。

(5) 工程技术。项目发起人要保证工程的进度与质量，在控制成本的前提下按时完工。在项目完成后，要注意项目生产阶段的技术问题，以及项目能否达到良好的技术工艺与规格标准。对于水务业项目而言，要注意水厂项目当地的技术要求和限制、项目的合作伙伴的技术水平等情况。

(6) 运营管理。项目发起人要确保能源和原材料供应、劳动力状况和设备的维护等方面正常运行。对于水务业项目而言，要密切注意管网的漏水率与偷水问题，保证有足够的现金流支付管理费用和偿还债务，还要注意水源的基本情况、当地水厂员工的工资水平，以及水厂设备的采购、租赁与运输等问题。

(7) 环境保护。项目发起人要了解东道国的有关环境保护法律方面的内容，特别是水处理项目，要关注环保标准的变化，尽量不要被罚款或因改正错误增加资本投入。必要时，要设立监测与计量部门，以免造成环境污染。

综上所述，我国城市水务业主要通过 BOT、TOT 和 PPP 融资模式吸引外资，缓解了政府建设资金的不足，促进了水务企业管理和生产技术的进步，推动了水务市场的开放和水务管理体制、机制的改革。但是，外商投资 BOT 与 TOT 模式只限于净水处理厂和污水处理厂的生产管理，割裂了政府与管网的业务联系，实行单元服务不利于水务企业业务的统一经营管理，不利于引进先进的生产和管理技术。这两种模式的外国投资者不是依托先进的生产管理技术赚取利润，而是主要靠固定回报率、保底回报率或保底水量等合同约定赚取高额回报，中方水务企业利益严重受损，社会公众、企业等也承受着水价上涨的潜在压力。而 PPP 模式通过购买水务业资产股权保持了特定区域内水务企业业务的完整，实现了面向最终消费者的市场化，更加符合城市水务行业的产业特征和要求，有利于提高水务企业的管理技术水平、运营效率等。但外资大量购买我国水务资产，也存在使我国本土水务企业面临边缘化、水价上涨过快、供水存在安全问题、管网资产空心化、PPP 项目公司垄断利润、城乡水务一体化进程缓慢、部分消费者服务得不到保障等隐患，社会公共利益明显受到侵害；同时，市场进入不规范、特许经营权协议不完善、特许经营期满后退出机制约束不健全等政府规制不到位，也是 PPP 融资模式存在的主要问题。

因此，把霍尔三维结构模型这个系统工程方面的理论引入 BOT、TOT 和 PPP 项目融资模式，分三个维度提出了一个进行城市水务业融资模式研究的框架，如图 1-11 所示。

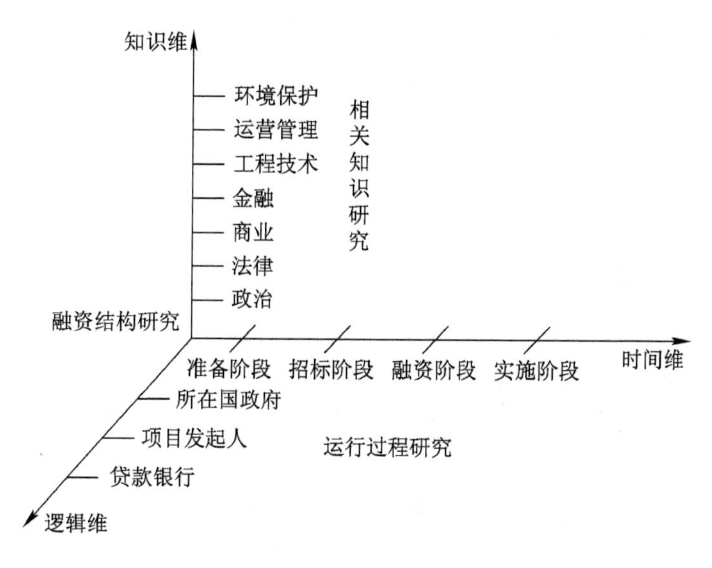

图 1-11　城市水务项目的霍尔三维结构模型结构图

二、软系统方法论

从 20 世纪 70 年代开始，系统工程所面临的问题出现了三个新的特点：一是与人的关系越来越密切；二是与社会、政治、经济、生态等众多复杂的因素纠缠在一起，属于非结构性问题；三是问题本身的定义并不清楚，难以用逻辑严谨的数学模型进行定量描述。国内外不少系统工程学者对霍尔的三维结构方法论提出了修正意见，其中，英国兰卡斯特大学切克兰德(P. Checkland)提出的一种系统工程方法论受到了系统工程学界的重视。

(一) 切克兰德及其方法论

切克兰德把霍尔的系统工程方法论称为硬系统(Hard Systems Methodology，HSM)方法论。他认为完全按照解决工程问题的思路来解决社会问题和软科学问题会遇到很多困难。究竟何为最优，由于人们的立场、利益各异，价值观不同，因此很难取得一致的看法，即问题是非结构化的。对这类问题(即议题(Issue))，首先需要的是不同观点的人们相互交流，通过概念模型或意识模型的讨论和分析后，通过进一步认识、不断反馈，逐步弄清问题，对问题本身达成共识，方可得出满意的可行解。因此，“可行”“满意”“非劣”的概念逐渐替代了“最优”的概念。

切克兰德根据以上思路提出了软系统(Soft Systems Methodology，SSM)方法论。硬系统方法论的核心是优化过程(解决问题方案的优化)，与之相比，切克兰德称软系统方法论的核心是一个学习过程。

(二) 软系统方法论的决策逻辑

切克兰德的软系统方法论的决策逻辑如图 1-12 所示。切克兰德的软系统方法论包含了两种类型的活动：虚线以上是现实世界活动，指社会生活中相互作用的人的行为，即人类活动系统；虚线以下是思维活动，包括问题情景中的人的活动。

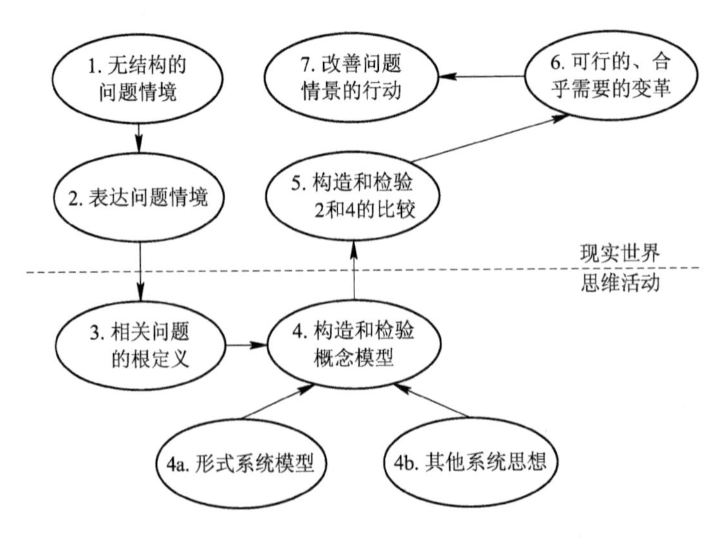

图 1-12　软系统方法论的决策逻辑图

图 1-12 的 7 个阶段中：阶段 1 和阶段 2 是表达；阶段 3 是相关问题的根定义；阶段 4 是构造和检验概念模型；阶段 5 是概念模型与现实的比较；阶段 6 和阶段 7 是变革。实际工作中不一定从阶段 1 到阶段 7 顺序执行。

（1）阶段1和阶段2：表达。阶段1调查非结构化问题，找出有关的问题情景，即广泛从处于问题情景中的人那里收集尽可能多的对问题的知觉。阶段2运用丰富图(Rich Pictures)来表述问题。丰富图要能够尽可能多地捕捉与问题相关的信息。一张较好的丰富图能够揭示问题的边界、结构、信息流以及沟通渠道等。最为关键的是，通过信息图能够发现与问题相关的完整的人类活动系统。

硬系统方法论的观点是：存在一个需要设计的系统，该系统在一个明显的系统等级中占有明确的位置。在软系统中，边界和目标几乎是不可定义的，对需要设计和改变的系统有许多可能的表达。

（2）阶段3：对相关系统进行根定义(Root Definition)。表达阶段结束时，需要回答的问题是“什么是与问题有关的系统”，而不是“什么系统需要设计”，必须慎重回答这个问题，明确解释所选出系统的基本性质，这就是相关系统的根定义(基本定义)。

我们可以从哪些不同视角审视这个问题呢？根定义通常用一句话来表述系统转变过程，并包含六个基本成分，使系统达到结构化和标准化。这六个成分的英文首字母缩写为CATWOE，简述如下：

① 顾客(Customer)：任何能够通过系统获益的人。与此同时，因系统问题遭受损失的人，也应被视为系统的顾客。

② 执行者(Actor)：负责设定系统的输入和输出。

③ 转变过程(Transformation Process)：展示从输入到输出的系统变化。

④ 世界观(Weltanschauung)：Weltanschauung是德语“世界观”的意思，此处表示转变流程要具有综合意义。

⑤ 所有者(Owner)：系统的拥有者，有权决定系统启动和系统关闭的人。

⑥ 环境限制(Environmental Constraints)：必须要考虑的外部因素，包括组织政策以及司法、伦理方面的制约。

根定义表明，从分析者的角度看，采用这个系统作为相关系统最有可能把问题阐述清楚，使之得到解决和缓和。

（3）阶段4：构造和检验概念模型。根定义描述了系统“是什么”，而概念模型则描述系统“做什么”。为了确保概念模型的正确性，要用形式系统模型及其他系统思想进行对照检查。

（4）阶段5：概念模型与现实的比较。阶段2是对问题情景的直觉认识，阶段4则提供了更深入的描述。二者的比较将引起一场关于改善问题情景的讨论。实际工作中，这种讨论一开始往往集中在初始分析和根定义的不足上，对此需要做进一步的工作以改进和完善根定义，经过必要的反复之后，将引起有关变革的讨论。

（5）阶段6和阶段7：变革。阶段6是可行的、合乎需要的变革。认识世界是为了改造世界。硬系统中所设想的变革是建立和实施一个系统，软系统中也有这种情况。比如，实施一个信息系统为现有职能服务，但一般来说，可能引起一个较为缓和的变革，是结构的、过程的或态度的变革。阶段7是改善问题情景的行动。软系统方法论与硬系统方法论的主要差别在于：后者把问题和需求当作是“给定的”，而前者允许后面的阶段出现完全不可预料的回答。如果问题有足够好的定义，那么“概念化”就成为系统设计，实施某种变革就是实现一个设计好的系统。因此，硬系统方法可以看作软系统方法的一种特殊情况。

总之，软系统方法论的核心不是“最优化”，而是进行“比较”，找出可行、满意的结果。“比较”这一过程要组织讨论，听取各方意见，进行多次反馈，它是一个学习的过程。

软系统方法论可以应用于任何复杂的、组织化的情境和问题，并包含大量的社会、政治以及人为活动因素。软系统方法论在我国已用于一些比较复杂的发展战略问题，在进行物流发展战略问题的分析时也可以采用这样的方法。软系统方法论有不同于其他方法的特点，它强调问题情境而不是有确定定义的问题，辨识解决问题活动中的多种角色，应形成一套导出问题和分析问题的标准。

模块小结

(1) 系统是由相互作用而又相互依赖的若干组成部分结合的具有特定功能的有机整体。

(2) 系统有集合性、整体性、相关性、层次性、目的性、环境适应性等6个主要特征。

(3) 系统的分类主要有自然系统与人造系统、实体系统与概念系统、动态系统和静态系统、封闭系统和开放系统。

(4) 系统要素之间的关联分为确定性关联、不确定性关联、确定性关联与不确定性关联的混合。

(5) S_1 直接作用于 S_2 称为从 S_1 至 S_2 的连接。符号 C_{ij} 表示要素 S_i 与 S_j 的这种连接状态，称为连接系数。

(6) 系统工程是指从整体出发，合理开发、设计、实施和运用系统科学的工程技术。它根据总体协调的需要，综合应用自然科学和社会科学中的有关思想、理论和方法，以电子计算机为工具，对系统的结构、要素、信息和反馈等进行分析，以达到最优规划、最优设计、最优管理和最优控制的目的。

(7) 系统工程的基础理论有一般系统论、大系统论、协同论、耗散结构理论、经济控制论、运筹学、系统动力学理论等。系统工程的技术内容有运筹学、概率论与数理统计学、数量经济学、技术经济学、管理科学等。系统工程的常用技术有模型化技术、最优化技术、网络技术、分解协调技术、仿真技术等。

(8) 霍尔三维结构包括时间维、逻辑维、知识维。其中，时间维包括规划阶段、方案制订阶段、开发阶段、生产阶段、安装阶段、运行阶段、更新阶段等7个阶段；逻辑维包括明确问题、确定目标、系统综合、系统分析、系统评价、系统决策、方案实施等7个步骤；知识维包括社会科学、工程技术、法律、医学等知识领域。

同步测试

一、单选题

1. 对于系统的基本属性描述有误的是(　　)。

A. 系统的要素与要素之间一定存在着相互作用和有机联系
B. 各要素的特有功能构成系统的整体功能
C. 系统是诸多要素组成的整体
D. 系统各要素与整体之间存在着不可忽视的作用

2. 系统的整体性主要表现为系统的(　　)。
A. 整体结构
B. 整体要素
C. 整体适应性
D. 整体功能

3. 霍尔三维结构中的时间维表示系统工程活动由规划阶段到(　　)。
A. 论证阶段
B. 试验阶段
C. 实施阶段
D. 更新阶段

4. 按系统形态，人造系统可分为(　　)。
A. 自然系统和人工系统
B. 实体系统和概念系统
C. 静态系统和动态系统
D. 反馈系统和封闭系统

5. 系统环境适应性原理指的是(　　)。
A. 由于组成系统的诸要素之间的种种差异包括结合方式的差异，因此系统组织在地位与作用、结构与功能上表现出等级秩序性，形成了具有质量差异的系统等级，层次概念就反映这种有质量差异的不同的系统等级或系统的高级差异
B. 由若干要素组成的具有一定新功能的有机个体作为系统子单元的要素且组成系统整体
C. 系统具有不断与外界环境进行物质、能量信息交换的性质和功能
D. 系统在与环境的相互作用中，在一定的范围内，其发展变化不受或少受条件变化的影响，坚持表现出某种趋向预先确定的状态的特性

二、多选题

1. 系统的结构可以是(　　)。
A. 一层　　B. 两层
C. 三层　　D. 四层

2. 系统的特征包括(　　)。
A. 特殊性　　B. 相关性
C. 独立性　　D. 整体性

3. 属于自然系统的是(　　)。
A. 运输系统　　B. 太阳系
C. 海洋系统　　D. 城市

4. 在三维结构方法论中，三维是指(　　)。

A．方法维　　B．时间维

C．知识维　　D．逻辑维

三、判断题

1．一个要素不能构成系统。（　）

2．系统的三个要素依次是输入、处理、输出。（　）

3．任何系统都是动态系统，因为系统都有生命周期。（　）

4．系统工程是一个泛指的方法类，它是应用系统思想指导工程管理所形成的方法。（　）

5．狭义上说，处理或转换就是系统的功能。（　）

6．自然中可能存在一个没有边界的系统。（　）

四、简答题

1．请简述霍尔三维结构的内容。

2．请举例说明或者完整阐述系统要素目标的冲突及解决过程。

模块二

系 统 分 析

知识结构导图

教学目标

(1) 理解系统分析的定义；
(2) 理解系统的目的分析和结构分析；
(3) 了解系统分析的原则及要点；
(4) 掌握系统分析的要素及步骤；
(5) 了解系统分析的理论技术基础及常用技术方法。

重点

(1) 系统分析的要素；
(2) 系统分析的步骤；
(3) 系统分析的常用技术方法。

难点

(1) 系统的目的分析；
(2) 系统的结构分析。

案例引入

北京大兴国际机场于2019年正式通航，作为大型航空交通枢纽，在2014年开工建设之初就遇到了许多复杂的问题。由于大型航空交通枢纽是一个大型项目群，包括机场功能配套设施、公共配套设施、经营性配套设施等，由数十个乃至上百个单项工程组成，而且随着大型航空交通枢纽功能综合性的提高，枢纽工程多投资主体的现象越来越普遍，涉及的组织机构也越来越多。

随着组织系统范围的不断扩大，系统的复杂性也随之增加。针对此问题，北京大兴国际机场设立的建设与运筹组织系统由实施、管理和治理三个层级以及其他咨询机构构成。其中，由国家层面、民航局层面、首都机场集团公司层面构成的治理层级组织系统站在项目全局、组织整体的立场上，通过其治理工作实现对整个项目的综合指挥和统一管理；由建设管理组织系统、运筹管理组织系统构成的管理层级组织系统实现治理层级组织系统做出的决策、确定的战略和目标；而实施层级组织系统则是根据管理层级组织系统的安排，对整个机场的建设工作进行协调；其他咨询机构则是通过制订清晰的工程进度计划方案与科学的计划节点，将机场项目的总目标与工作的具体目标形成一个系统整体，并对项目进度管理工作负责。北京大兴国际机场最后于2018年竣工，现已成为北京的重要交通枢纽之一。

思考：如何确定系统分析的目标？如何开展系统分析？

任务一　系统分析的认识

一、系统分析的定义

系统分析(System Analysis)是指从系统的观点出发，对事物进行分析研究，寻找可能采取的方案，并通过分析对比，为达到预期目标而选出最优方案。系统分析是一个有目的、有步骤的探索和分析过程。它是系统综合、优化、决策及设计的基础。

系统分析的目的在于：通过对系统的分析，比较各种备选方案的费用、效益、功能、可靠性及其与环境的关系等各项技术经济指标，得出决策者进行决策时所需要的资料、信息，为最优决策提供可靠依据。

系统分析的方法是采用系统的观点和方法，用定性和定量的工具，对所研究的问题进行系统目标、系统结构和状态的分析，提出各种可行方案，并进行比较、评价和协调，帮助决策者对所要决策的问题逐步提高清晰度。因此，系统分析是辅助领导者实现科学决策的一种重要工具。

当系统的内外部环境发生改变，需要重新设计系统或进行系统的改造时，就需要进行系统分析。

比如，对一个物流系统来说，当外部市场环境或企业战略发生改变时，需要对现有的物流系统进行重组、改造，或重新设计新的物流系统，这时就需要明确如下问题：重组或改造后的物流系统需要有什么功能；什么样的系统结构能实现这些功能；是否会出现不希望的附加功能；等等。另外，当经济环境、政策环境发生变化时，也需要对现有的物流系统进行分析，以评价现有的系统是否适应变化的环境、是否需要进行系统改造。

从本质上讲，系统分析主要是为了更清楚地认识系统，从目的、功能、结构、外部环境、经济后果等方面更加全面地剖析系统，其最终目的是为构造或改造系统提供科学指导和充分依据，使系统的整体效果达到最佳。

系统分析的基本内容包括系统的目的分析、结构分析。目的分析的主要内容包括目的的完备性分析、必要性分析和可行性分析等；结构分析主要包括系统的功能结构分析、网络结构分析。

二、系统的目的分析

系统目的必须符合 4 项原则：技术上的先进性、经济上的合理性和有效性、同其他系统的兼容性和协调性、对外部环境变化的适应性。

系统目的分析的主要内容包括系统目的的完备性分析、必要性分析和可行性分析等。

（一）系统目的的完备性分析

系统目的的完备性分析是指提出的目的能否充分反映系统的多样性和系统本身所具有的层次性特点。

1. 系统目的的多样性

建立一个系统一般会提出多个目的。这些目的可能涉及不同的层次，但即使在同一层次，也会有多个不同的目的。比如，城市交通路网系统，既要求能改善公共交通环境，缩短车辆行驶时间，又要求方便商品流通和居民购物，同时还要有利于城市环保，这些都属于同一层次的多目的。

2. 系统目的的层次性

系统本身具有层次性，下一层次的系统可以看作上一层系统的要素，不同层次的系统具有不同的目的。一般来说，下一层次的系统目的是由上一层次的系统目的决定的，而上一层次的系统目的是由下一层次的系统目的来实现的，由此构成系统的目的体系。

高层次的目的适应范围广，适应时期长；低层次的目的比较明确、具体，低层次的目的应服从高层次的目的。在审查系统目的时，不仅要审查系统的总目的，还要审查子系统的目的，包括子系统目的的科学性、可行性及完备性等。另外，还要考察系统的总目的与各层次子系统的局部目的之间是否协调，子系统的各个局部目的之间是否矛盾等问题。

按照目的的适用范围和适用时期，可将系统目的分为营运目的、战略目的和基本目的三个层次。

1）营运目的

营运目的是指通过有限时间内的行动可得到的具体结果，也称为营运目标。从系统的角度来理解，该类目标是系统在既定结构的条件下，通过行为调节可获得的结果。例如，在一定的生产设备下，通过改变投入来实现新的产量就是营运目标。为了实现营运目标而改变运作方案时，人们往往会忽略改变方案所产生的成本。一般认为实施运营目标的方案大都是确定型的。

2）战略目的

战略目的在一定程度上等同于长期目标，也称为战略目标。它是一个阶段内确定营运目的的基础，也是系统结构调整的基础。战略目标的出发点是在现在的内外部条件下，把系统调整到更好的结构状态。因此，如果内外部条件不变，则战略目标是不变的。但实际上，战略目标也是变化的，只是变化的幅度较小，它能促使系统结构渐变。例如，一家具有技术优势的企业实施产品领先战略，可能会扩大研发机构的规模或重新分配资源，这对企业来说是企业结构的渐变。

3）基本目的

基本目的是指企业或系统长期的追求与理想，也称基本目标。企业的愿景和任务陈述是基本目的的体现形式。基本目的可促使系统结构的重构，是制订战略目标的依据。基于基本目标的决策，是最高层次的决策，它是一个多层次的综合行动方案，具有较大的实施风险和不确定性。

各层次的目标需要进行协调。目标所处的层次越高，目标变动所需的能量就越大，当然变动的频率也越低。

不同层次目标之间的关系如图 2－1 所示。

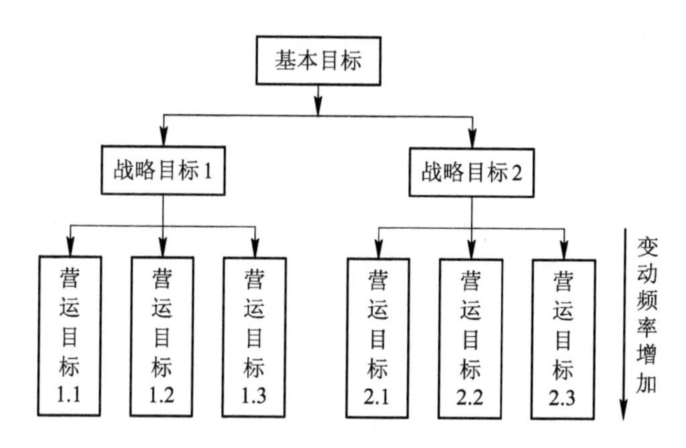

图 2－1　不同层次目标之间的关系

我们经常还会按照一个系统的组成部分或功能部分进行分解，这时可将系统目的按总系统与子系统的关系进行层次划分。比如，港口集装箱物流系统的总体目的是建立高效率的集装箱转运中心。要实现这一总目的，就需要装卸搬运系统、货运商务系统、集疏运系统等多个子系统能实现各自相应的目的，还可以进一步对这三个子系统的目的再进行分解。这样我们可构建如图 2－2 所示的港口集装箱物流系统目标的层次结构。

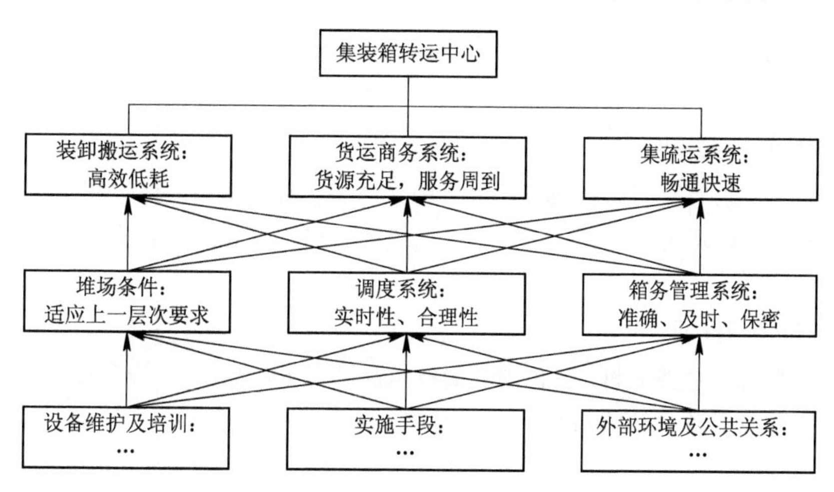

图 2－2　港口集装箱物流系统目标的层次结构

3. 系统目的的冲突与解决方法

系统中各目标之间的冲突普遍存在，因此不能忽视对系统目标冲突的分析。

那么，如何解决系统内部各要素之间的目标冲突呢？答案是集成，它是解决系统要素冲突的有效途径。

（二）系统目的的必要性分析

新建一个系统或进行系统的重组时，首先要对系统目的进行必要性分析。为制订必要的目标体系，可以先列出所有希望系统实现的目的和所有希望避免发生的后果，再通过与相关决策者的共同讨论，初步确定系统的目的，并确保系统目的的逻辑合理性。对于初步提出的系统目的，对其含义进行具体界定，进一步将这些目的转化为有意义的目的，形成目的体系，并且还要从价值的角度和逻辑的角度判断目的体系的合理性与必要性。

一般来说，可从三方面分析系统目的的必要性：

(1) 现有的系统是否出现了与客观环境不适应或与国民经济发展不适应的情况。政策环境和经济环境的变化会使原有的系统在某些方面不再满足要求。比如，当前环保法规对固体废物、车辆尾气排放等制订了更加严格的规定，这就要求流通加工、包装、运输等环节能适应新的环保要求，减少废弃物和废气的排放量。可重复使用的包装容器、绿色运输等就是适应新的环保要求的选择方案。

(2) 系统内部的软、硬件环境能否满足新技术发展的要求。比如，条码技术、网络技术、信息技术的发展及其在各领域的广泛应用，可能会使企业原有的信息系统过时，或与供应链上的其他企业不兼容，这时就需要提出新的系统目的。

(3) 是否出现新的市场需求，或消费者是否提出了全新的服务要求。比如，随着区域经济的发展、产业结构的调整，消费者需要更高标准的增值服务等，将产生新的市场需求，因而有必要建立新的服务供应系统等。

（三）系统目的的可行性分析

系统目的的可行性分析包括系统目的的提出在理论上是否有充足的证据，现实条件能否保证系统目的的实现。

1. 理论依据的充分性

理论依据的充分性主要审查所提出的系统目的是否有科学的依据，是否经过充分的论证，是否与有关基础理论相违背，是否与宏观经济发展政策相适应。总之，系统目的不能建立在空想的基础上。

2. 客观条件的保证

客观条件的保证主要分析、评价现有的技术水平、资金能力、资源条件、人才条件、外部环境等能否保证系统目的的实现。

三、系统的结构分析

进行系统的结构分析时，要先确定功能（功能结构），再确定结构（网络结构）。

（一）功能结构分析

1. 系统功能的分类

一个系统往往能实现多种功能。其中，有些功能是人们所希望的，有些则是不需要或暂时不需要的。根据人们对系统功能的主观愿望，可以将系统功能分成基本功能和剩余功能两类。

1）基本功能

基本功能是指能实现人们预期目的的功能。例如，某种商品的基本功能是其使用价值，电话的基本功能是传送信息，企业系统的基本功能是创造利润。

我们可从两个层次来理解基本功能：

(1) 从能力的角度来理解，考虑系统“能干什么”之类的问题，如果用系统论的语言来描述，就是系统的输出特征。

(2) 从功效的层面来理解，考虑系统输入、输出的综合特征，衡量系统具有的效益或性能。关于系统功效，可应用系统评价常用的指标来衡量，如系统的效益、可靠性、稳定性、环境适应性等。

2）剩余功能

剩余功能是相对于系统的基本功能而言的。系统功能中，除去基本功能的其他功能都可以称为剩余功能。因为一个系统总有一些功能是尚未被人认识到的，所以可以认为剩余功能总是存在的。我们有时会用副产品或副作用来描述系统的剩余功能。

当过分强调环境适应性时，就可能形成剩余功能。例如，当电冰箱的工作电压范围设计得太宽时，可能导致电能的浪费，这也是一种剩余功能。

2. 系统功能的层次

系统功能具有层次性。系统总功能可以分解成不同层次的子功能，一般情况下可以与系统目标的层次分解同步进行、相互关联。系统功能的层次分解形成系统结构的基础。图2-3所示为供应链不同阶段物流系统的功能构成。

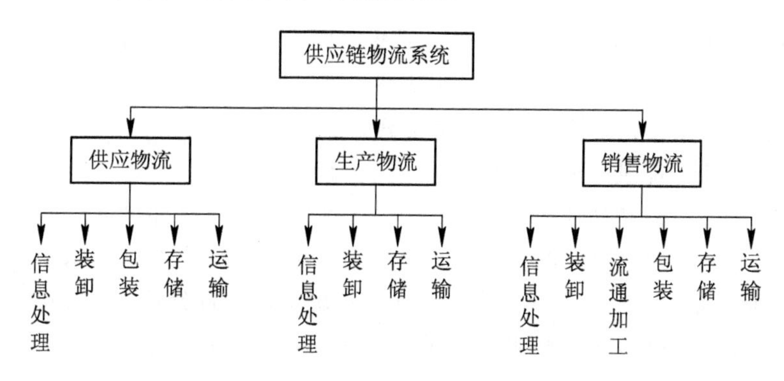

图2-3　供应链不同阶段物流系统的功能构成

系统功能是系统行为集的特征，而系统行为可看作各项行为的综合，因此，系统总功能可理解成各项子功能的集成。也就是说，系统总功能可分解成不同层次的子功能。我们说系统的结构，实际上是指与系统功能相对应的结构，即子功能与其所构成的总功能的关系。

再如，要设计一个以城市配送服务为主要目标的城市物流园区，其功能设计应该包括管理功能、物流功能和信息服务功能。其中，管理功能应该包括货运管理功能、海关检验功能、工商服务功能；物流功能应该包括货物集散、转运、分拨、仓储、配送、流通加工及其他增值服务功能；信息服务功能则应该包括物流信息服务、商务信息服务及其他信息服务功能等。上述每项功能还可进行更细的分解。

3. 系统功能结构分析的思路

系统的功能分析从寻找和识别制约因素开始，之后按步骤对结构进行分析。

系统的整体功能常常会受到某些局部因素的制约。在系统的输入、结构、环境等方面都可能存在这种制约因素。

对于主观希望的基本功能，可以通过识别制约因素并人为调节制约因素，显著提高基本功能；对于不希望出现的剩余功能，也可以通过识别制约因素，并抑制制约因素来减少剩余功能或副作用。

1）外界输入与环境因素的制约

外界输入及环境因素对系统功能的支撑机制很复杂。系统对外界的各种输入有不同的灵敏度，其中，可能会对某些输入特别敏感，一个微小的波动可能就会引起系统功能较大的变化，这些输入因素可能就是系统功能的关键制约因素。比如，油菜的产量受种植地土壤成分的影响，某一地区土壤中的含硼量较低，致使该地区油菜的产量很低，经研究后发现了这一制约因素，通过给油菜施“硼”就可达到很好的增产效果。

2）系统结构的制约

系统结构决定了系统的功能，而系统结构又是由系统要素及其相互联系决定的。这些构成要素对系统功能的影响怎样？是否具有同等重要的作用？改变要素间的联系方式，系统功能又会呈现什么变化？分析上述问题，就可以找出系统结构中对功能的关键制约因素。

制约因素分析清楚之后，就可以按照以下基本步骤完成功能结构分析：

（1）对系统的输入、输出关系进行准确描述；

（2）进行输入、输出关系的整体评价和分析；

（3）对某一特定功能进行流程分析及流程再设计。

上述步骤中，(2)(3)是功能分析的两个要点。许多评价方法都可以用这两步来完成输入、输出关系的评价。如果通过评价分析发现系统在某项功能上存在较大问题，就要对该项功能进行详细研究，对产生这一功能的流程和系统结构进行分析，这时功能结构分析就转化成了系统的网络结构分析。因此，功能结构分析和网络结构分析在系统分析过程中有时是难以区分的。

流程分析及流程再设计是系统功能分析的最终目标，因为系统的改进最终体现为系统结构的改进，而流程是结构的直接表现，一般可借用流程图来表达。图 2－4 所示为一个客户服务的流程图。

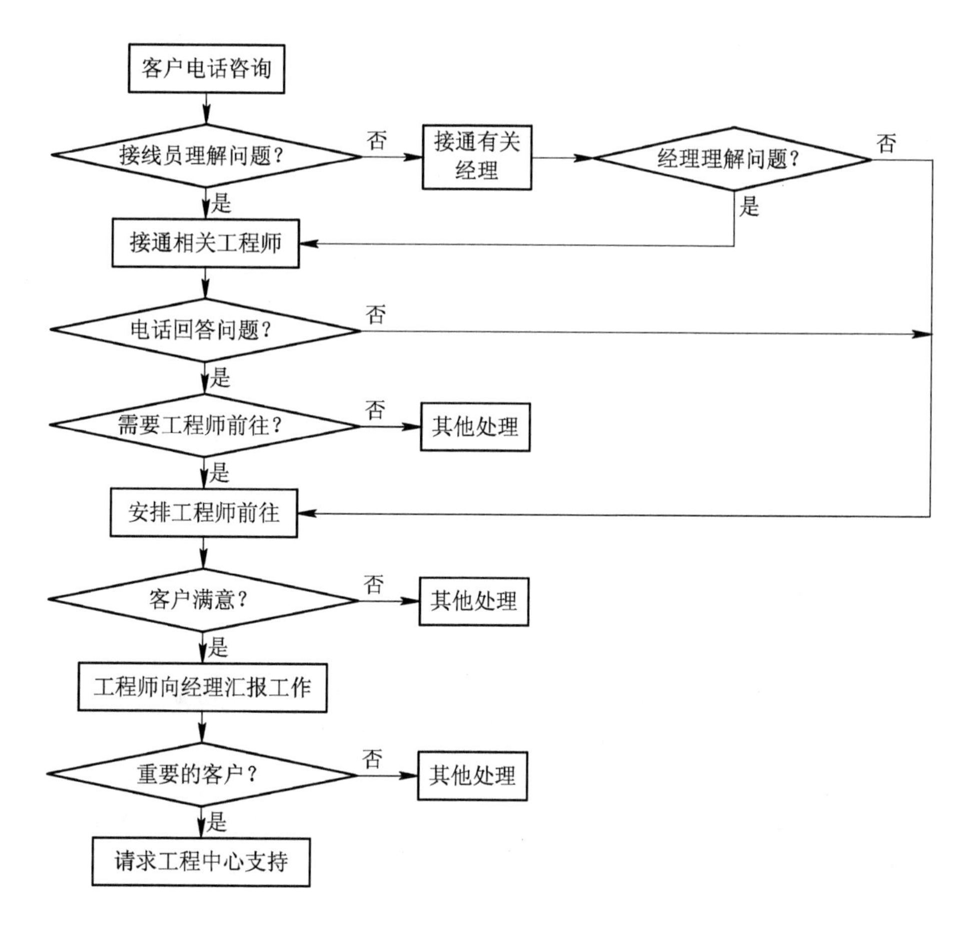

图 2－4　客户服务流程图

（二）网络结构分析

为了实现或改进系统的功能，需要对系统的网络结构进行分析。人们在观察系统时，倾向于先明确系统的功能结构；而在建造系统或改造系统时，系统的网络结构则成为关注人们的焦点。

系统网络结构实际上就是图论中的一个图，其组成要素是点和线。比如，图 2－5 所示的物流系统网络结构示意图表示的是一个产品从生产厂家到客户手中的物流过程。图中，实线表示实物产品的流动，虚线代表信息的流动。点是指流体在流动过程中的暂时停顿点（即暂时存储点），包括企业仓库、车站、码头、货场、物流中心、零售店等；线是指点与点之间的联系，两个设施点之间的联系是靠运输功能实现的，线也可体现为运输线路、运输方式、运输量及运输成本的综合。

由于系统结构是由系统要素及要素之间的关联来确定的，因此，对系统网络结构进行分析时首先要确定系统的要素集，然后对要素之间的关联进行分析，以达到认识系统的目的。系统结构分析包括了系统要素的描述、要素之间的关联、系统结构矩阵的表示等内容，详情请查阅模块一的“系统要素及其作用关系”。

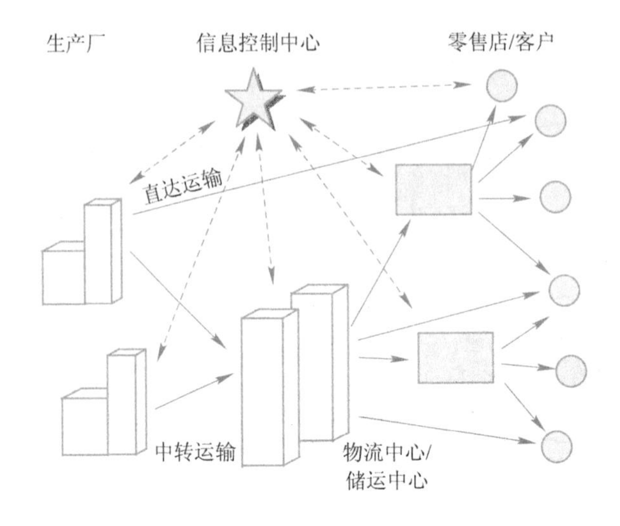

图 2-5　物流系统网络结构示意图

（三）系统结构分析的举例

【例 2-1】 某产品生产企业欲建立自己的面向全国市场的产品物流网络系统。系统应该包括哪些部分？什么样的结构是最合理的？

求解过程：

要建立从工厂成品库到零售店的物流系统，可以参照图 2-6 所示的网络结构形式。

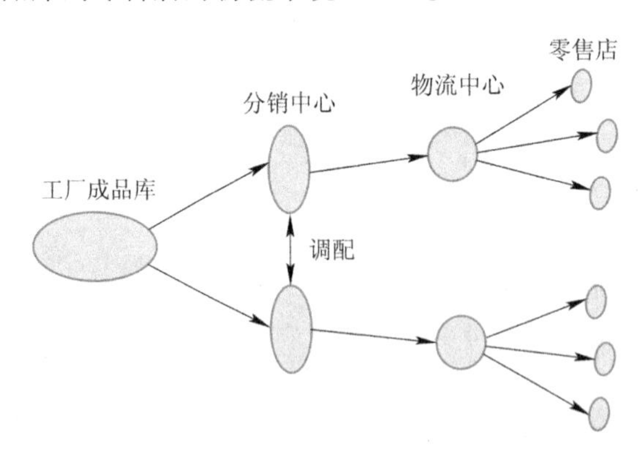

图 2-6　产品物流网络系统示意图

在这一物流系统中，系统的构成要素就是各级设施点，包括地区性的分销中心和物流中心。其中所涉及的主要问题如下：

（1）从工厂成品库到零售店之间应该设几级仓库，即要确定物流网络系统的垂直结构。级数就是分销物流系统的层级数，层级数越多，物流经过的中间环节越多，物流过程越复杂。一般可考虑采用 2 级、3 级或 4 级结构。

（2）每一级仓库的数量应该设置为多少，每级的仓库数量越多，越接近市场，越便于提供及时的服务，提高服务水平。

（3）每个仓库的位置应该设置在哪里，即要确定各设施点的具体位置。

(4) 如何为每个仓库划分服务的市场范围?

上述四个问题中，前两个问题属于系统网络结构的问题，后两个问题属于网络设施选址规划的问题，需要应用数学模型进行优化，详细内容见本书“系统规划”模块。

要回答上述问题，需要结合定性分析与定量分析的方法，通过数据的收集及分析，提出多种可行方案，并对各种方案进行分析和评价，最后确定合适的物流网络结构。

图 2-7 所示为某企业的物流网络结构图。在该物流系统中，仓库设计共分为三个层次：第一层是生产仓库，设置 1 个；第二层为中央仓库(分销中心仓库)，设置 2 个；第三层为配送中心仓库，共设置 6 个。配送中心仓库直接为位于居民区的零售店提供配送服务。

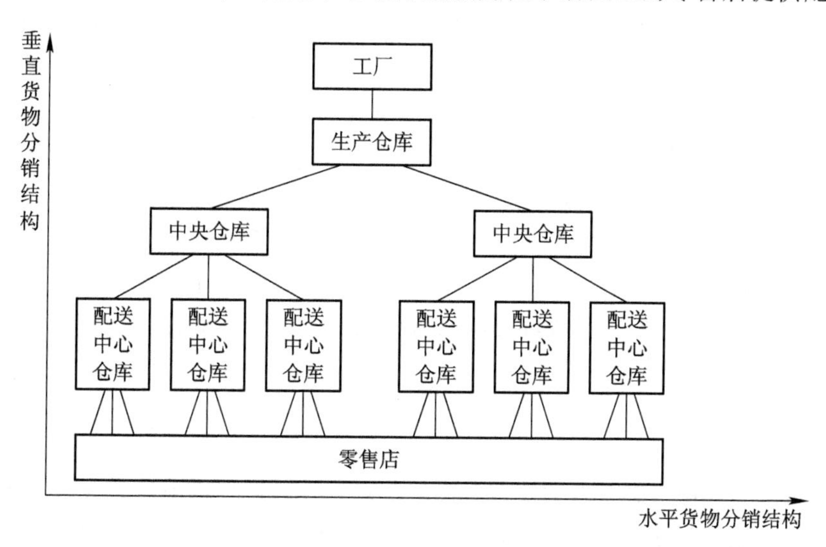

图 2-7　某企业的物流网络结构图

四、系统分析的原则及要点

(一) 系统分析的原则

系统分析面对的是不确定的、变化的环境条件，需要对许多现实问题做出假设，且系统分析会受到分析人员和决策人员价值观及主观因素的影响，因此，在进行系统分析时应当遵循以下原则：

(1) 当前利益与长远利益相结合。系统分析的目的就是要最终实现系统的最优化。而系统的最优化既包含空间上的整体最优，还包括时间上的全过程最优。因此，选择最优方案，不仅要考虑目前利益，同时还要考虑长远利益、长期目标，要两者兼顾。如果两者发生矛盾，应该坚持当前利益服从长远利益的原则，即以长期目标为中心，保证短期目标与长期目标一致。

比如，交通运输网络、干线物流通道、货场等设施的建设是提高区域物流水平的重要因素，但这些项目的经济回报需要较长时间才能体现。如果对这种滞后性不能客观对待，只看重眼前利益，不考虑长远利益，不重视基础性投资和建设，则只能是欲速则不达。

(2) 局部利益服从总体利益。子系统局部效益最优并不意味着总体系统效益最优。因此，在进行系统分析时，必须把要解决的所有问题看作一个总体，弄清系统各子系统的具体问题及其相互关系，并明确各局部问题对整个系统产生的影响。系统中各要素之间的关系揭示得愈清晰、愈透彻，那么提供给决策者的信息就愈全面、愈可靠、愈有价值。另外，在进行系统最优化时，应该从系统总体目标出发，使各子系统的选择服从系统总体效益最大化原则。系统总体最优有时要求某些子系统放弃最优而选择次优方案甚至次次优方案。

（3）内部因素与外部条件相结合。系统的内部因素主要是系统的组成要素、要素之间的关系、系统结构、功能等，如企业的设施设备能力、技术水平、合作伙伴及客户资源等。系统的外部条件是指系统生存和发展所依赖的外部环境，一般是不可控的，如宏观政策、市场波动、自然灾害、动荡的局势等。进行系统分析时，必须将内、外部各种相关因素结合起来综合考虑。通常可将内部因素作为决策变量，将外部条件作为约束条件，并明确外部条件的变化对内部因素的影响。

（4）定性分析与定量分析相结合。定量分析是指以数学模型和指标值的计算为基础进行的分析和判断。定量分析的指标值便于比较，是评价系统方案优劣的重要依据。比如，成本、收益、效率等指标值可以通过定量分析获得。但是，外部的政治环境、政策、消费者行为、交通状况等和企业内部的激励机制、人员的技术水平及敬业精神等因素只能进行定性分析，很难建立起定量分析模型。另外，对系统效益的衡量除了经济数据，还有一些无法量化的衡量指标，如对城市投资环境的改善作用。对于定性指标，需要决策者以直观的经验为基础进行综合判断。

（二）系统分析的要点

系统分析是为解决问题而收集信息、处理信息，从明确问题到形成决策方案的一系列过程。系统分析初期面对的是含糊不清的问题，运用逻辑思维方法和5W1H提问法，可逐渐明确问题方向。

在进行系统分析时要运用逻辑推理，特别是探索系统分析的目标时，分析人员要追问一系列“为什么”，直到问题有了清楚的答案，知道应当采取什么对策。表2-1列出了系统分析的要点。

表2-1 系统分析的要点

项目	为什么	应该如何	采取什么对策
目的	为什么提出这个问题	应提什么	删去工作中不必要的部分
对象	为什么从此入手	应找谁	
时间	为什么在这时做	应何时做	合并重复的工作内容
地点	为什么在这里做	应在何处做	
人	为什么由此人做	应由谁做	
方法	为什么这样做	如何去做	使工作尽量简化

表2-2分步提出了一系列“为什么”，更能明确地表达系统分析的要点。

表 2-2　5W1H 提问法的原理

项目	第一次提问	第二次提问	第三次提问
目的	是什么	为什么要确定这个	目的是否已经明确
地点	在何处做	为什么在这里做	有无其他更合适的地点
时间	在何时做	为什么在这时做	有无其他更合适的时间
人	由谁做	为什么由此人做	有无更合适的人选
方法	怎样做	为什么要这样做	有无更合适的方法

比如，我们接受了某个系统的开发任务，可以拟出下列疑问句并进行解答，就很容易抓住问题的要点，找到解决问题的关键。

(1) 任务的对象是什么？(要干什么?)(What)

(2) 为什么要完成这个任务？(为什么这样干?)(Why)

(3) 它在什么时候和什么样的情况下使用？(何时干?)(When)

(4) 使用的场所在哪里？(在何处干?)(Where)

(5) 是以谁为对象的系统？(谁来干?)(Who)

(6) 怎样才能解决问题？(如何干?)(How)

上述内容就是系统分析中解决问题的基本思路和基本方法——5W1H 提问法，即 What、Why、When、Where、Who 和 How。

在系统开发的不同阶段都可提出类似的疑问，通过问答这些问题不断提出新问题，反复进行就会逐渐接近所要寻求的答案。

实践证明，对那些技术复杂、投资费用大、建设周期长，特别是存在不确定性的系统，利用这种提问式方法进行系统分析是不可缺少的一环。美国兰德公司曾将系统分析的过程论述如下：

(1) 确定期望达到的目标；

(2) 调查研究、收集资料；

(3) 分析达到期望目标所需的技术与设备；

(4) 分析达到期望目标的各种方案所需要的资源和费用；

(5) 根据分析，找出目标、技术装备、环境资源等因素间的相互关系，建立方案的模型；

(6) 根据方案的费用多少和效果优劣，找出费用最少、效果最好的最优方案。

总结起来，系统分析是围绕以下 5 个要点展开的：希望达到的目的和目标；为达到目标所需的技术和手段；系统方案所需的费用和可能获得的效益；备选系统方案及相应的模型；系统方案的评价标准。

任务二　系统分析的要素及步骤

一、系统分析的要素

根据系统分析的要点可知，系统分析的要素应该包括系统目的、调查和收集资料、备选方案、费用和效益、系统模型、评价标准和结论等六个。

（一）系统目的

系统目的就是系统的目标，确定目标是系统分析的前提和基础。目标是根据所要研究的问题来确定的，问题分析的关键是界定问题。

问题是现实情况与计划目标或理想状态之间的差距。界定问题就是要明确问题的本质或特性、问题存在的范围和影响程度、问题产生的时间和环境、问题的症状和原因等。在界定问题时，要注意区别症状和问题，探讨问题原因时不能先入为主，同时要判别哪些是局部问题，哪些是整体问题。

界定了问题以后，还不能立即确定目标，因为这时的总体目标（或称目的）太抽象，需要将其进行分解和具体化。在系统分析中常采用图解方式来描述目标与目标之间的相互关系，这种图解方式称为目标树，如图 2－8 所示。

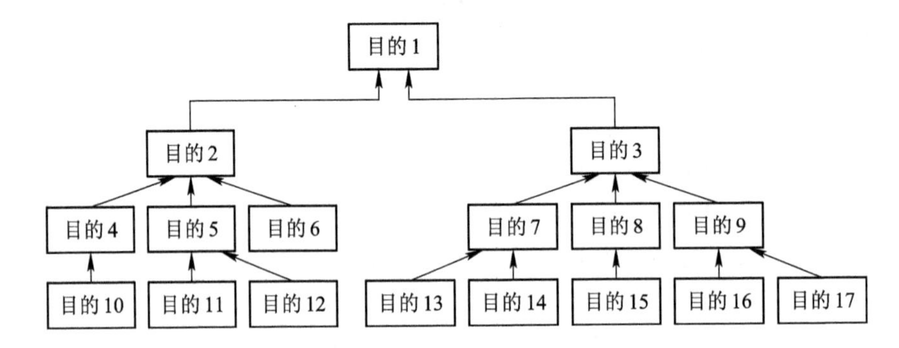

图 2－8　目标树

从图 2－8 中可以看出，要实现目的 1，必须完成目标 2、3，要实现目标 2，必须完成目标 4、5、6，以此类推，可显示出系统内各项目标及其关系，从目标 1 到目标 17，层次分明，次序明确，相互影响，相互制约。

确定目标时，还应考虑实现此目标所采用的手段。图 2－9 所示为目标－手段系统图。

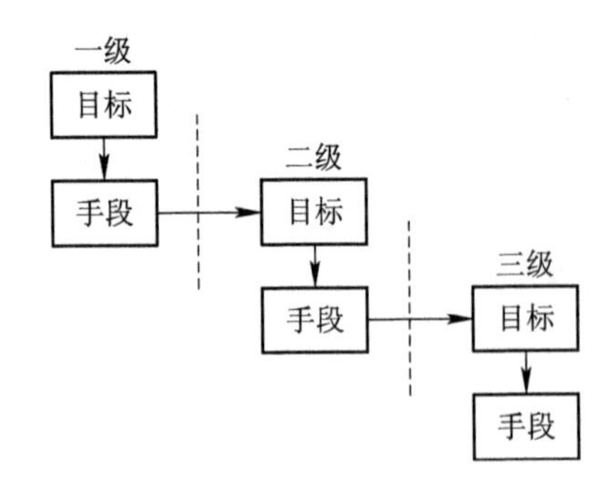

图 2－9　目标－手段系统图

目标－手段系统图就是将要实现的目标和所需采用的手段逐级展开，一级手段等于二级目标，二级手段等于三级目标，以此类推。这样层层分解下去，可以逐步明确问题的重点，并找出实现目标的手段和措施。

此外，在实际分析中还要考虑并确定时间、人力和费用的约束条件。系统目标的确定过程如图 2－10 所示。

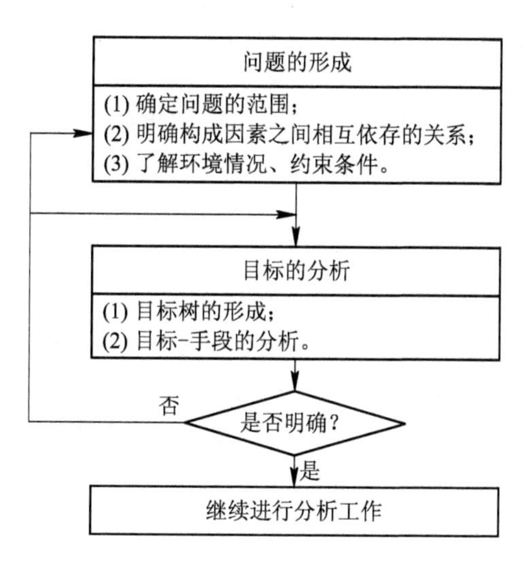

图 2-10　系统目标的确定过程

（二）调查和收集资料

在确定系统的目的后，就要确定系统研究的边界，根据系统研究的目的和研究的边界，着手调查有关的资料，掌握系统设计所涉及的各个方面和各种问题，这项工作是进行系统分析的基础。

（三）备选方案

在进行系统分析时，必须有多种方案和手段。比如，在进行加强铁路干线运输能力分析时，既可采取修建复线的方法，又可采取改变牵引动力类型的技术手段。当然，这些方法或手段不一定是互替的，或是同一效能的。当多种方案各有利弊时，要想确定最优方案，就得进行分析与比较。

对于复杂的系统，很难立即设计出包括细节在内的备选方案，一般要分成两个步骤：第一步先提出轮廓设想，第二步进行精确的设计、计算。

(1) 轮廓设想是从不同的角度和途径提出各种方案的构想，为系统分析人员提供尽可能多的思路。这一步的关键问题在于发散思维，大胆创新。

小故事

在用圆珠笔书写时，笔头上的小珠子与纸张之间不停地摩擦，珠子逐渐变小。书写一段时间后，油墨下降的速度就会过快。到一定程度后被迫弃用，此时笔芯中往往还剩不少油墨。解决这类磨损问题的一般思路是：提高珠子的耐磨性，但是要改善珠子的质量，就意味着成本的增加。而圆珠笔之所以得到广泛使用，主要原因之一就在于它价格低。因此，对于这一问题的解决需要转换思路。有人提出一个方案：根据笔头小珠子的摩擦寿命，估计出所耗费的油墨用量，按此用量在笔芯中注入油墨。当小珠子磨损到限度时，笔芯中的油墨差不多正好用完。该设计获得了专利，为市场广泛接受。

(2) 精确设计主要包括两项工作：一是确定方案的细节；二是估计方案的实施结果。方案细节主要包括物资条件、人力条件、运输条件、厂址选择、工艺选择、工程费用、投资效益、管理制度和工程进展阶段划分等。方案实施结果的估计要通过预测得出，预测是否准确，既取决于过去的经验和资料是否丰富，还与所采用的预测技术有关。

(四) 费用和效益

这里的费用是广义的，包括失去的机会和所做出的牺牲。每一个系统、每一个方案都需要大量的费用，系统一旦运行就会产生效益。为了对系统进行分析比较，必须采用一组互相联系的可以比较的指标进行衡量，这一组指标叫作系统的指标体系。不同的系统所采用的指标体系不同。一般来说，费用少、效益大的方案是可取的，反之是不可取的。

一般情况下，费用是用货币表示的，但在决定对社会有广泛影响的大规模项目时，还要考虑到非货币支出的费用，因为有些因素是不能用货币来衡量的，如对生态影响的因素、对环境污染的因素、对旅游行业影响的因素等。

(五) 系统模型

系统模型是用于表达和说明目标与方案或手段之间的因果关系、费用与效果之间的关系而拟制的数学模型或模拟模型。用系统模型可求出系统各备选方案的性能、费用和效益，以便进行各种备选方案的分析和比较。

系统模型反映了实际系统的主要特征，但它又高于实际系统并具有同类问题的共性。因此，一个适用的系统模型应该具有以下三个特征：

(1) 系统模型是现实系统的抽象或模仿；

(2) 系统模型是由反映系统本质或特征的主要因素构成的；

(3) 系统模型集中体现了这些主要因素之间的关系。

问题与模型的关系如图 2-11 所示，模型要反映系统的实质要素，要尽量简单、经济和实用。

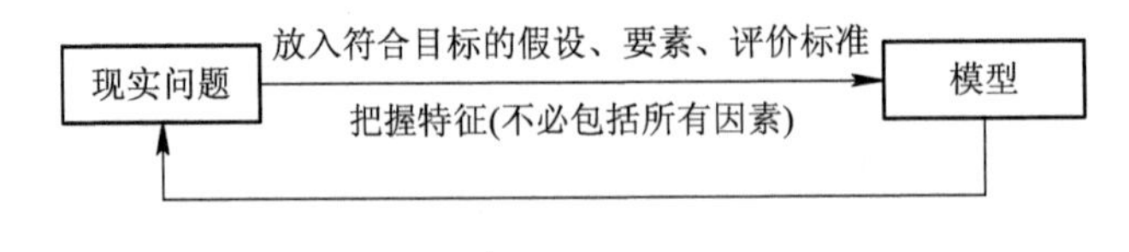

图 2-11 问题与模型示意图

(六) 评价标准和结论

1. 评价标准

评价标准也叫准则，是衡量备选方案优劣的指标，是系统目的的具体化，是确定各备选方案优劣排序的根据。

评价标准通常是一组指标。企业经营管理中常用的指标有劳动生产率指标、成本指标、时间指标、质量和品种改善指标、劳动条件改善指标以及特定效益指标等。

根据采用的指标体系，由模型确定出各个可行方案的优劣指标，对各方案进行综合评价，确定出各方案的优劣顺序，以供决策者选用。

2. 结论

结论就是系统分析得到的结果，有报告、建议或意见等具体形式。结论的主要要求是：一定不要用难懂的术语或复杂的推导，而要让决策者容易理解和使用。得出结论只是阐明问题与提出处理问题的意见和建议，并不是形成最终的方案。系统分析的结论只有经过领导层的决策以后，才能付诸实际，发挥它的社会效益和经济效益。

上述诸要素之间的关系如图 2-12 所示。

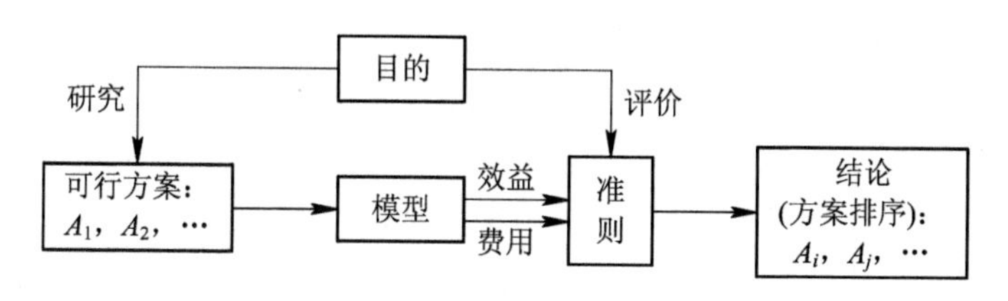

图 2-12　系统分析的要素结构图

系统分析是在明确系统目的的前提下进行的，首先经过开发研究得到能够实现系统目的的各种备选方案以后建立模型，借助模型进行效益-费用分析，然后依据准则对备选方案进行综合评价，以确定方案的优先顺序，最后向决策者提出系统分析的结论(报告、意见或建议)，以辅助领导层进行科学决策。

根据系统分析的六要素，可以画出系统分析要素图，如图 2-13 所示。

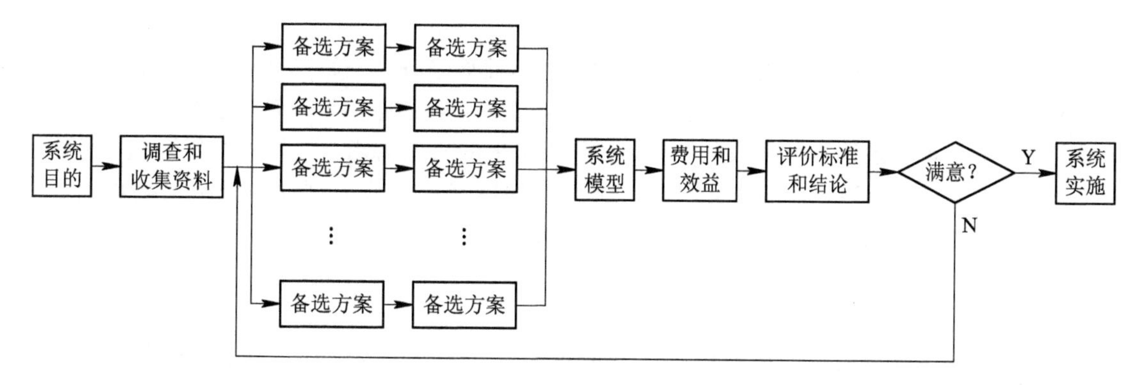

图 2-13　系统分析要素图

在对系统决策优化的过程中(特别是对一些定量的优化问题)，常选用运筹学方法作为系统分析的主要优化方法。

二、系统分析的步骤

实际的系统因构成要素、系统性质、应用条件、所处环境等不同，在分析时采取的手段和具体方法也会存在差异，但不同的系统在分析时都遵循一些共同的特征，每一个系统都由一些典型的相互关联的行为构成。根据实践经验，系统分析的逻辑如图 2-14 所示。

系统分析具体有以下七个步骤。

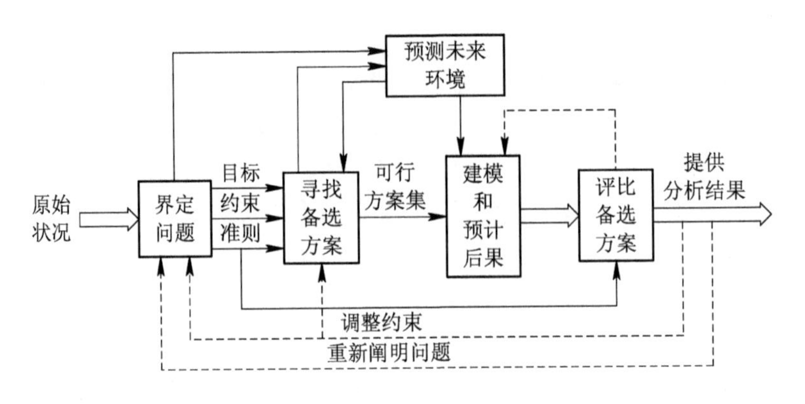

图 2-14　系统分析的逻辑

（一）界定问题

问题是现实情况与计划目标或理想状态之间的差距。系统分析的核心内容有两个：其一是进行“诊断”，即找出问题及其原因；其二是“开处方”，即提出解决问题的最可行方案。

要明确问题的本质或特性、问题存在的范围和影响程度、问题产生的时间和环境、问题的症状和原因等。在界定问题时，要注意区别症状和问题，探讨问题原因不能先入为主，同时要判别哪些是局部问题，哪些是整体问题。

（二）确定目标

系统分析的目标应该根据客户的要求和问题的性质来确定，如有可能，应尽量通过指标表示，以便进行定量分析。对不能定量描述的目标，也应尽量用文字描述清楚，以便进行定性分析并评价系统分析的成效。例如，预测未来的交通需求，规划一个货运站，优化一个运输系统，评价某客户服务系统等。本教材的后续模块将分别详细介绍系统预测目标、系统规划目标、系统优化目标、系统评价目标、系统决策目标的内容。

（三）调查研究，收集数据

针对系统所涉及的范围以及影响系统的各因素，进行深入细致的调查，收集有关资料，这是为建立系统的模型而进行定量、定性分析的基础，是必须进行的工作。

调查研究和收集数据应该围绕问题的起因进行，一方面要验证对问题及环境的假设，另一方面要探讨产生问题的根本原因，为下一步提出解决问题的备选方案做准备。

调查研究前，先要根据确定的目的，划定研究的边界和系统的指标体系。例如，进行兰新、陇海经济带规划系统研究时，就要确定兰新、陇海经济带究竟包括哪些省、哪些市、哪些县。交通运输系统分析的指标体系如图 2-15 所示。

调查研究常用的四种方式是阅读文件资料、访谈、观察和调查。收集的数据和信息包括事实(Fact)、见解(Opinion)和态度(Attitude)。要对数据和信息去伪存真，交叉核实，保证真实性和准确性。

调查结束后，根据收集的资料，按照指标体系，对构成系统的各因素进行“计量化”。这里所说的“计量化”是广义的。对于投资费用、劳动生产率等数量性指标，可以用数理统计、预测、分析计算等方法进行定量化；而对社会效益、环境生态等质量指标，用模糊数学

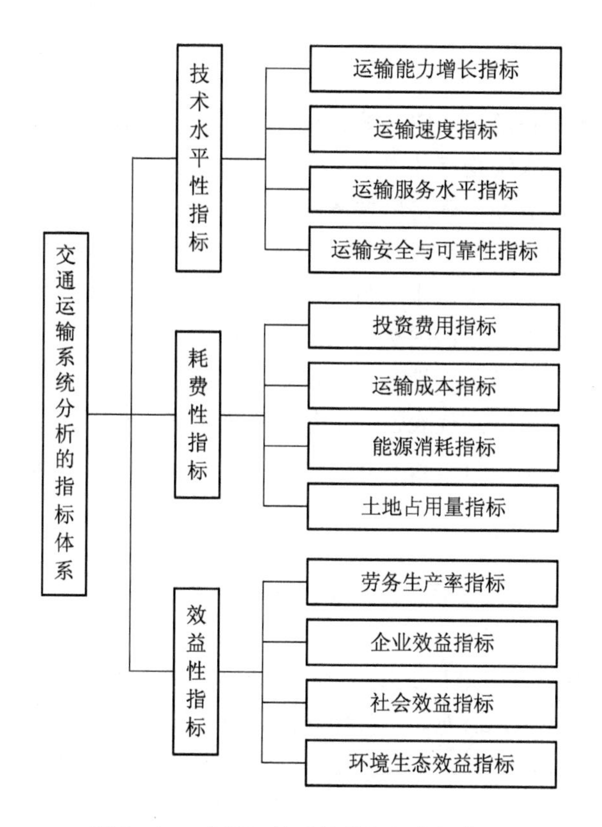

图 2－15　交通运输系统分析的指标体系

等方法能直接定量的就直接定量，不能直接定量的则采用间接定量方法进行。

（四）寻找备选方案

通过深入调查研究，确定需要解决的问题，明确产生问题的主要原因，在此基础上，有针对性地提出解决问题的备选方案。备选方案是解决问题的建议或设计，应提出两种以上备选方案，以便进一步评估和筛选。要根据问题的性质和客户具备的条件，提出约束条件或评价标准，供下一步应用。

（五）建模和预计后果

建立系统分析模型是系统分析中进行定量分析的一个重要手段。模型化、模拟化就是根据前面的一些定量因素，用数学方法或模拟技术把各因素之间的关系表示出来。

模型可以表示系统全部因素之间的关系；也可以把系统分解成若干个子系统，模型只表示子系统中各因素之间的关系。应根据各种定性或定量的分析方法建立模型和进行模拟，对各种方案进行对比并权衡各自的利弊得失。

系统目标不同，所需构建的模型也不同。比如，做系统需求预测时，就需要构建预测模型。再如，解决有限资源的最优配置问题时，就需要构建资源配置的线性规划模型等。本教材将在后续模块中分别详细介绍系统预测的方法及模型、系统规划的方法及模型、系统优化的方法及模型、系统评价的方法及模型、系统决策的方法及模型。

（六）评比备选方案

一般情况下，在多个替换方案中，每个方案都有自己的长处和短处，往往很难确定选用什么方案，这就要根据系统指标体系，定出各方案的优劣指标，即综合评价标准，按评价标准对各方案进行综合评价，确定出方案的优劣顺序。

同时，还要分析出采用某方案时的好处与不足之处，在实施此方案时应注意的事项，以克服不利因素，使方案实施后产生更好的效果。即使在最优化过程中只产生最佳方案，也要对此方案进行评价，作出方案的实施指南。

评价也叫评估，它应该是综合性的，不仅要考虑技术因素，也要考虑社会、经济等因素，评估小组的成员应该有一定代表性，除咨询项目组成员外，也要吸收客户组织的代表参加，根据评估结果确定最可行方案。本教材将在系统评价模块详细介绍各种评价方法。

（七）提出最可行方案

对多种备选方案进行评比之后，需要通过一定的决策规则进行决策分析，本教材将在后续的系统决策模块详细介绍各种决策方法。

提交的最可行方案并不一定是最佳方案，它是在约束条件之内根据评价标准筛选出的最现实可行的方案。如果客户满意，则系统分析达到目标；若客户不满意，则要与客户协商调整约束条件或评价标准，甚至重新界定问题，开始新一轮系统分析，直到客户满意为止。

成功的系统分析需要对各方案进行多次反复循环改进与比较，方可找到最优方案。通过科学而细致的系统分析，可以找到事件发生的真正原因及解决途径。

小故事

加州某银行在洛杉矶地区有几家分行。其中的霍桑分行在某年的七月份出现了业绩下滑的问题。八月份业绩进一步下降，九月份情况越发不好，十月份继续恶化。执行委员会受命对这一现象进行调查。他们发现一个问题：霍桑分行在该年的七月正好换了一个行长，自从新行长上任，业绩就开始下滑。为谨慎起见，董事长提出要从业绩下降本身的“确认”“地点”“时间”及“广度”等方面加以分析。

确认：霍桑分行的业绩下降。

地点：该行靠近国际机场及北美和道格拉斯飞机公司。

时间：北美飞机由于承包工作，遣散人员已经一段时间了，而道格拉斯飞机公司正将大部分工作从霍桑迁往长滩。

广度：业绩下滑仅限于霍桑分行。

综合以上4个方面的分析可以看出：问题的关键在于地方经济衰退，而不是新行长的上任。

为了检查“地方经济衰退”是否真正的原因，提出并回答如下问题：

霍桑分行的业绩第一次下降是什么时间？

——月初。

北美飞机公司何时开始遣散人员？

——五月及六月初。

每一次遣散之后，银行要多久才受到影响？

——不会超过两到三个星期。

客户的遣散对于银行业绩有什么样的影响？

——首先是存款的减少，然后是提款的增加。

通过这样的全面分析，找到了银行业绩下滑的真正原因。

启示：经过科学地系统分析才能找到真正原因以及对症的解决方案。

三、系统分析举例

【例 2-2】 如何由阿拉斯加东北部的普拉德霍湾油田向美国本土运输原油？

求解过程：

(1) 系统目的与环境。要求每天运送 200 万桶原油。油田处在北极圈内，海湾长年处于冰封状态。陆地更是常年冰冻，最低气温达−50℃。

(2) 提出备选方案。在方案选择的第一阶段，提出了两个初步可行方案：方案Ⅰ是由海路用油船运输；方案Ⅱ是用带加温系统的油管输送。

(3) 方案的分析、比较。

方案Ⅰ 优点是：每天仅需四至五艘超级油轮就可满足输送量的要求，似乎比铺设油管省钱。存在的问题是：第一，要用破冰船引航，既不安全，又增加了费用；第二，起点和终点都要建造大型油库，这又是一笔巨额花费。另外，考虑到海运可能受到海上风暴的影响，油库的储量应在油田日产量的十倍以上。归纳起来，这一方案的主要问题是不安全，费用大，无保证。

方案Ⅱ 优点是：可以利用成熟的管道输油技术。存在的问题是：第一，要在沿途设加温站，这样一来管理复杂，而且要供给燃料，然而运送燃料本身又是一件相当困难的事情；第二，加温后的输油管不能简单铺在冻土里，因为冻土层受热溶化后会引起管道变形，甚至造成断裂，为了避免这种危险，有一半的管道需要用底架支撑和作保温处理，这样架设管道的成本费用要比铺设地下油管高出三倍。

(4) 决策人员的处理策略。考虑到系统的安全和供油的稳定性，暂把方案Ⅱ作为参考方案做进一步的细致研究，为规划做准备，继续拨出经费，广泛邀请系统分析人员提出竞争的新方案。

(5) 经过进一步分析，提出了竞争方案Ⅲ。方案Ⅲ的原理是把含 10%～20%氯化钠的海水加到原油中，使低温下的原油呈乳状液，仍能流动，这样就可以用普通的输油管道运送了。这个方案获得了很高的评价，并取得了专利。其实，这一原理早就用于制作汽车防冻液了，把这一原理运用到这个工程中并断定它能解决问题，这是一个有价值的创造。

(6) 经过进一步分析，提出了第二个竞争方案Ⅳ。正当人们在称赞方案Ⅲ的时候，另有人提出了竞争方案Ⅳ。该方案提出者对石油的生成和变化有丰富的知识，他注意到埋在地下的石油原来是油气合一的，这时它们的熔点很低，经过漫长的时间以后，油气才逐渐分离。他提出将天然气转换为甲醇以后，再加到原油中，以降低原油的熔点，增加流动性，从而用普通的管道就可以同时输送原油和天然气。与方案Ⅲ相比，这一方案不仅不需要运送无用的海水，而且不必另外铺设输送天然气的管道了。对于方案Ⅳ，人们赞赏不已。由于采用这一方案，仅管道铺设费就节省了近60亿美元，比方案Ⅲ节省了一半的费用。

从这个例子我们可以看出系统分析的重要性和系统工程的价值。假如不进行系统方案的分析，仅仅对方案Ⅰ和方案Ⅱ进行优化，不追问一系列为什么，不寻求更好的系统方案，即使确定了最优的管道直径、壁厚、加压泵站的压力和距离等，也得不到方案Ⅳ带来的巨大效益。

任务三　系统分析的技术基础及方法

一、系统分析方法论

（一）系统分析的理论技术基础

系统分析的理论技术基础颇为广泛，它要广泛研究各类系统的共性与特性，可以把它看成各门专业组织管理技术的总称。由于系统分析对象不同，因此派生出了各个专业的系统分析，如交通运输系统分析、工业系统分析、能源系统分析等。但它们的主要理论技术的内容是相同的。这些理论技术的内容有：

1. 运筹学

运筹学(Operation Research)是系统分析的专业基础之一。它是研究在既定条件下对系统进行全面规划、统筹兼顾、合理利用资源，以期达到最优目标的数学方法。其主要分支有规划论、博弈论(对策论)、排队论、搜索论、决策论、库存论、可靠性理论、网络规划论等。

2. 概率论与数理统计学

概率论是研究大量随机事件的基本规律的学科，而数理统计则是用来研究取得数据、分析数据、整理数据和建立某些数学模式的方法。

3. 控制论

控制论(Cybernetics)是一门综合性科学，是自动控制理论、电子计算机、无线电通信与神经生理学、数学等学科相互渗透的产物。它主要研究各种控制系统的共同控制规律，目前已形成工程控制论、生物医学控制论、经济控制论等分支学科。虽然运筹学与控制论都研究系统的优化问题，但一般来说，前者主要研究系统的静态优化，而后者主要探讨系统的动态优化。

4. 信息论

信息论(Information Theory)是研究信息的提取、传递、变换、存储和流通的科学。随着系统自动化程度的提高，对信息传递的及时性和准确性的要求也相应提高，特别是电子计算机的应用，使得信息的加工处理变得更为有效。

由于系统分析所处理的对象都是大规模的复杂系统，一般无法在真实系统上进行大量复杂实验，因此常常运用数学(特别是运筹学)方法建立数学模型，结合计算机技术，在系统理论的指导下，用计算机进行大量计算和仿真，从而得到所需的解答。在这个过程中，系统分析的有关理论与数学各分支学科的关系如表 2-3 所示。

表 2-3　系统分析的有关理论与数学各分支学科的关系

系统分析的有关理论	数学分支											
	数理逻辑	线性代数与矩阵论	复合论	群论	拓扑学	数学分析	解析函数论	方程论	概率论	数理统计	数值分析	模糊数学
决策论	√		√						√	√	√	√
分配理论			√			√						
规划论		√				√						
排队论									√	√	√	
网络理论		√	√		√							
树论	√								√			
自动机理论	√	√	√		√				√			
仿真理论		√							√	√	√	√
信息论			√		√	√	√	√	√	√	√	
控制论		√	√		√		√	√	√			√
最优化理论		√			√	√	√	√	√	√		

（二）系统分析方法论的特点

系统分析方法论的特点可概括为以下三个方面：

1. 研究方法上的整体性

在研究方法上要把研究对象看作一个整体，同时把研究过程也看作一个整体，一般把系统作为若干个子系统有机结合而成的整体来设计，对每个子系统的技术要求首先从实现整体系统技术协调的角度来考虑，对研制过程中系统与子系统之间的矛盾或者子系统与子系统之间的矛盾都要从总体协调的需要来选择解决方案。同时，把系统作为它所从属的更大系统的组成部分来进行研究，对它的所有技术要求，都要尽可能从实现这个更大系统技术协调的角度来考虑。这种实践体现了一种科学方法，它包括组织管理系统的规划、研究、设计、制造、试验和使用。

由于现代科学技术的复杂性和外部条件的频繁变化，用直观的传统方法和单凭个人的经验来组织一个大规模复杂系统的研制已经不行了，必须把大系统的研制过程作为一个整体，即分析整个过程是由哪些工作环节所组成的，而后进一步分析各个工作环节之间的信息，以及信息的传递路线、反馈关系等，从而编制出系统全过程的模型，把全部过程严密地连接成一个整体，全面考虑和改善整个工作过程，以便实现综合最优化。

2. 技术应用上的综合化

系统分析着重综合运用各种学科和技术领域内所获得的成就。这种研究能使各种技术相互配合，从而实现整体系统的最优化。一般大规模的复杂系统几乎都是一个技术综合体。所谓技术综合体，就是从系统的总目标出发，使各有关的技术协调相配合，综合运用。综合应用各项技术的另一个重要方面是创造新的技术综合体。

对系统各组成部分之间的关系，越是揭示得清晰、深刻、精确，就越能得到最佳的综合应用。当前的新发展趋势是一个大规模的复杂系统，而不是一个单纯的技术系统，涉及许多社会的、经济的因素，这是复杂的社会-技术系统所表现出来的一个重要特点。

3. 管理科学化

一个复杂的大规模工程往往有两个并行的过程：一个是工程技术过程，另一个是工程技术控制过程。两个过程都包括规划，组织，控制工程的进度，对各种方案进行分析、比较和决策，评价选定方案的技术经济效果等，统称为管理。

管理工作涉及组织结构、管理体制、人员配备和工作的分析，工作环境的布局，程序步骤的组织，以及工作进程的计划、检查与控制等。近年来发展起来的计算机管理信息系统是进入信息化时代以来管理科学化的一项值得重视的重大成就。现代科学广泛应用系统方法，有利于科学地阐明并认清系统对象所具有的特征。系统分析方法的应用有可能使某些学科有重大突破，并将在我国社会主义建设中显示出巨大的效果，创造出极大的物质财富。

二、系统分析的常用技术方法

（一）5W1H 法

1. 5W1H 法的含义

5W1H 法也叫六何分析法，是一种思考方法，也可以说是一种创造技法，它对选定的项目、工序或操作，都要从原因(何因 Why)、对象(何事 What)、地点(何地 Where)、时间(何时 When)、人员(何人 Who)、方法(何法 How)等六个方面提出问题进行思考。5W1H 法的分析思路如表 2－4 所示。

表 2－4　5W1H 法的分析思路

W	现状如何	为什么	能否改善	该怎么改善
对象(What)	生产什么	为什么生产这种产品	能否生产其他产品	到底应该生产什么
目的(Why)	什么目的	为什么是这种目的	有无其他目的	生产该产品的目的是什么
场所(Where)	在哪里做	为什么在那里做	能否在其他地方做	在哪里做
时间(When)	何时做	为什么在那个时间做	能否其他时候做	什么时候做
作业人员(Who)	谁来做	为什么是那个人做	能否由其他人做	由谁来做
方法(How)	怎么做	为什么是那么做	有无其他方法	用什么方法做

2. 5W1H 法的步骤

在设定某个开发项目时，可以拟下列问题自问自答：

(1) Why：这个项目为何需要？

(2) When：它在何时使用？在什么样的条件下使用？

(3) Where：在什么场所使用？

(4) Who：由什么人做？

(5) What：项目的内容是什么？

(6) How：如何解决问题？

小故事

丰田汽车公司前副社长大野耐一先生曾为找出机器停转的真正原因提出过一系列问题。

有一次，大野耐一发现生产线上的机器总是停转，虽然修过多次，但仍不见好转。

于是，大野耐一与工人进行了以下问答：

一问："为什么机器停了？"

答："因为超过了负荷，保险丝就断了。"

二问："为什么超负荷呢？"

答："因为轴承的润滑不够。"

三问："为什么润滑不够？"

答："因为润滑泵吸不上油来"

四问："为什么吸不上油来？"

答："因为油泵轴磨损、松动了。"

五问："为什么磨损了呢？"

再答："因为没有安装过滤器，混进了铁屑等杂质。"

经过五次问"为什么"，找到了问题的真正原因和解决方法，即在油泵轴上安装过滤器。

对疑问的回答是否经过深思熟虑，这将决定事情的成败。为加深对内容的理解，最好反复使用同样的疑问词。

上述第一个问题向自己或集体成员发问，最初也只能得到原则性的简单回答。对这个问题再提出"为什么"的新疑问时，便能得到比前一次内容更为深刻的回答。这个疑问词反复使用数次就能逐渐接近要寻求的答案。

3. 5W1H 分析法的技巧

5W1H 分析法的四种技巧分别是取消、合并、改变和简化。

（1）取消：看现场能不能排除某道工序，如果可以就取消这道工序。

（2）合并：看能不能把几道工序合并，尤其在流水线上，合并技巧能立竿见影地改善状况并提高效率。

（3）改变：改变一下顺序，改变一下工艺，这样就能提高效率。

（4）简化：将复杂的工艺变得简单一点，也能提高效率。

无论对何种工作、工序、动作、布局、时间、地点等，都可以运用取消、合并、改变和简化四种技巧进行分析，形成一个新的人、物、场所结合的新概念和新方法。

4. 5W1H 法的举例

下面以在广东省建核电厂为例，介绍 5W1H 分析法的应用。

（1）What：要干什么事？

研究在广东省建核电厂的可行性。

（2）Why：为什么在广东建核电厂？

该省自产能源少，历来靠进口油和煤发电，进口能源受国际经济和政治局势影响大，自身无力左右局势；同时为了在经济上求得更加廉价的电力和减少环境污染。

（3）When：何时建最为适宜？

当地能源短缺，而能源工业作为经济发展的基础，应当优先考虑，此项目的建设刻不容缓。

（4）Where：何处建最为适宜？

从避开地震区和断裂、海啸、流沙区、有足够冷却水、远离人口密集中心地区这几点来看，以该省北部沿海地区最为适宜。

（5）Who：由何单位承建？

由该省电力公司负责，并请工程顾问公司提供各种技术方面的咨询服务工作。

（6）How：如何进行？

工程进度应服从战略发电规划，具体技术细节由工程顾问公司做进一步研究后再提出。

（二）K. J. 法

1. K. J. 法的含义

K. J. (Kawakita Jiro)法是日本东京大学的川喜田二郎教授根据自己去喜马拉雅山旅游时所做的旅游纪实而提出的方法，也称亲和图法，用于从很多具体信息中摸索出整体的轮廓和内容。

A 类 K. J. 法是将各种信息之间的关系用图形(结构模型)表示出来；B 类 K. J. 法是在 A 类 K. J. 法的基础上，如果需要或者能够提出一个明确结论，就将结构模型用一个句子表达出来，作为对所分析问题的结论。

2. K. J. 法的基本原理

把一条信息作为一行标题记在一张卡片上，将这些卡片摊在桌子上全面观察，把有亲近性的卡片集中起来组成辅助问题，即将相近的卡片集中起来组成大的模块。

做法如下：① 定主题；② 发牌；③ 写意见(看法或事实心得)；④ 收牌；⑤ 洗牌；⑥ 再发牌；⑦ 叫牌；⑧ 亮牌；⑨ 集合成小组；⑩ 写小亲和卡；⑪ 念小亲和卡；⑫ 亮出小组；⑬ 写中亲和卡；⑭ 念中亲和卡；⑮ 亮出中组；⑯ 写大亲和卡；⑰ 整理在亲和图上。

K.J.法通常用在事项未明、因果关系复杂、混沌不清的研究对象上，该法集合众力，明了来龙去脉，做好事情。

K.J.法最突出的优点是不需要特别的手段和知识，不论个人还是团体都能简便运用，但如果辅助问题的信息量太大，就不能环视整体，所以必须适当地加以整理归纳。另外，依靠人的直觉和经验去构造问题的框架而取得的结果难免带有主观性。面对同样的问题元素，不同的实施者可能得出不同的结论，这样的问题在各种方法中都是存在的。

K.J.法在系统工程学的各个阶段都能采用，特别是在开发初期，对于辅助问题的发现、目标的接近、变量和结构要素的整理、评价项目和评价标准的选定等都是极为有效的。

3. K.J.法的步骤

(1) 明确实施者目前在寻求什么，目的是什么，在资料和知识等方面还有哪些欠缺等。

(2) 尽可能广泛地收集、研究与主题相关的各种信息，用关键字眼简洁地表示。

(3) 为每条信息做一张卡片，卡片的标题要简明易懂，在集体实施的情况下，填写卡片前应充分商量好内容，以防误解。

(4) 把卡片摊在桌子上全面观察，把有接近度的卡片集中在一起作为一个小组(这里对“接近度”一词不给出定义，凭实施者的感觉来判断)。这个步骤在K.J.法中是最有特色的部分。这一步技术人员要停止通常惯于使用的分析性思考，充分运用人类本身具有的直觉能力。

(5) 给小组重新取个名称。由步骤(4)归纳起来的小组作为辅助系统来登记。在选定名称时，注意事项同步骤(2)，这个步骤不仅要用直觉还要运用分析能力去发现小组的意义所在。

(6) 重复步骤(4)和(5)，编成小组、中组及大组，即若干个小组形成中组，若干个中组形成大组，以此类推。对难以编组的卡片，不要勉强编入任一组里，可形成一个单独的问题。

(7) 把小组(卡片)放在桌子上进行移动，按小组间的类似关系、对应关系、从属关系、因果关系和相辅关系进行排列。

(8) 将排列结果归纳为图表，即按大小用粗细线把小组框起来，用带箭头的连线把一个个有关系的框连接起来。这样一来，整体的层次结构便一目了然了。

(9) 观察结构图，思考它的意义所在，把思考的结果总结成文章。

从某一个小组开始，写出辅助问题的内容和相互关系。凭直觉得到结构，然后通过分析和肯定说明结构的意义，以加深理解。在成文的过程中会有新的发现，会产生新的想法并逐步加深对问题的认识。

(三) 概要记述法

概要记述法的重点在于两个方面：一是概要，二是记述。概要记述法的要旨是：通过主要情节的合理论述，统一全体成员的认识，明确问题，想清对策。在进行系统开发时，应使集体中的每个成员尽可能详细地了解开发的目的、立场、条件、范围、环境、时间、预测、可能利用的信息、术语、水平、评价标准和主要因素等。

以文章的形式去记述问题，这本身就是发现问题的一种方法，因为要写出文理通顺的文章，就必须分析和整理问题的内容。对于那些尚未弄清的地方用推理和直觉加以补充并加上富有逻辑性的、没有矛盾的说明，在这样的思考过程中往往能明确问题，并想出各种有效的对策。

如果是普通的技术开发，其概要记述就相当于说明书。因为系统开发是一个复杂的问题，而且在开始时常常并不十分明确，所以为了统一全体成员对问题的认识，使他们的认识水平一致，最好论述其合理的情节(称为概要)。

对系统建立者来说，概要的益处在于使问题十分明了，让别人都能理解，这不仅取决于建立者的直觉和意图，也需要逻辑严谨的分析，不能自以为是，不能遗漏重要的细节，也不能忽视背景因素。

另外，对于阅读概要的人来说，明显的益处在于容易理解，容易在脑海中浮现出系统的具体形象，有利于直接激发思想表达和创造力。

概要记述法的缺点在于：问题的构成因素稍有改变，其情节就可能面目全非，因此需要注意线索的一贯性。如果要将这个方法用于未来预测或方案决策，就要把极端情况及中间情况分别写成其概要，并分别准备答案。

比较概要记述法和 K. J. 法可以看出，二者在解决问题的思路上是相映成趣的。K. J. 法是根据众多细节及线索不断总结，提炼共性因素，使问题能够完整形象地呈现出来，它是一种自下而上的分析方法。概要记述法则恰好相反，它从一开始就勾画出问题的总体框架，而后不断剖析，得到全部的细节和丰满的内容，这是自上而下的考虑方式。

(四) 头脑风暴法

1. 头脑风暴法的含义

头脑风暴法(Brain Storming)又称智力激励法、BS(Brain-Storming)法、自由思考法、畅谈法、集思法。头脑风暴法是由美国创造学家 A. F. 奥斯本于 1939 年首次提出、1953 年正式发表的一种激发思维的方法。这是一种借助专家的无拘无束、自由奔放地思考问题来获取创新性思维信息的方法。

头脑风暴法的实施思路是通过小型会议的组织形式，让所有参加者在自由愉快、畅所欲言的气氛中自由交换想法或点子，并以此激发与会者的创意及灵感，使各种设想在相互碰撞中激起参与者脑海中的创意及灵感。

2. 头脑风暴法的基本原则

(1) 见解无专利。鼓励借用别人的构想来自由发挥，由别人的灵感引发自己的灵感。

(2) 自由奔放的思路。解放思想，畅所欲言，各抒己见。

(3) 以数量求质量。想法越多越好。

(4) 会后评判。禁止在会议中评价他人设想，会后评价，不许自谦。

(5) 集中一个题目，用易懂的语言简洁地叙述。

3. 头脑风暴法的实现方法

(1) 联想反应。联想是产生新观念的基本过程。在集体讨论问题的过程中，每提出一个新的观念，都能引发他人的联想，相继产生一连串的新观念，产生连锁反应，形成新观念堆，为创造性地解决问题提供了更多的可能性。

(2) 热情感染。在不受任何限制的情况下，集体讨论问题能激发人的热情。人人自由发言、相互影响、相互感染，能形成热潮，突破固有观念的束缚，能最大限度地发挥创造性思维。

(3) 竞争意识。在有竞争意识的情况下，人人争先恐后，竞相发言，不断地开动思维机器，力求有独到见解、新奇观念。心理学的原理告诉我们，人类有争强好胜心理，在有竞争意识的情况下，人的心理活动效率可增加50%以上。

(4) 个人欲望。在集体讨论解决问题的过程中，个人的欲望自由，不受任何干扰和控制是非常重要的。头脑风暴法有一条原则，即不得批评仓促的发言，甚至不许有任何怀疑的表情、动作、神色。这就能使每个人畅所欲言，提出大量的新观念。

4. 头脑风暴法的步骤

(1) 准备阶段。选定基本议题；选定参加者(一般5～9人)，并挑选记录员1名；确定会议时间和场所；准备好纸、笔等记录工具；布置场所；会议主持人应掌握头脑风暴法的一切细节问题。

(2) 热身阶段。热身阶段的目的是创造一种自由、宽松、祥和的氛围，使大家得以放松，进入一种无拘无束的状态。主持人宣布开会后，先说明会议的规则，然后随便谈点有趣的话题或问题，让大家的思维处于轻松和活跃的境界。

(3) 明确问题。主持人扼要介绍有待解决的问题。介绍时必须简洁、明确，不可过分周全，否则过多的信息会限制人的思维，干扰思维创新的想象力。

(4) 重新表述问题。经过一段讨论后，大家对问题已经有了较深程度的理解。这时为了使大家对问题的表述能够具有新角度、新思维，主持人要记录大家的发言，并对发言记录进行整理。通过整理和归纳记录，找出富有创意的见解，以及具有启发性的表述，供下一步畅谈时参考。

(5) 畅谈阶段。畅谈是头脑风暴法的创意阶段。为了使大家能够畅所欲言，需要制订的规则是：第一，不要私下交谈，以免分散注意力；第二，不妨碍及评论他人发言，每人只谈自己的想法；第三，发表见解时要简单明了，一次发言只谈一种见解。

主持人首先要向大家宣布这些规则，随后引导大家自由发言，自由想象，自由发挥，使彼此相互启发，相互补充，真正做到知无不言，言无不尽，畅所欲言，然后将会议发言记录进行整理。

(6) 评价选择阶段。将会议记录整理好并分类展示给参加者；从效果和可行性两方面评价各点子；选择最合适的点子，尽可能采用会议中激发出来的点子。

模块小结

(1) 系统分析(System Analysis)是指从系统的观点出发，对事物进行分析研究，寻找可能采取的方案，并通过分析对比，为达到预期目标而选出最优方案。它是一个有目的、有步骤的探索和分析过程。

(2) 系统分析的基本内容包括了系统的目的分析、结构分析。目的分析的主要内容包括目的的完备性分析、必要性分析、和可行性分析等；结构分析主要分析系统的功能结构、网络结构。

(3) 系统分析的原则有：当前利益与长远利益相结合；局部利益服从总体利益；内部因素与外部条件相结合；定性分析与定量分析相结合。

(4) 系统分析有5个要点，即希望达到的目的和目标、为达到目标所需的技术和手段、系统方案所需的费用和可能获得的效益、建立备选系统方案及相应的模型、系统方案的评价标准。

(5) 系统分析的要素包括系统目的、调查和收集资料、备选方案、费用和效益、系统模型、评价标准和结论等六个。

(6) 系统分析的步骤包括：① 界定问题；② 确定目标；③ 调查研究，收集数据；④ 寻找备选方案；⑤ 建模和预计后果；⑥ 评比备选方案；⑦ 提出最可行方案。

(7) 系统分析的理论技术基础包括运筹学、概率论与数理统计学、控制论、信息论等。

(8) 系统分析的常用技术方法有5W1H法、K.J.法、概要记述法、头脑风暴法等。

(9) 5W1H法是指从原因(何因，Why)、对象(何事，What)、地点(何地，Where)、时间(何时，When)、人员(何人，Who)、方法(何法，How)等六个方面提出问题进行思考。

同步测试

一、多选题

1. 系统分析的要点包括(　　)。

A. 调查研究、收集资料

B. 分析的技术与设备

C. 资源和费用

D. 最优方案

2. 系统目的的必要性分析所回答的问题包括(　　)。

A. 现有的系统是否出现了与客观环境不适应

B. 是否出现新的市场需求，或消费者是否提出了全新的服务要求

C. 系统目的的提出在理论上是否有充足的证据

D. 现实条件能否保证系统目的的实现

3. 下列(　　)属于基本功能。

A. 某种商品的使用价值
B. 电话的传送信息功能
C. 企业系统的创造利润功能
D. 污染环境功能

4. 系统分析的原则有(　　)。
A. 当前利益与长远利益相结合
B. 局部利益服从总体利益
C. 内部因素与外部条件相结合
D. 定性分析与定量分析相结合

二、单选题

1. 以下(　　)目标层次关系是正确的。
A. 基本目的＞战略目的＞运营目的
B. 战略目的＞运营目的＞基本目的
C. 战略目的＞基本目的＞运营目的
D. 运营目的＞战略目的＞基本目的

2. 下列描述正确的是(　　)。
A. 目标所处的层次越高，决策的频次越多
B. 目标所处的层次越低，目标变动所耗费的能量就越少
C. 牵一发而动全身一般指的是低层次目标决策
D. 战略决策一般都是短期决策

3. (　　)是系统分析的前提和基础。
A. 系统目标
B. 收集资料
C. 系统模型
D. 评价标准和结论

4. 在系统分析时，准确地说，需要有(　　)种方案和手段。
A. 一
B. 二
C. 多
D. 以上均可

三、判断题

1. 系统分析的目的在于提出并比较各种方案的技术经济指标，形成最优方案，为决策提供依据。 (　　)
2. 目标层次越低，风险性越大。 (　　)
3. 目标层次越高，适用期越长，适用范围越广，接受的人越多。 (　　)
4. 目标层次越高，客观性越强，数据越少。 (　　)
5. 目标层次越低，决策依据越多，决策越客观。 (　　)
6. 物流系统的目标一般只有一个。 (　　)

7. 越低层次的系统其目标越具体，低层次目标一定要服从高层次目标。 （ ）

8. 基于基本目的的决策是最低层次的决策。 （ ）

9. 总目标与各部门目标间的关系不是简单的累加的数学关系，而是一种乘积关系。 （ ）

四、简答题

1. 系统目的的必要性分析应该从哪些方面开展？

2. 5W1H 法是什么？

3. 系统分析的步骤是什么？

模块三

系统需求预测

知识结构导图

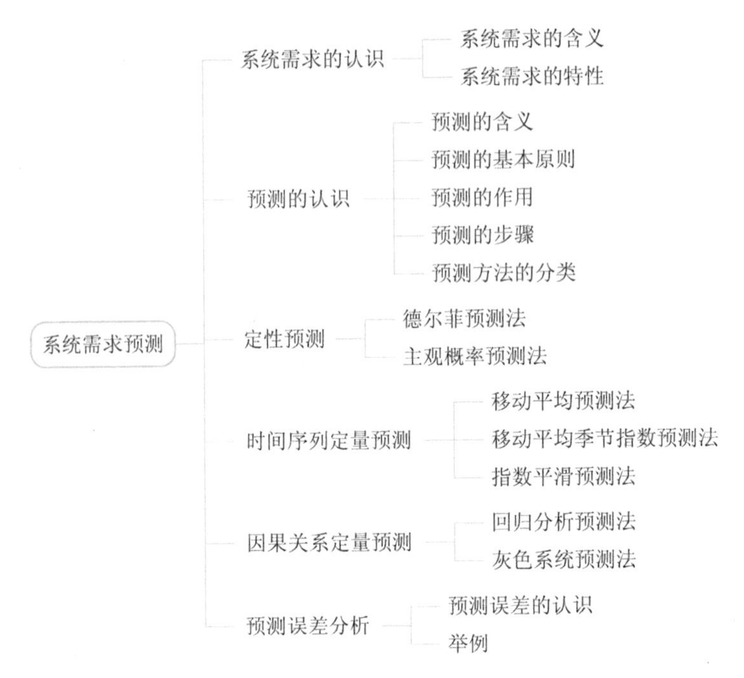

教学目标

(1) 理解系统需求及预测的定义；
(2) 了解系统预测的步骤和预测方法的分类；
(3) 掌握定性预测方法；
(4) 掌握时间序列定量预测方法；
(5) 掌握因果关系定量预测方法；
(6) 掌握预测误差分析。

重点

(1) 定性预测方法；
(2) 时间序列定量预测方法；
(3) 因果关系定量预测方法。

重点

(1) 定性预测方法、时间序列定量预测方法、因果关系定量预测方法；
(2) 预测误差分析。

案例引入

陕西省地处我国西北内陆腹地，地域南北长、东西窄。南北跨度较大，东西宽度较小。北接黄土高原，南跨汉水，中部为关中平原，自北向南将中温带、暖温带、北亚热带三个温度带囊括其中，形成陕北、关中、陕南各具地域特色的三大板块。变化多样的地形地貌和气候带是栽种特色果品的基础。陕西省的自然条件为果业发展提供了得天独厚的资源。

在改革开放的带动下，陕西省的水果生产得到了长足发展，种植数量和产量均保持较快增长，水果产业由过去的农副业跨越式发展为农业中的支柱产业。据《陕西省果业发展统计公报》显示，2010—2020年陕西水果产量逐年递增，年均增速11.69%。2020年陕西省水果种植面积114.27万m^2，总产量1420万t，均居全国第一。2021年全省水果总面积达到1892万亩，产量1650万吨。《陕西省国民经济和社会发展第十二个五年规划》明确提出，要把苹果、猕猴桃、柑橘等为主的全省果品产业建成有“较大影响力和竞争力的国际化大产业”。2021年前10个月，陕西省鲜果出口2.82万吨，比2020年同期增长11.07%。“十三五”期间，陕西省将突出苹果、猕猴桃两大产品，带动水果多样化发展，加快由水果大省向果业强省的转变。苹果、猕猴桃、梨、红枣在陕西果业中的优势尤其突出，被称为陕西水果“四宝”。

在生鲜电商的品类里，水果类目是最受生鲜电商用户青睐的，其中39%的用户会首先考虑购买进口优质水果，其次是海鲜水产，购买意愿最低的则是蔬菜类产品。从调查中不难看出，生鲜电商用户的需求定位在果品和海鲜这两大类产品里，水果的需求地位排在首位。水果从陕西到各级消费地无疑得依靠冷链物流。

但是冷链物流具有运营成本高的特征，生鲜电商需在自身的高运营成本和用户的低价需求之间寻求达到平衡的方法，越来越多的中小型生鲜电商持续建立“冷链物流+传统物流”的网络配送模式。

当前形势下，冷链物流主要依靠公路和铁路两种方式运输，很少涉及航空冷链。而公路运输占冷链运输的比例高达99%。在运输方面，由于资金压力过大，因此果品生产、加工企业和冷链物流企业只拥有少量冷藏运输设备，且大多是老旧的传统冷藏车、冷藏集装箱。绝大多数果品是依靠普通货车进行常温运送的。由此可见，陕西省果品市场对冷链运输设备的需求无法得到满足，冷链运输设备的缺失会导致果品在常温运输过程中变质，既无法保证食品安全，又损失经济效益。因此，陕西急需吸引投资，加强果品冷链物流设施设备的优化建设。

除了寻找果品冷链物流发展的制约因素之外，还需要对果品冷链物流的需求状况进行预测，为投资商投资当地果品冷链提供决策依据，以助力于加快果品冷链物流建设，促进当地果业发展，增加农民收入，同时也为政府筹划建设冷链物流园区提供了有价值的参考依据。

思考：如何预测陕西的果品冷链物流需求？

任务一　系统需求的认识

一、系统需求的含义

系统需求是所有部门(包括生产、销售、物流、财务等)进行规划和运营管理的基础，需求的水平和需求的时间影响生产能力、资金需求和经营的总体框架。

二、系统需求的特性

（一）系统需求的时间特性和空间特性

系统需求的时间特性包括两层含义：一是指系统需求是一定时间段内的需求累积，如日需求、周需求、月需求、年需求等；二是指需求是随时间而变化的，如需求的季节性变化。

系统需求的空间特性即需求来源于何处。进行设施布局、网点规划、运输调度等都要知道需求的空间位置，所选择的预测技术必须能反映影响需求模式的地理性差异。对需求的空间特性的处理方法有两种：一种是先进行总需求的预测，再按照地理位置分解，这是一种自上而下的预测方法；另一种是先对每个地点的需求单独进行预测，再根据需要进行汇总，这是一种自下而上的预测方法。这两种预测思路所需采取的预测技术是不同的。

（二）系统需求的不规则性与规则性

系统需求随时间变化而不同，需求的变动可能是规则性的，也可能是不规则性的。其中，规则性的变动包括如图 3-1 所示的三种情况。

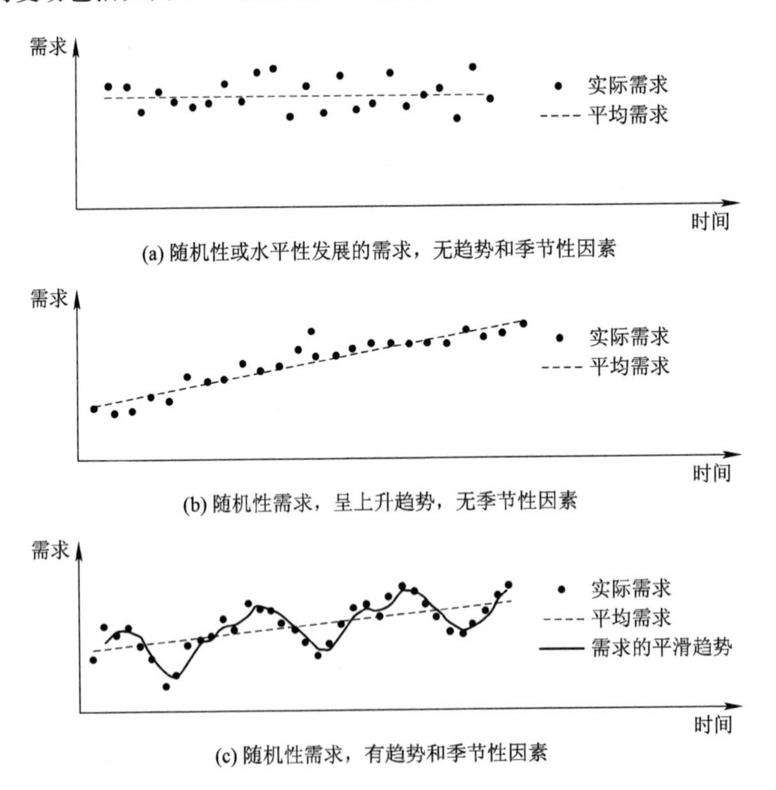

图 3-1　三种典型的规则性需求

导致需求规则性变动的因素有长期趋势（Trend）、季节性因素（Seasonal）和随机性因素（Random）三种。

如果随机波动占时间序列中变化部分的比例很小，则利用常规预测方法就可以得到较好的预测结果。如果由于总体需求量偏低，某种产品的需求时间和需求水平非常不确定，那么需求就是间歇式的，这就是不规则性需求，如图 3-2 所示。

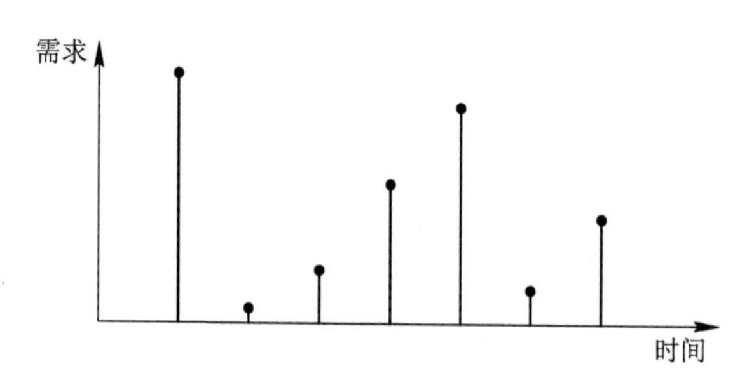

图 3-2　不规则性需求

刚刚进入生产线或即将退出生产线的产品需求、由异常情况引起的应急物流需求(如自然灾害、战争、突发性流行疾病所需的应急物资需求)等就属于这一类不规则性需求。由于这类需求的波动规律性不强，很难建立其预测模型，因此，常规的预测方法效果不佳，可以按以下三个思路去考虑：

第一，寻找导致需求不规则变化的关键原因，再利用这些因素进行预测；将不规则性需求预测与其他规则性需求预测分开进行，分别使用不同的方法。

第二，如果没有找到促使需求发生突变的关键原因，就暂时不对这类需求的变化作出反应；相反，采用简单的、平稳的预测方法进行预测，如取较小平滑系数的指数平滑法、时间间隔较长的回归法(时间间隔不少于一年)。

第三，对预测精度要求不太高的场合，可以根据具体情况适当调整预测值，以保证需求的可靠性。例如，适当提高安全系数，提高库存水平，以应对需求预测不准确的影响。

(三) 系统需求的派生性与独立性

系统需求的独立性是指需求来源于一个个独立的客户。消费者对于消费类产品的需求大多属于独立需求。例如，对家用小轿车、家电产品、服装等商品的需求都属于独立需求。

在另一种情况下，需求是由某一特定的生产计划要求派生出来的，是一种从属性需求，这就是需求的派生性。例如，汽车厂对轮胎的需求、对汽车玻璃的需求等，就属于派生性需求，它们是由汽车的生产计划派生的需求。

对于独立需求的预测，适合应用统计预测方法。多数短期预测模型的基本条件都是需求独立且随机。对于派生需求，适合利用因果关系模型，因为这种需求模式有很强的倾向性，且不是随机的，所以应通过判断系统呈现出的趋势和规律来构建预测模型实施预测。

任务二　预测的认识

一、预测的含义

预测(Forecast)是对尚未发生或目前还不确定的事物进行预先估计、推断和表述，是现时对将来时段里事物可能出现的状况和产生的结果进行探讨和研究，通过对客观事实的历史和现状进行科学的调查和分析，由过去和现在去推测未来，由已知去推测未知，从而揭示客观事件未来发展的趋势和规律。简而言之，预测就是把某一未来事件发生的不确定性极小化。

预测理论作为通用的方法论，既能用于研究自然现象，也能用于研究社会现象。将预测理论、方法与实际问题结合，就产生了预测的各个分支，如社会预测、人口预测、经济预测、科技预测、气象预测等。

预测活动从古至今都是非常重要且常见的，有对天气的预测，对国家运势、个人命运的预测，也有对战争、国防、经济以及各个不同行业和领域的预测。自有历史记载以来，人们一直试图预测未来。“喜鹊枝头叫，出门晴天报”“早上乌云盖，无雨也风来”“云往东，刮阵风；云往西，披蓑衣”，这些耳熟能详的谚语都是人们从经验中总结得出的预测规律。求神问卦其实也是一种预测。本章所讨论的是科学的预测，它是建立在客观事物发展变化规律基础之上的科学推断。

从本质上看，预测是以变化为前提的。如果没有变化，预测也就不存在了。因此，可以说掌握预测就是掌握变化。预测要做到以下几点：第一正确地掌握变化的原因；第二了解变化的状态；第三从量的变化中找出因果关系；第四从以上变化中找出规律性的东西对未来进行判断。

二、预测的基本原则

（一）惯性原则

所谓惯性，就是指由于事物发展变化主要受内因的作用，一个事物的过去、现在的状态会持续到将来。也就是说，随着时间的推移，事物的发展变化具有某种程度的持续性、连贯性。尽管未来的经济事件与现在会有差别，但是有许多方面与现在是相似的。利用这一原则掌握事物内在变化的规律，就能根据已知推测未知，根据过去和现在推测未来。

社会和自然界中的大多数事物在其发展变化过程中总有维持或延续原状态的趋向，事物的某些基本特征和性质将随时间的延续而维持下去，这就是惯性原理。事物惯性的大小取决于事物本身的动力和外界因素的作用。例如，某一材料的应用前景首先取决于材料本身的技术性能及制造特性，但社会需求量及其他材料的替代也会起到激发或限制作用。

事物的惯性越大，说明延续性越强，越不易受外界因素的干扰。例如，物资市场的影响因素、国家投资、价格波动比较缓慢，其生产资料的需求弹性、供给弹性均比较小，因而表现出生产资料的惯性比较大，需求比较稳定；而消费资料市场的影响因素（如消费资料的品种、规格、价格）变化较快，购买者偏好差异悬殊且容易改变，另外，消费资料的需求弹性、供给弹性又比较大，因而表现出消费资料惯性较小，尤其流行商品需求变化更快，其惯性更小。

正因为在事物的发展变化过程中有一定的惯性，所以人们可以利用事物过去和现在的某些情况，实施趋势外推分析方法预测事物未来的发展及状态。

（二）类推原则

类推原则是事物发展变化的因果关系原则。一切事物的存在、发展和变化都受有关因素的影响和制约。因此，事物的存在结构和变化都有一定的模式。就企业而论，劳动生产率提高，预示着产量可能提高；生产成本降低，预示着产品价格可能降低，或利润增大；产品质量提高，预示着销售量可能增加。就市场来说，商品供过于求，预示着价格可能下跌；产品供不应求，预示着价格可能上涨；新产品投入市场，预示着老产品开始滞销或价格下跌。这些都是经济活动的模式，都存在一定相互制约的因果关系。掌握这种因果关系，就能揭示相互关联的事物的发展变化，推断出未来经济事件的性质、状况和规模。

类推原理就是根据事物在发展过程中其结构和变化的模式及规律，推测未来事物的发展变化情况。许多特性相近的事物在其变化发展过程中常常有相似之处，于是可以假设在有些情况下，事物之间的发展变化具有类似的地方，以此进行类比，可以由先发事物的变化进程与状况来推测后发类似事物的发展变化。抽样调查法就是类推原理的一个应用。在市场预测中类推预测尤其适用于对历史资料不多但又有类似已知事件的情况进行市场预测。

三、预测的作用

预测的作用主要体现在以下 5 个方面：

（1）预测为制订一个切实可行的计划提供科学依据；

（2）预测是避免决策片面性和决策失误的重要手段；

（3）预测既是计划的前提条件，又是计划工作的重要组成部分；

（4）预测是提高管理预见性的一种手段；

（5）预测可以面向未来，提前做好准备，一旦发现问题便可集中力量解决，在一定程度上决定了组织的成败。

预测是从变化的事物中找出使事物发生变化的固有规律，寻找和研究各种变化现象的背景及其演变的逻辑关系，从而揭示事物未来的面貌。预测的实践基础是调查研究。预测的方法是系统分析。预测的基本观点与系统工程的基本观点是完全一致的，具有全局性、关联性、最优性、综合性和实践性等特点。

系统预测的作用可进一步概括为如下两方面：

（1）预测是编制计划的基础。物流系统的存储、运输等各项业务活动的计划都是以预测资料为基础来制订的。因而预测资料准确与否，可直接影响到计划的可行性，进而决定企业经营的成败。

（2）预测是决策的依据。有些管理学家认为管理就是决策，决策的前提就是预测。从一定意义上讲，正确的决策取决于可靠的预测。

四、预测的步骤

系统预测是对系统对象的发展、演变规律进行认识和分析的过程。虽然预测的过程随着预测目的、预测对象及具体方法的不同而不同，但主要包括以下几个步骤。

（1）确定预测目的。系统预测是为系统决策服务的。因此，预测的第一步就是根据决策任务确定预测目的，包括预测指标、预测对象和预测期限。只有目的明确，才能根据预测目的去收集数据，选择预测方法和预测精度。这是系统预测极为重要的准备阶段。

（2）收集资料和分析数据。根据预测目的和预测对象，分析影响预测目标的各种因素，通过直接或间接方法，尽可能多地收集影响预测对象的各种资料和历史数据，并对数据进行分析、整理，去伪存真，填平补齐，形成合格的数据样本。

（3）选定预测方法，建立预测模型。根据预测目的及数据收集状况，选定合适的预测方法。用相关变量和参数建立起能反映研究对象变化规律的数学模型；运用收集到的统计数据进行模型参数估计，建立预测模型。

（4）检验与修正模型。实际系统受多种确定因素和随机因素的影响，而预测模型不可能考虑所有因素，故预测结果与实际值有一定差距(即预测误差)。如果误差太大，就失去了预测的意义。因此，必须对预测模型的有效性和合理性进行检验。一方面要对模型的假设条件进行检验，如线性关系的假设、独立性假设等。另一方面要对模型精度进行检验，如果预测结果与实际值之间的误差太大，说明预测模型不满足要求，这时就必须对原有的预测模型进行修正。若模型预测结果与实际结果之间存在显著的差异，则还需要重新选择预测方法。

（5）实施预测与分析结果。预测实施就是运用通过检验的预测模型，对未来结果进行预测和分析；必要时还可运用多种模型同时预测结果并加以分析或综合对比，以便作出更可靠的预测判断，为系统决策提供科学依据。

实际预测时，上述各过程往往需要多次反复，不断修正。因此，预测是对系统不断认识和深化的动态过程，这一动态过程可用图 3-3 示意说明。

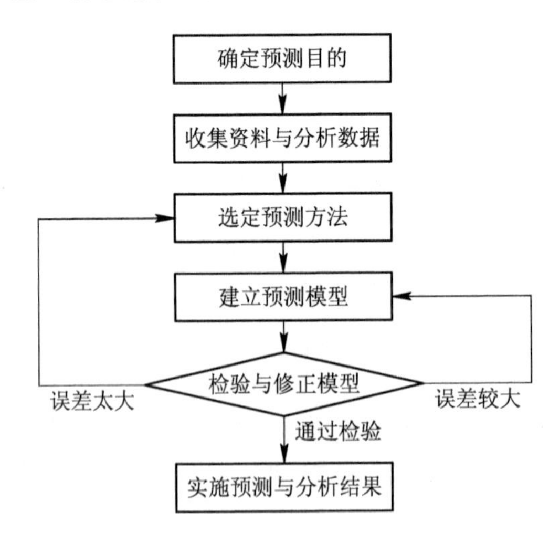

图 3-3　动态的预测过程

五、预测方法的分类

（一）按时间长短分类

预测方法按时间长短可以分为短期预测、中期预测和长期预测三大类。

1. 短期预测

一般地，企业以周、旬、月为预测的时间单位，根据企业内部供应链在观察期内物资流动的变化情况和资料，对未来一个季度或一年内的发展变化做出预测，预测结果可用以编制月度、季度及年度生产或供应计划。

短期预测必须做到及时、准确，对预测目标的各种变化要有敏感的反应，使决策者能及时了解企业生产及市场需求发展变化，做出正确的决策。

2. 中期预测

中期预测一般指5年内的预测，预测结果为企业制订3～5年的发展规划提供依据。同时，中期预测还常用于对影响市场的社会、政治、经济、技术等重要因素进行预测，用于研究市场发展变化的规律，如发展趋势。

3. 长期预测

长期预测一般指5年以上的预测，可为制订国民经济、各行业以及企业的发展规划提供依据。

（二）按性质分类

预测方法按照性质不同可分为定性预测和定量预测。它们又分别包括多种不同的预测方法。

1. 定性预测

定性预测是预测者根据自己掌握的实际情况、实践经验、专业水平，确定预测目标未来发展的性质、方向和程度。定性分析大多根据专业知识和实际经验进行，对把握事物的本质特征和大体程度有重要作用。这种预测主要利用主观判断、直觉、调查或比较分析，对未来做出定性估计。有时在定性分析的基础上也可以提出数量估计。定性预测的特点是：需要的数据少，能考虑无法定量化的因素，简便可行。通过定性预测，可提出有预见性的建议，为政府和企业进行经济决策、计划管理、指导工作提供依据，因此，定性预测法是一种不可缺少的灵活的经济预测方法。

在掌握的数据不多、不够准确或主要影响因素难以用数字描述，无法进行定量分析时，定性预测就是一种行之有效的预测方法。例如，对于新建企业生产经营的发展前景、新产品销售的市场前景，由于缺少历史资料，因此采用定性预测方法更合适。又如，新技术、新商业模式导致物流需求的变化也很难量化，只能通过主观判断进行定性预测。总之，定性预测对数据的准确性要求不高，但预测的结果是方向性的，对定量预测也具有指导性。

定性预测的方法较多，主要有德尔菲预测法（简称德尔菲法）、主观概率预测法、领先指标法、专家调查预测法、市场调查预测法、预兆预测法、类推法等。

2. 定量预测

定量预测是指根据准确的统计数据和信息，运用统计方法和数学模型，对事物未来的发展规模、水平、速度等进行估算。定量预测与统计数据和统计方法有密切关系。常见的定量预测方法有时间序列预测法、因果关系预测法等。

时间序列预测法是将预测目标的历史数据按照时间点顺序排列成为时间序列，然后分析它随时间的变化趋势，预测目标的未来值。实际上就是将影响事物变化的一切因素归结为“时间”的影响，即只考虑时间变量对系统发展变化的影响。该方法的基本前提就是假设事物未来的变化模式会重复过去的模式。时间序列预测法很多，主要有移动平均法、指数平滑法、趋势外推法、博克斯-詹金斯(Box-Jenkins)方法等。

当系统变量之间存在着某种前因后果关系时，找出影响系统结果的一个或几个因素，建立起它们之间的数学模型，然后根据自变量的变化预测系统结果变量的变化，这种预测方法称为因果关系预测法。因果关系预测法也包括多种不同方法和模型，如回归分析预测法、投入-产出分析预测法、灰色系统预测法等。应用因果关系预测法的主要问题在于影响系统变化的关键因素及它们之间的数学模型常常很难确定，因此实际应用时，预测误差可能较大。

在本教材中，定性预测方法主要介绍德尔菲预测法、主观概率预测法两种定性预测方法。在定量预测法的时间序列预测法中主要介绍移动平均预测法、移动平均季节指数预测法和指数平滑预测法；在因果关系预测法中主要介绍回归分析预测法、灰色系统预测法。

任务三　定性预测

一、德尔菲预测法

（一）方法介绍

1. 德尔菲预测法的含义

德尔菲预测法采用函询调查，向与预测对象领域有关的专家分别提出问题，把他们的意见综合、整理、归纳，再匿名反馈给各位专家，再次征求意见，然后加以综合、处理、反馈。经多轮反复，得到一个比较一致、可靠性较高的意见。这种方法集中专家的群体智慧，对问题分析得比较全面。

2. 德尔菲预测法的特点

1）匿名

函询调查中，各应答者互不相知，所以不受任何人的影响，可以充分发表各自的见解，而且应答者可以不公开地改变自己的意见，使意见更易趋于集中。

2）反馈

函询调查要反复进行多轮，参加应答的各位专家从反馈的调查表上得到上一轮结果，其中包括各种方案的理由，从而构成专家间匿名的相互影响。

3）收敛

由于应答者是参照上一轮结果来进行新的判断的，所以经过多轮反复后意见就可以相对集中。这里应当注意，对少数与众不同的意见不可轻易否定，必要时可专门增加一轮讨论。

3. 德尔菲预测法成败的两个关键环节

1）合理选择专家

选择专家时要注意以下几点：

（1）具有相关专业知识，在相关领域有较宽的知识面。

（2）对预测抱有热情。

（3）要注意专家的结构，包括知识结构、年龄结构、专业结构、职务和职称结构等。

2）正确拟定调查表

拟定调查表时要注意以下几点：

（1）调查表中提出的问题要清楚、准确，以免由于对问题的理解不同而造成差异。

（2）调查表应便于应答。

（3）调查表应逐轮深入，引导应答者思考问题。

（4）寄送调查表时应附必要的背景材料。

德尔菲预测法的可信度较高，是长远规划中的一种重要的预测方法。

4. 德尔菲法的优缺点

德尔菲法的优点是适合于客观材料不足或者用其他方法难以进行的预测，如国民经济发展规划、企业长远发展规划、技术发展趋势预测等。该法集中了专家的智慧和经验，同时克服了专家个人判断和专家会议预测的不足，预测结果的可信度较高。

德尔菲法的缺点是整个过程需要的时间较长，工作量大，正确选定专家也有一定的难度，一般适用于中长期预测。

在当今的信息化时代，网络工具为德尔菲法的应用提供了更加广阔的空间，其应用效率也得到了大大提高。

（二）步骤

（1）明确预测课题及其范围，拟出预测提纲，提出要求，明确预测目标。

（2）确定调查专家。要求专家总体的权威性较好，代表面较广，人数一般为十几人至几十人，专家之间互不交流。

（3）设计调查意见征询表。表格简明扼要，填写方式简单，每一项目都紧扣预测目标。

（4）征询预测意见。向专家发征询表并将有关资料交给专家，要求专家根据征询表中的各项内容进行预测，也可提出增加或删减某些预测项目的内容，提出改进预测的意见。

（5）分析调查结果。将反馈征询表的结果进行整理分类，列出专家意见的具体内容及依据，将分歧较大的问题重新列表发给专家，进行第二轮征询。这项工作一般要反复多次，直到结果收敛为止。

（6）将最后收敛的专家意见进行综合和归纳，提出预测结论，写出预测报告。

德尔菲法的主要工作流程如图 3－4 所示。

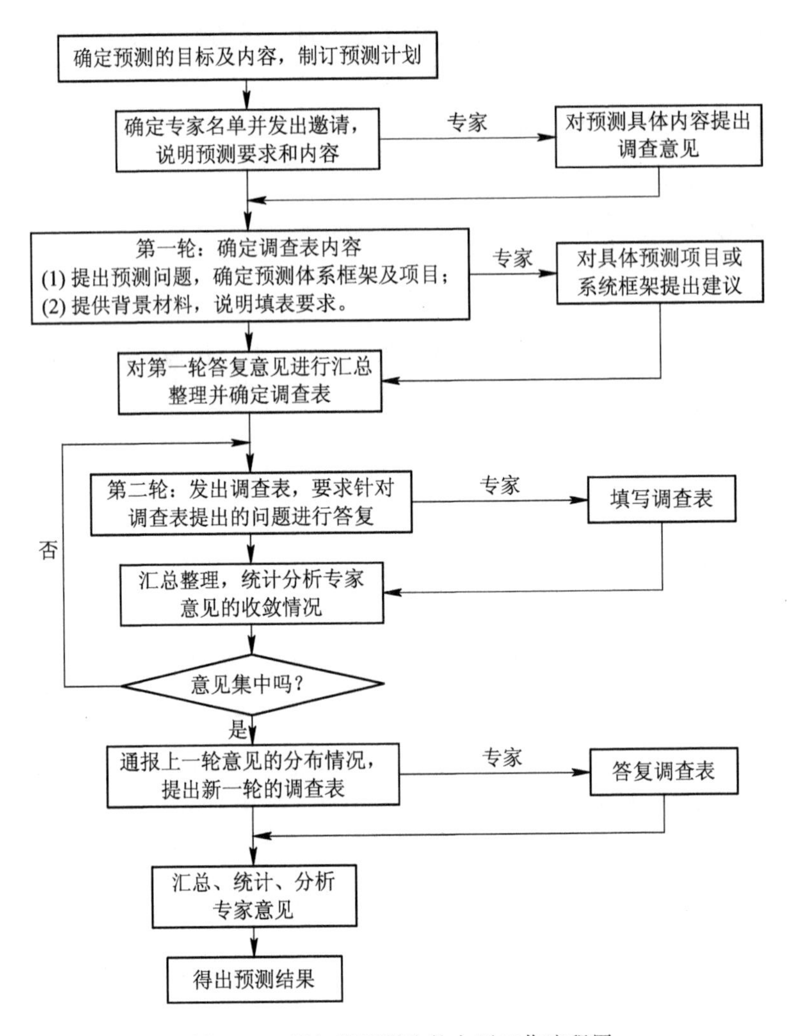

图 3-4　德尔菲预测法的主要工作流程图

（三）举例

德尔菲预测法

【例 3-1】 1988—1989 年全国农村农机需求变化较大，为了更好地满足市场需求，浙江省农机公司在浙江工商大学杭州商学院教师的协助下，采用德尔菲法对浙江省 1990 年手扶拖拉机市场的变化趋势进行预测。

求解过程：

(1) 明确问题。

根据历年农机产品的销售实绩，手扶拖拉机是该公司的拳头产品，因此，按照 ABC 分析法的原理，把手扶拖拉机作为主要预测对象。

(2) 选择专家。

对 1990 年手扶拖拉机需求趋势做出预测，这要求预测参与者必须有丰富的业务经验，掌握大量的市场信息，同时要求有一定的表达能力。另一方面，为了取得比较全面的信息，确定由全省各地区、县农机公司的87位业务经理组成预测专家小组。

(3) 拟定调查表。

根据调查对象的要求进行设计调查表，因预测主题较为单一，故咨询表比较简单，如表3－1所示。

表3－1　全省手扶拖拉机需求量调查表

<table>
<tr><td colspan="2">根据全省的资料，在下面栏目中填写全省所有手扶拖拉机需求量</td></tr>
<tr><td>上升%</td><td>下降%</td></tr>
<tr><td colspan="2">请简要分析手扶拖拉机需求量1990年同1989年相比可能上升或下降的原因(可以从有利因素和不利因素两个方面分析)</td></tr>
</table>

(4) 准备背景资料。

为了使专家在预测过程中全面了解有关手扶拖拉机的历史和现状，使预测更加准确，预测主持者准备了有关的背景资料：

① 准备了1980—1989年全省手扶拖拉机历年销量和历年增长率，并把各年的销量用表格和曲线图两种形式直接表达出来。

② 根据主持者掌握的信息，列出1990年对手扶拖拉机的销售有利的影响因素(四个方面)和不利的影响因素(五个方面)。

(5) 整理、分析调查表。

① 第一轮征询。在1990年初，预测主持者把背景资料和调查表寄给了87位预测专家，在规定的时间内有59位专家寄回了调查表，回收率为68%。预测主持者将1990年全省手扶拖拉机需求量的升降幅度调查表进行了汇总分析，见表3－2，又将影响因素进行了分析综合(有利因素有7个，不利因素有9个)。

表3－2　专家预测统计表(第一轮)

<table>
<tr><td rowspan="2">需求变化</td><td colspan="6">下降幅度</td></tr>
<tr><td>50%以上</td><td>41%～50%</td><td>31%～40%</td><td>21%～30%</td><td>11%～20%</td><td>1%～10%</td></tr>
<tr><td>专家人数/人</td><td>5</td><td>2</td><td>2</td><td>9</td><td>8</td><td>7</td></tr>
<tr><td>占比/%</td><td>8.47</td><td>3.39</td><td>3.39</td><td>15.25</td><td>13.56</td><td>11.86</td></tr>
</table>

<table>
<tr><td rowspan="2">需求变化</td><td rowspan="2">不变</td><td colspan="4">上升幅度</td><td rowspan="2">不能确定</td><td rowspan="2">合计</td></tr>
<tr><td>1%～10%</td><td>11%～20%</td><td>21%～30%</td><td>50%以上</td></tr>
<tr><td>专家人数/人</td><td>2</td><td>11</td><td>1</td><td>1</td><td>0</td><td>11</td><td>59</td></tr>
<tr><td>占比/%</td><td>3.39</td><td>18.64</td><td>1.69</td><td>1.69</td><td>0</td><td>18.64</td><td>100</td></tr>
</table>

② 第二轮征询。预测主持者把上一轮的预测结果的综合资料以及第二轮的调查咨询表给了专家(第一轮回答的59位专家)。第二轮的调查咨询表的内容和形式与第一轮的完全相同。在规定的时间内有44位专家寄回了第二轮调查表，回收率为75%。预测主持者将第二轮的调查表汇总，见表3－3。考虑到专家的意见基本趋于一致，结果比较明朗，不再进行第三轮征询。

表 3-3　专家预测统计表(第二轮)

<table>
<tr><td rowspan="2">需求变化</td><td colspan="6">下 降 幅 度</td></tr>
<tr><td>50%以上</td><td>41%～50%</td><td>31%～40%</td><td>21%～30%</td><td>11%～20%</td><td>1%～10%</td></tr>
<tr><td>专家人数/人</td><td>2</td><td>3</td><td>5</td><td>11</td><td>8</td><td>5</td></tr>
<tr><td>占比/%</td><td>4.5</td><td>6.8</td><td>11.4</td><td>25</td><td>18.2</td><td>11.4</td></tr>
</table>

<table>
<tr><td rowspan="2">要求变化</td><td rowspan="2">不变</td><td colspan="2">上 升 幅 度</td><td rowspan="2">不能确定</td><td rowspan="2">合计</td></tr>
<tr><td>1%～10%</td><td>11%～20%</td></tr>
<tr><td>专家人数/人</td><td>0</td><td>4</td><td>1</td><td>5</td><td>44</td></tr>
<tr><td>占比/%</td><td>0</td><td>9.1</td><td>2.3</td><td>11.4</td><td>100</td></tr>
</table>

(6) 处理预测结果。

此次征询仅进行了两轮，故第二轮的专家意见即为预测的最终结果。该预测对象属于数量预测，在此采用算术平均法进行处理。取各组距的中值为各组的代表值(即 31%～40%取 35%)，则

$$\begin{aligned}平均升降幅度 &= \left(\sum 升降幅度中值\times 专家人数\right)\div 总人数\\ &= [5\%\times 4+15\%\times 1-(55\%\times 2+45\%\times 3+35\%\times 5+25\%\times \\ &\quad 11+15\%\times 8+5\%\times 5)]\div 39\\ &= -20.64\%\end{aligned}$$

上述结果表明，1990 年全省手扶拖拉机需求量可能比 1989 年下降 20.64%。

二、主观概率预测法

(一) 方法介绍

1. 主观概率预测法的含义

主观概率预测法是指预测者利用自己的经验知识、现有资料，对预测对象几种发展趋势的可能性作出主观估测的预测方法。

2. 主观概率预测的条件

主观概率预测必须满足概率论的基本原理：

(1) 每个事件发生的概率在 0 与 1 之间：

$$0\leqslant E_i\leqslant 1$$

(2) 各事件发生的概率的总和等于 1：

$$\sum P(E_i)=1$$

式中，E_i 是某试验的样本空间中的一个事件。

3. 主观概率预测法的特点

（1）作为一种心理评价，判断具有主观性；

（2）其测定因人而异，受人的心理影响较大；

（3）某一判断是否接近实际，主要取决于预测者的经验、知识水平和对预测对象的把握程度；

（4）无法用实验或统计的方法来检验它的正确性。

4. 主观概率预测法的分类

（1）主观概率加权平均法：以主观概率为权数，对各种预测值进行加权平均，计算最终预测值。

（2）累积概率中位数法：根据累积概率，确定不同预测值的中位数，对预测值进行点估计和区间估计。

（二）步骤

（1）说明预测目的和要求，提供必要的资料。

（2）制订调查表，并发给每个被调查者填写。

（3）整理汇总主观概率调查表。

（4）根据需要可以重复步骤(2)、(3)。

（5）根据需要对预测结果进行修正。

（6）根据汇总结果进行判断预测。

（三）举例

主观概率预测法

【例 3－2】 某城市机场位于人口稠密区，飞机每次起飞和着陆对于城市都是一次潜在的危险，万一发生事故将造成巨大的损失。因此市政当局决定择地另建新机场。但新机场要在 2 年后才能交付使用。

为此，当局要求专家预测在 2 年内飞机发生事故的概率，据此来确定该机场是否应立即关闭，以便在关闭机场后带来的经济损失与飞机事故造成的巨大损失之间作出合理的抉择。

求解过程：

（1）说明预测目的和要求，提供必要的资料。预测目的是从专家组得到对预测对象的一般看法。

（2）制订调查表，并发给每个被调查者填写。

共向 10 位专家发出征询表(第一轮德尔菲征询)，征询表要求专家回答三个问题(事故发生时间从现在算起)：

① 最长不超过多少个月？

② 最短不少于多少个月？

③ 最少发生在哪个月？

“最可能发生事故的时间”的权重为另外两个时间的 4 倍。

（3）整理汇总主观概率调查表。专家的答复如表 3－4 所示。

表 3-4 整理汇总主观概率调查表

专家号	预测月份 N			
	最短(S)	最可能(ML)	最长(L)	平均值
1	9	11	25	13.0
2	20	26	35	26.5
3	9	14	24	14.8
4	17	19	22	19.2
5	12	16	25	16.8
6	10	10	26	12.7
7	20	30	40	30.0
8	5	8	19	9.3
9	21	29	36	28.8
10	7	21	28	19.8

注：平均值＝(S＋4ML＋L)/6。

将表 3-4 所列数据绘制成图 3-5，作为第一轮征询结果反馈给专家。

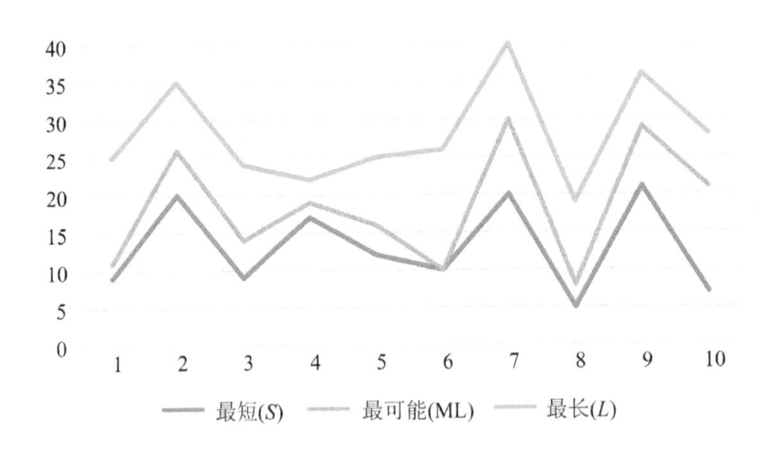

图 3-5 第一轮征询汇总图

从第一轮征询汇总的情况可以看出，平均值最小的为 9.3 个月，最大的为 30 个月，表明各个专家对事故发生时间的看法有较大分歧。

(4) 根据需要可以重复步骤(2)、(3)。第二轮德尔菲征询要求专家从 5 个月到 40 个月按 5 个月为一个间距，对 5 个月内、10 个月内、15 个月内的各种时间内发生事故的可能性赋以一个希望值(或概率值，取值为 0～1)，希望值越大，表示可能性越大。

对专家第二轮征询的数据进行处理，表 3-5 中的平均概率代表专家组对每个月份发生事故可能的集中意见。

表 3-5 专家赋予的概率值表

N	专家赋予的概率值										平均概率	累计概率
	1	2	3	4	5	6	7	8	9	10		
5	0.000	0.000	0.000	0.000	0.000	0.000	0.000	0.143	0.000	0.000	0.014	0.014
10	0.062	0.000	0.250	0.192	0.095	0.000	0.000	0.333	0.000	0.156	0.109	0.123
15	0.125	0.149	0.292	0.231	0.191	0.421	0.000	0.286	0.000	0.188	0.188	0.311
20	0.313	0.185	0.250	0.270	0.286	0.316	0.209	0.238	0.209	0.250	0.253	0.564
25	0.375	0.259	0.208	0.192	0.238	0.263	0.250	0.000	0.250	0.218	0.225	0.789
30	0.125	0.222	0.000	0.115	0.190	0.000	0.250	0.000	0.292	0.188	0.138	0.928
35	0.000	0.185	0.000	0.000	0.000	0.000	0.166	0.000	0.250	0.000	0.060	0.988
40	0.000	0.000	0.000	0.000	0.000	0.000	0.125	0.000	0.000	0.000	0.013	1.000

由表 3-5 中 N 的平均概率可以算出 N 的平均值：

$$N_{平均}=5\times0.014+10\times0.109+15\times0.188+\cdots+40\times0.013=21.425$$

上述 $N_{平均}$ 代表 10 位专家对飞行事故发生月份的集中意见，为 21.425 个月。

从表 3-5 中也可以看出，在新机场建好以前(2 年后才能建成使用，即 24 个月，表中取与 24 个月最相近的 25 个月)，在 25 个月之前有相当大的可能性(累计概率为 0.789)发生事故。

(5) 根据需要对预测结果进行修正。

本案例利用贝叶斯公式对预测结果的准确度进行修正。

① 调查历史资料，得到条件概率。利用贝叶斯公式对专家作出的先验概率进行修正，首先要对过去发生的飞行事故进行调查，对事故实际发生时间 N 和估计发生时间 n 之间的统计关系进行比较，从而得到概率 $P(n/N)$，即在发生 N 的条件下出现 n 的概率。

其统计结果如表 3-6 所示。

表 3-6 条件概率表

事故实际发生的时间 N	估计发生的时间 n 的概率							
	$n=5$	$n=10$	$n=15$	$n=20$	$n=25$	$n=30$	$n=35$	$n=40$
5 个月	0.70	0.20	0.05	0.05				
10 个月	0.30	0.60	0.08	0.02				
15 个月	0.10	0.20	0.60	0.10				
20 个月		0.10	0.20	0.50	0.15	0.05		
25 个月			0.10	0.15	0.50	0.20	0.05	
30 个月				0.20	0.30	0.35	0.15	
35 个月					0.20	0.30	0.30	0.20

表 3-6 中的第一行表明，事故实际时间在第五个月，估计值为 5 个月的概率是 0.7；估计值为 20 个月的概率是 0.05；各行的概率之和等于 1。

② 计算后验概率。前面已算出专家组关于事故时间的集中看法 $N=21.425$，从表 3-6 中取与 21.418 最接近的月份 $n=20$，在表中可以查到一组条件概率 $P(n/N)$，利用下列贝

叶斯公式算出后验概率 $P(n/N)$，计算结果如表 3-7 所示。

$$P(N/n)=\frac{P(n/N)\cdot P(N)}{\sum_{i-1}^{n}P(n/N)\cdot P(N)} \tag{3-1}$$

表 3-7　后验概率计算结果

N	先验概率 $P(N)$	条件概率 $P(n/N)$	$P(N)\cdot P(n/N)$	后验概率 $P(N/n)$
5	0.014	0.05	0.0007	0.003
10	0.109	0.02	0.0022	0.010
15	0.188	0.10	0.0188	0.090
20	0.253	0.50	0.1265	0.604
25	0.225	0.15	0.0338	0.161
30	0.138	0.20	0.0276	0.132
35	0.060	0.00	0.0000	0.000
40	0.013	0.00	0.0000	0.000
合计			0.2096	—

利用后验概率再次计算出平均值：

$$N_{平均}=5\times0.003+10\times0.010+\cdots+30\times0.132=21.52$$

③ 先验概率情况和后验概率情况的比较如表 3-8 所示。

表 3-8　先验概率情况和后验概率情况的比较表

比较项目	先验概率	后验概率
平均值 N	21.418	21.52
$N=25$ 的累积概率	0.789	0.868

利用后验概率计算出的平均值与利用先验概率计算出的平均值相差无几。

(6) 根据汇总结果进行判断预测。利用后验概率与利用先验概率所算得的 $N=25$ 时的累积概率相差较大，这表明应用贝叶斯公式修正后，新机场在建好(25 个月)以前飞机发生事故的概率由专家原来预测的 0.789 提高为 0.868。

显然，发生事故的可能性更大了，市政当局应根据这个预测值来进行决策。

任务四　时间序列定量预测

一、移动平均预测法

(一) 方法介绍

1. 移动平均预测的含义

移动平均预测法以预测对象最近一组历史数据的平均值直接或间接地作为预测值。“平均”是取预测对象的时间序列中由远而近按一定跨期的数据进行平均。“移动”是指参与平均值计算的实际数据随预测期的推进而不断更新，增加一个新值，同时剔除掉已参与平均计算的最陈旧的一个实际值，以保证每次参与计算的实际值个数相同。

移动平均预测主要分为一次移动平均预测和二次移动平均预测。在市场较稳定、外界环境变化较少的情况下，移动平均预测法是一种较有效的预测方法，其短期预测效果较佳。

2. 一次移动平均法的基本原理

已知数据时间序列为 x_1，…，x_n，以 $M_t^{(1)}$ 表示第 t 时刻的时间序列的移动平均值，以 n 表示参与“平均”的实际值个数(也称数据的间距或移动的步长)，则有：

第一个移动平均值由 x_1，x_2，…，x_n 产生：

$$M_{t=n}^{(1)} = \frac{x_n + x_{n-1} + \cdots + x_1}{n}$$

第二个移动平均值由 x_2，x_3，…，x_{n+1}产生：

$$M_{t=n+1}^{(1)} = \frac{x_{n+1} + x_n + \cdots + x_2}{n}$$

以此类推：

$$M_{t=n+2}^{(1)} = \frac{x_{n+2} + x_{n+1} + \cdots + x_3}{n}$$

$$\vdots$$

因此，一次移动平均值 $M_t^{(1)}$ 的计算公式可表示为

$$M_t^{(1)} = \frac{x_t + x_{t-1} + \cdots + x_{t-n+1}}{n} \tag{3-2}$$

式中：$M_t^{(1)}$ 为 t 时刻的移动平均值，上标(1)代表一次移动平均；x 为时间序列代表的实际值；n 为参与平均值计算的实际值个数(跨期)。

式(3-2)为移动平均值的通式。由于该法对预测对象的实际观测值进行移动平均计算，因此 $M_t^{(1)}$ 也称为一次移动平均值。由这个通式推导可以看出，在移动平均的过程中，当一个新的实际值进入时，就要剔除平均值中最陈旧的一个实际值，使每一次参与平均的实际值都有相同的个数。这样以一个段为单位、逐步运动、逐步放弃旧历史数据、增加新历史数据的方法能较好反映事物发展变化的趋势。

一次移动平均预测法的基本原理就是：以本期(t 期)移动平均值 $M_t^{(1)}$ 作为下期($t+1$ 期)的预测值y_{t+1}，即一次移动平均预测模型为

$$y_{t+1} = M_t^{(1)} \tag{3-3}$$

一次移动平均预测法使用起来比较简单，但是由于受加入平均值之中的前面月份的销售量的影响，因此预测结果会出现滞后偏差，这时如果近期内变化发展较快，则利用一次移动平均预测法就不太适宜。这是由于一次移动平均预测法对分段内部的各数据同等对待，而没有特别强调近期数据对预测值的影响。

3. 二次移动平均法的基本原理

为了解决一次移动平均法的滞后偏差问题，可以采取二次移动平均法。

二次移动平均法是在求得一次移动平均值的二次移动平均值的基础上，对有线性趋势的时间序列进行预测。二次移动平均值是在以一次移动平均值组成的序列为一个新的时间序列的基础上，再一次进行移动平均，其计算公式为

$$M_t^{(2)} = \frac{M_t^{(1)} + M_{t-1}^{(1)} + \cdots + M_{t-n+1}^{(1)}}{n} \qquad (3-4)$$

其中，n、t 的含义同前面一致。在此基础上，对有线性趋势的时间序列做出预测，二次移动平均预测模型可表示为

$$y_{t+T} = a_t + b_t T \qquad (3-5)$$

$$a_t = 2M_t^{(1)} - M_t^{(2)} \qquad (3-6)$$

$$b_t = \frac{2}{n-1}(M_t^{(1)} - M_t^{(2)}) \qquad (3-7)$$

式中：y_{t+T}为预测期的预测值，T 为预测期与本期的间距。

二次移动平均法能较好地解决滞后偏差问题，该方法由于在计算上较为便利，因此得到了广泛的运用。

4. n 值的选取

移动平均法对时间序列数据变化的抗干扰能力叫修匀能力。移动平均法对时间序列数据变化的反应速度叫敏感性。随着 n 的减小，移动平均法对时间序列数据变化的反应敏感性增加，但修匀能力下降；随着 n 的增大，移动平均法对时间序列数据变化的反应敏感性减小，但对时间序列的修匀能力上升，所以移动平均法的修匀能力与时间序列数据变化的敏感性是矛盾的，两者不可兼得，因此一定要根据时间序列的特点来确定 n。

n 值的一般选取原则是：

(1) 由所需处理的时间序列数据点的多少而定，数据点多，n 可以取大一些；

(2) 由已有的时间序列的趋势而定，趋势平稳并基本保持水平状态的，n 可以取大一些；

(3) 趋势平稳并保持阶梯性或周期性增长的，n 应该取小一些；

(4) 趋势不平稳并有脉冲式增减的，n 应该取大一些。

（二）步骤

(1) 计算移动平均值。

(2) 建立移动平均预测模型。

(3) 对有线性趋势的时间序列做预测。

（三）举例

移动平均预测法

【例 3-3】 某物资企业统计了某年度 1 月至 11 月的钢材实际销售量，统计结果见表 3-9，请分别用一次和二次移动平均预测法预测其 12 月的钢材销售量。

表 3-9　钢材销售量统计表

月份	实际销售量/吨	月份	实际销售量/吨
1	22 400	7	25 700
2	21 900	8	23 400
3	22 600	9	23 800
4	21 400	10	25 200
5	23 100	11	25 100
6	23 100		

求解过程：

(1) 实施一次移动平均预测。

根据数据发展趋势，拟取移动步长 $n=3$ 及 $n=6$，将表 3-9 中的历史销售数据代入公式(3-2)进行计算，计算的一次移动平均值如表 3-10 所示。

表 3-10　钢材销售量一次移动平均值的计算结果

月份	实际销售量/吨	移动平均值		月份	实际销售量/吨	移动平均值	
		$n=3$	$n=6$			$n=3$	$n=6$
1	22 400			7	25 700	23 967	22 967
2	21 900			8	23 400	21 067	23 216
3	22 600	22 300		9	23 800	24 300	23 416
4	21 400	21 967		10	25 200	24 133	24 049
5	23 100	22 367		11	25 100	24 800	24 433
6	23 100	22 533	22 417				

根据表 3-10 的数据绘制出散点图，如图 3-6 所示。

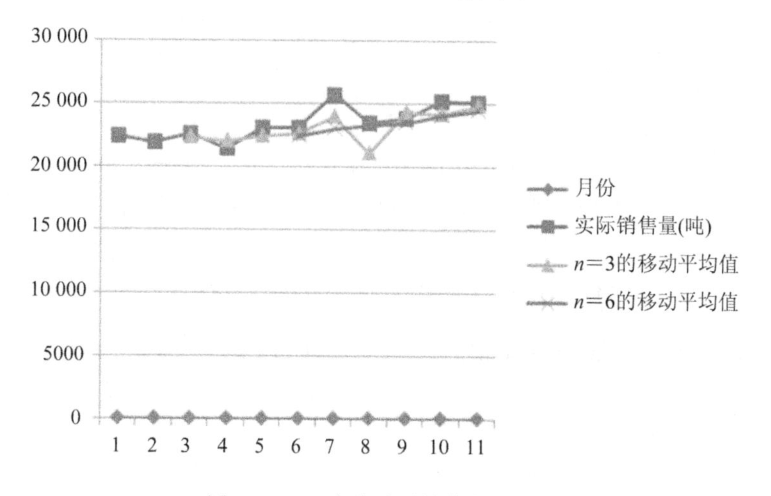

图 3-6　一次移动平均值的散点图

由图 3-6 可分析得到：

① 用移动平均法计算出的新序列的变化趋势与实际变化情况基本一致。

② 新序数列数据波动的范围变小了，并且随参与平均值计算的 n 值的增加，平均值的波动范围越小，异常大和异常小的数据值被修匀了，表现为移动平均预测法有较好的抗干扰能力，可以在一定程度上描述时间序列变化的趋势。

③ 当 n 值增大时，移动平均值减小。

④ 当 $n=3$ 时的移动平均值与实际值拟合得更好，所以应以 $n=3$ 所得的移动平均值作为预测值。当然，利用误差分析的方法来确定 n 值才是最有说服力的，详见本模块的“任务六”。

根据公式(3-3)所示的一次移动平均预测模型，本案例的一次移动平均预测模型为

$$y_{12} = M_{11}^{(1)}$$

即 $n=3$ 时，用移动平均法预测的 12 月钢材销售量 $y_{12}=M_{11}^{(1)}=24\ 133$ 吨。

(2) 实施二次移动平均预测。

根据一次移动平均预测结果分析，确定移动步长 $n=3$，继续在表 3-10 的一次移动平均值的基础上，代入公式(3-4)进行计算，得到二次移动平均值，如表 3-11 所示。

表 3-11 钢材销售量二次移动平均值的计算结果

月份	实际销售额/万元	一次移动平均值 $M_t^{(1)}$	二次移动平均值 $M_t^{(2)}$
1	22 400		
2	21 900		
3	22 600	22 300	
4	21 400	21 967	
5	23 100	22 367	22 211
6	23 100	22 533	22 289
7	25 700	23 967	22 956
8	23 400	24 067	22 522
9	23 800	24 300	23 111
10	25 200	24 133	23 167
11	25 400	24 800	24 411

假设我们以 11 月份作为本期，即取 $t=11$，计算二次平均预测法中参数的取值，据公式(3-6)、式(3-7)有：

$$a_{11} = 2M_{11}^{(1)} - M_{11}^{(2)} = 2 \times 24\ 800 - 24\ 411 = 25\ 189$$

$$b_{11} = \frac{2}{n-1}(M_{11}^{(1)} - M_{11}^{(2)}) = \frac{2}{3-1} \times (24\ 800 - 24\ 411) = 389$$

将 a_{11} 和 b_{11} 代入公式(3-5)即得二次移动平均预测模型为

$$y_{11+T} = a_{11} + b_{11}T = 25\ 189 + 389T$$

则 12 月的销售额预测值为

$$y_{11+1} = 25\ 189 + 389 \times 1 = 25\ 578$$

二、移动平均季节指数预测法

（一）方法介绍

季节性需求预测一般以季节性指数为基础进行，时间序列的时间单位是季或月，其变动循环周期为4个月或12个月。利用季节指数预测法进行需求预测，首先要利用统计方法计算出各季度的季节性指数，以测定需求季节变动的规律性；然后在已知月度或季度平均值条件下，预测未来某个月（季）的预测值。

测定时间序列季节指数的方法很多。由于大部分市场现象的季节变动是与趋势变动交织在一起的，因此，本书只介绍能处理趋势变动的移动平均季节指数预测法。

移动平均季节指数预测法的基本原理如下：

（1）利用移动平均法还原时间序列的趋势变动、季节性变动和不规则变动因子；

（2）计算消除长期趋势变动和不规则变动后的反映季节变动情况的季节性指数；

（3）应用趋势法预测时间序列的未来趋势值；

（4）应用季节性指数对趋势值进行修正，得到考虑季节性变动的未来需求。

（二）步骤

根据移动平均季节指数预测法的基本原理，可以拟定出10个相对应的步骤，详情如表3－12所示。

表3－12　移动平均季节指数预测法的基本原理和步骤

阶段	基本原理	步骤
第一	利用移动平均法还原时间序列的趋势变动、季节性变动和不规则变动因子	（1）计算四项移动平均值 T。 （2）计算二项移动平均值，得到中心化移动平均值 M_t。 （3）计算季节性指数与不规则因子的综合系数SI
第二	计算消除长期趋势变动和不规则变动后的反映季节变动情况的季节性指数	（4）计算每季度的平均值、总季度平均值、季节性指数 S'
第三	应用趋势法预测时间序列的未来趋势值	（5）计算分离季节成分 y'。 （6）列出时间序列。 （7）以时间序列为 x，分离季节成分为 y，建立散点图，建立预测模型。 （8）根据回归模型，计算今年各季度销售额的趋势预测值
第四	应用季节性指数对趋势值进行修正，得到考虑季节性变动的未来需求	（9）计算季节性指数的调整系数 K、季节性指数调整值 S。 （10）利用季节性指数调整值 S 修正趋势预测值，求出各季度的预测值

移动平均季节指数预测法

（三）举例

【例 3-4】 某公司过去 5 年按季度统计的某产品销售数据如表 3-13 所示，试用移动平均季节指数预测法预测今年各季度销售额。

表 3-13　某产品销售数据

①年份	②季度	③销售额
5 年前	1	3260
	2	2300
	3	4100
	4	3960
4 年前	1	3500
	2	2410
	3	4410
	4	4300
3 年前	1	3720
	2	2570
	3	4800
	4	4540
2 年前	1	4080
	2	2730
	3	5120
	4	4920
1 年前	1	4300
	2	2860
	3	5600
	4	5380

求解过程：

(1) 应用移动平均法，计算四项移动平均值 T。

例如，5 年前 4 季度的移动平均值 $T=(3260+2300+4100+3960)/4=3405$，以此类推，计算结果如表 3-14 所示。

(2) 计算二项移动平均值，得到中心化移动平均值 M_t。

例如，4 年前 1 季度的中心化移动平均值 $M_t=(3405+3465)/2=3435$，以此类推，计算结果如表 3-15 所示。

表 3－14　移动平均值计算表

年份	季　　度	销售额	$N=4$ 移动平均值 T
5 年前	1	3260	
	2	2300	
	3	4100	
	4	3960	3405
4 年前	1	3500	3465
	2	2410	3493
	3	4410	3570
	4	4300	3655
3 年前	1	3720	3710
	2	2570	3750
	3	4800	3848
	4	4540	3908
2 年前	1	4080	3998
	2	2730	4038
	3	5120	4118
	4	4920	4213
1 年前	1	4300	4268
	2	2860	4300
	3	5600	4420
	4	5380	4535

表 3－15　中心化移动平均数的计算表

①年份	②季度	③销售额	④$N=4$ 移动平均值 T	⑤中心化移动平均值 M_t
5 年前	1	3260		
	2	2300		
	3	4100		
	4	3960	3405	
4 年前	1	3500	3465	3435
	2	2410	3493	3479
	3	4410	3570	3531
	4	4300	3655	3613
3 年前	1	3720	3710	3683
	2	2570	3750	3730
	3	4800	3848	3799
	4	4540	3908	3878

续表

①年份	②季度	③销售额	④$N=4$ 移动平均值 T	⑤中心化移动平均值 M_t
2年前	1	4080	3998	3953
	2	2730	4038	4018
	3	5120	4118	4078
	4	4920	4213	4165
1年前	1	4300	4268	4240
	2	2860	4300	4284
	3	5600	4420	4360
	4	5380	4535	4478

（3）计算不规则因子的综合系数SI，如表3-16所示。

$$\mathrm{SI}=\frac{\text{销售额 } y}{\text{中心化移动平均值 } M_t} \tag{3-8}$$

表3-16　不规则因子的综合系数SI

①年份	②季度	③销售额	④N=4 移动平均值 T	⑤中心化移动平均值 M_t	⑥综合系数SI
5年前	1	3260			
	2	2300			
	3	4100			
	4	3960	3405		
4年前	1	3500	3465	3435	1.02
	2	2410	3493	3479	0.69
	3	4410	3570	3532	1.25
	4	4300	3655	3613	1.19
3年前	1	3720	3710	3683	1.01
	2	2570	3750	3730	0.69
	3	4800	3848	3799	1.26
	4	4540	3908	3878	1.17
2年前	1	4080	3998	3953	1.03
	2	2730	4038	4018	0.68
	3	5120	4118	4078	1.26
	4	4920	4213	4166	1.18
1年前	1	4300	4268	4241	1.01
	2	2860	4300	4284	0.67
	3	5600	4420	4360	1.28
	4	5380	4535	4478	1.20

（4）计算每季度的平均值、总季度平均值、季节性指数S'，如表3-17所示。S'的计算公式如下：

$$S'=\text{每季度的平均值}/\text{总季度平均值} \tag{3-9}$$

表 3-17　每季度的平均值、总季度平均值、季节性指数 S'

项目		第 1 季度	第 2 季度	第 3 季度	第 4 季度
销售额	5 年前	3260	2300	4100	3960
	4 年前	3500	2410	4410	4300
	3 年前	3720	2570	4800	4540
	2 年前	4080	2730	5120	4920
	1 年前	4300	2860	5600	5380
每季度的平均值		3772	2574	4806	4620
总季度平均值		3943			
季节性指数 S'		0.96	0.65	1.22	1.17

（5）计算分离季节成分 y'。前四季的分离季节成分为

$$y' = \frac{\text{销售额 } y}{\text{季节性指数 } S'} \tag{3-10}$$

之后的分离季节成分为

$$y' = \frac{\text{销售额 } y}{\text{综合系数 SI}} \tag{3-11}$$

计算结果如表 3-18 所示。

表 3-18　年分离季节成分 y' 计算表

①年份	②季度	③销售额	④$N=4$ 移动平均值 T	⑤中心化移动平均值 M_t	⑥综合系数 SI	⑦分离季节成分 y'
5 年前	1	3260				3396
	2	2300				3538
	3	4100				3361
	4	3960	3405			3385
4 年前	1	3500	3465	3435	1.02	3431
	2	2410	3493	3479	0.69	3493
	3	4410	3570	3532	1.25	3528
	4	4300	3655	3613	1.19	3613
3 年前	1	3720	3710	3683	1.01	3683
	2	2570	3750	3730	0.69	3725
	3	4800	3848	3799	1.26	3810
	4	4540	3908	3878	1.17	3880

续表

①年份	②季度	③销售额	④$N=4$ 移动平均值 T	⑤中心化移动平均值 M_t	⑥综合系数 SI	⑦分离季节成分 y'
2 年前	1	4080	3998	3953	1.03	3961
	2	2730	4038	4018	0.68	4015
	3	5120	4118	4078	1.26	4063
	4	4920	4213	4166	1.18	4169
1 年前	1	4300	4268	4241	1.01	4257
	2	2860	4300	4284	0.67	4269
	3	5600	4420	4360	1.28	4375
	4	5380	4535	4478	1.20	4483

(6) 列出时间序列，如表 3-19 所示。

表 3-19　时间序列表

①年份	②季度	③销售额	④$N=4$ 移动平均值 T	⑤中心化移动平均值 M_t	⑥综合系数 SI	⑦分离季节成分 y'	⑧时间序列
5 年前	1	3260				3396	1
	2	2300				3538	2
	3	4100				3361	3
	4	3960	3405			3385	4
4 年前	1	3500	3465	3435	1.02	3431	5
	2	2410	3493	3479	0.69	3493	6
	3	4410	3570	3532	1.25	3528	7
	4	4300	3655	3613	1.19	3613	8
3 年前	1	3720	3710	3683	1.01	3683	9
	2	2570	3750	3730	0.69	3725	10
	3	4800	3848	3799	1.26	3810	11
	4	4540	3908	3878	1.17	3880	12
2 年前	1	4080	3998	3953	1.03	3961	13
	2	2730	4038	4018	0.68	4015	14
	3	5120	4118	4078	1.26	4063	15
	4	4920	4213	4166	1.18	4169	16
1 年前	1	4300	4268	4241	1.01	4257	17
	2	2860	4300	4284	0.67	4269	18
	3	5600	4420	4360	1.28	4375	19
	4	5380	4535	4478	1.20	4483	20

（7）以时间序列为 x，以分离季节成分为 y，建立散点图，建立预测模型，如图 3－7 所示。

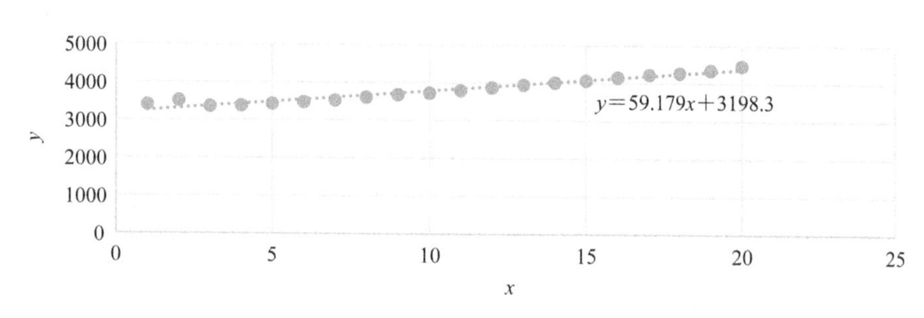

图 3－7　预测模型散点图

（8）根据回归模型，计算今年各季度销售额的趋势预测值，如表 3－20 所示。

表 3－20　今年各季度销售额的趋势预测值

项目	第 1 季度	第 2 季度	第 3 季度	第 4 季度
时间序列	21	22	23	24
趋势预测值	4441.06	4500.24	4559.42	4618.60

（9）计算季节性指数的调整系数 K：

$$K=\frac{4}{\text{季节性指数的总和}}$$

季节性指数调整值 S：

$$S=S'\cdot K \tag{3-12}$$

结果如表 3－21 所示。

表 3－21　季节指数调整值的计算结果

项　　目		第 1 季度	第 2 季度	第 3 季度	第 4 季度
销售额	5 年前	3260	2300	4100	3960
	4 年前	3500	2410	4410	4300
	3 年前	3720	2570	4800	4540
	2 年前	4080	2730	5120	4920
	1 年前	4300	2860	5600	5380
季节性指数 S'		0.96	0.65	1.22	1.17
调整系数 K		1.00			
季节性指数调整值 S		0.96	0.65	1.22	1.17

（10）利用季节性指数调整值 S 修正趋势预测值，求出各季度的预测值，如表 3－22 所示。

表 3-22 各季度的预测值计算结果

项目	第 1 季度	第 2 季度	第 3 季度	第 4 季度
时间序列	21	22	23	24
趋势预测值	4441.06	4500.24	4559.42	4618.60
季节性指数调整值 S	0.96	0.65	1.22	1.17
预测值	4263.42	2925.16	5562.49	5403.76

三、指数平滑预测法

（一）方法介绍

1. 指数平滑法的含义

指数平滑法是在移动平均法基础上发展起来的一种方法，实质上是一种特殊的加权移动平均法。指数平滑法是一种非常有效的短期预测法。该方法很简单、易用，只要很少的数据就可以连续使用，当预测数据发生根本变化时还可以进行自我调整。指数平滑法包括一次指数平滑法、二次指数平滑法和高次指数平滑法。下面主要介绍一次指数平滑预测法、二次指数平滑预测法。

2. 一次指数平滑法的基本原理

已知数据时间序列为 x_1，x_2，…，x_n，以 $F_t^{(1)}$ 表示第 t 时刻的一次指数平滑值。一次指数平滑值的通用计算公式为

$$F_{t+1}^{(1)} = \alpha x_t + (1-\alpha)F_t^{(1)} \tag{3-13}$$

式中：t 为本期的时间；α 为指数平滑系数，规定 $0<\alpha<1$；x_t 为在 t 时刻的实际需求值；$F_{t+1}^{(1)}$ 为在 $t+1$ 时刻的一次指数平滑值。

公式(3-13)表示的意思是：

下期平滑值＝本期实际值的一部分＋本期平滑值的一部分

一次指数平滑法的基本原理就是利用时间序列中本期的实际值 x_t 与本期的指数平滑值 $F_t^{(1)}$ 进行加权平均，作为下一期的预测值 $y_{t+1}^{(1)}$，即 $y_{t+1}^{(1)}=F_{t+1}^{(1)}=\alpha x_t+(1-\alpha)F_t^{(1)}$。

因此，一次指数平滑预测模型可表示为

$$y_t = F_t^{(1)} \tag{3-14}$$

3. 二次指数平滑法的基本原理

二次指数平滑法是指在一次指数平滑值的基础上再作一次指数平滑，然后利用两次指数平滑值建立预测模型，确定预测值的方法。二次指数平滑法解决了一次指数平滑法存在的两个问题：一是一次指数平滑不能用于有明显趋势变动的市场现象的预测；二是一次指数平滑只能向未来预测一期的局限性。

二次指数平滑值的计算公式为

$$F_t^{(2)} = \alpha F_t^{(1)} + (1-\alpha)F_{t-1}^{(2)} \tag{3-15}$$

式中：$F_t^{(1)}$ 为在 t 期的一次指数平滑值；$F_t^{(2)}$ 为在 t 期的二次指数平滑值；α 为指数平滑系数，规定 $0<\alpha<1$。

二次指数平滑预测模型可以表示为

$$y_{t+T}=a_t+b_tT \tag{3-16}$$

$$a_t=2F_t^{(1)}-F_t^{(2)} \tag{3-17}$$

$$b_t=\frac{\alpha}{1-\alpha}(F_t^{(1)}-F_t^{(2)}) \tag{3-18}$$

式中：y_{t+T}为预测期的预测值；T 为预测期与本期的间距。

4. 初始指数平滑值 $F_1^{(1)}$ 的确定

初始值 $F_1^{(1)}$ 是不能直接得到的，应该通过一定的方法选取。

(1) 当收集到的时间序列数据个数较多且比较可靠时，可以把已有数据中的某一个或某一部分的算术平均值或加权平均值作为初始值 $F_1^{(1)}$。

(2) 当收集到的数据个数较少或者数据的可靠性较差时，可以采用定性预测的方法选取 $F_1^{(1)}$，一般常用专家评估的方法选取 $F_1^{(1)}$。

5. 平滑系数 α 的确定

α 称为平滑系数，其取值范围是(0，1)，α 取值大小体现了不同时期数据在预测中所起的作用大小。平滑系数 α 的大小表明了新、老数据在下期预测计算中的比重。平滑系数 α 越大，现实测定值在预测中占的比重就越大，越能体现预测对象当前的变化趋势而忽视它的历史趋势。平滑系数 α 越小，历史数据在预测中占的比重就越大，越能反映预测对象的历史演变趋势而忽视了当前的变化。

α 的取值越大，对近期数据的影响越大，模型的灵敏度越高；α 的取值越小，对近期数据的影响越小，消除了随机波动性，只反映长期的大致发展趋势。一般采用多方案比较的方法，从中选出最能反映实际值变化规律的取值。

在进行短期预测时，希望能尽快反映观测值的变化，可以选取较高的 α 值，一般可取 $\alpha=0.6\sim0.8$；如果希望消除季节波动对时间序列的影响，反映时间序列的长期趋势规律，可以选择较小的 α 值，一般取 $\alpha=0.1\sim0.3$；若在历史数据很少的情况下进行预测，推荐选择较高的 α 值进行短期预测。

平滑系数 α 的一般取值原则可以总结如下：

(1) 初始值的准确性小时，平滑系数宜取大一些，以强调重视现实状态。

(2) 当初始数据中只有一部分与预测值拟合较好而大部分拟合不好时，说明历史状况不能较好地反映现实，平滑系数宜取较大值。

(3) 当时间序列虽有不规则摆动，但其长期趋势较为平稳时，平滑系数宜取小一些，以强调重视总的演变趋势。

(4) 当时间序列摆动的频率和振幅都较大时，平滑系数取值要大一些，以强调重视近期实际的变化状态。

(5) 当时间序列摆动的频率和振幅都较小时，平滑系数取值要小一些，以强调用历史发展趋势预测。

(二) 步骤

(1) 计算指数平滑值。

(2) 建立指数平滑预测模型。

(3) 利用指数平滑预测模型进行预测。

指数平滑预测法

（三）举例

【例 3-5】 某公司近几年的产品销售量见表 3-23，用二次指数平滑法预测未来第一年和第二年的需求量。

表 3-23 销量及二次指数平滑预测 万吨

观察期 t/年份	销售	$S_t^{(1)}$	$S_t^{(2)}$	a_t	b_t	y_{t+T}
1	62	72	72	—	—	—
2	74	64	65.6	62.4	−6.4	—
3	80	72	70.7	73.3	5.2	56
4	92	78.4	76.8	80	6.4	78.5
5	100	89.3	86.8	91.8	10	86.4
6	104	97.9	95.7	100.1	8.8	101.8

求解过程：

(1) 选择 α，确定初始值 $F_1^{(1)}$。

由于本案例的历史数据较少，且进行短期预测，因此拟选取 $\alpha=0.8$。此外历史数据发展趋势较为平稳，拟取时间序列中前 3 个数据的平均数为初始值，即

$$F_1^{(1)} = \frac{62+74+80}{3} = 72$$

(2) 按公式(3-13)计算一次指数平滑值：

$$F_2^{(1)} = 0.8\times 62 + (1-0.8)\times 72 = 64$$
$$F_3^{(1)} = 0.8\times 74 + (1-0.8)\times 64 = 72$$
$$\vdots$$
$$F_6^{(1)} = 0.8\times 100 + (1-0.8)\times 89.3 = 97.9$$

(3) 按公式(3-15)计算二次指数平滑值：

$$F_2^{(2)} = \alpha F_2^{(1)} + (1-\alpha)F_1^{(2)} = 0.8\times 64 + (1-0.8)\times 72 = 65.6$$
$$F_3^{(2)} = \alpha F_3^{(1)} + (1-\alpha)F_2^{(2)} = 0.8\times 72 + (1-0.8)\times 65.6 = 70.7$$
$$\vdots$$
$$F_6^{(2)} = \alpha F_6^{(1)} + (1-\alpha)F_5^{(2)} = 0.8\times 97.9 + (1-0.8)\times 86.8 = 95.7$$

(4) 计算 a、b 的值。

① 依据公式(3-17)计算 a 值：

$$a_2 = 2F_2^{(1)} - F_2^{(2)} = 2\times 64 - 65.6 = 62.4$$
$$a_3 = 2F_3^{(1)} - F_3^{(2)} = 2\times 72 - 70.7 = 73.3$$
$$\vdots$$
$$a_6 = 2F_6^{(1)} - F_6^{(2)} = 2\times 97.9 - 95.7 = 100.1$$

② 依据公式(3-18)计算 b 值：

$$b_2 = \frac{\alpha}{1-\alpha}(F_2^{(1)} - F_2^{(2)}) = \frac{0.8}{1-0.8}\times(64-65.6) = -6.4$$

$$b_3 = \frac{\alpha}{1-\alpha}(F_3^{(1)} - F_3^{(2)}) = \frac{0.8}{1-0.8} \times (72 - 70.7) = 5.2$$

$$\vdots$$

$$b_6 = \frac{\alpha}{1-\alpha}(F_6^{(1)} - F_6^{(2)}) = \frac{0.8}{1-0.8} \times (97.9 - 95.7) = 8.8$$

（5）以 $t=6$ 作为本期，建立二次指数平滑的数学模型：

$$y_{t+T} = y_{6+T} = a_6 + b_6 \cdot T = 100.1 + 8.8T$$

（6）利用指数平滑预测模型进行预测。

预测未来第一年产品需求量：

$$y_{6+1} = 100.1 + 8.8 \times 1 = 108.9$$

预测未来第二年产品需求量：

$$y_{6+2} = 100.1 + 8.8 \times 2 = 117.7$$

任务五　因果关系定量预测

一、回归分析预测法

（一）方法介绍

1. 回归分析预测的含义

客观世界中变量之间有两种关系：一种是确定关系，即变量之间的关系可以用函数关系表达；另一种是相关关系，即变量之间存在密切关系，因变量随自变量的变化而变化，这种关系只存在统计规律性，不存在精确的函数关系。

如果变量之间的相关关系显著，则可将其统计规律性用函数表达式近似表达为方程，称为回归方程。利用回归方程对因变量进行预测，称为回归分析预测法。

在实际工作中，我们往往知道一组变量之间存在某种统计关系，如施肥量与作物产量的关系、一组设计参数与机器性能之间的关系、交通流量与某种交通设施效果之间的关系，我们非常希望弄清楚这些关系，以便据此进行相关设计或进行相关预测。回归分析及回归分析预测可以帮助我们解决此类问题。总结起来，回归分析预测要解决的问题包括：

（1）根据变量的历史数据确定变量之间的统计关系，即回归方程。

（2）根据自变量的已知值或预测值，获得因变量的预测值。

（3）确定预测精度。

回归分析预测可以实现多自变量情形下因变量的预测，称为多元回归分析预测。该方法可以对时间序列数据进行预测，而且可以获得平滑预测技术所不能获得的变量之间的回归关系。

回归分析预测中，因变量称为被预测变量，自变量称为被预测变量的解释变量。如果回归分析中涉及的是两个变量，则称为一元回归分析；当变量数多于两个时，称为多元回归分析。在进行回归分析时，首先要建立回归方程，回归方程可分为线性和非线性两种。

如果被预测变量和其解释变量之间为一次幂关系，称为线性回归，否则称为非线性回归。总的来说，回归分析预测可分为一元回归分析预测、多元回归分析预测，也可分为线性回归分析预测、非线性回归分析预测。

线性回归在实际预测中的应用相当广泛，这是因为很多相关关系为线性关系，同时非线性关系也可以通过一定形式的数学变换转换为线性关系。因此，本节只介绍线性回归预测方法。

线性回归预测的基本思路是：

(1) 假定两个变量之间呈线性回归关系；

(2) 根据一定的计算公式计算线性回归方程中的各个系数，得到线性回归预测模型；

(3) 检验线性假定是否合理，如合理，则可采用该线性回归预测模型进行实际预测。

2. 回归分析预测的模型

(1) 一元线性回归预测法。现有一组实验数据：x_1，x_2，…，x_n，y_1，y_2，…，y_n。假设x、y呈线性关系，则x、y的一元线性回归的数学模型为

$$\hat{y}_i = a + bx_i \tag{3-19}$$

其中：$\hat{y}_i$是因变量，即回归值；a和b都是回归系数，一般通过最小二乘法来估计；x_i是自变量。

利用最小二乘法计算回归系数a和b的公式可表示为

$$b = \frac{\sum_{i=1}^{n} x_i y_i - \frac{1}{n}(\sum_{i=1}^{n} x_i)(\sum_{i=1}^{n} y_i)}{\sum_{i=1}^{n} x_i^2 - \frac{1}{n}(\sum_{i=1}^{n} x_i)^2} \tag{3-20}$$

或

$$b = \frac{\sum_{i=1}^{n} x_i y_i - n\bar{x}\bar{y}}{\sum_{i=1}^{n} x_i^2 - n\bar{x}^2} \tag{3-21}$$

$$a = \bar{y} - b\bar{x} \tag{3-22}$$

(2) 多元线性回归预测法。多元线性回归预测法是一元线性回归预测法的延伸。多元线性回归预测法研究一个因变量和两个或两个以上自变量间的关系。因变量和每个自变量之间为线性关系。回归方程表示为

$$y = b_0 + b_1 x_1 + b_2 x_2 + \cdots + b_m x_m$$

回归系数(参数)同样使用最小二乘法进行估计。

多元线性回归预测的数学模型为

$$\hat{y}_i = b_0 + \sum_{i=1}^{m} b_i x_i \tag{3-23}$$

其中：$\hat{y}_i$是因变量，即回归值；b_0和b_i都是回归系数，一般通过最小二乘法来估计；x_i是自变量。

3. 线性相关关系的检验

(1) 回归方程不能直接使用。回归方程以变量间呈线性关系的假定为基础，这意味着

即使变量之间没有线性关系，按照公式也可以得出一个线性回归方程，但这种方程没有实际意义。因此，需要讨论变量之间究竟有无线性关系，即线性回归预测模型能否反映出变量之间的真实函数关系。

（2）相关程度的检验。变量之间相关程度的检验通常采用相关系数法。相关系数 r 的计算公式为

$$r=\frac{\sum_{i=1}^{n}(x_i-\bar{x})(y_i-\bar{y})}{\sqrt{\sum_{i=1}^{n}(x_i-\bar{x})^2\,(y_i-\bar{y})^2}} \tag{3-24}$$

或

$$r=\frac{\sum x_iy_i-\frac{1}{n}\left(\sum x_i\sum y_i\right)}{\sqrt{\left[\sum x_i^2-\frac{\left(\sum x_i\right)^2}{n}\right]\left[\sum y_i^2-\frac{\left(\sum y_i\right)^2}{n}\right]}} \tag{3-25}$$

相关系数 r 的取值范围是 $|r|\leqslant 1$，其评判标准如下：

① $|r|$ 愈大，x 与 y 的线性相关程度愈高。

② 当 $|r|=1$ 时，x 与 y 为完全线性相关。

③ 当 $r>0$ 时，x 与 y 为线性正相关。

④ 当 $r<0$ 时，x 与 y 为线性负相关。

⑤ 当 $r=0$ 时，x 与 y 不具有线性相关关系。

需要特别注意的是：$r=0$ 不表示 x、y 不具有其他相关关系，所以相关系数 r 更精确的说法应该是线性相关系数。对于变量之间的其他相关关系，有的也可以通过数学变换转化为线性关系后再采用线性回归分析。

相关系数不同范围取值所表示的相关关系如图 3－8 所示。

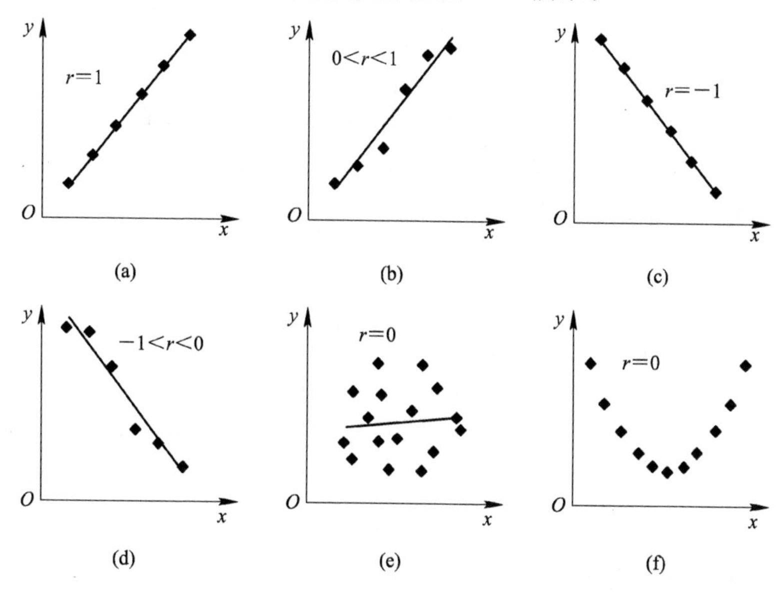

图 3－8　相关系数不同范围取值所表示的相关关系图

4. 线性相关关系的显著性水平

变量之间具有线性关系的程度，称为变量之间的线性相关程度。线性相关程度越高，表示线性相关关系越显著。

如图 3－8 所示，只有当$|r|$大到一定程度时，才可以认为 x 与 y 呈线性关系，这个程度就是临界值 r_α(α 为显著性水平，常用 $\alpha=0.01$ 和 $\alpha=0.05$，$1-\alpha$ 称为置信水平。r_α通过查“相关系数检验表”即可得到)。其中，一元线性回归模型中，r_α的自由度df_r 为 $n-2$，n 是样本数量。

当$|r|\geqslant 0.01$ 时，表示有 99%的把握认为变量中间呈线性相关关系，这时称变量之间的线性相关关系高度显著。

当$|r|\geqslant 0.05$ 时，表示有 95%的把握认为变量之间呈线性相关关系，这时称变量之间的线性相关关系显著。

当$|r|<0.05$ 时，表示变量之间的线性相关关系不显著。

5. 线性回归预测模型的置信区间

有时候，实际值与回归直线的距离比较均匀，这也将造成相关系数很高，如图 3－9 所示。

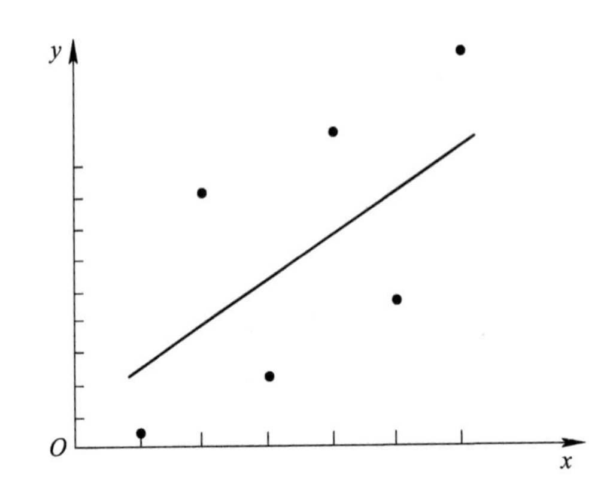

图 3－9　实际值与回归直线的距离较远的情况示意图

很明显，其预测模型的精度很低。因此，需要了解一定置信水平下预测值的区间大小，即置信区间。置信区间的计算步骤如下：

(1) 计算未来某时刻 $x=x_0$ 时的预测值：

$$\hat{y}_0 = a + bx_0$$

(2) 计算预测值标准离差 $S_{(y)}$：

$$S_{(y)} = \sqrt{\left[\frac{\sum_{i=1}^{n}(\hat{y}_i - y_i)^2}{n-2}\right]\left[1 + \frac{1}{n} + \frac{(x_0 - \bar{x})^2}{\sum_{i=1}^{n}(x_i - \bar{x})^2}\right]} \tag{3-26}$$

(3) 确定 λ。

根据 t 分布表查自由度 $df_r=n-2$、显著水平为 α 时的临界值 λ。

(4) 计算置信区间：

$$\hat{y}_0 \pm \lambda S_{(y)} \tag{3-27}$$

（二）步骤

多元线性回归模型通常借助 Excel 来建模。因此，一元线性回归预测模型的步骤如下：

(1) 绘制散点图，初步判断变量之间的线性关系。

(2) 计算回归系数 a 和 b。

(3) 根据回归系数 a 和 b，建立预测模型 $y=a+bx$。

(4) 计算相关系数 r，进行线性相关关系的检验。

(5) 通过查“相关系数检验表”，进行线性关系显著性水平检验。

(6) 根据预测模型进行预测值的计算，并得到置信区间。

回归分析预测法

（三）举例

【例 3-6】 某公司 2013—2018 年的销售额见表 3-24，试预测 2022 年的销售额。

表 3-24　某公司 2013—2018 年的销售额

年份	序列	销售额/万元
2013	1	9.9
2014	2	12
2015	3	13
2016	4	14
2017	5	15.3
2018	6	17.6

求解过程：

(1) 绘制散点图，初步判断变量之间的关系为线性关系，如图 3-10 所示。

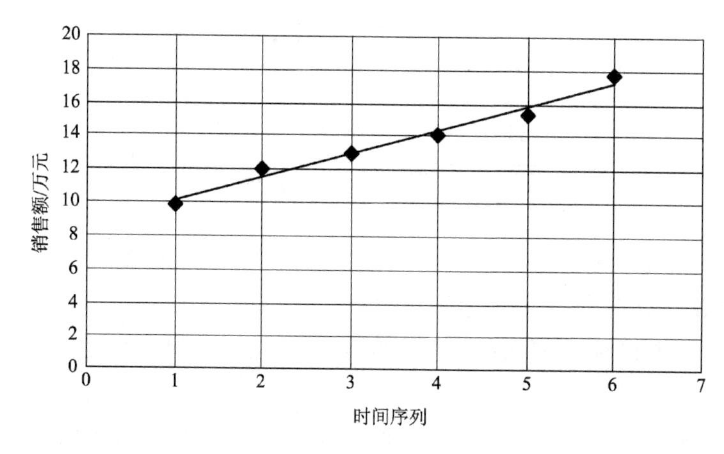

图 3-10　变量之间的线性关系图

(2) 计算回归系数，如表 3-25 所示。

表 3-25　回归系数公式中各项计算结果

项目		序列 x_i	销售额 y_i	$x_i y_i$	x_i^2	y_i^2
各年数据	2013 年	1	9.9	9.9	1	98
	2014 年	2	12	24	4	144
	2015 年	3	13	39	9	169
	2016 年	4	14	56	16	196
	2017 年	5	15.3	76.5	25	234.1
	2018 年	6	17.6	105.6	36	309.8
$\sum$		21	81.8	311	91	1150.9
平均值		3.5	13.63			

将表 3-25 中的数据代入式(3-21)和式(3-22)可计算得到回归系数：

$$b = \frac{\sum_{i=1}^{n} x_i y_i - n\bar{x}\bar{y}}{\sum_{i=1}^{n} x_i^2 - n\bar{x}^2} = \frac{311 - 6 \times 3.5 \times 13.63}{91 - 6 \times 3.5^2} = 1.42$$

$$a = \bar{y} - b\bar{x} = 13.63 - 1.42 \times 3.5 = 8.7$$

(3) 根据回归参数 a 和 b，建立预测模型：

$$y = 8.7 + 1.41x$$

(4) 计算相关系数 r，进行线性相关关系的检验。

将表 3-23 中的数据代入公式(3-25)计算相关系数 r，可得

$$r = \frac{\sum x_i y_i - \frac{1}{n}\left(\sum x_i \sum y_i\right)}{\sqrt{\left[\sum x_i^2 - \frac{\left(\sum x_i\right)^2}{n}\right]\left[\sum y_i^2 - \frac{\left(\sum y_i\right)^2}{n}\right]}}$$

$$= \frac{311 - \frac{1}{6} \times 21 \times 81.8}{\sqrt{\left(91 - \frac{21^2}{6}\right)\left(1150.9 - \frac{81.8^2}{6}\right)}} = 0.988$$

(5) 通过查“相关系数检验表”，进行线性关系显著性水平检验。

查“相关系数检验表”得，自由度为 $n-2=6-2=4$ 时，$r_{0.01}=0.9172$。

由于 $r>r_{0.01}$，所以有近 99%的把握认为变量 x 与 y 之间呈线性相关关系，这时称变量 x 与 y 之间的线性相关关系高度显著。

(6) 根据预测模型进行 2022 年预测值的计算，并计算预测模型的置信区间。

① 计算预测值的标准离差 $S_{(y)}$。

$S_{(y)}$ 的计算公式(3-26)中各项计算如表 3-26 所示。

表 3-26　$S_{(y)}$ 计算公式中各项的计算结果

项目		x_i	y_i	$x_i y_i$	${x_i}^2$	${y_i}^2$	$(y_i-\bar{y}_i)^2$	$(x_i-\bar{x}_i)^2$	$(x_i-\bar{x}_i)(y_i-\bar{y}_i)$
各年数据	2011 年	1	9.9	9.9	1	98	13.91	6.25	9.3
	2012 年	2	12	24	4	144	2.66	2.25	2.4
	2013 年	3	13	39	9	169	0.40	0.25	0.3
	2014 年	4	14	56	16	196	0.14	0.25	0.2
	2015 年	5	15.3	76.5	25	234.1	2.79	2.25	2.5
	2016 年	6	17.6	105.6	36	309.8	15.76	6.25	9.9
$\sum$		21	81.8	311	91	1150.9	35.66	17.5	24.6
平均值		3.5	13.63						

将表 3-26 中的数据代入公式(3-26)计算得

$$S_{(y)} \approx 3.581$$

② 确定 λ 值。

显著性水平 $\alpha=0.01$，置信度为 $1-\alpha=99\%$，$n=6$，自由度 $\mathrm{df}=n-2=6-2=4$，查“t 分布表”可得临界值 $\lambda=3.747$，则置信区间为 $y_0 \pm 3.581\times 3.747$。

③ 计算预测值的置信区间$(\hat{y}_0-\lambda S_{(y)}, \hat{y}_0+\lambda S_{(y)})$。

2022 年对应的时间序列是 10，即 $x_0=10$，根据预测模型求得 $y_0=22.8$，即 2022 年的销售额估计在[9.38，36.2]。

二、灰色系统预测法

（一）方法介绍

在控制论中常用颜色来形容系统的信息完备程度。一个内部信息完全未知的系统称为黑箱或黑色系统。相反，一个内部特性已知的系统则称为白色系统。例如研究一个港口的通过能力，若已知该港口的设施、设备、人员和技术条件，根据这些信息可推断出该港口所具有的通过能力，则称这个港口系统为白色系统。但是有些系统介于黑和白之间，即部分信息已知，部分信息未知，这样的系统就命名为灰色系统(Grey System)。比如，在研究交通运输系统的运输量时，影响运输量的因素有来自社会方面的(如国家的投资及价格等方面的政策、工农业生产、外贸情况等)，有来自技术方面的(运输设施、管理水平、人员素质等情况)，也有来自自然方面的(如人口、气候、季节等情况)。通常很难确定全部因素及其影响的程度，虽然知道这些因素对运输量会有影响，但很难找出运输量与这些因素之间确定的映射关系，这就是灰色系统。

灰色预测是对既含有已知信息又含有不确定信息的系统进行预测，就是对在一定范围内变化的、与实践有关的灰色过程进行预测。灰色预测法是一种对含有不确定因素的系统进行预测的方法。灰色预测建模主要利用过去的数据来建立一个模拟时间周期数据的数学模型。

1. 优点

(1) 基于原始序列的累加建模。模型建模原理不需要原始样本数据符合某种特定的分布信息，而是采用累加的方法使原始序列呈现出完整的灰色指数规律，在此基础上，构造并求解灰色微分方程。

(2) 小数据建模。不需要大样本数据就可以进行建模和预测，建模过程简单，易于操作，在小样本序列的短期预测中具有独特的优势，适用于不确定系统。

(3) 采用“缓冲算子”数据转换技术，确保模型预测结果的有效性和合理性。

(4) 建模过程相对简单，不需要考虑样本数据的概率分布规律和统计特征。

2. 缺点

(1) 模型只能用于正值。

(2) 时间序列必须具有与日、周、月或者年相同的频率。

(3) 当预测一个数据序列的长期趋势、季节和周期模式时，无法获得所需的测量精度，只能通过识别剩余数据进行补偿和矫正，需要引入其他因素对数据进行修正，直到得到适当的预测结果。

（二）步骤

GM(1，1)模型是灰色系统理论中应用最广泛的一种灰色动态预测模型，该模型由一个单变量的一阶微分方程构成。

灰色GM(1，1)模型是累加生成的数列预测模型，主要应用于旅游法规、电力需求、高科技产业、股市、医疗保健等领域。

1. 构建原始序列 $x^{(0)}$

设模型的原始序列为

$$x^{(0)} = \{x^{(0)}(1), x^{(0)}(2), \cdots, x^{(0)}(n-1), x^{(0)}(n-2)\} \tag{3-28}$$

$$x^{(0)}(k) \geqslant 0, k = 1, 2, \cdots, n$$

其中：$x^{(0)}$ 为正数序列；n 为数据样本的个数。

2. 构造累加生成序列 $x^{(1)}$

对原始数据进行累加生成处理，当这个原始序列受到一次累加时，得到一次累加生成序列 $x^{(1)}$：

$$x^{(1)} = \{x^{(1)}(1), x^{(1)}(2), \cdots, x^{(1)}(n-1), x^{(1)}(n-2)\}$$

其中：

$$x^{(1)}(k) = \sum_{i=0}^{k} x^{(0)}(i) \quad k = 1, 2, \cdots, n \tag{3-29}$$

很明显，序列 $x^{(1)}$ 是单调递增的，这样可以降低原始序列中不理想的数据对原始序列和预测结果产生的影响。

3. 构建紧邻均值生成序列 $Z^{(1)}$

将一次累加序列 $x^{(1)}$ 生成的均值序列 $Z^{(1)}$ 定义为

$$Z^{(1)} = \{Z^{(1)}(1), Z^{(1)}(2), \cdots, Z^{(1)}(n-1), Z^{(1)}(n-2)\}$$

其中，$Z^{(1)}(k)$ 是序列 $x^{(1)}$ 相邻数据的平均值，即

$$Z^{(1)}(k) = \frac{1}{2}(x^{(1)}(k) + x^{(1)}(k-1)) \tag{3-30}$$

4. 计算参数向量

(1) 构造常数向量 $\boldsymbol{Y}$ 和累加矩阵 $\boldsymbol{B}$：

$$\boldsymbol{Y}=\begin{bmatrix} x^{(0)}(2) \\ x^{(0)}(3) \\ \vdots \\ x^{(0)}(n) \end{bmatrix},\quad \boldsymbol{B}=\begin{bmatrix} -Z^{(1)}(2) & 1 \\ -Z^{(1)}(3) & 1 \\ \vdots & \\ -Z^{(1)}(n) & 1 \end{bmatrix} \tag{3-31}$$

(2) 计算参数向量。参数向量 $\hat{\boldsymbol{a}}=[a, b]^{\mathrm{T}}$，$a$、$b$ 为 GM(1, 1)模型的两个参数。它们的值可以用最小二乘法进行估计得到，计算公式为

$$\hat{\boldsymbol{a}}=[a, b]^{\mathrm{T}}=(\boldsymbol{B}^{\mathrm{T}}\boldsymbol{B})^{-1}\boldsymbol{B}^{\mathrm{T}}\boldsymbol{Y} \tag{3-32}$$

其中：a 为发展灰数(从某种意义上看，灰数是多个数字的集成体，该集成体中的具体数字在未实证前均为该灰数的白化值)，能够反映原始序列 $x^{(0)}$ 和累加序列 $x^{(1)}$ 的发展趋势；b 为控制变量，能够反映数据之间的变化关系。

5. 构建白化微分方程

将 a、b 的值代入灰色差分方程和白化微分方程。

累加后的序列 $x^{(1)}$ 满足 GM(1, 1)模型的灰色差分方程：

$$x^{(0)}(k)+aZ^{(1)}(k)=b$$

因此，白化微分方程为

$$\frac{\mathrm{d}x^{(0)}(t)}{\mathrm{d}t}+ax^{(0)}(t)=b \tag{3-33}$$

其中，t 为时间参数。

6. 构建预测模型

求解白化微分方程，利用时间响应函数得到一次累加序列的预测值，即

$$\hat{x}^{(1)}(k+1)=\left[x^{(0)}(1)-\frac{b}{a}\right]\mathrm{e}^{-ak}+\frac{b}{a}$$

继续整理得到

$$\hat{x}^{(1)}(k+1)=\left[x^{(0)}(1)-\frac{b}{a}\right]\mathrm{e}^{-ak}(1-\mathrm{e}^{a}) \tag{3-34}$$

注意：

$$x^{(1)}(1)=x^{(0)}(1)$$

7. 模型的检验

利用灰色预测模型得出的预测数据需要进行精度检验，当检验满足要求时，就可以用该模型进行预测，否则给予修正。

灰色预测的检验一般有残差检验、关联度检验、后验差检验和小误差概率检验。

1) *残差检验*

残差检验是对模型的模拟值和实际值间的误差进行逐点检验。

(1) 按照预测模型计算出 $\hat{x}^{(1)}$：

$$\hat{x}^{(1)}(k+1)=\left[x^{(0)}(1)-\frac{b}{a}\right]\mathrm{e}^{-ak}(1-\mathrm{e}^{a}) \tag{3-35}$$

$$\hat{x}^{(1)} = \{\hat{x}^{(1)}(1), \hat{x}^{(1)}(2), \cdots, \hat{x}^{(1)}(k-1), \hat{x}^{(1)}(k)\}$$

(2) 计算还原值序列(即预测值序列)$\hat{x}^{(0)}$。

为了得到原始数据在时间 $k+1$ 时的预测值，使用逆 AGO 递减得到，建立如下灰色模型对数据进行还原：

$$\hat{x}^{(0)}(k+1) = \hat{x}^{(1)}(k+1) - \hat{x}^{(1)}(k) \tag{3-36}$$

或者

$$\hat{x}^{(0)}(k) = \hat{x}^{(1)}(k) - \hat{x}^{(1)}(k-1) \tag{3-37}$$

因此

$$\hat{x}^{(0)} = \{\hat{x}^{(0)}(1), \hat{x}^{(0)}(2), \cdots, \hat{x}^{(0)}(k-1), \hat{x}^{(0)}(k)\}$$

(3) 计算残差序列 $\varepsilon^{(0)}$、绝对误差序列 $\Delta^{(0)}$ 和相对误差序列 q。

残差序列为

$$\varepsilon^{(0)}(k) = x^{(0)}(k) - \hat{x}^{(0)}(k) \tag{3-38}$$

$$\varepsilon^{(0)} = \{\varepsilon^{(0)}(1), \varepsilon^{(0)}(2), \cdots, \varepsilon^{(0)}(k-1), \varepsilon^{(0)}(k)\}$$

绝对误差序列为

$$\Delta^{(0)} = \{|\varepsilon^{(0)}(1)|, |\varepsilon^{(0)}(2)|, \cdots, |\varepsilon^{(0)}(k-1)|, |\varepsilon^{(0)}(k)|\} \tag{3-39}$$

相对误差序列为

$$q(k) = \frac{\Delta^{(0)}(k)}{\hat{x}^{(0)}(k)} \times 100\% \tag{3-40}$$

$$q = \{q(1), q(2), \cdots, q(k-1), q(k)\}$$

(4) 计算平均模拟相对误差$\overline{\Delta q}$。

参照表 3-27，对于给定的平均相对误差 A，当平均模拟相对误差$\overline{\Delta q}<A$ 时，称之为残差合格模型。$\overline{\Delta q}$越小，平均模拟相对精度 $1-\overline{\Delta q}$就越大，说明模拟数据整体上接近原始数据，模型精度较高。$\overline{\Delta q}$的计算式为

$$\overline{\Delta q} = \frac{1}{n}\sum_{k=1}^{n} q(k) \tag{3-41}$$

表 3-27　残差检验的模型等级与平均模拟相对误差

模型等级	一级	二级	三级	四级
平均模拟相对误差 A	0.01	0.05	0.1	0.2

2) 关联度检验

关联度反映了模拟序列与原始序列之间关系的密切程度，通过考察模型曲线和建模序列曲线的形似程度进行检验。

(1) 计算关联系数 $\eta(k)$：

$$\eta(k) = \frac{\min\min|\Delta_k| + \rho\max\max|\Delta_k|}{|\Delta_k| + \rho\max\max|\Delta_k|} \tag{3-42}$$

式中：

$$\Delta_k = |\varepsilon^{(0)}(k)| = |x^{(0)}(k) - \hat{x}^{(0)}(k)| \quad k = 1, 2, \cdots, n$$

ρ 称为分辨率，$0<\rho<1$，一般取 $\rho=0.5$。

对于单位不一、初始值不同的序列，在计算关联系数前首先应该进行初始化，即将所有序列的所有数据分别除以第一个数据。

（2）计算关联度 r。在计算出关联系数之后，计算各关联系数的平均值 r(即关联度)：

$$r=\frac{1}{n}\sum_{i=1}^{n}\eta(k) \tag{3-43}$$

当 $\rho=0.5$ 时，$r>0.6$，为满意模型。

参照表 3-28，假设 $\rho=0.5$，当计算出的关联度 $r>r_0=0.6$ 时，说明该模型为满意模型；反之，该模型为不合格模型。r 的值越大，该模型的拟合度就越好；反之，模型的拟合度越差。

表 3-28　关联度检验的模型等级与关联度

模型等级	一级	二级	三级	四级
关联度 r_0	0.9	0.8	0.7	0.6

3）后验差检验

（1）求原始数据序列 $x^{(0)}$ 的均值 $\overline{x}^{(0)}$ 和标准差 S_1：

$$\overline{x}^{(0)}=\frac{1}{n}\sum_{k=1}^{n}x^{(0)}(k) \tag{3-44}$$

$$S_1=\sqrt{\frac{\sum_{k=1}^{n}(x^{(0)}(k)-\overline{x}^{(0)})^2}{n-1}} \tag{3-45}$$

（2）求绝对误差序列 $\Delta^{(0)}$ 的均值 $\overline{\Delta}^{(0)}$ 和标准差 S_2：

$$\hat{\Delta}^{(0)}(k)=|\varepsilon^{(0)}(k)|=|x^{(0)}(k)-\hat{x}^{(0)}(k)| \tag{3-46}$$

$$\overline{\Delta}^{(0)}=\frac{1}{n}\sum_{k=1}^{n}|\varepsilon^{(0)}(k)| \tag{3-47}$$

$$S_2=\sqrt{\frac{\sum_{k=1}^{n}(\Delta^{(0)}(k)-\overline{\Delta}^{(0)})^2}{n-1}} \tag{3-48}$$

（3）计算模型的后验差：

$$C=\frac{S_2}{S_1} \tag{3-49}$$

式(3-49)还可称为均方差比值。参照表 3-29，对于给定的 $C_0>0$，当 $C<C_0$ 时，称模型为均方差比合格模型。C 的值越小，该模型的拟合度就越好；反之，模型的拟合度越差。

表 3-29　后验差检验的模型合格等级与检验指标值

模型等级	一级	二级	三级	四级
后验差 C_0	0.35	0.50	0.60	0.80

4）小误差概率检验

小误差概率 P 的计算公式为

$$P=\{\,|\Delta^{(0)}(k)-\overline{\Delta}^{(0)}|<0.6745S_1\}\tag{3-50}$$

参照表3-30，对于给定的$P_0>0$，当$P>P_0$时，称模型为小误差概率合格模型。P的值越大，该模型的拟合度就越好；反之，模型的拟合度越差。

表3-30　小误差概率检验的模型合格等级与检验指标值

模型等级	一级	二级	三级	四级
小误差概率 P_0	0.95	0.80	0.70	0.60

8. 计算预测值

当模型通过检验时，为了求在时间$n+1$时的预测值，使用逆AGO递减，建立如下模型：

$$\hat{x}^{(0)}(k+1)=\hat{x}^{(1)}(k+1)-\hat{x}^{(1)}(k)\tag{3-51}$$

9. 绘制预测值图

灰色模型中的$-a$反映了$x^{(0)}$和$x^{(1)}$的发展趋势。根据$-a$的值可确定模型的预测范围。一般情况下：

(1) 当$-a\leqslant0.3$时，用于中长期预测。

(2) 当$0.3<-a\leqslant0.5$时，可用于短期预测，中长期预测慎用。

(3) 当$0.5<-a\leqslant0.8$时，用于短期预测应十分慎重。

(4) 当$0.8<-a\leqslant1$时，应采用残差修正GM(1，1)模型。

(5) 当$-a>1$时，不宜采用GM(1，1)模型。

灰色系统预测法

(三) 举例

【例3-7】 以时间序列为横坐标、以数据值为纵坐标、以实际值为实线、以预测值为虚线构建预测值折线图，如图3-11所示。从图3-11中可以看出人口规模的发展趋势。

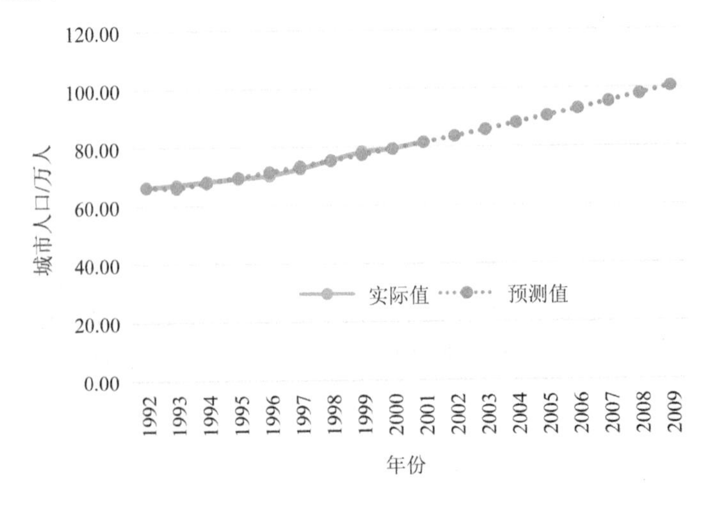

图3-11　呼和浩特市城市人口规模图

人口增长主要有自然增长和机械增长两种方式。选用人口总数作为预测人口增长的综合指标，对未来城市人口的发展进行预测比较合理，因此，收集得到1992—2001年呼和浩特市城市人口的统计资料，如表3-31所示，对5年内呼和浩特市城市人口做出预测。

表3-31　呼和浩特市城市人口规模

年份	1992	1993	1994	1995	1996	1997	1998	1999	2000	2001
城市人口/万人	66.4	67.1	68.3	69.3	70.2	72.6	75.5	78.4	79.3	81.7

求解过程：

(1) 构建原始序列 $x^{(0)}$。

由表3-31可得呼和浩特市城市人口的原始时间序列：

$$x^{(0)}=\{66.4, 67.1, 68.3, 69.3, 70.2, 72.6, 75.5, 78.4, 79.3, 81.7\}$$

(2) 构造累加生成序列 $x^{(1)}$：

$$x^{(1)}(1)=x^{(0)}(1)=66.4$$

$$x^{(1)}(2)=x^{(1)}(1)+x^{(0)}(2)=66.4+67.1=133.5$$

$$x^{(1)}(3)=x^{(1)}(2)+x^{(0)}(3)=133.5+68.3=201.8$$

$$\vdots$$

同理，可分别得到 $x^{(1)}(4)$，$x^{(1)}(5)$，$x^{(1)}(6)$，…，$x^{(1)}(10)$的值。

因此：

$$x^{(1)}=\{66.4, 133.5, 201.8, 271.1, 341.3, 413.9, 489.4, 567.8, 647.1, 728.8\}$$

(3) 构建紧邻均值生成序列$Z^{(1)}$：

$$Z^{(1)}(2)=\frac{1}{2}(x^{(1)}(2)+x^{(1)}(1))=\frac{1}{2}(133.5+66.4)=99.95$$

$$Z^{(1)}(3)=\frac{1}{2}(x^{(1)}(3)+x^{(1)}(2))=\frac{1}{2}(201.8+133.5)=167.65$$

同理，可得到$Z^{(1)}(4)$，…，$Z^{(1)}(10)$。

因此：

$$Z^{(1)}=\{99.95, 167.65, 236.45, 306.2, 377.6, 451.65, 528.6, 607.45, 687.95\}$$

(4) 计算参数向量。

① 构造常数向量 $\boldsymbol{Y}$ 和累加矩阵 $\boldsymbol{B}$：

$$\boldsymbol{Y}=\begin{pmatrix}67.1\\68.3\\69.3\\70.2\\72.6\\75.5\\78.4\\79.3\\81.7\end{pmatrix},\quad \boldsymbol{B}=\begin{pmatrix}99.95\\167.65\\236.45\\306.2\\377.6\\451.65\\528.6\\607.45\\687.95\end{pmatrix}$$

② 计算参数向量。

根据公式 $\hat{\boldsymbol{a}}=[a, b]^{\mathrm{T}}=(\boldsymbol{B}^{\mathrm{T}}\boldsymbol{B})^{-1}\boldsymbol{B}^{\mathrm{T}}\boldsymbol{Y}$，可得

$$\hat{\boldsymbol{a}}=[a, b]^{\mathrm{T}}=\begin{bmatrix}-0.0261693\\63.52914\end{bmatrix}$$

（5）构建白化微分方程：

$$\frac{\mathrm{d}x^{(1)}(t)}{\mathrm{d}t}-0.0261693x^{(1)}(t)=63.52914$$

（6）构建预测模型。

已知

$$x^{(0)}(1)=66.4$$

$$\frac{b}{a}=\frac{63.52914}{-0.0261693}\approx-2427.62$$

$$x^{(0)}(1)-\frac{b}{a}=2494.02$$

所以，预测模型为

$$\hat{x}^{(1)}(k+1)=2494.02\mathrm{e}^{0.0261693k}-2427.62$$

（7）模型的检验

① 残差检验。

a. 按照预测模型计算出 $\hat{x}^{(1)}(k+1)$。将 $k=0, 1, 2, \cdots, 9$ 代入预测模型，可得1992—2001年累加值：

$$\hat{x}^{(1)}(1)=66.40$$

$$\hat{x}^{(1)}(2)=2494.02\mathrm{e}^{0.0261693}-2427.62=132.53$$

$$\hat{x}^{(1)}(3)=2494.02\mathrm{e}^{0.0261693\times2}-2427.62=200.41$$

b. 按照预测模型计算出 $\hat{x}^{(1)}$，可得

$$\hat{x}^{(1)}=\{66.40, 132.53, 200.41, 270.09, 341.62, 415.05, 490.42\}$$

c. 计算预测值 $\hat{x}^{(0)}$。以1993年为例，可得

$$\hat{x}^{(0)}(2)=\hat{x}^{(1)}(2)-\hat{x}^{(1)}(1)=132.53-66.40=66.13$$

同理，可得

$$\hat{x}^{(0)}=\{66.40, 66.13, 67.88, 69.68, 71.53, 73.43, 75.37, 77.37, 79.42, 81.53\}$$

d. 根据公式计算绝对误差和相对误差值，以1993年为例，绝对误差：

$$\Delta^{(0)}(2)=\left|x^{(0)}(2)-\hat{x}^{(0)}(2)\right|=67.10-66.13=0.97$$

相对误差：

$$q^{(0)}(2)=\frac{\Delta^{(0)}(2)}{\hat{x}^{(0)}(2)}\times100\%=\frac{0.97}{66.13}=1.47\%$$

同理，可得

$$\Delta^{(0)}=\{0.00, 0.97, 0.42, 0.38, 1.33, 0.83, 0.13, 1.03, 0.12, 0.17\}$$

$$q^{(0)}=\{0.00\%, 1.47\%, 0.62\%, 0.55\%, 1.86\%, 1.13\%, 0.17\%, 1.33\%, 0.15\%, 0.21\%\}$$

汇总计算结果如表3-32所示。

表 3－32　呼和浩特市城市人口预测计算值与实际值的相对误差汇总结果

年份	1992	1993	1994	1995	1996	1997	1998	1999	2000	2001
实际值	66.40	67.10	68.30	69.30	70.20	72.60	75.50	78.40	79.30	81.70
预测值	66.40	66.13	67.88	69.68	71.53	73.43	75.37	77.37	79.42	81.53
绝对误差	0.00	0.97	0.42	0.38	1.33	0.83	0.13	1.03	0.12	0.17
相对误差/%	0.00	1.47	0.62	0.55	1.86	1.13	0.17	1.33	0.15	0.21

e. 计算平均相对误差。

平均相对误差为

$$\overline{\Delta q}=\frac{1}{n}\sum_{k=1}^{n}q(k)$$
$$=\frac{0+1.47+0.62+0.55+1.86+1.13+0.17+1.33+0.15+0.21}{10}\times 100\%$$
$$=0.75\%$$

平均相对误差为 0.75%$<A$，因此该模型为残差合格模型，同时模型精度较高。

② 关联度检验。

应用表 3－32 的数据可得

$$\min\{\Delta_k\}=\{0\quad 0.97\quad 0.42\quad 0.38\quad 1.33\quad 0.83\quad 0.13\quad 1.03\quad 0.12\quad 0.17\}$$
$$\max\{\Delta_k\}=\{0\quad 0.97\quad 0.42\quad 0.38\quad 1.33\quad 0.83\quad 0.13\quad 1.03\quad 0.12\quad 0.17\}$$
$$\text{minmin}\{\Delta_i\}=0,\ \text{maxmax}\{\Delta_i\}=1.33$$

根据公式：

$$\eta(k)=\frac{\text{minmin}|\Delta_k|+\rho\,\text{maxmax}|\Delta_k|}{|\Delta_k|+\rho\,\text{maxmax}|\Delta_k|}$$
$$\Delta_k=|\varepsilon^{(0)}(k)|=|\hat{x}^{(0)}(k)-x^{(0)}(k)|\quad k=1,2,\cdots,n$$

计算灰数 $\rho=0.5$ 的关联系数：

$$\eta(k)=\{1.000,0.407,0.613,0.636,0.333,0.445,0.836,0.392,0.847,0.796\}$$

令关联度 $r=\frac{1}{n}\sum_{i=1}^{n}n(k)$，则原始数列 $x^{(0)}(k)$与累加生成序列 $x^{(1)}(k)$的关联度 r 为

$$r=\frac{1}{10}(1+0.407+0.613+0.636+0.333+0.445+0.836+0.392+0.847+0.796)$$
$$=0.6305$$

满足 $\rho=0.5$ 时 $r>0.6$ 的检验标准。

③ 后验差检验。

a. 计算原始数据序列 $x^{(0)}(k)$的标准差：

$$\overline{x}^{(0)}=\frac{1}{n}\sum_{k=1}^{n}x^{(0)}(k)$$
$$=\frac{66.40+67.10+68.30+69.30+70.20+72.60+75.50+78.40+79.30+81.70}{10}$$
$$=72.88$$

可得

$$S_1=\sqrt{\frac{\sum_{k=1}^{n}[x^{(0)}(k)-\overline{x}^{(0)}(k)]^2}{n-1}}=5.5055$$

b. 计算绝对误差序列 Δ_k 的标准差。计算结果为

$$\bar{\Delta}^{(0)} = \frac{1}{n}\sum_{k=1}^{n}\left|\varepsilon^{(0)}(k)\right|$$

$$= \frac{0+0.97+0.42+0.38+1.33+0.83+0.13+1.03+0.12+0.17}{10}$$

$$= 0.538$$

可得

$$S_2 = \sqrt{\frac{\sum_{k=1}^{n}\left[\Delta^{(0)}(k)-\bar{\Delta}^{(0)}\right]^2}{n-1}} = 0.4650$$

c. 计算模型的后验差：

$$C=\frac{S_2}{S_1}=\frac{0.4650}{5.5055}=0.0845$$

$C<0.35$，表明该模型为均方差比合格模型。

④ 小误差概率检验。

令 $M=\left|\Delta^{(0)}(k)-\bar{\Delta}^{(0)}\right|$，计算得到：

$M = \{0.538, 0.4320.118, 0.158, 0.792, 0.292, 0.408, 0.492, 0.418, 0.368\}$

$$P = \{\left|\Delta^{(0)}(k)-\bar{\Delta}^{(0)}\right|< 0.6745S_1\}$$

设 $S=0.6745S_1=0.6745\times5.5055$，则 $S=3.7135$，由于所有 M 值均小于 S，所以，$P=1$，表明该模型的误差较小。

⑤ 检验说明。

检验指标值如表 3-33 所示。

表 3-33 检 验 指 标 值

指标	平均相对误差	关联度 r	均方差比值 C	小误差概率 P
数值	0.75%	0.6305	0.0845	1

由表 3-33 可得：

平均模拟相对误差 $\overline{\Delta q}=0.75\%<0.01$；

当 $\rho=0.5$ 时，关联度 $r=0.6305>0.6$；

均方差比值 $C=0.0845<0.35$；

小误差概率 $P=1>0.95$，说明模型 $\hat{x}^{(1)}(k+1)=2494.02\mathrm{e}^{0.0261693k}-2427.62$。

因此模型合格，有较好的预测精度，可以用于预测。

(8) 计算预测值。

通过模型检验，上述模型可以用于预测。将 $k=11\sim17$ 代入预测模型得

$$\hat{x}^{(1)}(k+1)=2494.02\mathrm{e}^{0.0261693k}-2427.62$$

经累积计算得到 2002—2009 年呼和浩特市城市人口预测值，如表 3-34 所示。

表 3-34 呼和浩特市城市人口未来预测值

年份	2002	2003	2004	2005	2006	2007	2008	2009
人口/万人	83.69	85.91	88.19	90.53	92.92	95.39	97.92	100.51

(9) 绘制预测值图。

本模型 $-a=-0.0261693 \leqslant 0.3$，可以用于中长期预测。由图 3-12 可知 2002 年以后呼和浩特市城市人口的增长趋势。

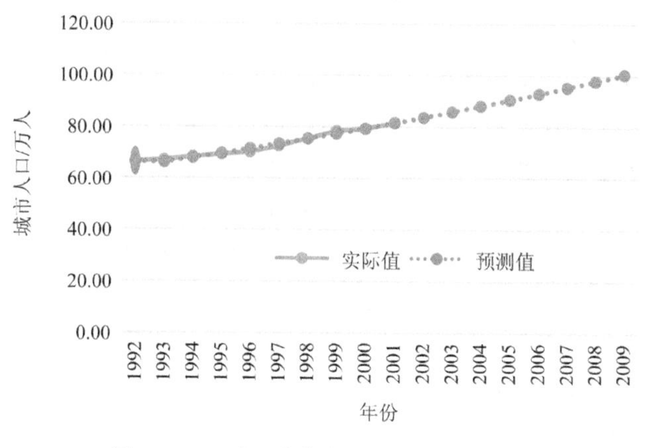

图 3-12　呼和浩特市城市人口增长趋势

任务六　预测误差分析

一、误差分析的认识

(一) 误差分析的含义

在预测中，使预测结果能够尽量与实际情况相符合，是所有预测方法的根本目的。预测结果与实际情况是否相符合是通过预测结果与实际情况相比较的偏差结果来衡量的。因此，应分析偏差的多少及产生原因，并作为反馈信号用以调整和改进所使用的预测模型，使预测的结果与实际情况更符合。这里的偏差为预测误差，这里的计算、分析、反馈、调整过程为误差分析。

(二) 预测误差分析的作用

(1) 表明预测结果与实际情况的差异。

(2) 通过计算误差和分析误差产生的原因，从而检验、比较和评价预测方法的有效性及优劣性。

(3) 将预测误差作为反馈信号提供给预测者，作为调整改进预测方法的依据，从中选择出最佳预测方法及预测结果。

(三) 误差产生的原因

预测要研究事物发展的客观规律，但经过预测得到的规律并不是实际的客观规律，充其量只是事物过去的规律；即便是在此基础上参照现在的情况推断出的未来，也不是现实的未来。事物总是发展变化的，事物的未来是不确定的，它可能发生，也可能不发生，即使发生了，在范围和程度上也很可能与事先的推断有较大的出入。因此，误差在预测中就是

不可避免的。通常将实际值与预测值之间的差别定义为预测值的误差，表示为

$$e_i = x_i - x_i' \tag{3-52}$$

式中：x_i 为第 i 时刻的实际值；x_i' 为第 i 时刻的预测值；e_i 为第 i 时刻的预测误差。

在预测过程中，产生误差的原因是多方面的，主要有：

(1) 用于预测的信息与资料有误差。通常用于系统预测的信息与资料是通过市场调查得到的，它是预测的基础，其质量优劣对预测的结果有直接的影响。预测对信息与资料的一般要求是系统、完整并真实可靠，否则会产生预测误差。

(2) 预测方法及预测参数会引起误差。预测是对实际过程的近似描述，同时预测中使用的参数仅仅是对真实参数的近似，因此用于预测的方法及预测中使用的参数都会引起预测误差。当然，趋势预测线与实际变动线不会完整重合，不同的预测方法或同一预测方法使用不同的预测参数，其误差大小是不一样的。因此选择适宜的预测方法及预测参数是减小预测误差的关键之一。为了获得较好的预测结果，人们通常采用多种预测方法或多个预测参数进行多次预测计算。然后用综合评价方法找到实际变动线的最佳趋势预测线或确定最佳的预测方法及预测参数。

(3) 预测时间的长短会引起误差。预测是根据已知的历史及现实对未来的描述，但未来是不确定的，影响未来的环境和条件也与历史及现实有所不同，如果差异很大而预测过程中没有估计到，就必然会产生误差。一般预测的时间越长，误差越大。减小误差的办法是重视对事物未来环境与条件的分析，重视事物的转折点并加强对信息与资料的收集与分析整理。

(4) 预测者的主观判断有误差。预测者的知识、经验和判断能力对预测结果也有很大影响。因为无论是预测目标的制订、信息与资料的收集整理，还是预测方法的选择，预测参数的确定以及对预测结果的分析都与预测者的主观判断有关。因此，由于预测者主观判断的缺陷引起的误差是很常见的。要减小误差，就要求预测者具备广泛的知识、丰富的经验、敏锐的观察能力和思考能力以及精确的判断能力。

总之，影响预测误差的因素是很多的，在实际的预测过程中应努力减小误差，使预测结果更加可靠。

(四) 误差的类型及其计算

根据误差的定义，误差的计算方法有许多，最一般的方法是式(3-52)所表示的方法。另外，常用的误差计算方法有6种。

1. 平均误差

几个预测值的误差的平均值称为平均误差，记为MD，其计算方法为

$$\mathrm{MD} = \frac{1}{n}\sum e_i = \frac{1}{n}\sum (x_i - x_i') \tag{3-53}$$

由于每个 e_i 值有正有负，求代数和有时会相互抵消，所以MD无法精确地显示误差。

2. 平均绝对误差

几个预测值的误差的绝对值的平均值称为平均绝对误差，记为MAD，其计算方法为

$$\mathrm{MAD} = \frac{1}{n}\sum |e_i| = \frac{1}{n}\sum |x_i - x_i'| \tag{3-54}$$

式中，由于每个 $|e_i|$ 皆为正值，因而弥补了式(3-53)的缺点。

3. 平均相对误差

几个预测值相对误差的平均值称为平均相对误差，其计算方法为

$$\frac{1}{n}\sum e_i' = \frac{1}{n}\sum \frac{x_i - x_i'}{x_i} \tag{3-55}$$

式中：e_i'为预测值的相对误差。

4. 相对误差绝对平均值

几个预测值的相对误差的绝对值$|e_i|$的平均值称为相对误差绝对平均值，其计算方法为

$$\frac{1}{n}\sum |e_i| = \frac{1}{n}\sum \left|\frac{x_i - x_i'}{x_i}\right| \tag{3-56}$$

5. 均方差

几个预测值的误差的平方和的平均值称为均方差，记为s^2，其计算方法为

$$s^2 = \frac{1}{n}\sum e_i^2 = \frac{1}{n}\sum (x_i - x_i')^2 \tag{3-57}$$

6. 标准差

几个预测值的均方差的平均值称为标准差，记为 s，其计算方法为

$$s = \sqrt{\frac{1}{n}\sum e_i^2} = \sqrt{\frac{1}{n}\sum (x_i - x_i')^2} \tag{3-58}$$

在以上几种误差计算方法中，均方差和标准差最为常用。计算预测误差的目的不仅仅在于表明预测结果与实际情况的差异，还在于通过误差计算和分析产生误差的原因，检验、比较和评价预测方法的有效性及优劣性，并作为反馈信号提供给预测者，作为调整改进预测方法的依据，从中选择出最佳预测方法及预测结果。

二、举例

【例 3-8】 某企业由于改进了生产工艺，产品质量大大提高，客户逐月增加，致使原材料的采购总额也逐月增加。表 3-35 列出其 1—12 月每月的采购总额。

表 3-35　企业某年的采购情况

月份	采购总额 x_i/元
1	19 200
2	22 400
3	18 800
4	19 800
5	20 600
6	20 300
7	23 800
8	22 800
9	23 100
10	22 100
11	25 900
12	27 300

试预测其下年度一季度各月的采购总额。

求解过程：

这是一个用时间序列进行预测的实例，假定用指数平滑方法进行预测。

选 $F_1^{(1)}=F_1^{(2)}=x_1=19\ 200$，$\alpha=0.25$，则一次、二次指数平滑值的计算结果如表 3-36 所示。

表 3-36　一次、二次指数平滑值结果

月份	实际值 x_i	一次指数平滑值($\alpha=0.25$)	二次指数平滑值($\alpha=0.25$)
1	19 200	19 200	19 200
2	22 400	19 200	19 200
3	18 800	20 000	19 400.0
4	19 800	19 700	19 475.0
5	20 600	19 725	19 537.5
6	20 300	19 943.75	19 639.1
7	23 800	20 032.81	19 737.5
8	22 800	20 974.61	20 046.8
9	23 100	21 430.96	20 392.8
10	22 100	21 848.22	20 756.7
11	25 900	21 911.17	21 045.3
12	27 300	22 908.38	21 511.1
		24 006.29	22 134.9

根据一次指数平滑的预测模型(式(3-14))和二次指数平滑的预测模型(式(3-16))，假设选 12 月作为本期建立预测模型，并计算得到预测值，如表 3-37 所示。

表 3-37　某企业 1—12 月采购总额指数平滑预测值计算结果

月份	实际值 x_i	一次指数平滑预测值($\alpha=0.25$)	二次指数平滑预测值($\alpha=0.25$)
1	19 200	19 200	19 182.22
2	22 400	19 200	19 647.99
3	18 800	20 000	20 113.76
4	19 800	19 700	20 579.52
5	20 600	19 725	21 045.29
6	20 300	19 943.75	21 511.06
7	23 800	20 032.81	21 976.83
8	22 800	20 974.61	22 442.60
9	23 100	21 430.96	22 908.37
10	22 100	21 848.22	23 374.14
11	25 900	21 911.17	23 839.91
12	27 300	22 908.38	24 305.68

由此可以看出，一次指数平滑预测与二次指数平滑预测的预测结果不同，应选用哪种方法作为最终预测，需通过误差分析得出结论。

本案例选用均方差方法，分别计算两种预测方法所产生的误差，计算结果见表3-38。

表3-38　某企业月采购总额指数平滑预测及误差计算表

月份	实际值 x_i	一次指数平滑预测值 ($\alpha=0.25$)	一次平滑预测的误差 $(x_i-x_i')^2$	二次指数平滑预测值 ($\alpha=0.25$)	二次平滑预测的误差 $(x_i-x_i')^2$
1	19 200	19 200	0.00	19 182.22	316.27
2	22 400	19 200	10 240 000.00	19 647.99	7 573 584.04
3	18 800	20 000	1 440 000.00	20 113.76	1 725 952.29
4	19 800	19 700	10 000.00	20 579.52	607 658.62
5	20 600	19 725	765 625.00	21 045.29	198 286.92
6	20 300	19 943.75	126 914.06	21 511.06	1 466 675.45
7	23 800	20 032.81	14 191 701.66	21 976.83	3 323 936.66
8	22 800	20 974.61	3 332 050.93	22 442.60	127 732.67
9	23 100	21 430.96	2 785 704.43	22 908.37	36 721.10
10	22 100	21 848.22	63 394.29	23 374.14	1 623 438.03
11	25 900	21 911.17	15 910 817.98	23 839.91	4 243 964.00
12	27 300	22 908.38	19 286 392.12	24 305.68	8 965 944.90
小计		$s^2=\frac{1}{n}\sum(x_i-x_i')^2=5\ 679\ 383.37$		$s^2=\frac{1}{n}\sum(x_i-x_i')^2=2\ 491\ 184.25$	

明显地，二次指数平滑法的预测结果的误差较小，因此应选用二次指数平滑法进行预测。预测模型为

$$y_{12+T}=24\ 305.68+465.77T$$

下一年的1、2、3月份对应的T分别是1、2、3，分别代入预测模型可以计算得到：

$$y_{12+1}=24\ 771.45(\text{元})$$

$$y_{12+2}=25\ 237.22(\text{元})$$

$$y_{12+3}=25\ 702.99(\text{元})$$

经预测后结论为：下年度一季度各月的采购总额估计为一月份24 771.45元，二月份25 237.22元，三月份25 702.99元。

总之，正确看待误差，分析误差产生的原因，努力缩小误差的范围和程度，使预测尽可能接近将来的实际是分析的根本目的。

模块小结

(1) 系统需求是所有部门(包括生产、销售、物流、财务等)进行规划和运营管理的基础，需求的水平和需求的时间影响生产能力、资金需求和经营的总体框架。

(2) 系统需求具有时间特性与空间特性、不规则性与规则性、派生性与独立性。其中，三种典型不规则性需求变化包括：① 随机性或水平性发展的需求，无趋势或季节性因素；② 随机性需求，呈上升趋势，无季节性因素；③ 随机性需求，有趋势和季节性因素。

(3) 预测就是对尚未发生或目前还不确定的事物进行预先估计、推断和表述，是现时对将来时段里事物可能出现状况和产生结果的探讨和研究。

(4) 预测的步骤：① 确定预测目的；② 收集资料和分析数据；③ 选定预测方法，建立预测模型；④ 检验与修正模型；⑤ 实施预测与分析结果。

(5) 预测方法按照预测时间长短分为短期预测、中期预测和长期预测。预测的方法按照预测性质分为定性预测和定量预测。定性预测法主要包括德尔菲预测法、主观概率预测法以及领先指标法等。定量预测法中的时间序列预测法主要包括移动平均法、指数平滑法。定量预测法中的因果关系预测法主要包括回归分析预测法、投入-产生分析预测法和灰色系统预测法。

(6) 德尔菲法采用函询调查法，向与预测对象领域有关的专家分别提出问题，把他们的意见综合、整理、归纳，再匿名反馈给各位专家，再次征求意见，然后加以综合、处理、反馈。经多轮反复，得到一个比较一致的可靠性较高的意见。

(7) 主观概率预测法是指预测者利用自己的经验知识、现有资料，对预测对象的几种发展趋势的可能性作出主观估测的预测方法。

(8) 移动平均预测法中，“平均”是取预测对象的时间序列中最近一组实际值(或历史数据)的算术平均值，“移动”是指参与平均的实际值随预测期的推进而不断更新、并且每一个新的实际值参与平均计算时，都要剔除掉已参与平均计算的最陈旧的一个实际值，以保证每次参与平均计算的实际值都有相同的个数。

(9) 指数平滑法是在移动平均法基础上发展起来的一种方法，实质上是一种特殊的加权移动平均法。指数平滑法是一种非常有效的短期预测法。该方法简单、易用，只要很少的数据就可以连续使用，当预测数据发生根本变化时还可以进行自我调整。

(10) 回归分析就是从变量之间的因果关系出发，通过大量的数据统计分析，找出各相关变量间的内在规律，从而近似确定出变量间的函数关系，帮助人们用变量过去和现在的取值去推断和预测未来可能的取值范围。

(11) 在控制论中常用颜色来形容系统的信息完备程度。一个内部信息完全未知的系统称为黑箱或黑色系统。相反，一个内部特性已知的系统则称为白色系统。但是有些系统介于黑和白之间，即部分信息已知，部分信息未知，这样的系统就命名为灰色系统。

(12) 在预测中，使预测的结果能够尽量与实际情况相符合，是所有预测方法的根本目的。预测结果与实际情况是否相符合是通过预测结果与实际情况相比较的偏差结果来衡量的。因此，应分析偏差的多少及产生原因，并作为反馈信号以调整和改进所使用的预测模型，使预测的结果与实际情况更符合。这里的偏差为预测误差，这里的计算、分析、反馈、调整过程为误差分析。

(13) 常用的误差计算方法有平均误差、平均绝对误差、平均相对误差、相对误差绝对平均值、均方差、标准差。

同步测试

一、多选题

1. 下列预测方法属于定性预测方法的有(　　)。

A. 德尔菲预测法　　B. 指数平滑法

C. 因果关系预测法　　D. 主观概率预测法

2. 下列预测方法属于定量预测方法的有(　　)。

A. 移动平均法　　B. 指数平滑法

C. 回归分析预测法　　D. 灰色系统预测法

3. 按照预测的时间长短，预测可分为(　　)。

A. 长期预测　　B. 中期预测

C. 短期预测　　D. 零期预测

4. 常用的误差计算方法有(　　)。

A. 平均误差　　B. 平均绝对误差

C. 相对误差平均值　　D. 相对误差绝对平均值

二、单选题

1. 当收集到的数据个数较少或者数据的可靠性较差时，可以采用定性预测的方法选取 $F_t^{(1)}$，一般常用(　　)的方法选取 $F_t^{(1)}$。

A. 移动平均　　B. 加权平均

C. 头脑风暴　　D. 专家评估

2. 当系统变量之间存在着线性前后因果关系，需要对其进行预测时，选用(　　)定量预测方法。

A. 移动平均法　　B. 指数平滑法

C. 线性回归分析预测法　　D. 灰色系统预测法

3. (　　)的缺点是需要较多的历史数据，并且计算量较大。

A. 移动平均法　　B. 指数平滑法

C. 线性回归分析预测法　　D. 季节指数平滑法

4. (　　)可以平滑数据，消除周期变动和不规则变动的影响，使长期趋势显示出来。

A. 移动平均法　　B. 指数平滑法

C. 线性回归分析预测法　　D. 季节指数平滑法

5. (　　)不是预测误差产生的原因。

A. 资料数据不完整　　B. 预测周期不固定

C. 中间环节计算错误　　D. 选取适当的预测方法

三、判断题

1. 短期预测的误差比长期预测的误差更小。（　）

2. 大范围的预测误差比小范围的预测误差更小。（　）

3. 越往基层，数据越充分，越要实施定量化的预测。（　）

4. 平滑系数越大，现实测定值在预测中占的比重就越大，就越能体现预测对象当前的变化趋势而忽视它的历史趋势。（　）

5. 在进行短期预测时，若希望尽快反映观测值的变化，可以选取较高的 α 值。（　）

四、简答题

1. 请简述系统预测的步骤。

2. 请简述主观概率预测法的步骤。

3. 请举例说明在预测过程中产生误差的原因。

实训设计

【实训名称】

陕西的果品冷链物流需求预测

【实训目的】

(1) 熟悉物流需求预测的一般过程；

(2) 掌握物流需求预测的回归分析方法；

(3) 解决“案例引入”部分提出的问题。

【实训内容】

(1) 根据自变量与因变量的现有数据以及关系，初步设定回归方程；

(2) 求出合理的回归系数；

(3) 进行相关性检验，确定相关系数；

(4) 在符合相关性要求后，将已得的回归方程与具体条件相结合，确定事物的未来状况，并计算预测值的置信区间，各变量的显著性都小于 0.05 为最优模型，根据模型建立回归方程。

【实训器材】

笔记本电脑、Office 办公软件。

【实训过程】

(1) 背景分析。以本模块“案例引入”的背景介绍为切入点，为解决“如何预测陕西的果品冷链物流需求?”这一问题，开展数据收集工作。

通过分析所收集到的陕西省果品冷链物流需求的数据，发现数据集中表现在数量分析上。因此，在构建预测指标体系时不考虑定性指标。最后，采用计算体系中的指标关联度，确定陕西省果品冷链物流需求预测指标体系，如表 3－39 所示。

表 3－39　陕西省果品冷链物流需求预测指标体系

指标体系	指标名称	指标代码	指标单位
陕西省果品冷链物流需求预测	城镇居民可支配收入	X1	元
	果园面积	X2	千公顷
	运输线路里程	X3	万公里
	果品冷链流通率	X4	%
	营运载货汽车拥有量	X5	万辆
	水果零售价格指数	X6	%
	果品冷链物流需求量	Y	万吨

用 X1 代表城镇居民可支配收入，X2 代表果园面积，X3 代表运输线路里程，X4 代表果品冷链物流流通率，X5 代表营运载货汽车拥有量，X6 代表水果零售价格指数，Y 代表陕西省果品冷链物流需求量。X1～X6 为自变量，Y 为因变量。根据表 3－40 中的数据(水果零售价格指数用修正后的数据)，通过 Excel 建立回归模型并预测。

表 3－40　陕西省果品冷链物流需求预测因素相关原始数据

年份	地区生产总值/亿元	城镇居民可支收入/元	第一产业增加值/亿元	第二产业增加值/亿元	第三产业增加值/亿元	果品产量/万吨	果园面积/千公顷	货运量/万吨	货物周转量/亿吨公里
2007	1804	5371	258.22	782.58	763.2	493.79	664.76	29201	573
2008	2010.62	5852	263.63	878.82	868.17	572.22	680.11	31364	676.3
2009	2253.39	6333	282.21	1007.56	963.62	612.88	703.75	33540	776.9
2010	2587.72	6807	302.66	1221.17	1063.89	730.94	750.51	34961	849.1
2011	3175.58	7493	387.88	1553.1	1234.6	858.15	788.47	37961	963.5
2012	3933.72	8272	435.77	1951.36	1546.59	906.14	817.45	41551	1028.8
2013	4743.61	9268	484.81	2452.44	1806.36	1053.17	860.49	44217	1081.7
2014	5757.29	10763	592.63	2986.46	2178.2	1124.95	884.91	49175	1191.1
2015	7314.58	12858	753.72	3861.12	2699.74	1246.97	950.69	83493	2027.05
2016	8169.8	14128	789.64	4236.42	3143.74	1366.06	1011.36	92557	2218.55
2017	10123.48	15695	988.45	5446.1	3688.93	1476.48	1083.33	104414	2464.57
2018	12512.3	18245	1220.9	6935.59	4355.81	1587.14	1121.24	120908	2824.67
2019	14453.68	20734	1370.16	8073.87	5009.65	1693.82	1160.19	136727	3192.14
2020	16205.45	22345	1460.97	8912.34	5832.14	1764.41	1193.89	141579	3200.56
2021	17689.94	24366	1564.94	9577.24	6547.76	1849.92	1224.53	157012	3521.46

续表

年份	运输线路里程/万公里	局用交换机容量/万门	长途光缆线路长度/万公里	果品冷链物流流通率/%	营运载货汽车拥有量/万辆	水果零售价格指数/%	居民消费水平/元	社会消费品零售总额/亿元	果品冷链物流需求量/万吨
2007	4.72	126.58	1.04	2.9	8.66	103.2	2210	607.6	477.91
2008	4.92	450.01	1.23	3.2	8.58	100.2	2857	665.1	480.75
2009	5.05	736.6	1.86	3.4	9.15	105.3	3093	728.2	516.4
2010	5.4	922.2	2.54	3.6	9.61	101.1	3335	853.2	527.03
2011	5.7	1080.4	2.97	3.8	10.12	106.6	3733	966.5	565.48
2012	5.87	1230.9	3.12	4.0	11.06	104.9	4182	1331.3	601.75
2013	11.76	1344	3.35	4.5	12.16	117.6	4742	1542.4	643.86
2014	12.56	1383.4	2.78	4.6	13.7	101.1	5480	1837.3	650.53
2015	13.53	1385.5	2.85	4.9	15.91	109.8	6483	2317.1	679.95
2016	14.85	1330.8	2.65	4.9	21.4	97.4	7154	2699.7	687.68
2017	15.27	1303.3	2.66	5.0	25.75	113.3	8474	3195.7	724.68
2018	15.72	1215.4	2.74	5.6	30.73	119.9	10 053	3790	752.49
2019	16.66	1165.31	2.76	6.2	32.79	103.6	11 852	4383.8	761.31
2020	17.07	1015.3	2.84	10.7	35.32	110	13 206	5245	771.42
2021	17.27	678.43	2.89	15.8	38.8	119.7	14 812	5918.7	810.5

(2) 建立回归分析预测模型，根据实训内容中给出的求解过程，利用 Excel 处理数据并求解模型。

(3) 得出 2022—2027 年的冷链物流需求预测为：901.71(2022 年)，936.99(2023 年)，973.02(2024 年)，1009.82(2025 年)，1047.41(2026 年)，1085.81(2027 年)。

模块四

系统规划

知识结构导图

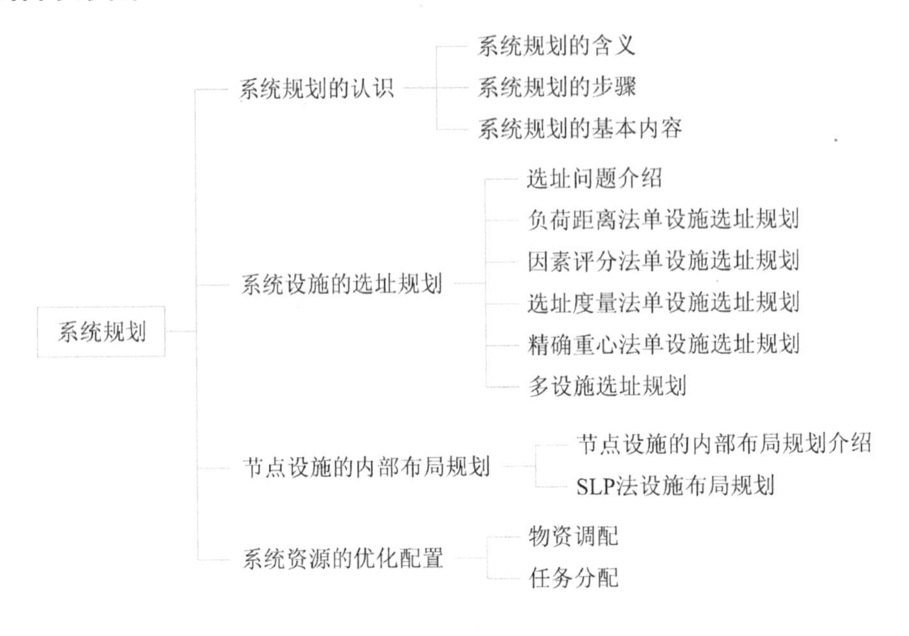

任务目标

(1) 理解系统规划的含义；

(2) 掌握系统规划的步骤以及基本内容；

(3) 理解系统设施选址问题；

(4) 掌握负荷距离法、因素评分法、选址度量法、精确重心法的单设施选址规划；

(5) 理解多设施选址规划。

重点

(1) 系统规划的步骤及基本内容；

(2) 负荷距离法、因素评分法、选址度量法、精确重心法的单设施选址规划。

难点

(1) 负荷距离法、因素评分法、选址度量法、精确重心法的单设施选址规划；

(2) 多设施选址规划。

案例引入

在介绍A公司前，先要引入一个新名词SPA(Specialty Store Retailer of Private Label Apparel)。SPA翻译成中文就是“自有品牌服饰零售商”，是指拥有自己品牌的服装企业，它负责从商品策划、设计、生产到店铺零售的全部一体化流程。这种垂直的一体化管理模式，使得SPA具有以下五个特征：

(1) 快速收集并且掌握大量消费者信息。

(2) 简化供应链流程，降低物流费用和提前期。

(3) 尽可能地降低预测需求带来的风险，并实现快速响应。

(4) 打造独特的商品，研发个性化的品牌形象。

(5) 实现资金的快速回笼。

在这五个特征中，除了品牌形象，其余四个都贯穿了一个“快”字，这也是该行业被称为快销品行业的重要原因。

A公司是一家全球知名的服装快销公司，同时也是一家SPA公司。A公司在中国设立了两个全资子公司，一个负责采购和生产，另一个负责零售，各自设有独立的法人，并分别独立向欧洲总部汇报。所以，A公司在华的供应链分为两个部分：一部分是其对中国大陆地区的零售网络，另一部分是其对海外市场的订单输出。这也是大多数服装企业在华的经营模式，即把中国当作低价劳动力的劳务市场，也作为产品的销售市场。对于这两个不同形态的供应链而言，由于其主体是同一个公司(集团)，所以资源的共享也理所当然，特别是IT和物流的共享。正是基于这一理念，在进行跨国公司中国业务供应链的搭建过程中，各类模块的设计都必须考虑到进口和出口的双重性和两用性。

A公司的产品有鞋、服、配三个类别，每个大类下又细分为若干小类，如都市系列、运动系列等，主要配合市场营销而定。除了小部分的常青款，如袜子、皮带等，大部分产品是按春、夏、秋、冬四个季节进行销售的。每一件产品都会被赋予三个公司内部编号，分别是Family Code、Model Code和Item Code，其中Item Code里面包括了产品的尺码和颜色，其实就是行业普遍使用的SKU。

在A公司，订单是以Item Code为基本单位的，在下单时就被赋予一个上市日期和出厂日期，这两个日期间的时间理论上就是整个物流需要的提前期。总之，产品到达零售点的时间不可以超过上市日期前后14天，太早零售点有限的库存空间被占领，太晚就错过了最佳销售期。这个上市日期必须被严格遵守，以便配合整个公司的市场营销计划，因为公司会专门为这些促销品制作大量的道具和广告投入，而且一件商品在快销商店的最佳销售期不超过一个月。基于这个上市日期，每个订单设有若干个里程碑日期(Milestone Date)作为订单追踪的依据，如出厂日期、上船(车)日期、到港日期、入库日期和上架日期，所以时间对于每一个订单都具有重要意义。如果订单晚于上市日期一个月，该订单将会被直接作废，责任方将会被追责。

A公司的供应链是极具特色的。首先，公司不拥有任何工厂，所有的生产都是外包出去的，公司只负责产品的开发设计和门店零售。其次，所有的销售点都是直营的，进行垂直管理，这也是为了对市场的变化做出最快的反应。再次，产品的周转速度极快，基本可以做到每年12次左右，远远超出了不超过3次的行业平均水平。最后，每年公司推出的品种多达12 000种，这也高出了普通服装企业的平均水平(三四千种)不少。

在2005年以前，由于政策限制，A公司在中国没有开设零售点，但在中国成立了一家采购公司，利用中国的廉价劳动力做出口加工。2005年，中国加入WTO后开放了零售市场，A公司于2001年开始筹建中国的合资零售公司，后于2005收回所有权，成立独资零售公司，并开始了其在全国各个主要省会城市的布局。为了给零售点提供及时而又优质的服务，A公司在中国区的第一家物流配送中心于2010年1月1日在上海落成。这是一个现代化的物流配送中心，一期工程占地约12 000平方米，为A公司在中国的所有零售终端提供配送服务，同时也为其自身的采购公司提供商品出口物流服务。在此基础上，随着全国零售点的增加，A公司还需要完善自己的配送系统，缩短配送中心和最终客户的距离，使得客户的需求能够得到最大的满足。为此，A公司决定建造一北一南两个区域的配送中心，选址问题就成为公司目前面临的最大挑战。

思考：如何运用科学的方法确定A公司的区域配送中心的地理位置？

任务一　系统规划的认识

一、系统规划的含义

系统规划是指确定系统发展目标和设计/达到目标的策略与行动的过程，实际就是对整个系统的计划。

规划设计一个系统，需要根据其输入、转换、输出三大功能，考虑输入条件、输出结果、评价标准等相关问题。系统规划一般考虑以下4个方面：确定系统的范围和外部环境；明确系统的目标任务；评价系统的优劣；运用系统的观点和方法，提出各种备选方案(即方案综合)。

(一) 系统范围和外部环境

系统范围及外部环境也就是系统的输入条件。系统是开放的、复杂的，内部各组成因素之间、内部要素与外部环境之间存在着紧密而复杂的联系，孤立地改善某一个环节(或子系统)不一定能提高整个系统的效率，系统的规划设计需要关注系统的范围和外部环境。

例如，规划一个仓库必须考虑入库的货源、集中入库还是分散入库、整托盘出库还是零星出库、准备送到附近的装配车间还是供应远方客户等。如果规划设计的是自动化仓库，还需要对出入库的设备(如输送机和自动导向车等)提出精度要求。

(二) 系统的目标任务

系统的目标任务可以看成系统的输出结果。对于任何工程问题，都可能找到多种解决途径，但是它的前提条件(输入)和所需达到的目的(输出)必须明确。

（三）系统优劣的评价标准

对系统优劣的评价是系统决策不可缺少的一步。为了对各种可行的方案做出客观公正的评价，应该在提出任何方案之前就制订出评价标准。

系统的优劣评价可以依据不同的标准来进行。通常评价标准应包括以下几点：

(1) 经济性：包括初始投资、每年的运营费用、直接或间接的经济效益、投资回收期、全员劳动生产率等。

(2) 可靠性：包括单个环节的可靠性、整个系统的可靠性、设备故障率和排除故障所需的时间。

(3) 可维护性：包括维护保养所要求的技术水平、备件的供应情况、所需储备的备件数量。

(4) 灵活性或柔性：包括适应产品设计更改和产量变化的能力，系统各环节与生产节奏相匹配的能力，调整流动路线的可能性。

(5) 可扩展性：包括在系统的服务范围和能力方面进一步扩大的可能性。

(6) 安全性：包括产品的安全、人员的安全，以及正常运行和事故状态下的安全保障。

(7) 劳动强度：包括需要劳动力的数量、劳动者的疲劳程度。

(8) 易操作性：要求操作简单，不易出错，只需少量指令即可使设备和整个系统投入运行。

(9) 服务水平：对顾客要求做出快速响应的能力。

(10) 环境保护：符合环境保护条例的要求，对周围环境的污染程度低。

(11) 敏感性：对外界条件变动的敏感程度和适应能力。

对于每一个具体的对象系统，侧重点会有所不同。

二、系统规划的步骤

（一）系统规划的总体模型

系统规划总体模型是对系统规划过程的总体描述。以工作的时间维为主线，可把系统规划工作分为如图 4－1 所示的五个阶段，分别是筹备、系统诊断与分析、战略研究与设计、总体规划与优化、决策制订与实施。对应的具体内容列于表 4－1 中。

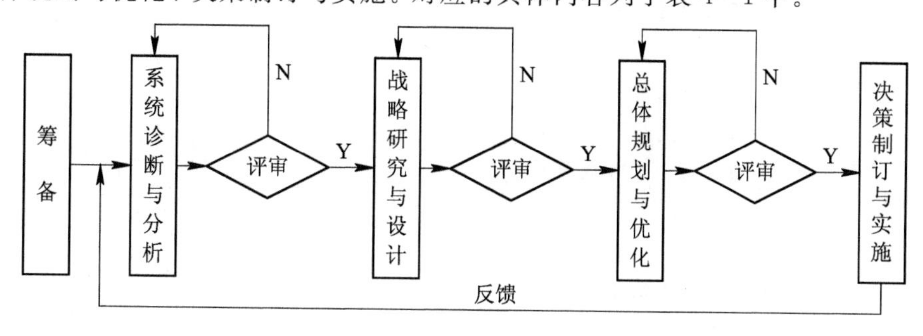

图 4－1　系统规划总体模型

表 4-1　系统规划的步骤与内容

步骤与阶段	总体模型	技术路线	方　法
	内　容	内　容	
筹备阶段	（1）工程规划； （2）理论准备； （3）物资准备； （4）组织领导机构； （5）指导思想和基本原则； （6）模型构思、系统状态描述； （7）时空边界划分； （8）课题确立	（1）课题目标； （2）组织机构； （3）人员培训	（1）系统分析； （2）系统综合； （3）系统评价
系统诊断与分析	（1）历史及现状资料的调查、收集、整理； （2）系统诊断与分析； （3）系统诊断模型(问题、优势、劣势、机会、威胁)； （4）诊断报告； （5）评审	（1）系统分析的主要内容； （2）系统分析的步骤； （3）系统分析应注意的几个问题	
战略研究与设计阶段	（1）战略研究(发展预测模型、目标及论证模型)； （2）战略思想、战略目标、战略重点、战略措施、项目开发； （3）物流发展模式； （4）战略研究报告； （5）评审	（1）战略指导思想； （2）战略目标； （3）战略结构； （4）战略重点； （5）战略步骤； （6）战略措施	
总体规划与优化阶段	（1）总体规划； （2）各子系统优化； （3）重点项目优化； （4）总体优化方案仿真； （5）方案确定、规划报告； （6）评审	（1）载体子系统的设计； （2）记述子系统的设计； （3）管理子系统的设计； （4）模型的建立	
决策制订与实施阶段	（1）工作总结； （2）期望效能与不良后果分析； （3）领导意见、群众意见、专家评审； （4）决策； （5）规划文本及图表； （6）实施计划	（1）系统评价； （2）实施规划	

（二）具体步骤

系统规划的基本步骤：

（1）确定系统范围和外部环境。

（2）确定系统的目标任务。

（3）确定评价系统优劣的准则。

（4）确定各项评价准则的加权值。

（5）收集系统的原始数据。

（6）提出各种可供选择的方案。

（7）明确方案中的可控变量和不可控因素。

（8）调整可控变量以求得最佳结果。

（9）变动不可控因素以考察系统的敏感性。

（10）进行方案比较并做出抉择。

（三）系统规划的过程

系统规划工作是按照系统工程处理问题的基本方法，根据系统的概念、构成和性质，把对象作为系统进行了解和分析，将分析结果加以综合，使之最有效地实现系统的目标。系统规划中处理各种问题所用到的基本方法包括分析、综合和评价，其关系如图 4－2 所示。

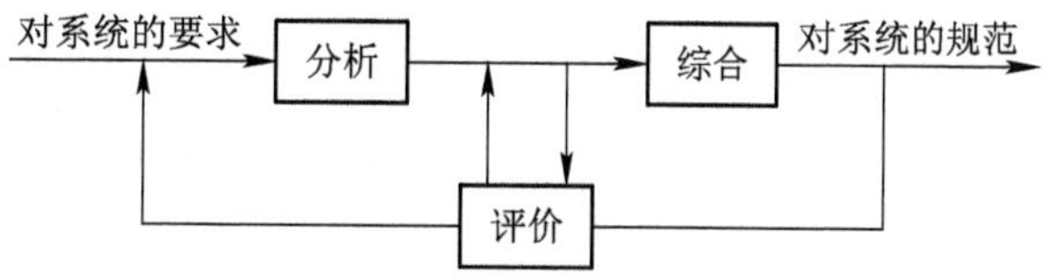

对系统的要求
分析
综合
对系统的规范
评价

图 4－2　系统规划的基本方法

在规划工作过程中，分析、综合、评价的方法是同时综合运用的，无明显的界限划分。

（1）系统分析。系统分析是指为系统搜集必要而足够的信息，针对拟出的几种备选方案，用各种手段分析对象系统的要求、结构及功能等，弄清系统的特性，取得系统内外的有关信息，并考虑到环境、资源、状态等约束条件，根据评价准则对分析结果进行评价，以得到若干较为满意的解。

系统分析以系统整体效益为目标，以寻求解决问题的最优策略为重点，运用定性和定量分析的方法，给决策者以价值判断的依据，帮助其做出正确决策。系统分析的工作步骤如图 4－3 所示。

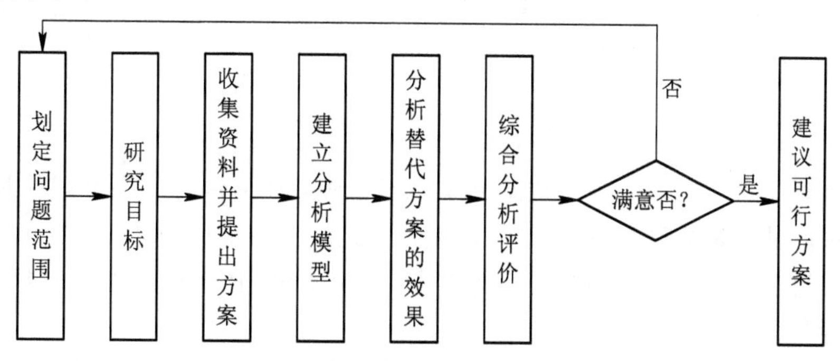

图 4－3　系统分析的工作步骤

(2) 系统综合。系统综合是指充分研究系统分析的结果，根据特定解和评价结果，把系统的组成和行为方式组合起来，拟定系统的规范过程。系统综合的工作步骤如图 4-4 所示。

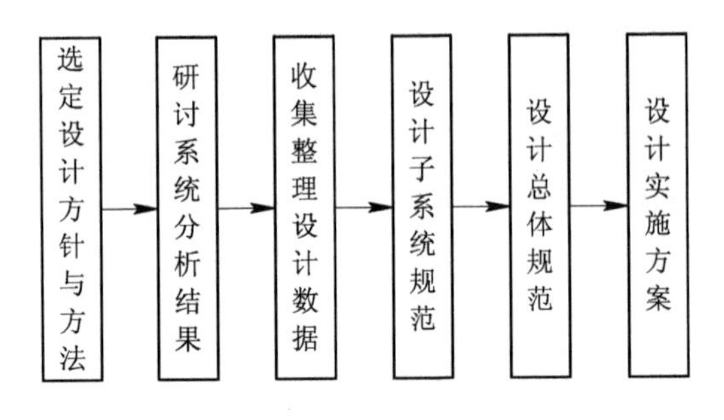

图 4-4 系统综合的工作步骤

(3) 系统评价。系统评价是对设计出来的可供选择的方案，用技术、环境和经济的观点综合评价，审查系统设计的合理性与实现系统设计的风险性，从而选择适当的可能实现的方案。系统评价一般从性能、费用、时间三个方面来进行，通常会把时间换成费用来考虑。系统综合的工作步骤如图 4-5 所示。

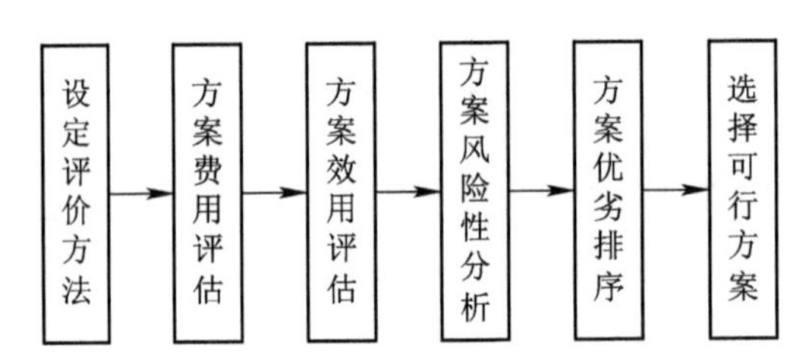

图 4-5 系统评价的工作步骤

三、系统规划的基本内容

(一) 系统设施选址规划与布局规划

(1) 单设施选址：就是从多个候选地址中选取一个最优地址，使得系统费用最小。

(2) 多设施规划：就是对多个备选设施确定设施的数量、设施点、设施之间的物资流量等。通常可以采用启发式算法、混合整数规划方法等进行建模与求解。

(3) 系统设施布局：对系统中的多个功能区域进行布局，使得系统的效率最优或者成本最小。通常采用 SLP 进行系统设施布局。

(二) 系统资源的优化配置

(1) 物资调运问题：有 m 个供应地和 n 个需求地，如何制订一个合理的物资调运方案，安排合理的供需联系和供需数量，才能使得总运输费用最低。物资调运问题可以用线性规划法、单纯形法、表上作业法(最小元素法、伏格尔法、闭合回路法、位势法)、图上作业法等进行求解。

(2) 指派(任务分配)问题：在系统中或者其他管理工作中，如何根据有限的资源(人力、财力、物力等)进行工作任务分配，以达到降低成本或者提高经济效益的目的。指派问题是管理人员经常面临的一个问题。

指派问题的任务是如何进行合理的任务分配，使得总的费用最小。它属于整数规划问题，可以用匈牙利法进行求解。

(三) 运输系统优化(规划)问题

(1) 运输路径的规划(优化)：在满足一系列约束条件的情况下，如何合理安排运输车辆的行车路径和时间，使得车辆把客户需要的货物从一个或者多个周转中心运送到多个地理上分散的客户点上，并达到特定的目标(通常是路程最短，运费最省，时间最短，最大流量等)。可以用图上作业法、Ford - Fulkerson 标号法、Dijkstra 标号法、Warshall - Floyd 算法、扫描法、节约里程法等进行运输路径的规划。

(2) 运输方式的选择。在多种可选择的运输方式中选择最优的运输方式。通常采用总成本分析方法、综合评价方法等选择运输方式。

(3) 路网规划。在不同起讫点的情况下，如何规划路网能够实现最小费用、最大流量。通常情况下可以采用标号法、最小树图法等进行路网规划。

运输系统优化问题将在模块五中详细介绍。

任务二　系统设施的选址规划

一、选址问题介绍

(一) 设施选址的含义

设施是生产运作过程得以进行的硬件，通常由工厂、办公楼、车间、设备、仓库等实体物质构成。设施选址是指如何运用科学的方法决定设施的地理位置，使之与企业的整体经营运作系统有机结合，以便有效、经济地达到企业的经营目的。设施选址是影响企业效益的一个决定性因素。

设施选址包括两个层次的问题：

(1) 选位：选择什么地区(区域)布置设施，沿海还是内地，南方还是北方，等等。在当前全球经济一体化的大趋势之下，或许还要考虑国内还是国外。

(2) 定址：地区选定以后，在已选定的地区内选定一片土地作为设施的具体位置。

设施选址还包括这样的问题：选择单一的设施位置还是在现有的设施网络中布新点。

设施选址的战略目标是使地址选择能给企业带来最大化的收益。对于一个特定的企业，其最优选址取决于该企业的类型。例如，工业选址决策主要是为了追求成本最小化；而零售业或专业服务性组织机构一般都追求收益最大化；至于仓库选址，则需要综合考虑成本及运输速度问题。

(二) 设施选址的原则

(1) 费用原则。作为经济实体，企业十分关注经济利益。建设初期的固定费用、投入运行后的变动费用、产品出售以后的年收入等，都与选址有关。

(2) 集聚人才原则。人才是企业最宝贵的资源，企业选址合适有利于吸引人才。反之，因企业搬迁造成员工生活不便而导致员工流失的事常有发生。

(3) 接近用户原则。对于服务业，无一例外都需要遵循这条原则。许多制造企业也把工厂建到消费市场附近，以降低运费和损耗。

(4) 长远发展原则。企业选址需要站在战略的高度，全面考虑生产力的合理布局和市场开拓的问题，要有利于获得新技术和新思想，有利于参与国际竞争。

(三) 设施选址的影响因素

1. 影响因素的权衡

(1) 选址时必须仔细权衡所有因素，决定哪些是与设施选址紧密相关的，哪些虽然与企业经营或经营结果有关，但是与设施位置的关系并不大，这样就能在决策时分清主次，抓住关键。否则，列出的影响因素太多，在具体决策时容易主次不分，难以做出最佳决策。

(2) 在不同情况下，同一影响因素会有不同的影响作用，因此，不可生搬硬套任何原则条文，也不可完全模仿照搬已有经验。

(3) 对于制造业和非制造业的企业来说，要考虑的影响因素以及同一因素的重要程度可能有很大不同。一项在全球范围内对许多制造业企业所作的调查表明，下列 5 个因素是进行设施选址时必须考虑的：

① 劳动力条件；

② 与市场的接近程度；

③ 生活质量；

④ 与供应商和资源的接近程度；

⑤ 与其他企业设施的相对位置。

(4) 制造业企业在进行设施选址时，要更多考虑地区因素；对于服务业来说，需要与顾客直接接触的设施必须靠近顾客群。比如，一个洗衣店或一个超级市场，影响其经营收入的因素有多种，但其设施位置尤其重要。设施周围的人群密度、收入水平、交通条件等，都在很大程度上决定企业的经营收入。而对于一个仓储或配送中心来说，与制造业的工厂选址一样，需要考虑运输费用的因素，但快速接近市场可能更重要，可以缩短交货时间。此外，制造业的选址与竞争对手的相对位置有时并不重要。而在服务业，这可能是一个非常重要的问题。服务业企业在进行设施选址时，不仅需要考虑竞争者的现有位置，还需估计他们对新设施的反应。在有些情况下，选址时应该避开竞争对手，但对于商店、快餐店等，在竞争者附近设址有更多好处。在这种情况下，可能会产生聚焦效应，吸引更多顾客。

2. 设施选址的影响因素

设施选址的影响因素可简单归纳如下：

(1) 内部因素：包括战略因素、产品技术因素等。

(2) 外部因素：包括自然环境、政治环境、经济政策、基础设施、竞争环境等。

(3) 成本因素：包括生产成本、销售成本、库存成本、运输成本(包括进货运输成本和送货运输成本)、设施成本等。

当然，要根据具体问题将各方面因素进行细化处理。

以物流中心选址为例，在该系统的选址规划中主要考虑的外部因素包括：

1）自然环境影响因素

（1）气象条件。物流中心选址过程中，主要考虑的气象条件有温度、风力、降水量、无霜期、冻土深度、年平均蒸发量等指标。比如，选址时要避开风口，因为建在风口会加速露天堆放商品的老化。

（2）地质条件。物流中心是大量商品的集结地。某些容重很大的建筑材料堆码起来会对地面造成很大压力。如果物流中心地面以下存在着淤泥层、流沙层、松土层等不良地质条件，则会在受压地段造成沉陷、翻浆等严重后果。因此要求土壤的承载力要高。

（3）水文条件。物流中心选址要求远离容易泛滥的河川流域与上溢地下水的区域。要认真考察近年的水文资料，地下水位不能过高，泛洪区、内涝区、故河道等区域绝对禁止选用。

（4）地形条件。物流中心的地势应较高或平坦，且具有适当的面积与外形。选在平坦地形上是最理想的；其次选择稍有坡度或起伏的地方；在山区则应该完全避开陡坡地段。在外形上可选长方形，不宜选择狭长或不规则形状。

2）交通条件

（1）是否靠近交通主干道。

（2）是否有完善的道路运输网络。

3）地理位置条件

（1）是否靠近货运枢纽点。

（2）是否靠近大企业。

（3）周围是否有足够的土地发展空间。

4）公共设施状况

（1）通信设施是否齐全。

（2）是否有充足的供电、水、热、气能力。

（3）场所周围是否有污水、固体废弃物的处理能力。

5）当地产业政策及劳动力情况

（1）物流中心所在地区是否有优惠的物流产业政策。

（2）是否有数量充足、素质较高的劳动力条件。

（四）设施选址规划的方法

对于单一设施的选址和设施网络的选址，采用的方法是不同的。

1. 单一设施选址

单一设施选址是指独立选择一个新的设施地点，其运营不受企业现有设施网络的影响。在有些情况下，所要选择位置的新设施是现有设施网络中的一部分，如某餐饮公司要新开一个餐馆，但它与现有的其他餐馆是互相独立运营的，这种情况也可看作单一设施选址。

单一设施选址问题的求解方法主要有负荷距离法、因素评分法、盈亏分析法、选址度量法和精确重心法等，如图 4－6 所示。其中，精确重心法要考虑现有设施之间的距离和货物量，它经常用于中间仓库的选择。在最简单的情况下，这种方法假设运入和运出的成本是相等的，并未考虑在不满载情况下增加的额外费用。

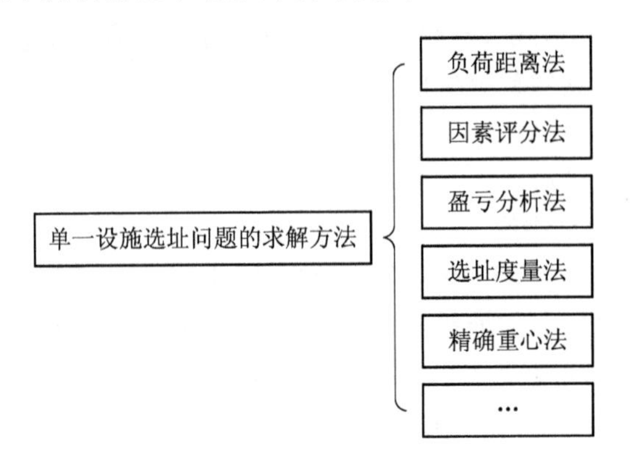

图 4－6　单一设施选址问题的求解方法

2. 设施网络选址

设施网络选址即多设施选址，设施网络中的新址选择比单一设施选择问题更复杂，因为设施网络选址必须同时考虑新设施与其他现有设施之间的相互影响与关联。如果规划得好，各个设施之间会相互促进，否则就会起负面作用。多设施选址问题的求解方法有目标规划法、混合整数线性规划法、动态规划法、启发式方法、简单的中线模式法、德尔菲法等，如图 4－7 所示。

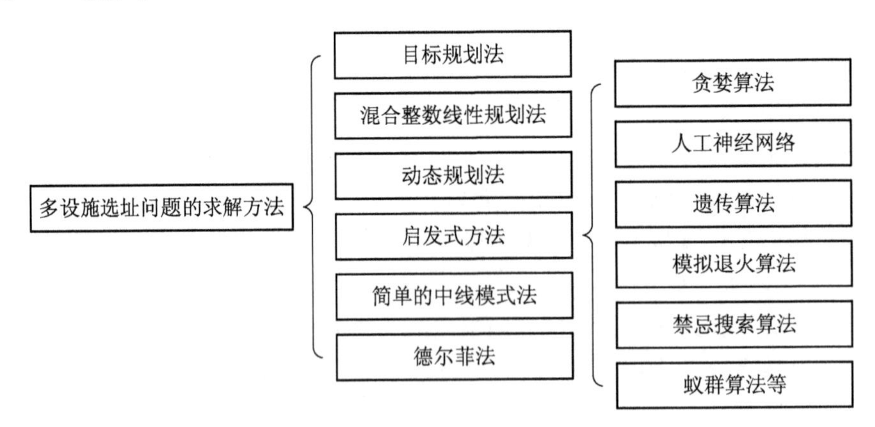

图 4－7　多设施选址问题的求解方法

二、负荷距离法单设施选址规划

（一）方法介绍

负荷距离法（Load-Distance Method）是一种单一设施选址的方法。它的目标是在若干个候选方案中选定一个目标方案，使总负荷（货物、人或其他）移动的距离最小。当与市场的接近程度等因素至关重要时，使用这一方法可从众多候选方案中快速筛选出最有吸引力的方案。这一方法也可在设施布置中使用。

负荷距离法的模型可以表示为

$$\mathrm{Id} = \sum_{i=1}^{n} I_i d_i \tag{4-1}$$

式中：Id 为总负荷；d_i 为距离；I_i 为移动负荷的大小。

d_i 可以是折线距离或几何距离，假设新的设施位置在二维坐标系中表示为(x_0, y_0)，各备选地址在二维坐标系中表示为(x_i, y_i)，其中$i=1, 2, 3, \cdots, n$，一般通过距离公式进行计算得到。

折线距离的计算公式为

$$d_i = |x_i - x_0| + |y_i - y_0| \tag{4-2}$$

几何距离(即两点之间最短的直线距离)的计算公式为

$$d_i = \sqrt{(x_i - x_0)^2 + (y_i - y_0)^2} \tag{4-3}$$

（二）步骤

(1) 选择移动负荷值最大的点作为初始新地址(x_0, y_0)，开始计算其总负荷Id^1；

(2) 选择移动负荷值次大的点作为新地址(x_0, y_0)，重新计算总负荷Id^2；

……

如果遇到移动负荷值相等的情况，相等的移动负荷值以任意顺序作为新地址均可，以此类推计算出所有的Id^n，选 Id 值最小的地址作为最终的地址。

（三）举例

负荷距离法

【例 4-1】 随着电商的发展，某城市的货运站规模已无法满足日益增长的货运需求，由于货运站原址所处位置无法进行扩建，经研究决定，企业计划为货运站重新选址建设，新地址要求至少满足货运需求较大的 7 个主要需求点的货运需求，而且正好这 7 个主要需求点均具备新建货运站的条件，公司决定就在这 7 个需求点中确定一个新建货运站，具体地址如图 4-8 所示的二维坐标图(坐标值进行了简化处理)，各需求点的货运需求量如表 4-2 所示，请采用负荷距离法为新的货运站进行选址。

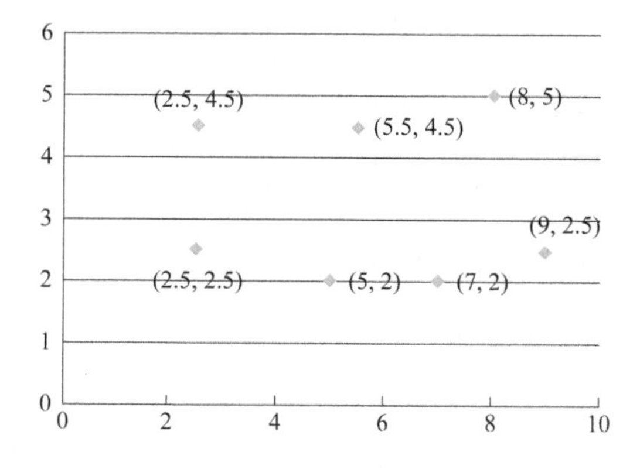

图 4-8　主要需求点的布局概况

表 4-2　主要需求点的货运需求量

需求点编号	需求点坐标	货运需求量/万吨
1	(2.5，4.5)	2
2	(5.5，4.5)	10
3	(8，5)	10
4	(2.5，2.5)	5
5	(5，2)	7
6	(7，2)	20
7	(9，2.5)	14

求解过程：

(1) 如表 4-2 所示，最大移动负荷是 20 万吨，对应需求点 6，将其设为新地址，采取折线距离计算公式计算 d_i，则总负荷为

$$\begin{aligned} Id^1 = & (|7-2.5|+|2-4.5|)\times 2+(|7-2.5|+|2-2.5|)\times 5+ \\ & (|7-5.5|+|2-4.5|)\times 10+(|7-5|+|2-2|)\times 7+ \\ & (|7-8|+|2-5|)\times 10+(|7-9|+|2-2.5|)\times 14 \\ = & 168 \end{aligned}$$

(2) 如表 4-2 所示，次大移动负荷是 14 万吨，对应需求点 7，将其设为新地址，采取折线距离计算公式计算 d_i，则总负荷为

$$\begin{aligned} Id^2 = & (|9-2.5|+|2.5-4.5|)\times 2+(|9-2.5|+|2.5-2.5|)\times 5+ \\ & (|9-5.5|+|2.5-4.5|)\times 10+(|9-5|+|2.5-2|)\times 7+ \\ & (|9-8|+|2.5-5|)\times 10+(|9-7|+|2.5-2|)\times 20 \\ = & 221 \end{aligned}$$

(3) 以此类推，计算得到：

$$Id^3 = 239$$
$$Id^4 = 253$$
$$Id^5 = 218$$
$$Id^6 = 346$$
$$Id^7 = 394$$

(4) 根据以上计算结果可以看出，总负荷最小的是 168，对应需求点 6，因此，通过负荷距离法选出来的新地址在(7，2)坐标点处。

三、因素评分法单设施选址规划

(一) 方法介绍

因素评分法又称为要素评估法，这种方法是对影响决策问题的主要因素进行评分，并

对各因素根据其影响大小给予相应权重，最后通过加权平均的方式得出各方案的最后得分，选择得分最高或最低的方案为最优。

（二）步骤

（1）确定影响因素。
（2）用AHP、关联矩阵法等方法（详情见模块六）确定各因素的权重。
（3）制订评分表，对各方案进行相应打分。
（4）计算各方案的加权平均值。
（5）选择最优方案。

因素评分法

（三）举例

【例4－2】 某知名医院需在某城市新建一所医院，经过前期的调研分析拟定出A、B、C三个备选地址，并特别邀请了行业相关专家试图从交通条件、土地状况、停车场地、公众态度、扩展能力等五个方面对三个备选地址分别按照百分制进行正向打分，经过汇总平均，得到总体平均分如表4－3所示。试用因素评分法选择最优地址。

表4－3　三个备选地址在各方面的平均得分情况

选址因素	备选地址		
	A	B	C
交通条件	70	100	80
土地状况	80	70	100
停车场地	80	60	60
公众态度	90	80	90
扩展能力	100	80	70

求解过程：

（1）确定影响因素。企业拟定的影响因素有五个，分别是交通条件、土地状况、停车场地、公众态度、扩展能力。

（2）确定各因素的权重。采用关联矩阵法进行权重的确定（关联矩阵法详见模块六，此处不再重复计算过程），得出各因素的权重如表4－4所示。

表4－4　各因素的权重情况

选址因素	权　重
交通条件	0.25
土地状况	0.1
停车场地	0.2
公众态度	0.25
扩展能力	0.2

(3) 制订评分表，对各备选地址进行相应打分。企业已得到各因素的最终平均得分，如表 4－5 所示。

表 4－5　各备选地址的综合得分

选址因素	权　重	备选地址		
		A	B	C
交通条件	0.25	70	100	80
土地状况	0.1	80	70	100
停车场地	0.2	80	60	60
公众态度	0.25	90	80	90
扩展能力	0.2	100	80	70
综合得分		84	80	78.5

(4) 计算各备选地址的加权平均值。

(5) 选择最优地址。由于评分是正向评分，所以得分最高的应该是最优地址，如表 4－5 所示，A 得分最高(得了 84 分)，因此 A 地址就是最优地址。

四、选址度量法单设施选址规划

(一) 方法介绍

选址度量法(Location Measurement)是一种既考虑定量因素又考虑定性因素的设施选址方法。

(二) 步骤

(1) 明确必要因素。在分析研究影响设施位置的各种因素时，首先明确哪些是必要因素。凡是不符合任何一个必要因素的方案，应首先被筛选掉。

(2) 对因素分类。将各种因素分类，凡是与成本有直接关系、可以用货币表示的因素，归为客观因素，其他的则归为主观因素。同时，对客观因素和主观因素要分别确定其比重。当客观因素和主观因素同样重要时，则其比重都是 0.5。设 x 为主观因素的比重，则

$$客观因素的比重 = 1 - x \quad x \in [0, 1]$$

x 越接近 1，则主观因素越重要，反之亦然。

(3) 计算客观度量值。对每一个可行性方案计算它的客观度量值。其计算方法为

$$C_i = \sum_{j=1}^{m} C_{ij} \tag{4-4}$$

$$M_{O,i} = \left[C_i \sum_{i=1}^{n} (1/C_i) \right]^{-1} \tag{4-5}$$

式中：C_i 为第 i 个可行性位置方案的总成本；C_{ij} 为第 i 个可行性位置方案中的第 j 项成本；$M_{O,i}$ 表示第 i 个可行性位置方案的客观度量值；$\sum_{i=1}^{n}(1/C_i)$ 为各可行性位置方案的总成本的

倒数和；m 为客观因素的项数；n 为可行性位置方案的数目。

若将各可行性位置方案的度量值相加，则其总和等于1，即

$$\sum_{i=1}^{n} M_{O.i} = 1 \tag{4-6}$$

（4）确定主观评比值。由于主观因素大多为定性因素，因此难以按量化值直接比较。但可以采用某些方法，将它们间接转化为数量值表示，如采用强迫选择法衡量各值的优劣。这种方法针对每一项主观因素，将每一可行性位置分别成对比较。较佳位置的比重定为1，较差位置的比重定为0。然后，根据各位置所得到的比重和总比重来求某一主观因素在某一可行性位置的主观评比值。一般可按以下公式计算：

$$S_{ik} = \frac{W_{ik}}{\sum_{i=1}^{n} W_{ik}} \tag{4-7}$$

式中：S_{ik} 为第 i 个可行性位置对第 k 个因素的评比值；W_{ik} 为第 i 个可行性位置在第 k 个因素中的比重；$\sum_{i=1}^{n} W_{ik}$ 为第 k 个因素的总比重。

主观评比值为数量化的比较值，可以利用此数值来比较各可行位置的优劣。此数值一般在(0，1)范围内，越接近1，则说明该位置越优于其他位置。

（5）计算主观度量值。评价时若主观因素的数量超过一个，则各主观因素的重要性可能不完全一样。因此，对多项因素综合评价时，还应确定各主观因素的重要性指数(这种指数的确定方法也可应用上述的强迫选择法(或采用专家评估法))。然后，根据每一因素的主观评比值和该因素的重要性指数，分别计算每一可行性位置的主观度量值，其计算公式如下：

$$M_{S.i} = \sum_{k=1}^{m} (L_k \times S_{ik}) \tag{4-8}$$

式中：$M_{S.i}$表示第 i 个可行性位置的主观度量值；L_k 表示第 k 项主观因素的重要性指数；S_{ik} 表示第 i 个可行性位置对第 k 项主观因素的评比值；m 表示主观因素的项数。

（6）确定位置度量值。位置度量值是对某一可行性位置方案的综合评价。其计算公式为

$$M_{l,i} = x \times M_{S.i} + (1-x) \times M_{O.i} \tag{4-9}$$

式中：$M_{l,i}$为第 i 个可行性位置方案的位置度量值；x 为主观类因素的比重；$1-x$ 为客观类因素的比重值；$M_{S.i}$、$M_{O.i}$的含义同前。

（7）决策。从多个可行性位置方案中选择位置度量值最大的可行性位置方案作为设施位置。

（三）举例

选址度量法

【例4-3】 某公司筹建一家食品加工厂，备选厂址有甲、乙、丙三处。各种生产成本因厂址的不同而有所区别，每年的费用归纳如表4-6所示。在选址时，该公司还考虑了一些主观因素，包括公司在当地的竞争能力、气候条件、周围环境等。就竞争能力来说，丙地最强，

甲乙两地相平；就气候来说，甲比乙好，丙地最好；就周围环境而言，乙地最优，其次为丙地，再次为甲地。上述三个主观因素的重要性指数依次为0.6、0.3和0.1。主观和客观因素的总权重分别为0.3和0.7。请采用选址度量法确定该食品加工厂的最佳厂址。

表4-6　年成本费用情况

费用项目	成本/千元		
	甲	乙	丙
工资	250	230	248
运输费	181	203	190
租金	75	83	91
其他费用	17	9	22

求解过程：

(1) 由案例背景可知，确定因素和因素分类已经完成，现直接开始计算各备选地址的客观度量值。

备选地址甲的总成本：$C_1=250+181+75+17=523$

备选地址乙的总成本：$C_2=230+203+83+9=525$

备选地址丙的总成本：$C_3=248+190+91+22=551$

三个备选地址的总成本的倒数和：$\sum_{i=1}^{n}(1/C_i)=\frac{1}{523}+\frac{1}{525}+\frac{1}{551}=0.005\ 631\ 7$

甲地址的客观度量值：$M_{O,1}=\frac{1}{523\times 0.005\ 631\ 7}=0.3395$

乙地址的客观度量值：$M_{O,2}=\frac{1}{525\times 0.005\ 631\ 7}=0.3382$

丙地址的客观度量值：$M_{O,3}=\frac{1}{551\times 0.005\ 631\ 7}=0.3223$

(2) 计算各备选地址的主观度量值。结合案例背景，根据主观判断拟定相应重要性指数。主观因素评比值及各因素重要性指数汇总如表4-7所示。

表4-7　三个备选地址的重要性指数

主观因素	甲	乙	丙	重要性指数
竞争能力	0.25	0.25	0.5	0.6
气候条件	0.33	0	0.67	0.3
周围环境	0	0.67	0.33	0.1

根据表4-7所示的重要性指数，可以计算出：

备选地址甲的主观度量值：$M_{S,1}=0.6\times 0.25+0.3\times 0.33+0.1\times 0=0.249$

备选地址乙的主观度量值：$M_{S,2}=0.6\times 0.25+0.3\times 0+0.1\times 0.67=0.217$

备选地址丙的主观度量值：$M_{S,3}=0.6\times 0.5+0.3\times 0.67+0.1\times 0.33=0.534$

（3）计算各备选地址的位置度量值。

备选地址甲的位置度量值：$M_{l,1}=0.3\times0.249+0.7\times0.3395=0.31235$

备选地址乙的位置度量值：$M_{l,2}=0.3\times0.217+0.7\times0.3382=0.30184$

备选地址丙的位置度量值：$M_{l,3}=0.3\times0.534+0.7\times0.3223=0.38581$

（4）决策。根据甲、乙、丙三个备选厂址位置度量值的大小比较，丙地的位置度量值最大，为0.385 81，所以，选择在丙地新建食品加工厂。

五、精确重心法单设施选址规划

（一）方法介绍

1．精确重心法的概述

精确重心法是一种布置单个设施的方法，这种方法考虑现有设施之间的距离和运输的货物量。它经常用于中间仓库或分销仓库的选择。

精确重心法的思想是：在确定的坐标中，各个供应点坐标位置与其相应的供应量、运输费率之积的总和等于场所位置坐标与各供应点供应量、运输费率的总和。

2．精确重心法模型的假设条件

（1）需求集中于某一点。

（2）不同地点物流中心的建设费用和运营费用相同。

（3）运输费用与运输距离成正比，且只考虑并比较运输费用的大小问题。

（4）运输路线为空间直线距离。

3．精确重心法的模型

假设设施选址的地理坐标是$P_0(x_0, y_0)$，其需求点为$P_j(x_j, y_j)$。设施地点到资源点或需求点的发送费用为W_j，总的发送费用为W，则有

$$W=\sum_{j=1}^{n}W_j=\sum_{j=1}^{n}c_j q_j d_j=\sum_{j=1}^{n}c_j q_j \sqrt{(x_0-x_j)^2+(y_0-y_j)^2} \tag{4-10}$$

其中，c_j为从设施地点到资源点或需求点的单位发送率（即单位吨公里的发送费）；q_j为资源点的供应量或者向需求点的发送量（即运输量）；d_j为设施地点到资源点或者需求点的直线距离。

根据以上式子对x_0、y_0求偏导并使其分别等于0，可以得出：

$$\frac{\partial W}{\partial x_0}=\frac{\sum_{j=1}^{n}c_j q_j (x_0-x_j)}{d_j}=0$$

$$\frac{\partial W}{\partial y_0}=\frac{\sum_{j=1}^{n}c_j q_j (y_0-y_j)}{d_j}=0$$

根据以上式子可以得出(x_0^*, y_0^*)的坐标，即

$$x_0^*=\frac{\sum_{j=1}^{n}c_i q_i x_i/d_j}{\sum_{j=1}^{n}c_i q_i/d_j},\ y_0^*=\frac{\sum_{j=1}^{n}c_i q_i y_i/d_j}{\sum_{j=1}^{n}c_i q_i/d_j} \tag{4-11}$$

其中，距离的公式为

$$d_j = \sqrt{(x_0 - x_j)^2 + (y_0 - y_j)^2}$$

（二）步骤

(1) 利用重心公式，求出初始解(x_0，y_0)。

(2) 将初始解代入距离公式，求得 d_j，并将其代入总运费公式，计算出总运费 W_0。

(3) 将 d_j 代入目标公式，求得第一次迭代的解(x_0^1，y_0^1)。

(4) 重复步骤(2)，求得新的 d_j 值，计算总运费 W_1，比较 W_0 与 W_1 的大小。若 $W_1 < W_0$，则继续迭代；若 $W_1 = W_0$，则结束运算，(x_0^1，y_0^1)为最优解。

(5) 当 $W_1 < W_0$ 时，继续迭代，重复步骤(3)，得到第二次迭代值(改善点)(x_0^2，y_0^2)；然后重复步骤(2)，直到 $W_n = W_{n+1}$(其中 n 表示迭代次数)。

（三）举例

精确重心法

【例 4-4】 卓悦家电股份有限公司为五家沃尔玛商店 A(沃尔玛华阳店)、B(蜀西店)、C(亚太广场店)、D(SM 店)、E(交大路店)进行仓储和配送综合服务。其以成都双流机场为原点，建立了坐标系。沃尔玛商店的坐标及其运输量和运输费率如表 4-8 所示。试用精确重心法确定该配送中心的合理位置。

表 4-8 沃尔玛商店坐标及其运输量和运输费率表

序号	商店	坐标	运输量/吨	运输费率
1	华阳店	(10，-3.5)	2410	0.38
2	蜀西店	(3，17.8)	1894	0.36
3	亚太广场店	(12，7)	2096	0.32
4	SM 店	(15.5，12.2)	3351	0.28
5	交大路店	(9，16)	1676	0.34

求解过程：

(1) 建立坐标系，如图 4-9 所示。

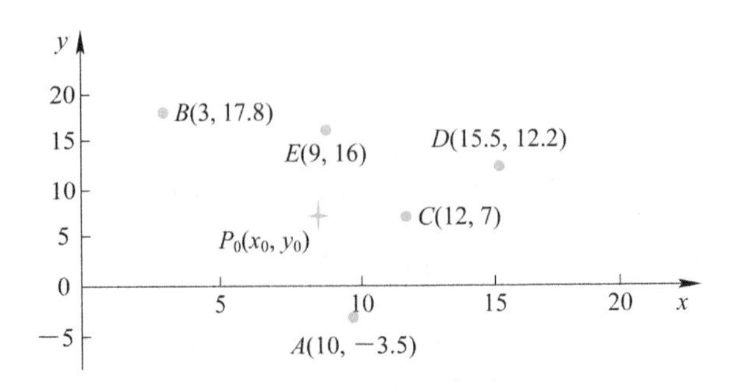

图 4-9 坐标系

（2）利用重心公式求初始位置坐标：

$$x_0=\frac{\sum_{j=1}^{n}c_j q_j x_j}{\sum_{j=1}^{n}c_j q_j}=10.3,\ y_0=\frac{\sum_{j=1}^{n}c_j q_j y_j}{\sum_{j=1}^{n}c_j q_j}=9.1$$

（3）利用初始坐标计算配送中心到各商场的距离：

$$d_1=12.56,\ d_2=11.4,\ d_3=2.66,\ d_4=6.07,\ d_5=7.07$$

（4）求配送中心初始点到各需求点的运输总成本：

$$W_0=\sum_{j=1}^{n}c_j q_j d_j=30\ 781$$

（5）求配送中心的改善点：

$$x_0^1=\frac{\sum_{j=1}^{n}c_i q_i x_i\ /\ d_j}{\sum_{j=1}^{n}c_i q_i\ /\ d_j}=11.4,\ y_0^1=\frac{\sum_{j=1}^{n}c_i q_i y_i\ /\ d_j}{\sum_{j=1}^{n}c_i q_i\ /\ d_j}=9.3$$

（6）求配送中心的改善点到各需求点的距离和运输总成本：

$$d_1=12.85,\ d_2=11.95,\ d_3=2.36,\ d_4=5.05,\ d_5=7.13$$

$$W_1=\sum_{j=1}^{n}c_j q_j d_j=30\ 306$$

（7）比较大小。由以上计算结果可以看出，$W_1<W_0$，说明运费有下降的可能性，即需要再次迭代，才能计算出最佳选址及运输总费用，如表 4－9 所示。

表 4－9　最佳选址及运输总费用表

迭代次数	x_0^*	y_0^*	W_0^*
0	10.3	9.1	30 780
1	11.4	9.3	30 306
2	11.6	9.3	30 277
3	11.7	9.3	30 276
4	11.7	9.3	30 275
5	11.7	9.3	30 275
6	11.7	9.3	30 275

通过六次迭代可知，最优的选址坐标为（11.7，9.3），运输总费用为 30 275 元，如图 4－10 所示。

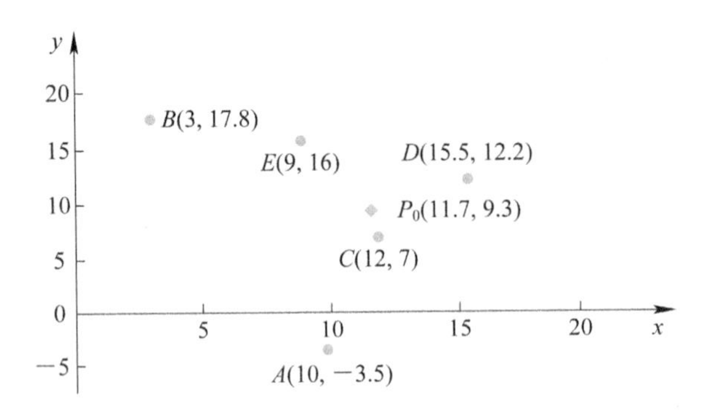

图 4-10　最优选址图

六、多设施选址规划

（一）多设施选址规划的内容

多设施选址规划就是对影响系统的内部、外部要素及其关系进行分析、权衡，确定系统网络的设施数量、位置等，提高系统网络整体的效率。多设施选址规划的总体目标通常是网络总成本最小。

（二）步骤

（1）明确问题和目标。

① 通过调查手段，分析政策环境、市场环境的变化，了解市场需求及竞争对手的状况。

② 对供应商、零售商、用户等上下游主体进行专项调查，了解供应商的基本状况、零售商的市场拓展能力和客户服务要求。

③ 了解企业现有的系统设施及能力现状，分析设施、设备、资金、人力等方面的约束，决定是改造现有设施还是建立新的设施。

经过以上工作进一步明确系统设施规划的目标和约束条件，在多目标情况下还需明确首要目标、次要目标等。

（2）设施初步布局。

① 根据产品需求特点，确定合适的系统网络结构形式及各设施的具体功能。对于分销网络，产品从制造商到客户手中可以采用从工厂直送客户的单层网络形式，也可以采用经中转仓库到零售端的多层网络形式。

② 初步确定网络中各层设施的数量、设施的大概坐落区域以及各设施服务的初步市场范围。设施大概坐落区域的确定一般要考虑政治因素、汇率及其他外部因素的影响。

（3）确定一组理想的潜在设施点。在初步确定的坐落区域范围内选择一组理想的备选设施点。备选设施点数量应该不少于最重要的设施点数量。

备选地点的选择应综合考虑所选地址的基础设施条件、劳动力供给、当地优惠政策、竞争对手分布等因素。

（4）精确选址，并确定产能分配决策。从备选地址中选择一个或者若干个满意的设施点，并对设施间的物流量进行分配。

（5）进行方案比较并做出决策。对不同方案从总成本、服务水平等方面进行比较，从中选择综合效果最好的方案。

（三）举例

多设施选址规划

【例 4－5】 某城市计划筹建包括生产基地在内的绿色食品专卖超市连锁网络，计划如下：

（1）受现有条件的限制，生产基地的数量限制在 1～2 个。

（2）出于人口分布的考虑，计划建 3 个大型专卖超市，专卖超市的地址受种种约束已基本选定，没有再选择的余地。

（3）受专卖超市数量和位置的约束及可供选址的土地因素的约束，考虑在市内建 1～2 个大型中转仓库。

（4）产品分为 A、B 两大类。

现在需要对以下几个问题进行决策：

（1）建设几个中转仓库？

（2）如果建 1 个中转仓库，应建哪一个？

（3）如果建 2 个中转仓库，如何分配超市卖场？

（4）建几个生产基地？

（5）如果建 2 个生产基地，怎样分配生产数量？怎样为中转仓库供货？

求解过程：

1. 问题分析与建模

要进行上述问题的决策，首先必须经过严密的市场调查和可行性分析，提出初步的可选方案。在此基础上，提出多设施选址决策网络模型(见图 4－11)。

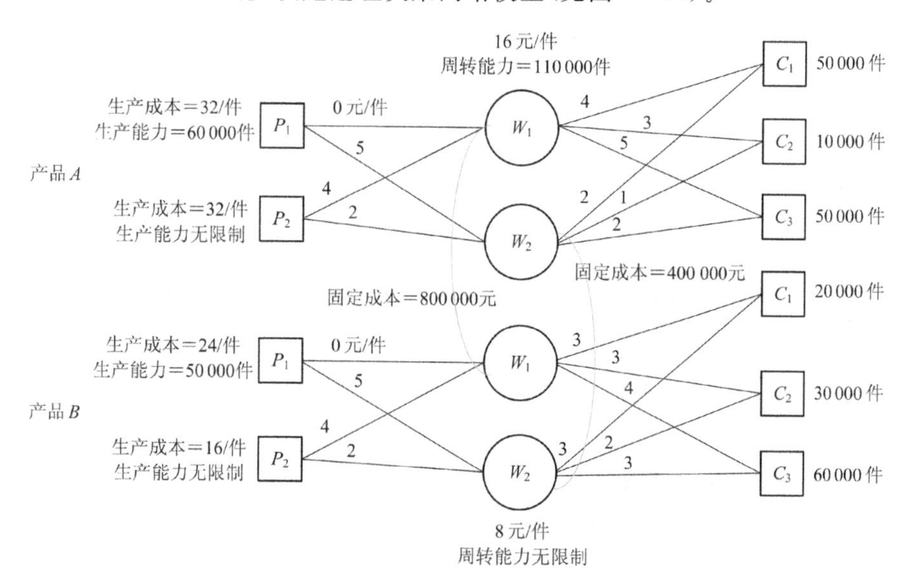

图 4－11　连锁超市选址决策网络模型图

图 4－11 中线条上列出的数据是产品从生产基地到仓库、从仓库到客户需求地的单位运输费用。这样选址规划决策就转变成从两个备选生产基地和两个备选仓库中进行选择，

并分配各自的生产量和运输量，因此，可用混合整数规划模型来解决。

经过初步分析，提出两个工厂P_1和P_2可作为备选的生产基地，两个仓库W_1和W_2可作为备选的周转仓库。其中，工厂P_1的生产能力有限制，可生产A产品60 000件，或生产B产品50 000件，工厂P_2的生产能力没有限制。

仓库W_1的搬运成本为16元/件，周转能力为每年110 000件，仓库建设固定成本为800 000元；仓库W_2的搬运成本为8元/件，周转能力没有限制，但仓库建设的固定成本为400 000元。

2. 构建混合整数规划模型

1）下标索引

i为产品类别，$i=1, 2$。

j为生产基地编号，$j=1, 2$。

k为周转仓库编号，$k=1, 2$。

l为超市卖场编号，$l=1, 2, 3$。

2）决策变量

X_{ij}为产品i在生产基地j的生产量。

D_{il}为超市卖场l对产品i的需求量。

X_{ijkl}为由生产基地j生产、经周转仓库k周转、提供给超市卖场l的产品i的数量。

y_{kl}为0－1变量，当周转仓库k向超市卖场l供货时取值1，否则取值0。

Z_k为0－1变量，当确定使用周转仓库k时取值1，否则取值0。

3）参数

$V_{k\max}$、$V_{k\min}$为周转仓库的周转总量上、下限。

f_k为周转仓库k的年固定成本。

u_k为产品经周转仓库k周转的平均操作费(元/件)。

C_{ijkl}为产品的平均生产与运输费用(元/件)。

4）目标函数

以总成本最小作为优化目标，总成本＝生产和运输成本＋仓库固定成本＋仓库作业成本，即

$$\min TC = \sum_{ijkl} C_{ijkl} X_{ijkl} + \sum_{k} f_k Z_k + \sum_{k}\sum_{l}\left(\sum_{i} D_{il}\right) y_{kl} u_k$$

5）约束条件

约束条件包括生产基地生产能力的限制、仓库周转能力的限制、客户供货要求的约束。具体的约束式如下：

(1) 生产基地生产能力的限制：$\sum_{kl} X_{ijkl} \leqslant S_{ij}$。

(2) 卖场对产品的需求量：$\sum_{j} X_{ilkl} \leqslant D_{il} y_{kl}$。

(3) 一个客户只能由一家仓库供货：$\sum_{k} y_{kl} = 1$。

(4) 仓库周转总量的限制：$V_k Z_k \leqslant \sum_{l}\left(\sum_{i} D_{il}\right) y_{kl} \leqslant \overline{V_k Z_k}$。

3. 模型求解

对于混合整数规划模型，可以利用合适的优化算法，并借助优化工具软件来求解。

常用的优化算法有一般线性规划方法、遗传算法等，常用的优化工具软件包括 MATLAB、LINGO/LINDO 等。

结论如下：

（1）建一个生产基地 P_2。

（2）由 P_2 生产所需的全部产品。

（3）建一个周转仓库 W_2，向 3 个超市卖场供货。

（4）运输总成本＝122 万元/年。

（5）周转仓库维持成本＝248 万元/年。

（6）周转仓库固定成本＝200 万元/年。

（7）生产成本＝816 万元/年。

（8）周转及运输总成本＝570 万元/年。

（9）总成本＝1386 万元/年。

任务三　节点设施的内部布局规划

一、节点设施的内部布局规划介绍

系统网络上节点设施的内部布局规划是系统的一个重要研究领域。如何布置节点设施，使得人力、财力、物力和人流、物流、信息流得到最合理、最经济、最有效的配置和安排，如何从根本上提高生产效率，达到以最少投入获得最大效益的目的，等等，这些都是系统网络节点设施的内部布局规划要研究和解决的问题。

（一）含义

节点设施的内部布局规划实质上就是设施的布置。现有研究对设施布置概念的界定包含三重含义：

（1）设施布置作为提高生产效率和经济效益的有效方式之一，其目的是通过采用系统规划的方法来优化与设计生产系统、服务系统的设施布置，以达到优化人流、物流、信息流的目标。

（2）设施布置是企业生产场地建设的一项决定性任务，它在决定生产成本、生产效率和安全方面起着重要作用。

（3）对于工业、制造业等生产企业来说，设施布置是企业为实现加快生产速度、优化生产成本的目标，依照其长期发展规划对产品生产的要求，在有限的空间内按照生产流程的顺序，将生产过程中的人员、物料、机械设备等所需要的空间进行科学合理分配与组合的过程。

节点即系统中的网络节点，是指系统网络中连接客货流线路的结节处，可以是某流通中心、商务中心、客货运站、仓库、超市、学校等，不同节点的功能、设施配置、布局需求等都是不一样的。

（二）设施布置问题的类型

1. 服务系统布置问题

服务系统布置问题包括餐厅中桌椅厨具的布置、飞机场人行通道的布置、旅店应急设施的布置、政府办公室和公共图书馆的布置等。一般开发一个新的服务系统时，需要通过提出以下问题来判断布置是否正确：

（1）现有系统的空间是否过大？

（2）现有空间是否过于昂贵？

（3）建筑物是否在合适的位置？

2. 制造系统布置问题

制造系统布置问题要解决的主要是：

（1）使原材料、零部件、工具、在制品及最终成品的运输成本最低。

（2）使人员来往交通流动方便轻松。

（3）增强职工士气和纪律。

（4）将个人工伤、事故和损失降至最低。

3. 仓库布置问题

仓库布置问题的布局规划应当考虑仓库的高度、过道或走廊的形状和大小、装卸区的位置和方位、货架类型、物品存储和检索的自动化程度等。

4. 非传统布置问题

非传统布置问题包括计算机主板的布置、键盘上按键的布置等。

（三）设施布置的类型

根据设施布置的依据对象，可以将设施布置分为四种类型，每种布置类型的优缺点及适用范围如表 4－10 所示。

表 4－10　常见设施布置的类型

对比项目	产品导向布置	工艺导向布置	混合布置	定位布置
布置依据	根据产品制造的步骤来布置设备和工作流程	根据产品功能或设备的相似程度布置	产品导向布置与工艺导向布置相结合	根据产品位置布置生产原材料及设备
优点	产品可变成本和劳动力标准低	能满足多种工艺要求，设备及人员安排的灵活性高	减少在制品存货，提高设备利用率	适应体积或重量庞大的产品（这类产品具有难移动性）
缺点	不具备产品弹性，某一步骤停产将影响整条生产线	劳动力的熟练程度高，设备利用率低	根据产品产量动态化调整	不易大量生产，单位生产成本较高，所需空间大

续表

对比项目	产品导向布置	工艺导向布置	混合布置	定位布置
适用范围	大批量、高标准化的生产与服务，如电子工业、汽车制造等	小批量、顾客化程度高的生产与服务	在不同生产阶段，产品产量不一致	批量小，体积大，如造船厂、建筑工地等
常用布置方法		作业相关图法、从至表实验法	一人多机成组技术	

（四）设施布置的基本原则

设施布置的好坏直接影响整个系统的物流、信息流、效率、成本和安全等方面，并反映一个组织的工作质量、顾客印象和企业形象等。优劣不同的设施布置在施工费用上相差无几，甚至差的布置花费更小，但对生产运营的影响却有很大不同。总的来说，设施布置设计要遵循如下基本原则：

(1) 整体综合原则。设计时应将对设施布置有影响的所有因素都考虑进去，以得到优化方案。

(2) 移动距离最小原则。产品移动距离的大小不仅反映搬运费用的高低，也反映物料流动的顺畅程度，因此，应按移动距离最小原则选择最佳方案。

(3) 流动性原则。良好的设施布置应使在制品在生产过程中流动顺畅，消除无谓停滞，力求生产流程连续化。

(4) 空间利用原则。无论是生产区域还是存储区域的空间安排，都力求充分有效地利用空间。

(5) 柔性原则。在进行设施规划布局前，应考虑各种因素变化可能带来的布局变更，以便于以后的扩展和调整。

(6) 安全舒适原则。应考虑使作业人员有安全感，并使其感到方便、舒适。

二、SLP 法设施布局规划

（一）方法介绍

在设施规划设计中，设施的平面布局有很重要的地位。随着科学技术的不断发展，到20世纪50年代，完全凭经验和感觉而进行的平面布局设计方法已经无法满足新的设计要求，尤其是一些复杂的系统。所以，为了有效解决复杂系统的设计布局，研究学者综合运用各门学科，运用系统分析理论和分析方法研究出了一些可以解决复杂系统的设计办法，其中最典型的是系统布置设计(System Layout Planning，SLP)方法。

1. SLP 的含义

SLP 方法即系统布置设计方法，是由美国学者 Richard Muther 在 1961 年提出的一种在分析作业单元之间物流与非物流关系的基础上，应用大量的图表分析，通过一套清晰合理的设计程序来解决工厂、车间等设施平面布局问题的规划设计方法。

该方法在20世纪80年代通过访学的形式传入中国，并在之后不断创新发展，在工厂新建项目设施布置、改建项目设施布置优化等方面收效显著，同时还适用于医院、地铁站、机场、码头、商场、超市、仓库、办公室等场所的设施布置。

2. SLP方法的设计原理

(1) 分析各个功能区之间的关系，包括物流关系以及非物流关系，建立各功能区之间的相互关系表。

(2) 按照各个功能区之间相互关系的密切程度，确定各功能区之间的距离，随后布置各功能区的位置，绘制功能区的相互位置图，结合各功能区的实际占地面积与功能区的相互位置图，便可形成功能区的空间关系图。

(3) 通过对功能区的空间关系图进行调整和修改，得到若干个初始的布局方案。

(4) 对各个因素进行有效量化，建立布局设计方案的相关评估指标，运用这些指标对布局方案进行评价打分，按打分结果选出最优的布局方案。

3. SLP方法的基本要素

SLP方法从定性和定量两个角度，分别为我们提供了作业相互关系表和从至表这两种工具，使平面布置设计实现了从定性分析到定量分析的重大突破。SLP方法有五大基本要素，即产品对象P(Production)、流量Q(Quantity)、作业路线R(Routing)、辅助服务部门S(Service)和作业技术T(Technique)。在这些要素中，产品对象P以及流量Q是基本要素。

1) 产品对象P

在工厂车间的设施布置中，P指的是在规划设计时所包含的原材料、生产的产品、加工的零部件以及一些相关的服务等，主要包括产品使用的原材料、进入工厂的物料、工厂工序间的储备物品、产品的辅助材料、废料、包装材料等。因此工厂设施布置规划中所需要的材料和工艺要求决定了生产所需要的加工工序和物流。

所以，工厂内部设施设备的组成、设施设备彼此的相互关系、设施设备的种类以及物料的搬运方式都受到要素P的影响。

2) 流量Q

在工厂的设施布置中，Q指的是供应、生产以及使用的原材料的数量，服务的工作量，交通运输系统的客流量等。Q主要受工厂设备设施的供应数量和输送量、设备的使用数量和建筑场地的面积的影响。

不同的生产类型需要不同的材料供应，设备设施布置和产品流量要与之相匹配，所以，Q对工厂设施布置的结果有着很大的影响。一般情况下，可以把流量Q当成系统内部的作业量，它在一定程度上影响功能区的面积大小、作业设施设备数量等。

3) 作业路线R

在工厂设备设施布置的时候，R是生产路线或工艺过程，指的是依据产品种类以及数量等得出的相关工艺流程、工艺顺序和流动路线等。工厂内各作业单元之间的关系、物料的搬运路线以及仓库的位置等都受要素R的影响，可见，要素R是工厂进行设备设施合理布局规划的有效依据，可以将它用设备表、工艺过程图和工艺路线卡等表示。

作业路线R受很多因素的影响，这些因素包括系统的业务手续、管理模式以及运作模式等。设计各个作业流程时，首先将流程相同的人或物归纳在一起，再具体分析每个类别的作业流程，进而绘制作业流程表，标明每个类别人或物的作业顺序。

4）辅助服务部门 S

工厂在进行设施设备的布局规划时，需要设计保证生产正常运行的辅助服务性活动、设施以及服务人员(统称为辅助服务部门 S)。辅助服务部门包括工厂内部的道路、生活工作设施、通风照明设施、取暖纳凉设施、办公室及废物处理设施等。

辅助服务部门 S 对生产起支持作用，对生产系统的正常运行起十分关键的作用。辅助服务部门 S 在系统功能区布局规划中表示为除了核心功能设施以外的其他辅助功能设施，包括管理办公部门、辅助管理作业部门以及生活保障服务部门等。

5）作业技术 T

在工厂的设施设备布局中，作业技术 T 指的是时间(生产产品需要多长时间)或者时间安排(在什么时候生产产品)，也包括产品作业、工序生产以及周转等时间标准。工厂的设备数量、需求的建筑面积以及需求人员和安排等都会受到作业技术 T 的影响。

（二）步骤

SLP 方法是一种逻辑性、条理性都非常强的方法，首先需要对场地条件、生产流程、活动区域、物流相关性、活动相关性等相关因素进行分析，然后根据作业单元的综合相互关系、综合接近程度、位置相关图及其他实际限制条件拟定出可行设计方案，最后根据评价指标对设计方案进行综合评价。SLP 方法的总体步骤如图 4－12 所示。

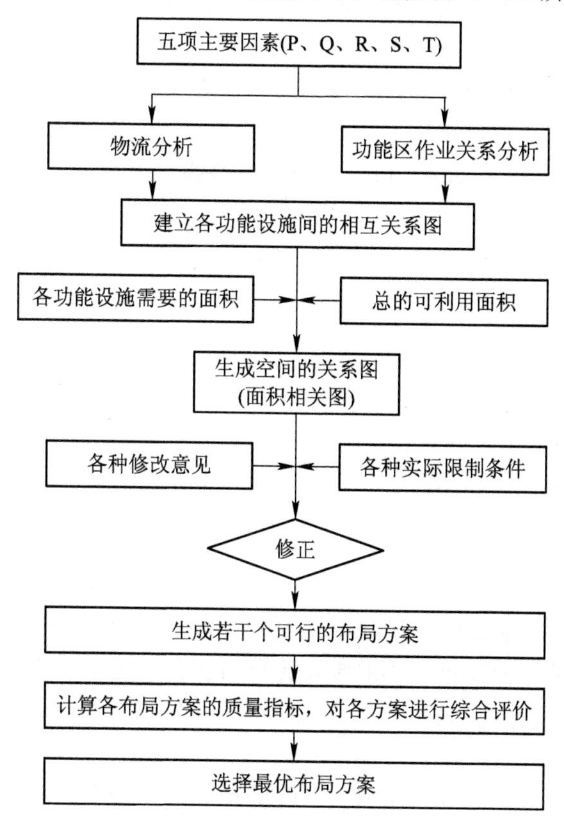

图 4－12　系统布置设计(SLP)方法的实施流程

1. 准备原始资料

根据各种资料确定设施布置的基本要素，主要包括产品对象P、流量Q、作业路线R、辅助服务部门S和作业技术T。

2. 物流关系分析

运用SLP方法对系统各个功能区的物流关系进行分析，当分析对象是产品对象P和流量Q时，称为PQ分析法。PQ分析法的主要内容包括确定对象在生产过程中每个必要的工序之间移动的最有效顺序及其移动的强度和数量。

1）产品生产工艺过程图

工艺过程图主要用于描述产品各工序之间的关系，各部门之间的工艺流程以及各工序、各部门之间的物流关系。对系统的作业流程分析图进行研究，将具有不同性质的作业进行分类，然后统计各个阶段的货物数量、搬运次数以及作业次数，标识各个作业所在的功能区，便可以得到各项作业的流量分布以及流量的大小。

2）作业单位之间物流关系分析

在进行工艺流程分析后，可以确定各个功能区之间的相互关系。与此同时，我们同样能够依据物流的强度（所有线路在一定循环周期内的流量）来决定两个不同系统功能区之间的紧密关系度。

在SLP方法中可以把有关的物流强度分为五种不同的等级，我们在进行划分时，必须采用一样的计算单位。每个系统功能区都必须依据物流强度来排列序号，以划分出物流的强度等级。

物流有关线路上的物流强度等级可以使用物流有关线路所承担的流量多少来确定。物流强度等级如表4-11所示。

表4-11　物流强度等级量度表

物流强度等级	符号	物流线路比例/%	承担的物流比例/%
超高	A	10	50
特高	E	20	40
较大	I	30	30
一般	O	40	20
可忽略	U	50	10
无	X		

3）作业单位物流相关表的绘制

（1）构造从至表。从至表是一张方阵表，涵盖所有系统不同作业单元之间的人或物料移动的方向和流量，是一种简单明了的定量化分析工具，通常用于对象种类很多、流量比较大的情况。从至表的特点就是可以简单直观地进行物流分析，它能表现出不同功能区之间人或物资流动的大小。

从形式上来看，它是一个方形矩阵，方阵的行表示人或物料移动的源，称为从；列表示人或物料移动的目的地，称为至；行、列交叉点中标注的是作业单元之间的流量。从至表的行数、列数分别等于功能区的数量，而行、列所代表的功能区按照同样的顺序进行排列。方阵中的每个要素表示从功能区 i 至功能区 j 的相关人或物资的流量。从至表如表 4-12 所示。

表 4-12 从 至 表

行	列			
	1	2	…	n
1		Q_{12}	…	Q_{1n}
2	Q_{21}		…	Q_{2n}
⋮	⋮	⋮		⋮
n	Q_{n1}	Q_{n2}	…	

（2）绘制物流相关表。根据从至表编制原始相关表，表的行与列列出所有的系统功能区，在每行与每列相交的区域依次填上每行功能区与每列功能区的物流强度等级，如表 4-13 所示。

表 4-13 原始相关表

	功能区 1	功能区 2	功能区 3	功能区 4	…
功能区 1		E	U	I	
功能区 2	E		I	A	
功能区 3	U	I		U	
功能区 4	I	A	U		
⋮					

根据原始相关表绘制物流相关图，它是原始相关表的简略形式，缩减为原始相关表的一半，如图 4-13 所示。

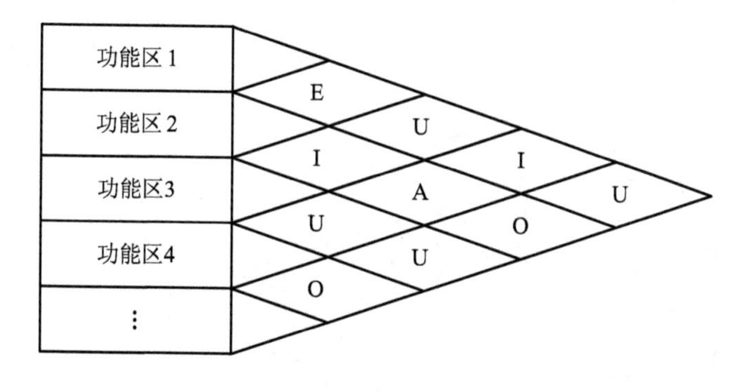

图 4-13 物流相关图

物流分析遵循两个最小原则：经过距离最小和物流成本最小。

物流分析的两个避免原则：避免迂回和避免十字交叉。

3. 非物流关系分析

在系统功能区的有关规划以及布局之中，物流因素只是一个影响因素，它同样受许多非物流因素(如管理因素、环境因素、安全因素等)的影响。为了确定各功能区之间的紧密程度，不仅需要分析系统功能区的活动相关性，还需要分析非物流功能区（如管理或辅助性功能区）的活动相关性。

Muther 提出，各功能区的非物流关系可以利用非物流相关图来表示。与物流关系分析一样，非物流关系也需要将各功能区的相关程度进行等级划分，并且分别用不同的字母表示各个等级。作业单位之间的非物流关系通过各作业单位之间活动的频繁程度来说明，用量化的关系密切度及从至表表示。

（1）确定作业单位的非物流关系等级。要想减小主观方面的不利影响，我们可以将非物流因素的相关性划分为六个不同的等级，分别以 A、E、I、O、U 和 X 表示，程度是从绝对重要到不能靠近，具体如表 4－14 所示。

表 4－14　非物流关系等级

密切程度	A	E	I	O	U	X
含义	绝对重要	特别重要	重要	一般重要	不重要	不希望靠近
作业单位的比例/%	2～5	3～10	5～15	10～25	45～80	酌情而定

（2）列出作业单位非物流关系密切的理由。对于非物流关系，需要召集对各辅助功能区的业务操作非常熟悉的员工及主管共同参与配合调研，调研方式可以是问卷、座谈、走访等形式，之后通过统计和分析调研数据，确定两两功能区之间关系的紧密程度并说明理由。为方便标记，可对理由进行编号，如表 4－15 所示。

表 4－15　某系统辅助功能区紧密程度的理由列表

编号	理　由	编号	理　由
1	作业性质相似	4	安全与污染情况
2	工作流程的连续性	5	工作联系频繁程度
3	监督或管理方便	6	公共设施使用情况

（3）绘制作业单位的非物流相关图。系统各功能区的非物流相关图如图 4－14 所示。

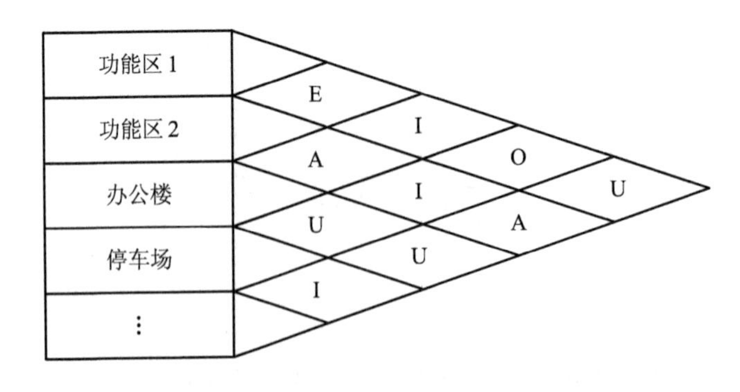

图 4－14　非物流相关图

从图 4－14 中可以看出，将需要进行相关性分析的所有功能区填入表格的左侧，这样两两功能区的交汇位置就形成了菱形的空白表格，将表示这两个功能区相互关系的对应英文字母依次填入空白表格。

因为非物流关系的评级是定性的，因此必须遵守以下方法和步骤：

① 由设施布置人员初步决定各作业单位间的关系，经集体讨论，充分阐明理由并作出分析。

② 访问相关图中所列作业单位的主管或上级，进行充分调查研究。

③ 确定决定密切程度的标准，并逐项把这些标准列在相关图的理由表中。

④ 对每一对作业单位确定密切程度等级并说明理由。

⑤ 应允许任何人对相关图提意见，允许多次评审、讨论和修改。

(4) 作业单位综合相互关系分析。系统所有功能区之间的关系涵盖物流关系以及非物流关系，并且每个功能区之间的物流关系级别和非物流关系级别有时并不完全一样。这样在运用 SLP 方法对系统功能区进行布局规划时，必须把物流因素以及非物流因素综合起来，获得各功能区的综合相互关系。之后依据各功能区之间的综合相互关系，得到较为合理的布局方案。

在得出各功能区相关程度的级别后，可以选取权重来评价，通常用 x 表示物流关系，用 y 表示非物流关系，通过加权取值确定这两种关系的相对重要性。一般来说，x 与 y 的比例应该是 1∶3～3∶1。参照既有相关研究，$x:y$ 一般可取 1∶1、1∶2、1∶3、2∶1 和 3∶1。通常情况下取 A=4，E=3，I=2，O=1，U=0，X=−1。按照综合相互关系等级的分数评定功能区之间的综合关联等级。

① 确定物流关系与非物流关系的相对重要性。一般物流关系与非物流关系的相对重要性的比值 $m:n$ 应在 1/3～3 之间，即

$$m:n=3:1,\ 2:1,\ 1:1,\ 1:2,\ 1:3$$

如果比例小于 1∶3，表示非物流关系在主导位置，这时可以把非物流关系对布局的所有影响考虑进去；如果比例大于 3∶1，表示物流关系在布局中占据主导地位。

② 量化物流关系和非物流关系的等级。将物流关系的级别和非物流关系的级别量化，一般取 A=4，E=3，I=2，O=1，U=0，X=−1，得出量化以后的物流相关表及非物流相关表。

③ 计算量化的所有作业单位之间的综合相互关系：

$$TR_{ij} = mMR_{ij} + nNR_{ij} \tag{4-12}$$

其中：TR_{ij} 为两作业单位 i 和 j 之间的相关密切程度；MR_{ij} 和 NR_{ij} 分别为量化后的物流和非物流关系。

④ 综合相互关系等级划分。加权之后计算出的数值就是综合相互关系，它可用来确定两个功能区之间的关联度。综合相互关系等级与划分比例如表 4-16 所示。

表 4-16　综合相互关系等级与划分比例

关系等级	符号	作业单位的比例/%
绝对必要靠近	A	1～3
特别必要靠近	E	2～5
重要	I	3～8
一般	O	5～15
不重要	U	20～85
不希望靠近	X	0～10

其中，任何一级物流关系等级与X级非物流关系等级合并时都不应超过O级；对于一些绝对不能靠近的作业单位，相互关系可定为XX级。

⑤ 经过调整，建立综合相互关系图(即减半的从至表)，如图4－14所示。

(5) 绘制作业单位位置相关图。

① 计算作业单位综合接近程度。

作业单位综合接近程度等于该作业单位与其他作业单位之间量化后关系密集度的总和。

具体做法：首先把作业单位综合相互关系图变换成右上三角矩阵与左下三角矩阵表格对称的方阵表格；然后量化关系等级，并按行或按列累加关系等级分值；最后按综合程度分值由高至低进行排序。

作业单位综合接近程度反映了该作业单位在布置图上应该处于中心位置还是边缘位置。综合接近程度分值越高，说明该作业单位越靠近布置图的中心位置，反之则越靠近边缘。

② 绘制作业单位位置相关图。

在作业单位位置相关图中，采用工艺过程图中的符号表示作业单位的性质与功能，作业单位之间的相互关系用不同类型的连线表示。

根据综合相互关系等级高低(有A、E、I、O、U、X六个级别)，先后确定不同级别作业单位的布置，同一级别的作业单位按综合接近程度的分值高低布置。

作业单位关系等级表示方法如表4－17所示。

表4－17 作业单位关系等级表示方法

等级	系数值	表示方法	颜色	距离
A	4		红	1
E	3		橘黄	2
I	2		绿	3
O	1		蓝	4
U	0			
X	−1		棕	

(6) 绘制作业单位面积相关图。

① 选择适当的绘制比例，如1∶100、1∶500。

② 将作业位置相关图放大到坐标纸上(需考虑每个作业单位所需的面积以及现实可用的面积)。为了使图面简洁，可只绘出重要关系，如A、E、X级连线。

③ 将相互关系等级按综合接近程度的分值由大到小依次布置在图上。

(7) 调整作业单位面积相关图。对系统中的人或物资进行分类，然后分析物流关系以及非物流关系，根据分析结果确定初步的设计布置方法。设计时要充分考虑系统的道路情况、物料搬运难度、绿化条件等限制情况，结合实际的情况调整作业单位面积，制订出几套方案。

① 修正因素：物料搬运、厂房结构、道路、绿化、公共管线布置等。

② 实际条件约束：厂区面积、建设成本费用、厂区现有条件、政策法规等。

(8) 调整拟定几种布置方案，绘制总平面布置图。

(9) 方案评价与择优。根据相关指标对设计的几种备选方案进行评估，选出相对较合适的方案，最后确定出最好的设计方案。

(三) 举例

SLP 方法

【例 4-6】 进行某所高校的校园总平面布置规划，具体的数据将在规划过程中逐一给出。

求解过程：

1. 确定基本要素

Z：校内人员(老师、学生为校园内活动最频繁的人群)。

Q：人、车流量。

R：校园内交通网络。

S：除教学、科研外的其他辅助服务单位，如校园商店、银行、行政单位等。

T：便捷程度，即校园建筑设施之间来回或穿行的最短时间或路线。

通过实地调研，我们可以知道高校各功能区的情况，从而划分各作业单位，如表 4-18 所示。

表 4-18 作业单位表

编 号	作业单位名称
1	教学行政区(教学楼/行政楼)
2	学生宿舍
3	教职工生活区(教师公寓、子弟小学和幼儿园)
4	学习区(图书馆)
5	公共生活区(商店、食堂、学生活动中心、浴室、开水房)
6	实验室区
7	体育运动场区(篮球场、足球场、乒乓球台、体育馆、游泳池、排球场)
8	后勤服务区(停车场、校医院、供电/水设施、信息网络中心)
9	公共休息区(校园广场、公共绿化地、园林)

2. 物流关系分析

(1) 明确产品生产工艺过程图。在本案例中主要是确定人员在各作业单位之间的流动。

(2) 作业单位之间物流关系分析。本案中，物流量为各作业单位之间的人流量。通过调查分析可以粗略统计出该高校一天中各作业单位间的人流量数据，如表 4-19 所示。

表 4-19　人流量统计数据

序号	功能区名称	指　标	数量/人	备注
1	教学行政区	每周课程总数	550	来源于研究生院
		选课总人数	14 340	来源于研究生院
		在校教职工总人数	4655	来源于人事处
		学生总人数	6926	来源于学生处
2	学生宿舍	住校男生人数	4813	来源于学生处
		住校女生人数	2113	来源于学生处
3	教职工生活区	在校教职工总人数	4655	来源于人事处
		在校教师总人数	2957	来源于人事处
		在校职工人数	1698	来源于人事处
4	学习区	每周人数	12 604	来源于图书馆
		平均每天人数	1801	来源于图书馆
5	公共生活区	在校学生人数	6926	来源于学生处
6	实验室区	实验室数量	96	估计
		实验室学生人数	2304	估计
		实验室教师人数	192	估计
7	体育运动场区	体育场每天人数	4100	实地调研
8	后勤服务区	流动到学校的教职工人数	2579	估计
9	公共休息区	—	—	—

根据人流量数据可以计算出各作业单位的人流量强度。通过一系列调查研究，可以了解到各作业单位之间人员流动情况，再通过各区的流动特性、数据指标以及人员数量统计出表 4-20。

表 4-20　各作业单位人流量强度表

序号	1	2	3	4	5	6	7	8	9
1	—	2868	1299	1801	2998	2496	2870	258	0
2	2868	—	0	1621	6926	2304	2405	0	0
3	1491	0	—	181	208	192	466	258	0
4	1801	1621	181	—	1639	1801	1801	181	0
5	2998	6926	208	181	—	2324	2870	26	0
6	2496	2304	192	1801	2324	—	2343	20	0
7	2498	2405	466	0	2870	2496	—	0	0
8	258	0	258	181	26	192	258	—	0
9	0	0	0	0	0	0	0	0	—

例如：

1-2(从教学行政区至学生宿舍)人流量＝该校平均每天课程数×平均选课人数

1-3(从教学行政区至教职工生活区)人流量＝该校每天上课教师人数＋该校办公人数

将人流量强度划分为5个等级，分别用A、E、I、O、U来表示，如表4－21所示。

表4－21　人流量强度等级

人流量强度等级	符号	人流量比例/%	作业单位对数
超大人流量强度	A	40	1～3
特高人流量强度	E	30	2～5
较大人流量强度	I	20	4～10
一般人流量强度	O	10	9～18
极少人流量强度	U	0	17～25

根据表4－20，可得出各作业单位的人流量强度汇总表，如表4－22所示。

表4－22　各作业单位的人流量强度汇总表

序号	作业单位对	人流量	等级	序号	作业单位对	人流量	等级
1	1-2	5736	E	19	3-7	932	O
2	1-3	2790	O	20	3-8	516	O
3	1-4	3602	I	21	3-9	0	U
4	1-5	5996	E	22	4-5	1820	O
5	1-6	2496	I	23	4-6	3602	I
6	1-7	5368	E	24	4-7	1801	O
7	1-8	516	O	25	4-8	362	O
8	1-9	0	U	26	4-9	0	U
9	2-3	0	U	27	5-6	4648	I
10	2-4	3242	I	28	5-7	5740	E
11	2-5	13 852	A	29	5-8	52	O
12	2-6	4608	I	30	5-9	0	U
13	2-7	4810	I	31	6-7	4839	I
14	2-8	0	U	32	6-8	212	O
15	2-9	0	U	33	6-9	0	U
16	3-4	362	O	34	7-8	0	U
17	3-5	416	O	35	7-9	0	U
18	3-6	384	O	36	8-9	0	U

因为单位对之间的流向是双向的，所以作业单位对1-2即为1-2和2-1的人流量之和，为2868＋2868＝5736，其他人流量汇总类似。

(3) 绘制作业单位的物流相关表。根据各作业单位的人流量强度汇总表，可以绘制出作业单位的物流相关表，如图 4-15 所示。

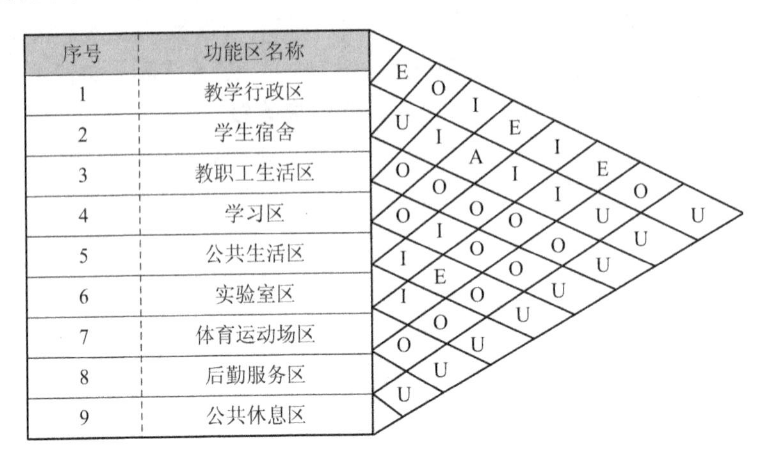

图 4-15 各作业单位的人流量强度汇总表与物流相关表

3. 非物流关系分析

(1) 确定作业单位的非物流关系等级，如表 4-23 所示。

表 4-23 非物流关系等级

等级	密切程度关系	作业单位对数的占比/%
A	绝对重要	2～5
E	特别重要	3～10
I	重要	5～15
O	一般重要	10～25
U	不重要	45～80
X	不希望接近	酌情而定

(2) 列出作业单位的非物流关系密切的理由，如表 4-24 所示。

表 4-24 作业单位的非物流关系密切理由表

编号	理　由
1	共用设施、设备、场地
2	应用相同的文件、资料
3	使用同一批教职工
4	工作流程中联系频繁
5	便于管理
6	噪声、垃圾、危险物的影响

(3) 绘制作业单位的非物流相关表。根据作业单位的非物流关系等级表以及作业单位的非物流关系密切理由表，可以绘制出作业单位的非物流相关图，如图 4-16 所示。

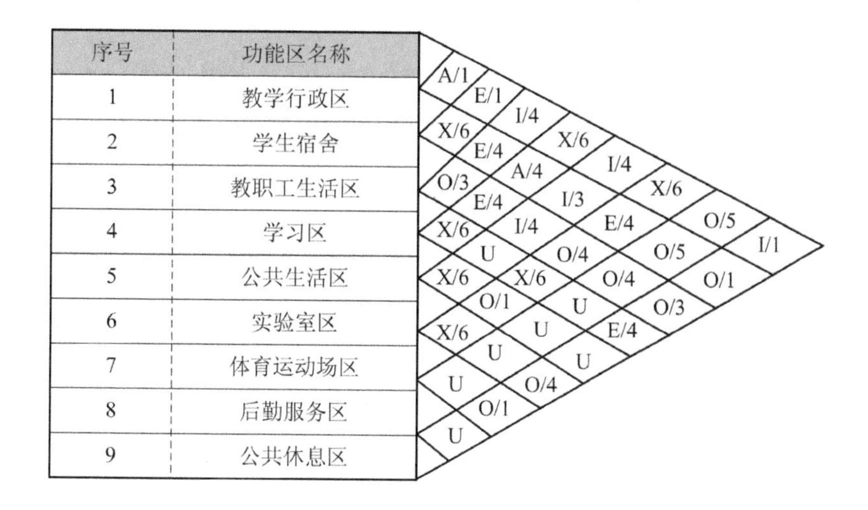

图 4-16　作业单位的非物流相关表

4. 作业单位综合相互关系分析

(1) 确定物流关系与非物流关系的相对重要性。在本案例中，$m:n=1:1$。

(2) 量化物流关系等级和非物流关系等级。将 A，E，I，O，U，X 六个等级分别赋值为 4、3、2、1、0、−1。

(3) 计算量化的所有作业单位之间的综合相互关系。通过公式 $TR_{ij}=mMR_{ij}+nNR_{ij}$ 计算出人流量与非人流量的分数值。

(4) 划分综合相互关系等级，如表 4-25 所示。

表 4-25　综合相互关系等级划分

符号	含义	总分	作业单位对数的占比/%
A	绝对重要	7～8	1～3
E	特别重要	4～6	2～5
I	重要	2～3	3～8
O	一般重要	1	5～15
U	不重要	0	20～85
X	不希望靠近	−1	0～10

通过步骤(3)和(4)可以得出作业单位间综合关系计算表(部分)，如表 4-26 所示。

表 4-26　作业单位间综合关系计算表

作业单位对	人流量关系	加权值 $m=1$	非人流量关系	加权值 $n=1$	综合关系	
	等级	分数	等级	分数	分数	等级
1-2	E	3	A	4	7	A
1-3	O	1	E	3	4	E
1-4	I	2	I	2	4	E
1-5	E	3	X	−1	2	X
1-6	I	2	I	2	4	I
1-7	E	3	X	−1	2	X
1-8	O	1	O	1	2	I
1-9	U	0	I	2	2	I

(5) 经过调整，建立综合相互关系图。经过综合关系计算表得出各作业单位对的分数，再通过综合相互关系等级划分得出综合相互关系图，如图 4-17 所示。

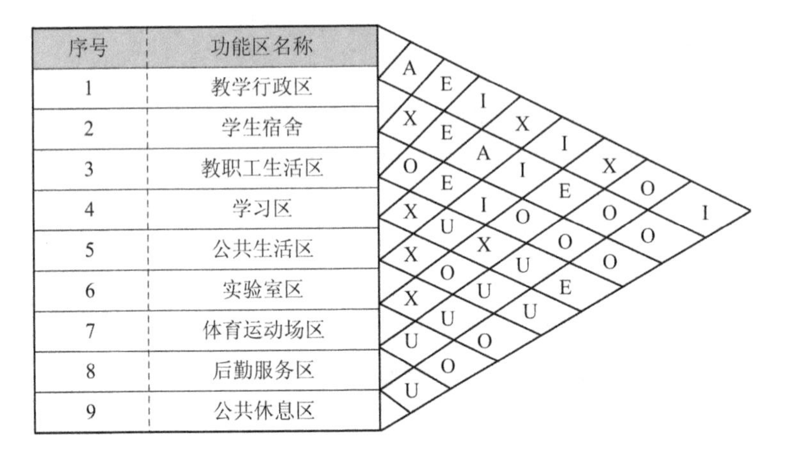

图 4-17　综合相互关系图

5. 绘制作业单位综合接近程度表

在确定了功能区之间的综合关系后，对 A，E，I，O，U，X 六个等级分别赋值 4、3、2、1、0、−1，计算综合接近程度，如表 4-27 所示。

表 4-27　作业单位综合接近程度表

作业单位代号	1	2	3	4	5	6	7	8	9
1	—	4	3	3	−1	2	2	2	2
2	4	—	−1	3	4	3	3	1	1
3	3	−1	—	2	3	2	2	2	1
4	3	3	2	—	−1	2	−1	1	2
5	−1	4	3	−1	—	−1	3	1	0

续表

作业单位代号	1	2	3	4	5	6	7	8	9
6	2	3	2	2	−1	—	−1	1	1
7	2	3	2	−1	3	−1	—	1	1
8	2	1	2	1	1	1	1	—	0
9	2	1	1	2	0	1	1	0	—
综合接近程度	17	18	14	11	8	9	10	9	8
排序	2	1	3	4	8	6	5	7	9

6. 绘制作业单位位置相关图

(1) 先取分值最高的作业单位 2，再考虑有 A 级关系的作业单位对 2-5，如图 4-18 所示。

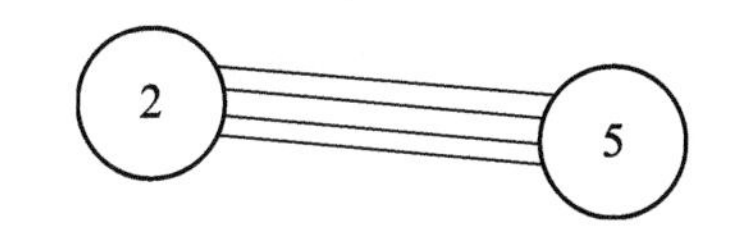

图 4-18　作业单位 2、5 之间的关系图

(2) 取分值次高的作业单位 1，它和 2、5 分别是 A、X 的关系，如图 4-19 所示。

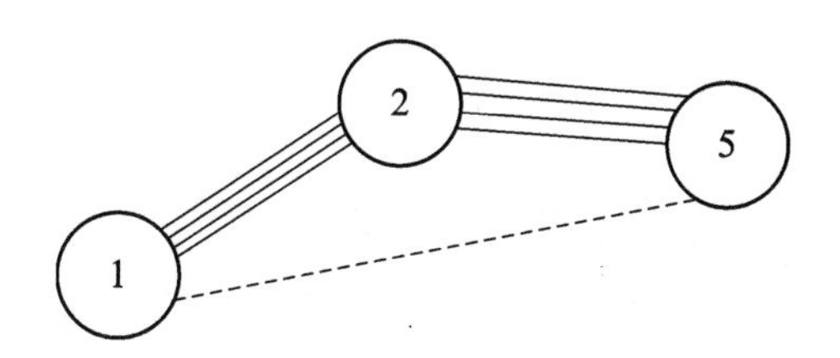

图 4-19　作业单位 1 与 2、5 之间的关系图

(3) 取作业单位 3，可以得出如图 4-20 所示的结果。

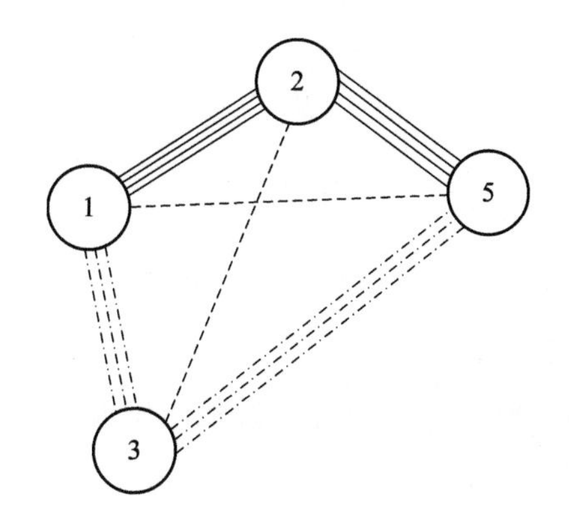

图 4-20　作业单位 3 与 1、2、5 之间的关系图

(4) 通过一系列分析，可以绘制出位置相关图，如图 4-21 所示。

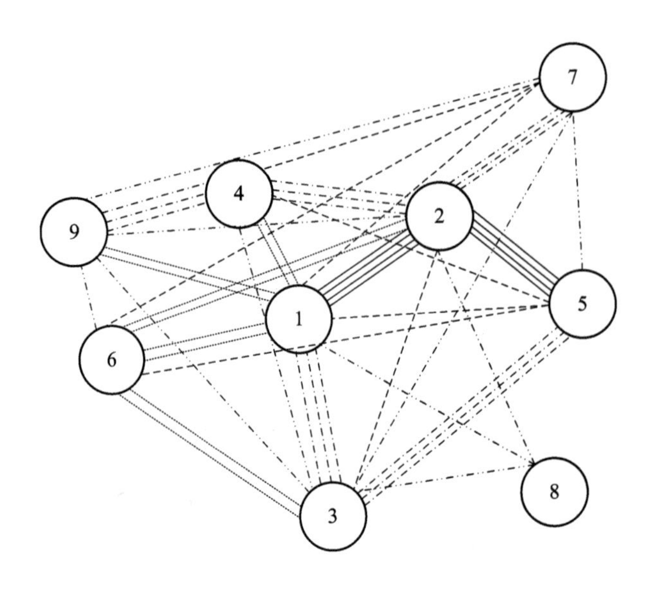

图 4-21　位置相关图

7. 绘制作业单位面积相关图

根据第 5 步得出的结果，可在经过调查后绘制出作业单位面积相关图，如图 4-22 所示。

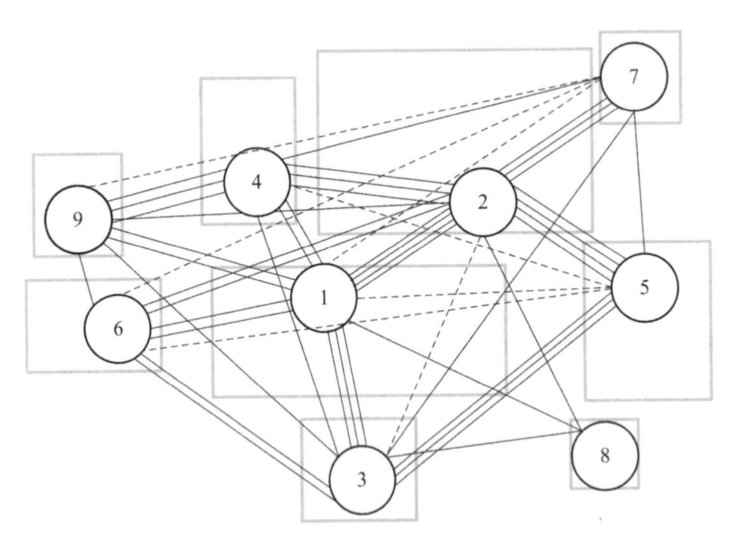

图 4-22　作业单位面积相关图

8. 调整作业单位面积相关图

根据学校所布置的绿化、所需道路面积、其他设施布置等修正因素以及实际现实条件，对原有作业单位面积相关图进行调整。

9. 绘制总平面布置图

结合校外交通道路条件、学校大门朝向等因素，拟定了三种备选方案，如图 4-23～图 4-25 所示。

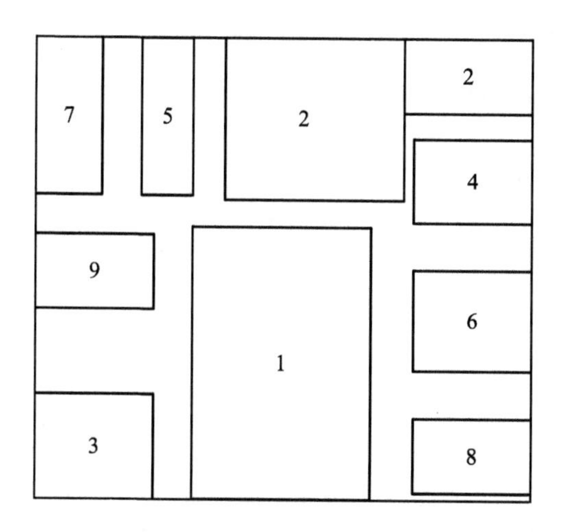

图 4-23　布置方案图 1

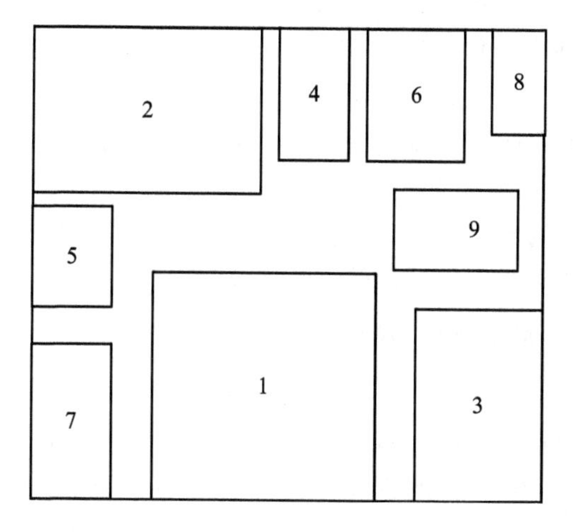

图 4-24　布置方案图 2

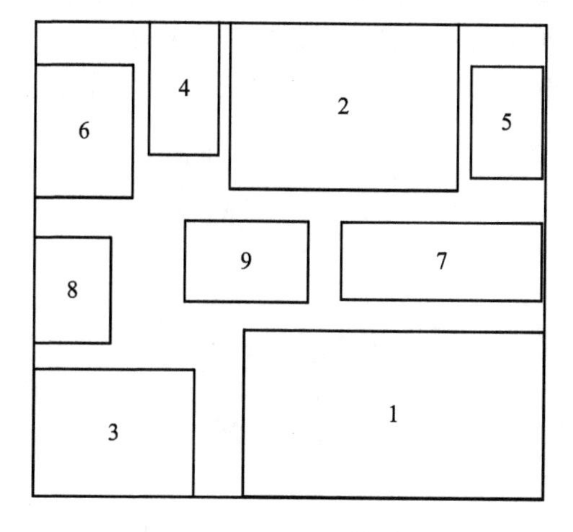

图 4-25　布置方案图 3

10. 方案评价与择优

通过定性与定量相结合的层次分析法对三种备选方案进行评价，从中选择一种最优方案。

任务四　系统资源的优化配置

一、物资调配

（一）问题介绍

通常一个企业有多个生产基地或供货来源，产品服务于多个市场。在存在多个供应商、多个生产基地、多个仓库、需要为多个目标提供服务的情况下，如何为各目标市场指定供货地？这需要进行运输组织与调配决策。

物资调配决策是指在多个供应地和多个需求地之间合理调配货物，在满足需求的前提下使总运输成本最低。

在这类问题中，两点间的运输线路是固定的，运输距离的影响已反映在单位运费中，运输总成本由运输量决定。

根据起讫点之间是否存在中间转运，物资调配可以分为两种情况：一是多起讫点间的直达运输物资调配，二是存在中间转运的物资调配。

1. 多起讫点间的直达运输物资调配

1）问题描述

设某物资有 m 个产地 A_1，A_2，…，A_n，供应 n 个销售地 B_1，B_2，…，B_n，已知 A_i 的产量为 $a_i(i=1, 2, \cdots, m)$，B_j 的需求量为 $b_j(j=1, 2, \cdots, n)$。

由 A_i 到 B_j 的单位运价为 C_{ij}，用X_{ij}表示由产地 A_i 运输到销地 B_j 的物资量。

如图 4－26 所示，根据总产量是否等于总需求量，物流调配问题又可以分为产销平衡和产销不平衡两种物资调配问题。如果总产量等于总需求量，就是产销平衡的物资调配问题，也是最基本的运输问题；产销不平衡问题可以转化为产销平衡问题。

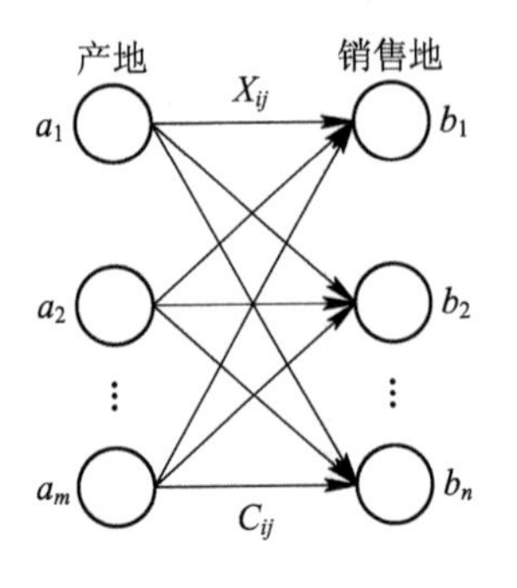

图 4－26　多起讫点间的直达运输物资调配

2）模型

（1）产销平衡运输问题数学模型。

① 目标函数：

$$\min Z = \sum_{i=1}^{m} \sum_{j=1}^{n} C_{ij} X_{ij} \tag{4-13}$$

② 约束条件。

a. 所有供应给 j 客户的物资之和等于 j 客户的总需求：

$$\sum_{i=1}^{m} X_{ij} = b_j \quad \forall j = 1, 2, \cdots, n \tag{4-14}$$

b. 所有从 i 供应的物资总和等于 i 的总产量：

$$\sum_{j=1}^{n} X_{ij} = a_i \quad \forall i = 1, 2, \cdots, m \tag{4-15}$$

c. 所有的货运量都是非负的：

$$X_{ij} \geqslant 0 \quad i = 1, 2, \cdots, m; j = 1, 2, \cdots, n$$

d. 总供应量等于总需求量：

$$\sum_{i=1}^{m} a_i = \sum_{j=1}^{n} b_j \tag{4-16}$$

③ 求解方法。求解方法主要有单纯形法、表上作业法等。

（2）产销不平衡运输问题数学模型。当产销不平衡时，通过增加一个假想的产地或销售地，就能转化成产销平衡的运输问题模型。

转化方法如下：

如果总产量大于总销量，即 $\sum_{i=1}^{m} a_i = \sum_{j=1}^{n} b_j$，则增加一个假想的销售地 B_{n+1}，其销量为

$$b_{n+1} = \sum_{i=1}^{m} a_i - \sum_{j=1}^{n} b_j \tag{4-17}$$

从产地 A_i 运往假想销售地 B_{n+1} 的物资数量实际上是停留在原产地没有运出的物资，因此，相应的运价为 0，这样就将不平衡运输问题转化为平衡运输问题。

如果总销量大于总产量，即 $\sum_{j=1}^{n} b_j > \sum_{i=1}^{m} a_i$，则可增加一个假想的产地 A_{m+1}，其产量为

$$a_{m+1} = \sum_{j=1}^{n} b_j - \sum_{i=1}^{m} a_i \tag{4-18}$$

由于假想的产地并不存在，其产量也不可能存在，由假想产地运往某销售地的物资数量实际上就是该销售地不能满足的需求量，因此相应的运价为 0，这样就将不平衡运输问题转化为平衡运输问题。

2. 存在中间转运的物资调配

1）问题描述

多起讫点间的中转运输物资调配是指多个供应点和多个需求点之间存在一个或多个中间点或中转点，这种情况的物资调配问题就是转运问题。

某物流系统中有 f 个工厂(供应地)、m 个分拨中心(中转站)、n 个零售店(需求地)。

已知工厂 A_k的生产能力为$a_k(k=1, 2, \cdots, f)$，分拨中心T_i 的配送能力为$t_i(i=1, 2, \cdots, m)$，零售店 B_j 的需求量为$b_j(j=1, 2, \cdots, n)$。

如图 4-27 所示，由 A_k经T_i 运到b_j 的单位运价为C_{kij}。求解在工厂生产能力一定、分拨中心配送能力有限的条件下满足零售店需求量的最优运输方案。

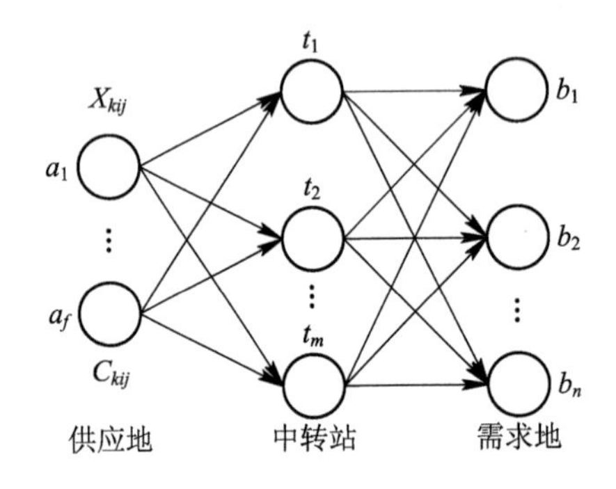

图 4-27　多点之间有中间转运的物资调配示意图

2）模型

用X_{kij}表示由产地A_k经分拨中心T_i 运输到零售店B_j 的物资量，它是问题的决策变量。其目标函数为

$$\min Z=\sum_{k=1}^{f}\sum_{i=1}^{m}\sum_{j=1}^{n}C_{kij}X_{kij} \tag{4-19}$$

3）约束条件

(1) 配送量≤生产能力的限制：

$$\sum_{i=1}^{m}\sum_{j=1}^{n}X_{kij}\leqslant a_k \quad k=1, 2, \cdots, f \tag{4-20}$$

(2) 分拨中心发送能力的限制：

$$\sum_{k=1}^{f}\sum_{j=1}^{n}X_{kij}\leqslant t_i \quad i=1, 2, \cdots, m \tag{4-21}$$

(3) 满足零售店需求量：

$$\sum_{i=1}^{m}\sum_{k=1}^{f}X_{kij}\leqslant b_j \quad j=1, 2\cdots, n \tag{4-22}$$

(4) 变量非负：

$$X_{kij}\geqslant 0$$

4）求解方法

(1) 运用一般的线性规划方法求解，但由于该问题的变量数多，约束方程多，因此求解过程十分复杂，计算量特别大。

(2) 运用表上作业法。其基本思路是：补充虚拟的产地或需求地，将有中转的运输问题转化为无中转的直达运输问题，进一步转化为供需平衡的运输问题，之后运用表上作业法求解。

（二）问题求解

1. 方法介绍

表上作业法是用列表的方法求解线性规划问题中运输模型的计算方法，是线性规划的一种求解方法，其实质是单纯形法，故运输问题也称为单纯形法问题。

当某些线性规划问题采用图上作业法难以进行直观求解时，就可以将各元素列成表格，作为初始方案，然后采用检验数来验证这个方案，否则就要采用闭合回路法、位势法等方法进行调整，直至得到满意的结果。这种列表求解法就是表上作业法，详见运筹学的相关教材。

2. 步骤

（1）构建供需平衡表和单位运价表（单纯形表），如表 4－28 所示。

表 4－28　物资调运单纯形表

产销平衡表		单位运价表	
	$B_1, B_2, \cdots, B_n$	产量/吨	单位运价表
A_1 A_2 $\vdots$ A_m		a_1 a_2 $\vdots$ a_m	$B_1, B_2, \cdots, B_n$ $C_{11}, C_{12}, \cdots, C_{1n}$ $C_{21}, C_{22}, \cdots, C_{1n}$ $\vdots$ $C_{n1}, C_{n2}, \cdots, C_{mn}$
销量/吨	$b_1, b_2, \cdots, b_n$		

（2）找出初始可行解，即在有 $m \times n$ 格的产销平衡表上，按一定的规则给出 $m \times n-1$ 个数字（称为数字格），它们就是初始基变量的取值，即初始可行解。这里主要使用的方法有最小元素法和伏格尔（Vogel）法。

（3）求各个非基变量的检验数（在表上计算空格的检验数），如果全部检验数均大于等于 0，则该方案为最优，停止算法，否则跳转到下一步进行调整。

检验数求解法主要有闭合回路法和位势法。

（4）确定换入变量和换出变量，找出新的可行解，主要方法是闭合回路法。

（5）如果仍然不是最优方案，就重复步骤（3）、（4），直至得到最优调配方案，并且计算出最优调配方案下的最小运费。

表上作业法的物资调配

3. 举例

【例 4－7】 某公司经销甲产品，下设三个工厂，产量分别是 A_1 为 7 吨，A_2 为 4 吨，A_3 为 9 吨，产品分别销往四个地方，需求量分别为 B_1 为 3 吨，B_2 为 6 吨，B_3 为 5 吨，B_4 为 6 吨，已知单位运价如表 4－29 所示。如何调运产品使得在满足需求的前提下总费用最小？

表 4－29　工厂到销地的运价表

工厂	销售地			
	B_1	B_2	B_3	B_4
A_1	3	11	3	10
A_2	1	9	2	8
A_3	7	4	10	5

求解过程：

（1）构建单纯形表，如表 4－30 所示。

表 4－30　单纯形表

产地	销售地				
	B_1	B_2	B_3	B_4	产量
A_1	3	11	3	10	7
A_2	1	9	2	8	4
A_3	7	4	10	5	9
销量	3	6	5	6	20

（2）采用最小元素法找出初始可行解，如图 4－28 所示。

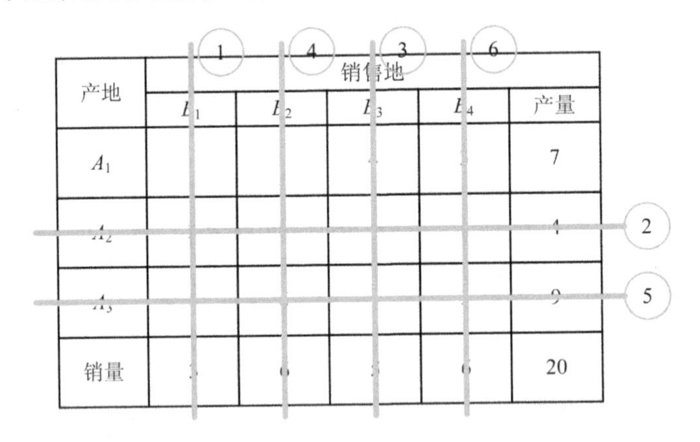

图 4－28　采用最小元素法找出初始可行解

通过初始分配，得到表 4－31 所示的初始运量。

表 4－31　采用最小元素法找出的初始运量

产地	销售地				
	B_1	B_2	B_3	B_4	产量
A_1			4	3	7
A_2	3		1		4
A_3		6		3	9
销量	3	6	5	6	20

（3）采用位势法计算检验数，判断最优解。如图 4－29 所示，还有检验数为负数，所以，该解并非最优解，需要进行调整。

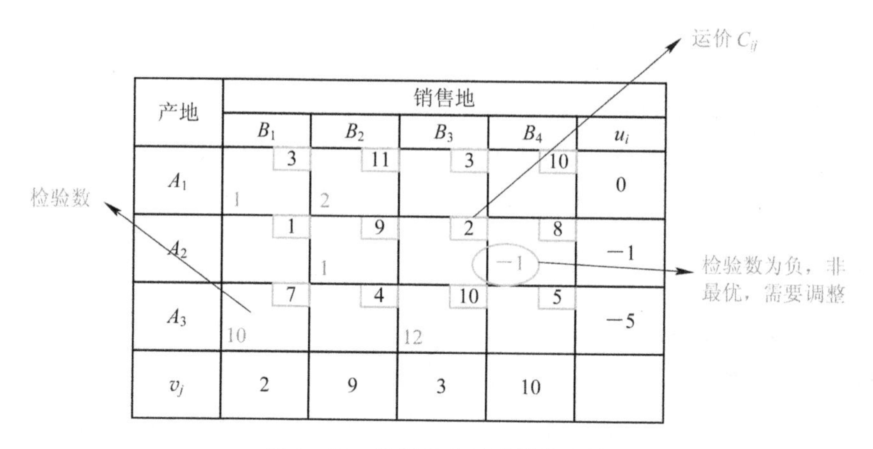

图 4－29　采用位势法计算检验数

（4）采用闭合回路法进行改进/调整。调整后的结果如图 4－30 所示。

调整后的运量 X_{ij}

产地	销售地				
	B_1	B_2	B_3	B_4	产量
A_1			5	2	7
A_2	3			1	4
A_3		6		3	9
销量	3	6	5	6	20

图 4－30　采用闭合回路法调整得到新的调运方案

再次采用位势法计算检验数，结果如图 4－31 所示。

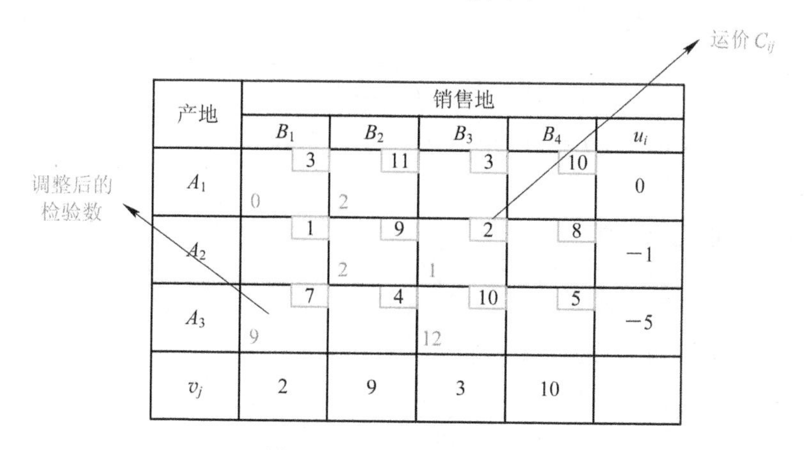

图 4－31　调整后的检验数

显然，全部检验数均大于等于0，调运方案为最优方案。具体如下：

A_1 供应5吨给 B_3，供应2吨给 B_4。

A_2 供应3吨给 B_1，供应1吨给 B_4。

A_3 供应6吨给 B_2，供应3吨给 B_4。

最优调运方案的最小运费为

$$3\times1+6\times4+5\times3+2\times10+1\times8+3\times5=85$$

二、任务分配

（一）问题介绍

1. 标准指派问题

有 n 项任务需要去完成，恰好有 n 个人可以完成这 n 项任务，而每个人完成各项任务的效率是不同的，如果要求每人完成其中一项，且每项任务只交给其中一人去完成，如何分配才能使总的效率最高？

指派问题(Assignment Problem，AP)是一种特殊的线性规划问题，属于0－1整数规划问题，也称为最佳匹配问题(Optimal Matching)。

下面介绍标准指派问题的构建。

1）明确问题和目标

假设有 i 个员工、j 个任务，构建标准指派问题的模型，需要引入0－1变量 x_{ij}（0－1整数规划）。

$x_{ij}=1$ 表示指派第 i 人去完成第 j 项工作，$x_{ij}=0$ 表示不指派第 i 人去完成第 j 项工作，即

$$x_{ij}=\begin{cases}1 & \text{指派第 } i \text{ 人去做第 } j \text{ 项工作}\\0 & \text{不指派第 } i \text{ 人去做第 } j \text{ 项工作}\end{cases}$$

其中，i，$j=1$，2，3，…，n。

问题：如何指派才能使用最少的资源完成所有的任务？

目标：资源消耗最小化，即

$$\min Z=\sum_{i=1}^{n}\sum_{j=1}^{n}c_{ij}x_{ij}$$

其中，c_{ij} 是指第 i 个人完成第 j 项任务所消耗的资源数量。

2）约束条件

（1）一个人只能完成1项任务：

$$\sum_{i=1}^{n}x_{ij}=1$$

（2）一项任务只能由一个人去完成：

$$\sum_{j=1}^{n}x_{ij}=1$$

3）构建模型

目标函数：

$$\min Z = \sum_{i=1}^{n} \sum_{j=1}^{n} c_{ij} x_{ij}$$

$$\text{s. t.} \begin{cases} \sum_{i=1}^{n} x_{ij} = 1 & j = 1, 2, \cdots, n \\ \sum_{j=1}^{n} x_{ij} = 1 & i = 1, 2, \cdots, n \\ x_{ij} = 0, 1 & i, j = 1, 2, \cdots, n \end{cases} \tag{4-23}$$

标准指派问题模型的求解方法主要包括 0－1 整数规划法、匈牙利算法、目标值矩阵法等。

2. 非标准指派问题

在实际应用中，常会遇到各种非标准指派问题。一般的处理方法是先将其转化为标准指派问题，然后用匈牙利法求解。

设最大化指派问题系数矩阵 $\boldsymbol{C}=(c_{ij})$，其中最大元素为 m。令矩阵 $\boldsymbol{B}=(b_{ij})=(m-c_{ij})$，则以 $\boldsymbol{B}$ 为系数矩阵的最小化指派问题和以 $\boldsymbol{C}$ 为系数矩阵的最大化指派问题有相同的最优解。

若人少事多，则添加一些虚拟的“人”，其费用系数取 0；若人多事少，则添加一些虚拟的“事”，其费用系数取 0。

若某个人可以做几件事，则将该人化作几个“人”来接受指派。这几个“人”做同一件事的费用系数当然都一样。

若某事一定不能由某人做，则可将相应的费用系数取为足够大的数 m。

（二）匈牙利法

1. 方法介绍

匈牙利算法是一种在多项式内求解任务分配问题的组合优化算法，推动了后来的原始对偶方法。1955 年，库恩（W. W. Kuhn）利用匈牙利数学家康尼格（D. Końig）的一个定理构造了这个解法，故称为匈牙利法。

匈牙利法的本质就是使系数矩阵中独立 0 元素的最多个数等于能覆盖所有 0 元素的最少直线数。关于匈牙利法的详细算法原理及过程，详见运筹学教材。

2. 步骤

第一步：变换指派问题的系数矩阵 (c_{ij}) 为 (b_{ij})，使得 (b_{ij}) 的各行各列中都出现 0 元素。

（1）使 (c_{ij}) 的每行元素都减去该行的最小元素；

（2）从所得新系数矩阵的每列元素中减去该列的最小元素。

第二步：进行试指派，以寻求最优解。

在 (b_{ij}) 中找尽可能多的独立 0 元素，若能找出 n 个独立 0 元素，就使这 n 个独立 0 元素对应的矩阵 (x_{ij}) 中的元素为 1，其余为 0，这就得到了最优解。

找独立 0 元素的常用步骤如下：

(1) 从只有一个 0 元素的行开始，给这个 0 元素加圈，记作◎。然后，划去◎所在列的其他 0 元素，记作∅，表示这列所代表的任务已指派完，不必再考虑别人了。

(2) 给只有一个 0 元素的列中的 0 元素加圈，记作◎；然后划去◎所在行的 0 元素，记作∅。

(3) 反复进行(1)、(2)两步，直到尽可能多的 0 元素都被圈出或划掉为止。

(4) 若仍有没有圈出的 0 元素，且同行(列)的 0 元素至少有两个，则从剩余 0 元素最少的行(列)开始，比较这行各 0 元素所在列中 0 元素的数目，选择 0 元素少的那列将该 0 元素加圈(表示选择性多的要"礼让"选择性少的)。然后划掉同行同列的其他 0 元素。可反复进行，直到所有 0 元素都被圈出或划掉为止。

(5) 若◎元素的数目 m 等于矩阵的阶数 n，那么这个指派问题的最优解已得到。若 $m<n$，则转入下一步。

第三步：作最少的直线覆盖所有 0 元素。

(1) 对没有◎的行打√；

(2) 对已打√的行中所有含∅的列打√；

(3) 对打有√的列中含◎元素的行打√；

(4) 重复(2)、(3)，直到得不出新的打√的行、列为止；

(5) 对没有打√的行画横线，打√的列画纵线，这就得到了覆盖所有 0 元素的最少直线数 l。l 应等于 m，若不相等，说明试指派过程有误，回到第二步(4)，重新进行试指派。

若 $l=m<n$，必须再变换当前的系数矩阵，以找到 n 个独立的 0 元素，之后转第四步。

第四步：变换矩阵(b_{ij})，以增加 0 元素。

在没有被直线覆盖的所有元素中找出最小元素，然后将打√的各行都减去这个最小元素，打√的各列都加上这个最小元素(以保证系数矩阵中不出现负元素)。

新系数矩阵的最优解和原问题仍相同。若得到 n 个独立的 0 元素，则已得最优解，否则回到第二步重复进行试指派。

3. 举例

匈牙利法

【例 4-8】 有一份中文说明书，需译成英、日、德、俄四种文字，分别记作 A、B、C、D。现有甲、乙、丙、丁四人，他们将中文说明书译成不同语种的说明书所需的时间如表 4-32 所示，如何分派任务使总时间最少(总效率最高)?

表 4-32　不同人的翻译时间

人员	任务			
	A	B	C	D
甲	6	7	11	2
乙	4	5	9	8
丙	3	1	10	4
丁	5	9	8	2

求解过程：

（1）变换系数矩阵：

$$\boldsymbol{C}=\begin{bmatrix}6 & 7 & 11 & 2\\4 & 5 & 9 & 8\\3 & 1 & 10 & 4\\5 & 9 & 8 & 2\end{bmatrix}\begin{matrix}-2\\-4\\-1\\-2\end{matrix}\Rightarrow\begin{bmatrix}4 & 5 & 9 & 0\\0 & 1 & 5 & 4\\2 & 0 & 9 & 3\\3 & 7 & 6 & 0\end{bmatrix}\Rightarrow\begin{bmatrix}4 & 5 & 4 & 0\\0 & 1 & 0 & 4\\2 & 0 & 4 & 3\\3 & 7 & 1 & 0\end{bmatrix}=b_{ij}$$

（2）试指派：

$$\begin{bmatrix}4 & 5 & 4 & \circledcirc\\\circledcirc & 1 & \varnothing & 4\\2 & \circledcirc & 4 & 3\\3 & 7 & 1 & \varnothing\end{bmatrix}$$

找到 3 个独立 0 元素但 $m=3<n=4$，进行下一步。

（3）做最少的直线覆盖所有 0 元素：

$$\begin{bmatrix}4 & 5 & 4 & \circledcirc\\\circledcirc & 1 & \varnothing & 4\\2 & \circledcirc & 4 & 3\\3 & 7 & 1 & \varnothing\end{bmatrix}\begin{matrix}\checkmark\\ \\ \\ \checkmark\end{matrix}$$
$$\qquad\qquad\qquad\checkmark$$

独立 0 元素的个数 m 等于最少直线数 l，即 $l=m=3<n=4$。

（4）变换矩阵(b_{ij})以增加 0 元素。

没有被直线覆盖的所有元素中的最小元素为 1，然后打√的各行都减去 1，打√的各列都加上 1，得如下矩阵：

$$\begin{bmatrix}4 & 5 & 4 & \circledcirc\\\circledcirc & 1 & \varnothing & 4\\2 & \circledcirc & 4 & 3\\3 & 7 & 1 & \varnothing\end{bmatrix}\begin{matrix}\checkmark\\ \\ \\ \checkmark\end{matrix}\rightarrow\begin{bmatrix}3 & 4 & 3 & \circledcirc\\\circledcirc & 1 & \varnothing & 5\\2 & \circledcirc & 4 & 4\\2 & 6 & 0 & \varnothing\end{bmatrix}$$
$$\checkmark$$

继续转第二步进行试指派，结果得如下矩阵：

$$\begin{bmatrix}3 & 4 & 3 & 0\\0 & 1 & 0 & 5\\2 & 0 & 4 & 4\\2 & 6 & 0 & 0\end{bmatrix}\longrightarrow\begin{bmatrix}3 & 4 & 3 & \circledcirc\\\circledcirc & 1 & \varnothing & 5\\2 & \circledcirc & 4 & 4\\2 & 6 & \circledcirc & \varnothing\end{bmatrix}\xrightarrow[\text{最优解矩阵为}]{\text{得到 4 个独立 0 元素}}\begin{bmatrix}0 & 0 & 0 & 1\\1 & 0 & 0 & 0\\0 & 1 & 0 & 0\\0 & 0 & 1 & 0\end{bmatrix}$$

最少时间（总效率最高）：

$$\min Z=2+4+1+8=15$$

即由甲、乙、丙、丁四人分别翻译俄、英、日、德四种文字。

模块小结

(1) 系统规划是指确定系统发展目标和设计/达到目标的策略与行动的过程，实际就是对整个系统的计划。

(2) 系统规划一般考虑：确定物流系统的范围和外部环境；明确物流系统的目标任务；评价物流系统的优劣；运用系统的观点和方法，提出各种备选方案(即方案综合)。

(3) 系统规划的基本步骤：

① 确定系统范围和外部环境；

② 确定系统的目标任务；

③ 确定评价系统优劣的准则；

④ 确定各项评价准则的加权值；

⑤ 收集系统的原始数据；

⑥ 提出各种可供选择的方案；

⑦ 明确方案中的可控变量和不可控因素；

⑧ 调整可控变量以求得最佳结果；

⑨ 变动不可控因素以考察系统的敏感性；

⑩ 进行方案比较并做出抉择。

(4) 系统规划工作过程包括系统分析、系统综合、系统评价。

(5) 系统规划的内容包括系统资源的优化配置、系统设施选址规划与布局规划、运输系统规划(优化)问题三个方面。系统资源的优化配置包括物资调运、任务指派；系统设施选址规划与布局规划包括单设施选址、多设施规划、系统设施布局；运输系统规划(优化)包括运输路径的优化、运输方式的选择、路网规划。

(6) 设施选址包括两个层次的含义：一是选位，即选择什么地区(区域)布置设施，沿海还是内地，南方还是北方，等等。二是定址，在已选定的地区内选定一片土地作为设施的具体位置。

(7) 设施选址的原则包括费用原则、集聚人才原则、接近用户原则、长远发展原则。

(8) 设施选址的影响因素可简单归纳如下：

① 内部因素：战略因素、产品技术因素等；

② 外部因素：自然环境、政治环境、经济政策、基础设施、竞争环境等；

③ 成本因素：生产成本、销售成本、库存成本、运输成本(包括进货运输成本和送货运输成本)、设施成本等。

(9) 单一设施选址是指独立地选择一个新的设施地点，其运营不受企业现有设施网络的影响。单一设施选址问题的求解方法主要有负荷距离法、因素评分法、盈亏分析法、选址度量法和精确重心法。

(10) 多设施选址就是对影响系统的内部、外部各要素及其关系进行分析、权衡，确定系统网络的设施数量、位置等，提高系统网络整体的效率。其总体目标通常是网络总成本最小。多设施选址的主要方法有简单的中线模式法、德尔菲法、启发式方法、目标规划法和动态规划法。

(11) 节点设施的内部布局规划实质上就是设施的布置。现有研究对设施布置概念的界定包含三重含义：其一，设施布置作为提高生产效率和经济效益的有效方式之一，其目的是通过采用系统规划的方法来优化与设计生产系统、服务系统的设施布置，以达到优化人流、物流、信息流的目标；其二，设施布置是企业生产场地建设的一项决定性任务，它在决定生产成本、生产效率和安全方面起着重要作用；其三，对于工业、制造业等生产企业来说，设施布置是企业为实现加快生产速度、优化生产成本的目标，依照其长期发展规划对产品生产的要求，在有限的空间内按照生产流程的顺序，将生产过程中的人员、物料、机械设备等所需要的空间进行科学合理分配与组合的过程。

(12) 根据设施布置的依据对象，可以将设施布置分为产品导向布置、工艺导向布置、混合布置、定位布置四种类型。

(13) 设施布置设计要遵循以下基本原则：

① 整体综合原则。

② 移动距离最小原则。

③ 流动性原则。

④ 空间利用原则。

⑤ 柔性原则。

⑥ 安全舒适原则。

SLP(System Layout Planning，系统布置设计)用于有效解决复杂系统的设计布局。

(14) 物资调配决策是指在多个供应地和多个需求地之间合理调配货物，在满足需求的前提下使总运输成本最低。根据起讫点之间是否存在中间转运，物资调配可以分为两种情况：一是多起讫点间的直达运输物资调配，二是存在中间转运的物资调配。

根据总产量是否等于总需求量，多起讫点间的直达运输物资调配又可以分为产销平衡和产销不平衡两种物资调配。产销平衡运输问题的求解方法主要有单纯形法、表上作业法等。当产销不平衡时，通过增加一个假想的产地或销售地，转化成产销平衡的运输问题。

存在中间转运的物资调配的求解方法如下：

① 运用一般的线性规划方法求解，但由于该问题的变量数多，约束方程多，因此求解过程十分复杂，计算量特别大。

② 运用表上作业法。其基本思路是：补充虚拟的产地或需求地，将有中转的运输问题转化为无中转的直达运输问题，进一步转化为供需平衡的运输问题，之后运用表上作业法求解。

(15) 指派问题(Assignment Problem，AP)是一种特殊的线性规划问题，它要解决的具体问题是：有 n 项任务需要去完成，恰好有 n 个人可以去完成这 n 项任务，而每个人完成各项任务的效率是不同的，如果要求每人完成其中一项，且每项任务只交给其中一人去完成，应如何分配才能使总的效率最高？

同步测试

一、多选题

1. 系统规划一般考虑(　　)。

A. 确定物流系统的范围和外部环境

B. 明确物流系统的目标任务

C. 评价物流系统的优劣

D. 运用系统的观点和方法，提出各种备选方案

2. 物资调运问题可以用(　　)等方法来求解。

A. 线性规划法

B. 单纯形法

C. 表上作业法

D. 图上作业法

3. 设施选址的原则包括(　　)。

A. 费用原则

B. 集聚人才原则

C. 接近用户原则

D. 长远发展原则

4. 精确重心法的假设条件有(　　)。

A. 需求量集中在某一点上

B. 选址区域不同节点的建设费用、运营费用相同

C. 运输费用与运输距离为线性正比关系

D. 运输路线为空间直线

5. 备选地点的选择应综合考虑(　　)等因素。

A. 所选地址的基础设施条件

B. 劳动力供给

C. 当地优惠政策

D. 竞争对手分布

6. 设施内部布局规划的节点可以是(　　)等。

A. 某流通中心

B. 商务中心

C. 仓库

D. 学校

7. 根据设施布置的依据对象，可以将设施布置分为(　　)几种类型。

A. 产品导向布置

B. 工艺导向布置

C. 混合布置

D. 定位布置

二、单选题

1. 下列属于设施选址需要考虑的外部因素的是(　　)。

A. 产品技术因素

B. 战略因素

C. 基础设施因素

D. 生产成本

2. 用于求解单一设施选址的主要方法有(　　)等。

A. 选址度量法

B. 简单的中线模式法

C. 启发式方法

D. 优化方法

3. (　　)的目标是在若干个候选方案中选定一个目标方案，它可以使总负荷(货物、人或其他)移动的距离最小。

A. 负荷距离法

B. 因素评分法

C. 盈亏分析法

D. 选址度量法

三、判断题

1. 单设施选址就是对影响系统的内部、外部各要素及其关系进行分析、权衡，确定系统网络的设施数量、位置等，提高系统网络的整体效率。(　　)

2. 节点设施的内部布局规划实质上就是设施的布置。(　　)

四、简答题

1. 请简述指派问题。

2. 请简述存在中间转运的物资调配的求解方法。

实训设计

【实训名称】

配送中心选址规划。

【实训目的】

(1) 熟悉系统规划的步骤及基本内容；

(2) 掌握精确重心法的单设施选址规划；

(3) 解决“案例引入”部分提出的问题。

【实训内容】

(1) 确定已知的供给点与需求点的坐标、运输量及线性运输费率；

(2) 忽略距离 D_i 的影响，即令 $D_i=1$，根据精确重心法公式求得待选址设施的初始坐标值(x_0, y_0)；

(3) 根据(x_0, y_0)计算出 D_i，比例系数 k 暂不考虑；

(4) 将 D_i 代入公式中，求出修正的(x_0, y_0)；

(5) 根据修正的(x_0, y_0)重新计算 D_i，再对坐标值进行修正；

(6) 重复第(4)步和第(5)步，直到(x_0, y_0)的变动小于预定的误差范围，这时坐标值已经趋于平稳，不再变化，已接近最优值；

(7) 根据求得的最佳坐标值计算运输总成本。

【实训器材】

笔记本电脑、Office 办公软件。

【实训过程】

(1) 进行背景分析。以本模块“案例引入”的背景介绍为切入点，为解决“如何运用科学的方法确定 A 公司的区域配送中心的地理位置?”这一问题，开展数据收集工作。

收集 A 公司全国销售点一年的销量，销量以商品数量作为计量单位。同时，在 Google 地图中查找销售点的经度(x 坐标)和纬度(y 坐标)，地址精确到城市，经度由北向南逐渐增加，纬度由西向东逐渐变大。对物流而言，体积是运费的计费单位，数量则是体积的决定因素。具体数据统计如表 4-33 所示。

表 4-33 2012 年 A 公司全国各零售点的年销售量

序号	销售点	经度	纬度	年销售量/件	运输费率
1	合肥	117.25	31.83	228 687	0.1
2	北京	116.4	39.9	3 908 329	0.4
3	重庆	106.55	29.57	368 281	0.2
4	福州	119.3	26.08	349 164	0.2
5	宁德	119.52	26.67	87 492	0.2
6	莆田	119	25.43	41 082	0.2
7	泉州	118.67	24.88	87 139	0.1
8	厦门	118.08	24.48	535 717	0.1
9	漳州	117.65	24.52	46 232	0.1
10	东莞	113.75	23.05	210 349	0.3
11	广州	113.27	23.13	922 236	0.3
12	惠州	114.42	23.12	217 843	0.3
13	深圳	114.05	22.55	1 080 837	0.3

续表一

序号	销售点	经度	纬度	年销售量/件	运输费率
14	南宁	108.37	22.82	257 249	0.3
15	廊坊	116.7	39.52	203 818	0.2
16	石家庄	114.52	38.05	335 304	0.3
17	唐山	118.2	39.63	246 178	0.1
18	大庆	125.03	46.58	195 956	0.6
19	哈尔滨	126.53	45.8	181 258	0.6
20	郑州	113.62	34.75	364 804	0.3
21	武汉	114.3	30.6	532 863	0.2
22	宜昌	111.28	30.7	178 931	0.4
23	长沙	112.93	28.23	274 667	0.4
24	包头	109.83	40.65	290 457	0.3
25	呼和浩特	111.73	40.83	461 535	0.5
26	常州	119.95	31.78	367 480	0.2
27	淮安	119.02	33.62	153 372	0.1
28	南京	118.78	32.07	359 213	0.1
29	南通	120.88	31.98	201 809	0.2
30	苏州	120.58	31.3	280 734	0.2
31	泰州	119.92	32.45	141 487	0.1
32	无锡	120.3	31.57	302 017	0.2
33	扬州	119.4	32.4	69 776	0.1
34	镇江	119.45	32.2	186 084	0.1
35	赣州	114.93	25.83	200 384	0.2
36	南昌	115.85	28.68	110 174	0.2
37	长春	125.32	43.9	432 488	0.5
38	鞍山	122.98	41.1	72 869	0.4
39	大连	121.62	38.92	718 586	0.5
40	沈阳	123.43	41.8	708 873	0.3
41	银川	106.28	38.47	306 110	0.2
42	西安	108.93	34.27	400 152	0.1
43	济南	116.98	36.67	306 597	0.1
44	青岛	120.38	36.07	246 940	0.2

续表二

序号	销售点	经度	纬度	年销售量/件	运输费率
45	上海	121.47	31.23	3 102 087	0.4
46	太原	112.55	37.87	354 364	0.4
47	成都	104.07	30.67	990 434	0.6
48	绵阳	104.73	31.47	37 064	0.6
49	天津	117.2	39.12	823 354	0.1
50	昆明	102.72	25.05	308 029	0.7
51	杭州	120.15	30.28	692 039	0.7
52	宁波	121.55	29.88	284 119	0.4
53	温州	120.7	28	70 447	0.5

(2) 建立精确重心法数学模型，根据实训内容中给出的求解过程，利用 Excel 处理数据并求解模型。

(3) 选出 A 公司配送中心的最优地址为：北配送中心(118.79，35.8)，南配送中心(117.00，31.29)。

模块五

系统优化

知识结构导图

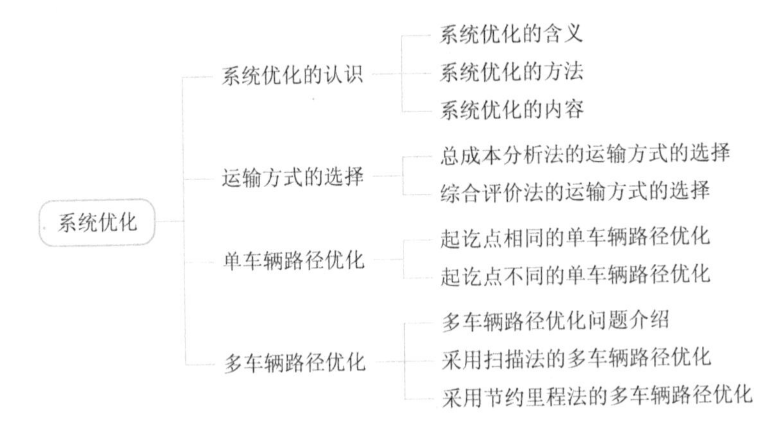

任务目标

(1) 理解系统优化的含义；
(2) 掌握总成本分析法、综合评价法运输方式的选择；
(3) 理解单车辆路径优化问题；
(4) 掌握分枝定界法、简单贪婪算法、奇偶点图上作业法、动态规划法、标号法的单车辆路径优化问题求解；
(5) 理解多车辆路径优化问题；
(6) 掌握扫描法、节约里程法的多车辆路径优化问题求解。

重点

(1) 运输方式的选择；
(2) 单车辆路径优化；
(3) 多车辆路径优化。

难点

(1) 总成本分析法、综合评价法；
(2) 分枝定界法、奇偶点图上作业法、动态规划法；
(3) 扫描法、节约里程法、单设施选址规划。

案例引入

H公司主要从事水果线下连锁店的零售业务，同时也开展水果批发业务及为其他水果销售企业提供综合配送服务。公司创办于2014年，注册资本300万元，公司总部位于惠州市惠城区，目前公司设有自营连锁门店10家，主要零售各类水果。按照公司的整体布局，10个门店主要分布在惠州城区的10个大型居民社区周边。H公司在惠州城区设有综合性水果批发和配送中心(以下简称H配送中心)1个，重点向10家自营连锁店进行水果配送服务，同时经营各类水果的批发和为其他类型水果销售企业提供水果配送服务，H配送中心占地面积400多平方米，地处惠州市惠城区东平水果批发市场，具有较为完善的水果冷藏保鲜设备和配送运输设备。

水果连锁店大多设立在居住较为集中、人流量大、具有一定消费能力的中高档居民社区周边，惠州是珠三角9市之一，2018年实现地区经济总量4150亿元，在广东省21个地级市中排名第五，惠州城区常住人口近100万人，城市经济发展潜力巨大，2017年惠州居民人均可支配收入已经超过了3万元，增幅居珠三角前列。因此，水果连锁企业也争相涌入惠州城区，中高端社区周边不断涌现了各类品牌的水果连锁企业，形成了巨大的竞争。

东平半岛地处惠州城区地理中心区位，H公司设立的水果连锁店也基本以东平配送中心为中心，辐射半径不超过15公里，符合配送合理的辐射里程。到2018年，其设立的连锁店已经达到10家，分别为马安1家、水口2家、江北1家、下角1家、下铺1家、环金山湖片区4家，分别是凯旋城小区店、马安新乐店、上观国际店、玉台华庭店、摩卡小镇店、御西湖店、城市1号店、悦湖会花园店、东江学府店、央筑花园店。由于惠州市区的人口规模及经济发展状况近年来一直保持较为稳定增长的状态，H公司严格控制门店发展数量，基本上形成了较为稳定的10个门店的总体数量，其门店的合理布局和规模控制保证了公司的经营效益。

H配送中心的主要功能是水果的配送和批发。一方面，水果批发业务是H配送中心前身公司最主要的服务功能，公司依托东平水果批发市场的优势，从事各类水果的批发业务，由于公司建有180多平方米的专业冷库，具有较为完善的水果保鲜、冷藏设备设施，因此可以实现大批量水果的冷藏存储，其供应能力较强。另一方面，随着自营水果连锁门店的建立和数量增加，公司经营的重心也更加倾向于保证自营门店业务的顺利运行，保障各门店所需果品的配送成为H公司水果配送中心最主要的功能。

为提高配送的效率，H配送中心拥有自营运输车辆6辆，其中4辆为2吨载重量的厢式货车，2辆为4吨载重量的厢式货车。每一辆车都配有专门的司机，司机一方面负责运送货物，一方面辅助货物的装卸以及配送单据的收发和传递等部分商务活动。

目前，H水果连锁店配送存在的问题是配送信息化水平低，运力安排不合理，配送路线安排不合理，配送成本管理水平不高。现在最要紧的是着眼于H水果连锁企业配送路径的选择和优化，从节约里程、物流运作效率、运营成本、管理优化等方面寻找提升水果连锁店管理的方法。

思考：如何解决H公司配送路径优化的问题?

任务一　系统优化的认识

一、系统优化的含义

系统优化是在满足各方面限制条件的情况下，通过科学的方法，建立与现实系统相对应的数学模型，并合理确定模型的各种参数，以协调各子系统之间的冲突，达到最佳设计目标的过程。

系统优化与系统规划的区别就在于：系统规划是从无到有，系统优化是对现有系统存在的不同方面的问题进行针对性的分析，进而构建优化模型并求解，最终使现有系统得到优化。

二、系统优化的方法

（一）运筹学方法

1. 规划论

规划论又称为数学规划，是运筹学的一个分支，是研究对现有资源进行统一分配、合理安排、合理调度和最优设计以取得最大经济效果的数学理论方法。例如，对某项确定的任务，怎样以最少的人力、物力去完成；对给定的人力、物力，怎样能使其最大限度地发挥作用，从而完成尽可能多的任务。

一般规划论可以归结为在满足既定目标的要求下，按照某一衡量指标寻求最优方案的问题。通常把必须满足的条件称为约束条件，把衡量指标称为目标函数，用数学语言来描述为：求目标函数在一定约束条件下的极值问题。

2. 图论

图论(Graph Theory)是数学的一个分支，它以图为研究对象。图论中的图是由若干给定的点及连接两点的线所构成的图形，这种图形通常用来描述某些事物之间的某种特定关系，用点代表事物，用连接两点的线表示相应两个事物间的关系。

图论也称为网络法，把复杂的问题转化成图形直观地表现出来，能更有效地解决问题。图论常用来解决各类最优化问题，例如，如何使完成任务的时间最少、距离最短、费用最省等。

3. 排队论

排队论 (Queuing Theory)又称随机服务系统理论，是运筹学的一个分支。它是研究系统随机聚散现象和随机服务系统工作过程的数学理论和方法，通过对服务对象到来及服务时间的统计研究，得出这些数量指标(等待时间、排队长度、忙期长短等)的统计规律，然后根据这些规律来改进服务系统的结构或重新组织被服务对象，使得服务系统既能满足服务对象的需要，又能使机构的费用最经济或某些指标最优。

排队论是研究服务系统中排队现象随机规律的学科，专门研究因随机因素而产生拥挤的方法，可协调和解决请求服务和提供服务双方之间存在的相互约束关系。

排队论广泛应用于计算机网络、生产、运输、库存等各项资源共享的随机服务系统，如旅客购票排队、市内电话占线等现象。排队论研究的内容有 3 个方面：统计推断，根据资料建立模型；系统的性态，即和排队有关的数量指标的概率的规律性；系统的优化问题。排队论的目的是正确设计和有效运行各个服务系统，使之发挥最佳效益。

4. 存储论

为了解决供应(生产)与需求(消费)之间的不协调(这种不协调一般表现为供应量与需

求量和供应时期与需求时期的不一致，出现供不应求或供过于求)，人们在供应与需求这两个环节之间加入存储这一环节，就能缓解供应与需求之间的不协调。以此为研究对象，利用运筹学的方法即可解决最合理、最经济的存储问题。专门研究这类有关存储问题的科学叫作存储论，它也是运筹学的一个分支。

存储论也称为库存论，是主要研究物资库存策略的理论，用于确定物资库存量、补货频率和补货量等问题。库存的目的是为生产经营活动的持续进行提供有力的保障。

(二) 启发式算法

1. 智能优化算法

智能优化算法从与研究问题有关的基本模型和算法中获得启发，发现解决问题的思路和途径，通过对过去经验的归纳推理以及试验分析来解决问题。具体逻辑思路如图 5-1 所示。

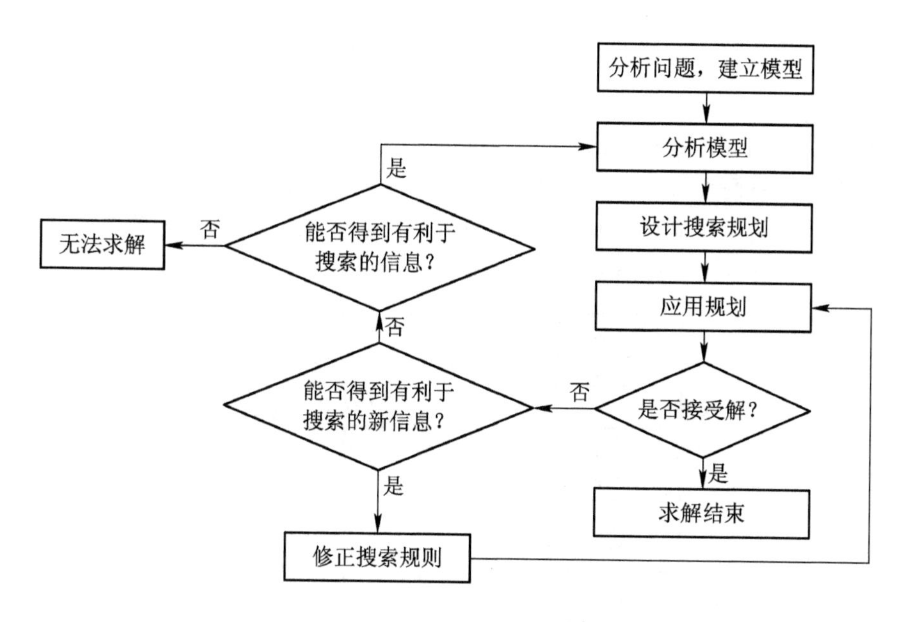

图 5-1 智能优化算法的逻辑思路图

2. 模拟退火算法

模拟退火算法(Simulated Annealing，SA)最早的思想是由 N. Metropolis 等人于 1953 年提出的。该算法来源于固体退火原理，是一种基于概率的算法，将固体加热至充分高温，再让其徐徐冷却，加热时，固体内部粒子随温度升高变为无序状，内能增大；在徐徐冷却时粒子渐趋有序，冷却过程中每个粒子都达到平衡态，最后在常温时达到基态，内能减为最小。

用模拟退火算法寻找最优解的过程类似于退火现象中寻找系统的最低能量，把优化问题的状态看作固体内部的粒子，把目标函数看作粒子所处的能态，得到的最优解对应于固体最后在常温时达到的基态。具体逻辑思路如图 5-2 所示。

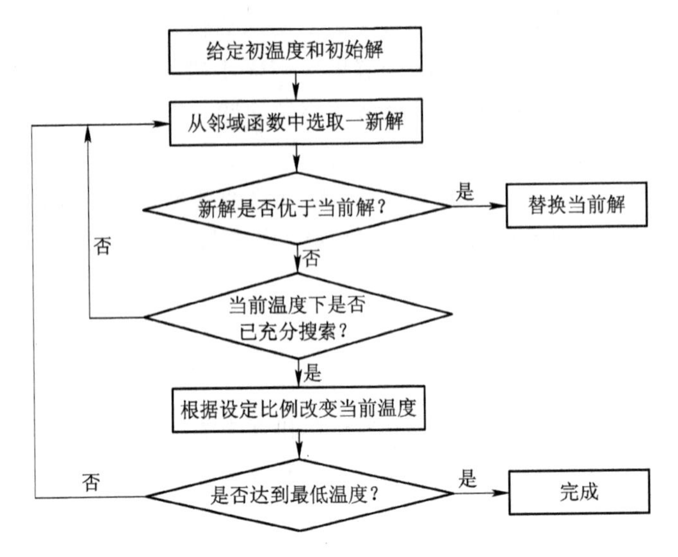

图 5-2　模拟退火算法的逻辑思路图

3. 遗传算法

遗传算法(Genetic Algorithm，GA)最早是由美国的 John Holland 于 20 世纪 70 年代提出的。该算法是根据大自然中生物体的进化规律而设计提出的，是模拟达尔文生物进化论的自然选择和遗传学机制的生物进化过程的计算模型，是一种通过模拟自然进化过程搜索最优解的方法。具体逻辑思路如图 5-3 所示。

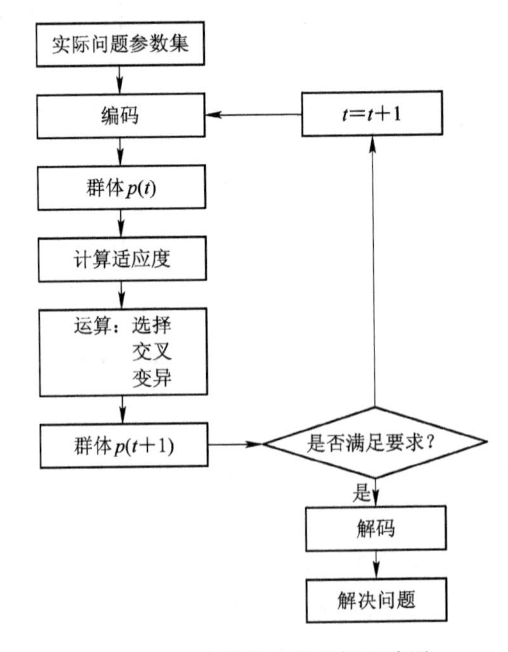

图 5-3　遗传算法的逻辑思路图

遗传算法通过数学的方式，利用计算机进行仿真运算，将问题的求解过程转换成类似于生物进化中染色体基因的交叉、变异等过程。在求解较为复杂的组合优化问题时，与一些常规的优化算法相比，遗传算法通常能够较快获得较好的优化结果。目前，遗传算法已被人们广泛地应用于组合优化、机器学习、信号处理、自适应控制和人工生命等领域。

4. 蚁群算法

蚁群算法的灵感来自蚂蚁寻找最短觅食路径的过程。蚁群在觅食过程中会在所经过的路径上留下一种挥发性分泌物——信息素，信息素能被一定范围内的蚂蚁察觉并影响它们的行为。

当一些路径上通过的蚂蚁越来越多时，其信息素的强度也越来越大，这样其他蚂蚁选择该路径的概率也越来越高。它们不断发现更短路径，逐渐地，这一条最短路径就会被大多数蚂蚁重复，从而形成最短路径。

（三）系统仿真法

系统仿真法是一种根据被研究的系统模型，在仿真环境和条件下，对系统进行研究、分析和试验的方法。

系统仿真法按照系统模型的载体种类分为物理仿真、数学仿真和半实物仿真；按照系统模型特性分为连续系统仿真和离散事件系统仿真。

不难发现，其实很多系统优化的方法同样适用于系统规划的问题研究，因此这些方法都不是专属于谁的。

三、系统优化的内容

系统的优化过程其实也是一种系统的重新规划过程，因此也同样包括物资调配、指派、运输系统优化、设施选址与布局等内容。

系统优化的重点内容是运输系统优化，即路径优化、车辆调度、运输方式选择、路网规划等。

（一）路径优化

路径优化就是在满足一系列约束条件的情况下，合理安排运输车辆的行车路径和时间，使得车辆把客户需要的货物从一个或者多个物流中心运送到多个地理上分散的客户点上，并达到特定的目标(通常是路程最短、运费最省、时间最短等)的过程。

路径优化主要包括：

(1) 起讫点相同的单一车辆路径优化问题，比如旅行商问题、中国邮递员问题、库内最短拣选路径问题等。

(2) 起讫点相同的多车辆配送路径优化问题。

(3) 起讫点不同的单一车辆路径优化问题，比如配送网络最大流量问题、配送网络最小费用问题。

（二）车辆调度

车辆的调度就是如何配置车辆，才能使得其既能满足运输需求，又能最经济。通常可以采用指派问题建模求解的方法、多车辆路径优化问题建模求解的方法等进行建模求解。

（三）运输方式选择

当有多种可选择的运输方式时，选择最优的运输方式，通常采用总成本分析法、综合评价法等进行选择。

（四）路网规划

假设给定一些城市，已知每对城市之间交通线的建造费用，要求建造一个连接这些城市的交通网，且使得总的建造费用最小，这就是赋权图上的最小生成树问题。这类问题的求解过程也就是路网规划的过程。

任务二　运输方式的选择

一、总成本分析法的运输方式的选择

（一）方法介绍

总成本分析法的要旨是在保持一定服务水平的条件下，考虑所有有关成本的项目。对备选方案进行评价时，各种不同方案可能会导致某些业务活动的成本增加、减少，或保持不变。该方法的目标是选择总成本最小的方案。

由于系统运作各环节之间的效益相悖，某环节成本降低会导致其他环节成本上升，因此需要以总成本分析法为基础来选择运输方式。

所谓最佳运输服务，就是使某种运输成本与该运输服务水平以及相关的库存成本之间达到平衡的服务，也就是选择既能满足客户需求，又使总成本最低的运输服务。这是总成本分析法的基本思想。

（二）总成本分析法选择运输方式的步骤

(1) 计算各方案的年运输成本：

$$\text{运输成本}=\text{运输费率}\times\text{年需求量}$$

(2) 计算各方案的在途库存成本：

$$\text{在途库存成本}=\text{在途库存价值}\times\text{保管费率}=\text{运输批量}\times\text{出厂单价}\times\text{保管费率}$$

当订货周期＝运输时间时：

$$\text{运输批量}=\text{供货期间需求量}=\text{订货批量}$$

当订货周期≠运输时间时：

$$\text{运输批量}=\text{订货批量}$$

其中，运输时间即为供货期间。

(3) 计算各方案的供货工厂的存货成本：

$$\begin{aligned}\text{供货工厂存货成本}&=\text{供货工厂存货价值}\times\text{保管费率}\\&=\text{供货工厂平均库存水平}\times\text{出厂单价}\times\text{保管费率}\end{aligned}$$

$$\text{供货工厂平均库存水平}=\frac{\text{期初库存水平}+\text{期末库存水平}}{2}=\frac{\text{订货批量}+0}{2}=\frac{Q}{2}$$

其中，工厂的期初库存水平是指已订待发的订货量，期末库存水平指发货后工厂已订待发的量(发货后即为0)。另外，通常工厂存货安全库存考虑为0。

在EOQ模型(Economic Order Quantity，经济订货批量，EOQ模型用于研究在什么时间、以多少数量、从什么来源补充库存，使得库存和补充采购的总费用少，再通过费用分析求得库存总费用最小时的每次订货批量。现代化生产管理中，常用 EOQ 模型确定订货批量）中，运输批量＝订货批量，即 $Q=\mathrm{EOQ}$。

（4）计算各方案的需求仓库存货成本：

$$\text{仓库存货成本} = \text{仓库平均库存价值} \times \text{保管费率}$$
$$= \text{仓库平均库存水平} \times (\text{出厂单价} + \text{运输费率}) \times \text{保管费率}$$

$$\text{仓库平均库存水平} = \frac{\text{期初库存水平} + \text{期末库存水平}}{2}$$
$$= \frac{\text{到货量} + 2 \times \text{安全库存}}{2}$$
$$= \frac{Q}{2} + \text{安全库存}$$

其中：

到货量＝订货批量＝运输批量

当订货周期＝运输时间时：

运输批量＝供货期间需求量

当订货周期≠运输时间时：

运输批量＝订货批量

在 EOQ 模型中，订货批量＝运输批量，即 $Q=\mathrm{EOQ}$。

（5）计算各方案的库存成本：

库存成本＝在途库存成本＋供货工厂存货成本＋仓库存货成本

（6）计算各方案的总成本：

总成本＝运输成本＋库存成本

（7）对比各方案的总成本，选择总成本最小的方案。

（三）举例

【例 5－1】 某公司欲将产品从位置 A 的工厂运往位置 B 的公司自有仓库，年需求量 $D=700\ 000$ 件，产品单价 $C=30$ 元，年存货成本 $I=$ 产品价格的 30%。公司希望选择使总成本最小的运输方式。据估计，运输时间每减少一天，平均库存成本可以减少 1%。各种运输服务方式的有关参数如表 5－1 所示。

表 5－1　各种运输服务方式的有关参数

运输方式	运输费率 R/(元/件)	运输时间 T/天	年运送批次/次	平均存货量
铁路	0.1	21	10	35 000
驮背	0.15	14	20	17 500
公路	0.2	5	20	17 500
航空	1.4	2	40	8750

本案例中没有安全库存，因此，平均存货量＝运输批量/2，请基于总成本选择最优的运输方式。

求解过程：

（1）计算各方案的年运输成本。根据计算公式“运输成本＝运输费率×年需求量”可得，铁路运输的运输成本＝0.1×700 000 元＝70 000 元，以此类推，计算结果如表 5－2 所示。

表 5－2　各方案的年运输成本计算结果

运输方式	运输费率 R/(元/件)	年需求量/件	运输成本/元
铁路	0.1	700 000	70 000
驮背	0.15	700 000	105 000
公路	0.2	700 000	140 000
航空	1.4	700 000	980 000

（2）计算各方案的在途库存成本。根据计算公式“在途库存成本＝在途库存价值×保管费率＝运输批量×出厂单价×保管费率”可得，铁路运输的在途库存成本＝$\frac{700\ 000}{10}\times 30\times 30\%$元＝630 000 元，以此类推，计算结果如表 5－3 所示。

表 5－3　各方案的在途库存成本计算结果

运输方式	运输批次/次	年需求量/件	运输批量/(件/次)	出厂单价 C/(元/件)	存货保管费率/%	在途库存成本/元
铁路	10	700 000	70 000	30	30%	630 000
驮背	20		35 000			315 000
公路	20		35 000			315 000
航空	40		17 500			157 500

（3）计算各方案的供货工厂的存货成本。根据计算公式“供货工厂存货成本＝供货工厂平均库存水平×出厂单价×保管费率，平均库存调整系数＝1－减少的运输天数×1%”可得，铁路运输的供货工厂存货成本＝35 000×1×30×30%元＝315 000 元，以此类推，计算结果如表 5－4 所示。

表 5－4　各方案供货工厂的存货成本计算结果

运输方式	平均存货量	平均库存调整系数	调整后的平均库存	出厂单价 C/(元/件)	存货保管费率/%	工厂存货成本/元
铁路	35 000	1	35 000	30	30%	315 000
驮背	17 500	0.93	16 275			146 475
公路	17 500	0.84	14 700			132 300
航空	8750	0.81	7088			63 792

（4）计算各方案的需求仓库存货成本。根据计算公式“仓库存货成本＝仓库平均库存水平×(出厂单价＋运输费率)×保管费率”可得，铁路运输的需求仓库存货成本＝35 000×1×(0.1＋30)×30%元＝316 050 元，以此类推，计算结果如表 5－5 所示。

表 5－5　各方案的需求仓库存货成本计算结果

运输方式	平均存货量	平均库存调整系数	调整后的平均库存	运输费率 R /(元/件)	出厂单价 C /(元/件)	存货保管费率/%	仓库存货成本/元
铁路	35 000	1	35 000	0.1	30	30%	316 050
驮背	17 500	0.93	16 275	0.15			147 207
公路	17 500	0.84	14 700	0.2			133 182
航空	8750	0.81	7088	1.4			66 769

(5) 计算各方案的库存成本。根据计算公式“库存成本＝在途库存成本＋供货工厂存货成本＋仓库存货成本”可得，铁路运输的库存成本＝630 000＋315 000＋316 050 元＝1 261 050 元，以此类推，计算结果如表 5－6 所示。

表 5－6　各方案的库存成本计算结果

运输方式	在途库存成本/元	工厂存货成本/元	仓库存货成本/元	库存成本/元
铁路	630 000	315 000	316 050	1 261 050
驮背	315 000	146 475	147 207	608 682
公路	315 000	132 300	133 182	580 482
航空	157 500	63 792	66 769	288 061

(6) 计算各方案的总成本。根据计算公式“总成本＝运输成本＋库存成本”可得，铁路运输的总成本＝70 000＋1 261 050 元＝1 331 050 元，以此类推，计算结果如表 5－7 所示。

表 5－7　各方案的总成本计算结果

运输方式	运输成本/元	库存成本/元	总成本/元
铁路	70 000	1 261 050	1 331 050
驮背	105 000	608 682	713 682
公路	140 000	580 482	720 482
航空	980 000	288 061	1 268 061

(7) 对比各方案的总成本，选择总成本最小的方案。根据表中的结果可以看出，总成本最小的运输方式是驮背运输，总成本为 713 682 元，因此选择驮背运输。

二、综合评价法的运输方式的选择

(一) 方法介绍

1. 定义

综合评价法是运用多个指标对多个参评单位进行综合统计评价的方法，用来判断企业的走向和目标。

2. 主要要素

(1) 评价者：可以是某个人或某个团体。评价目的的给定、评价指标的建立、评价模型的选择、权重系数的确定都与评价者有关。

(2) 被评价对象：随着综合评价技术理论的发展与实践活动的开展，评价的领域也从最初的各行各业经济统计的综合评价拓展到后来的技术水平、生活质量、社会发展、环境质量、竞争能力、综合国力、绩效考评等方面，这些都可以为被评价对象。

(3) 评价指标：从多个视角和层次反映特定评价客体的数量规模与数量水平。

(4) 权重系数：其合理与否关系到综合评价结果的可信程度。

(5) 综合评价模型：是指通过一定的数学模型，将多个评价指标值合成为一个整体性的综合评价值。

3. 步骤

(1) 确定综合评价指标体系，这是综合评价的基础和依据。

(2) 收集数据，指标同度量处理，确定指标体系中各指标的权数，以保证评价的科学性。常用的权重确定方法有层次分析法(AHP)、专家打分法、问卷调查法等。

(3) 选择适当模型计算综合评价指标。常见的综合评价模型主要有综合指数法、加权综合法、功效系数法、Topsis 法、密切值法、AHP、模糊综合评价法、秩和比法等。

(4) 根据综合评价指标值或分值的大小，对被评价对象进行排序，并由此得出结论。

(二) 综合评价法选择运输方式的步骤

(1) 确定影响运输方式选择的因素，即评价指标体系，主要考虑经济性、迅速性、安全性、便利性，当然还有环境影响、社会效益等。

① 经济性(F_1)。经济性主要表现为费用(运输费、装卸费、包装费、管理费等)的节省，在运输过程中总费用支出越少，则经济性越好。

② 迅速性(F_2)。迅速性指货物从发货地到收货地所需要的时间，即货物的在途时间，这一时间越少，迅速性越好。

③ 安全性(F_3)。安全性通常指货物的完整程度，以货物的破损率表示，破损率越小，安全性越好。

④ 便利性(F_4)。各种运输方式的便利性的定量计算比较困难，实际中影响因素很多，如换装次数、办理手续的方便与时间等。为简便计算，在一般情况下，可以近似利用货物所在地至装车(船、飞机)地之间的距离来表示，距离越近，便利性越好。

(2) 确定影响因素的权重系数，即确定指标体系中各指标的权重。确定权重系数是为了显示每个影响因素在运输方式选择中所具有的重要程度，分别给予不同的比例系数(也称加权)。

权重系数可通过经验法和多因素统计法获得，其中，经验法较为普遍。

如果各因素对运输方式的选择具有同样重要性，则运输方式的综合评价值 F 为

$$F=F_1+F_2+F_3+F_4$$

由于货物形状、价格、交货日期、运输批量和交货地点不同，因此可以通过给这些评价因素赋予不同的权重加以区别。例如，评价因素的权重分别为 b_1、b_2、b_3、b_4，则运输方式的综合评价值 F 可表示为

$$F = b_1F_1 + b_2F_2 + b_3F_3 + b_4F_4$$

(3) 选择适当模型计算综合评价指标，即运输方式的综合重要度。通常候选的运输方式有四种：公路、铁路、水路和航空运输。可用 G、T、S 和 H 分别表示公路、铁路、水路

和航空运输的综合重要度，于是有

$$F(G)=b_1F_1(G)+b_2F_2(G)+b_3F_3(G)+b_4F_4(G)$$
$$F(T)=b_1F_1(T)+b_2F_2(T)+b_3F_3(T)+b_4F_4(T)$$
$$F(S)=b_1F_1(S)+b_2F_2(S)+b_3F_3(S)+b_4F_4(S)$$
$$F(H)=b_1F_1(H)+b_2F_2(H)+b_3F_3(H)+b_4F_4(H)$$

(4) 比较和选择，即根据综合评价指标值或分值的大小，对被评价对象进行排序，并由此得出结论。比较四种运输方式的综合重要度 G、T、S 和 H，数值大的为最终选择。

(三) 举例

【例 5-2】 选取南疆线某铁路路线为实际工程案例，南疆线东起巴音郭楞蒙古自治州的轮台县，西至阿克苏地区的库车市，全长约为 89.1 km。这段铁路线路的速度目标值应根据地形平坦开阔、部分地区曲线较大、桥梁分布稀疏及对沿线生态环境的影响等方面确定，线速目标值在 120 km/h 至 160 km/h 之间。其中已知表 5-8 和表 5-9 所示的信息，要求应用密切值法对铁路选线方案进行选择。

表 5-8　铁路选线优选评价体系总组成及指标之间的权重值表

	项　目	评价指标
铁路选线方案优选	技术层(0.178)	线路总长度(0.21)
		最小曲线半径(0.16)
		大中桥总长(0.21)
		土石方量(0.42)
	经济层(0.462)	线路相关工作量(0.12)
		工程总投资额(0.16)
		主要工程量(0.20)
		拆迁及占地费用(0.09)
		预备费及其他相关费用(0.43)
	环境影响(0.0862)	对噪声的影响(0.41)
		对生态系统的影响(0.29)
		对名胜古迹的影响(0.11)
		对水环境的影响(0.13)
		铁路网络的布局(0.06)
	社会效益(0.2738)	满足地方需求(0.41)
		客货运量(0.15)
		城市规划影响(0.15)
		改善工业布局(0.29)

表 5-9　南疆线某段铁路速度目标方案数据比较表

项目	评价指标	方案 1 双线，120 km/h	方案 2 双线，160 km/h	方案 3 双线，200 km/h
技术层	线路总长度	89.2	89.18	88.9
	最小曲线半径	2800	2800	2800
	大中桥总长	2384.5	2585.7	2869.24
	土石方量	310.31	327.68	295.85
经济层	线路相关工作量	101.31	114.9	116.18
	工程总投资额	7969.4	8901.2	11 521.9
	主要工程量	46 134	59 640	64 890
	拆迁及占地费用	1886.48	3681.59	3021.82
	预备费及其他相关费用	6955.3	8069.2	9984.6
环境影响	对噪声的影响	0.2	0.7	0.1
	对生态系统的影响	0.3	0.5	0.2
	对名胜古迹的影响	0.5	0.8	0.7
	对水环境的影响	0.6	0.7	0.8
	铁路网络的布局	0.1	0.8	0.9
社会效益	满足地方需求	0.2	0.8	0.9
	客货运量	0.2	0.7	0.8
	城市规划影响	0.7	0.8	0.6
	改善工业布局	0.5	0.8	0.8

求解过程：

(1) 确定影响运输方式选择的因素，即评价指标体系。显然，本案例是从技术层、经济层、环境影响、社会效益四个方面考虑评价指标的，如表 5-10 所示。

表 5-10　评价指标体系

项　　目	评 价 指 标
技术层	线路总长度
	最小曲线半径
	大中桥总长
	土石方量
经济层	线路相关工作量
	工程总投资额
	主要工程量
	拆迁及占地费用
	预备费及其他相关费用

续表

项　　目	评价指标
环境影响	对噪声的影响
	对生态系统的影响
	对名胜古迹的影响
	对水环境的影响
	铁路网络的布局
社会效益	满足地方需求
	客货运量
	城市规划影响
	改善工业布局

(2) 确定指标体系中各指标的权数。本案例中已经给出了各指标的权数，所以此步骤省略。

(3) 选择适当模型计算综合评价指标。本案例中明确了使用密切值法对铁路选线方案进行选择。具体内容如下：

① 建立原始数据指标矩阵。

$$\left[\begin{array}{cccccccccccccccccc} 89.2 & 2800 & 2384.5 & 310.31 & 101.31 & 7969.4 & 46134 & 1886.48 & 6955.3 & 0.2 & 0.3 & 0.5 & 0.6 & 0.1 & 0.2 & 0.2 & 0.7 & 0.5 \\ 89.18 & 2800 & 2585.7 & 327.68 & 114.9 & 8901.2 & 59640 & 3681.59 & 8069.2 & 0.7 & 0.5 & 0.8 & 0.7 & 0.8 & 0.8 & 0.7 & 0.8 & 0.8 \\ 88.9 & 2800 & 2869.24 & 295.85 & 116.18 & 11521.9 & 64890 & 3021.82 & 9984.6 & 0.1 & 0.2 & 0.7 & 0.8 & 0.9 & 0.9 & 0.8 & 0.6 & 0.8 \end{array}\right]$$

② 建立同向指标矩阵。本题每个指标的权重都越大越好，属于正向指标。同向指标矩阵如下：

$$\left[\begin{array}{cccccccccccccccccc} 89.2 & 2800 & 2384.5 & 310.31 & 101.31 & 7969.4 & 46134 & 1886.48 & 6955.3 & 0.2 & 0.3 & 0.5 & 0.6 & 0.1 & 0.2 & 0.2 & 0.7 & 0.5 \\ 89.18 & 2800 & 2585.7 & 327.68 & 114.9 & 8901.2 & 59640 & 3681.59 & 8069.2 & 0.7 & 0.5 & 0.8 & 0.7 & 0.8 & 0.8 & 0.7 & 0.8 & 0.8 \\ 88.9 & 2800 & 2869.24 & 295.85 & 116.18 & 11521.9 & 64890 & 3021.82 & 9984.6 & 0.1 & 0.2 & 0.7 & 0.8 & 0.9 & 0.9 & 0.8 & 0.6 & 0.8 \end{array}\right]$$

③ 建立标准化矩阵。根据公式计算标准化值如下：

$$r_{ij} = \frac{a_{ij}}{\sqrt{\sum_{i=1}^{n} a_{ij}^2}} \qquad i = 1, 2, 3, \cdots, m; \; j = 1, 2, 3, \cdots, n$$

例如，$r_{11} = 89.2/\sqrt{89.2^2 + 89.18^2 + 88.9^2} = 0.5780$ 的结果如下：

$$\left[\begin{array}{ccccccccc} 0.5780 & 0.5774 & 0.5253 & 0.5750 & 0.5269 & 0.4801 & 0.4638 & 0.3682 & 0.4764 \\ 0.5779 & 0.5774 & 0.5696 & 0.6072 & 0.5976 & 0.5363 & 0.5995 & 0.7187 & 0.5527 \\ 0.5761 & 0.5774 & 0.6321 & 0.5483 & 0.6043 & 0.6942 & 0.6523 & 0.5899 & 0.6838 \end{array}\right.$$

$$\begin{matrix} 0.2722 & 0.4867 & 0.4256 & 0.4915 & 0.0828 & 0.1638 & 0.1849 & 0.5735 & 0.4042 \\ 0.9526 & 0.8111 & 0.6810 & 0.5735 & 0.6621 & 0.6554 & 0.6472 & 0.6554 & 0.6468 \\ 0.1361 & 0.3244 & 0.5959 & 0.6554 & 0.7448 & 0.7373 & 0.7396 & 0.4915 & 0.6468 \end{matrix}\right]$$

④ 确定各评价指标的最优点集和最劣点集。可以把最优点集标红色，把最劣点集标紫色：

$$\left[\begin{matrix} 0.5780 & 0.5774 & 0.5253 & 0.5750 & 0.5269 & 0.4801 & 0.4638 & 0.3682 & 0.4764 \\ 0.5779 & 0.5774 & 0.5696 & 0.6072 & 0.5976 & 0.5363 & 0.5995 & 0.7187 & 0.5527 \\ 0.5761 & 0.5774 & 0.6321 & 0.5483 & 0.6043 & 0.6942 & 0.6523 & 0.5899 & 0.6838 \end{matrix}\right.$$

$$\left.\begin{matrix} 0.2722 & 0.4867 & 0.4256 & 0.4915 & 0.0828 & 0.1638 & 0.1849 & 0.5735 & 0.4042 \\ 0.9526 & 0.8111 & 0.6810 & 0.5735 & 0.6621 & 0.6554 & 0.6472 & 0.6554 & 0.6468 \\ 0.1361 & 0.3244 & 0.5959 & 0.6554 & 0.7448 & 0.7373 & 0.7396 & 0.4915 & 0.6468 \end{matrix}\right]$$

因此，最优点集 r_j^+ 为

$$[0.5780 \quad 0.5774 \quad 0.6321 \quad 0.6072 \quad 0.6043 \quad 0.6942 \quad 0.6523 \quad 0.7187 \quad 0.6838$$
$$0.9526 \quad 0.8111 \quad 0.6810 \quad 0.6553 \quad 0.7448 \quad 0.4801 \quad 0.7396 \quad 0.6554 \quad 0.6468]$$

最劣点集 r_j^- 为

$$[0.5761 \quad 0.5774 \quad 0.5253 \quad 0.5483 \quad 0.5269 \quad 0.4801 \quad 0.4638 \quad 0.3682 \quad 0.4764$$
$$0.1361 \quad 0.3244 \quad 0.4256 \quad 0.4915 \quad 0.0828 \quad 0.1638 \quad 0.1849 \quad 0.4915 \quad 0.4042]$$

⑤ 计算密切程度。根据表 5-8 计算各指标的权重 W_1，如线路总长度的权重 $=0.178\times 0.21\approx 0.0374$，以此类推，计算结果如表 5-11 所示。

表 5-11　各指标权重的计算结果

线路总长度	最小曲线半径	大中桥总长	土石方量	线路相关工作量	工程总投资额	主要工程量	拆迁及占地费用	预备费及其他相关费用
0.0374	0.0285	0.0374	0.0748	0.0554	0.0739	0.0924	0.0416	0.1987
对噪声的影响	对生态系统的影响	对名胜古迹的影响	对水环境的影响	铁路网络的布局	满足地方需求	客货运量	城市规划影响	改善工业布局
0.0353	0.0250	0.0095	0.0112	0.0052	0.1123	0.0411	0.0411	0.0794

因此，可得指标矩阵为

$$[0.0374 \quad 0.0285 \quad 0.0374 \quad 0.0748 \quad 0.0554 \quad 0.0739 \quad 0.0924 \quad 0.0416 \quad 0.1987$$
$$0.0353 \quad 0.0250 \quad 0.0095 \quad 0.0112 \quad 0.0052 \quad 0.1123 \quad 0.0411 \quad 0.0411 \quad 0.0794]$$

将前面所得到的标准化值 r_{ij}、最优点集 r_j^+、最劣点集 r_j^-、指标权重 W_1 代入下面的欧几里得(Euclid)绝对距离(简称欧氏距离)计算公式，可得出最大和最小欧氏距离。

欧几里得绝对距离计算公式为

$$d_i^+ = \sqrt{\sum_{j=1}^{m} W_j^2 \left(r_{ij} - r_j^+\right)^2}$$

$$d_i^- = \sqrt{\sum_{j=1}^{m} W_j^2 \left(r_{ij} - r_j^-\right)^2}$$

得出最大和最小欧氏距离如表 5-12 所示。

表 5－12　最大和最小欧氏距离计算结果

欧氏距离	方案 1	方案 2	方案 3
最大欧氏距离	0.0755	0.4419	0.334 96
最小欧氏距离	0.41	0.0748	0.3681

⑥ 计算密切值。根据密切程度计算密切值，公式为

$$d^+ = \min_{1\leqslant i\leqslant n}\{d_i^+\},\ d^- = \max\{d_i^-\}$$

则密切值为

$$C_i = \frac{d_i^+}{d^+} - \frac{d_i^-}{d^-}$$

计算得

$$d^+ = \min\{0.0755,\ 0.4419,\ 0.334\ 96\} = 0.0755$$

$$d^+ = \max\{0.41,\ 0.0748,\ 0.3681\} = 0.41$$

$$C_1 = 0,\ C_2 = 5.67,\ C_3 = 3.54$$

C_i 值越小，表示该评价单元与最优点越密切。当 $C_i=0$ 时，质量最佳，即为最优点。所以，方案优先级排序为方案 1＞方案 3＞方案 2，最优方案为方案 1。

任务三　单车辆路径优化

运输路径优化问题分为单车辆运输路径优化和多车辆运输路径优化。优化的目标可以是行车时间最短、距离最短或运输费用最小，一般统称为最短路径问题。

单车辆运输路径优化主要是对单一运输车辆从起点到终点间的最短行车路线进行规划和优化。

单车辆运输路径优化问题可分为两种类型：

(1) 起讫点相同的车辆路径问题；

(2) 起讫点不同的车辆路径问题。

一、起讫点相同的单车辆路径优化

（一）问题介绍

1. 问题描述

一辆货车从某设施点出发，为一定数量的顾客提供送货服务后，经常还必须返回到原出发点以进行相关手续的交接。这种情况下的线路问题就是起讫点重合的线路问题，即一辆车的行走路线是一个闭回路。例如，企业使用自有货车进行运输、从某配送中心送货到各零售点后再返回、市政垃圾的收运、流动售货车的行驶等，都会碰到行车路线如何设计的问题。

2. 模型

旅行商问题 TSP、中国邮递员问题等都是起讫点重合的单车辆运输问题。起讫点重合

的线路设计的一般原则和要求是：

（1）车辆要经过所有的点；

（2）行驶时间最短或总距离最短。

以 TSP 问题为例，如图 5-4 所示，模型可描述为：在一个由 n 个节点构成的网络中，要求找出一个包括所有节点且耗费最小(距离最短或时间代价最小)的环路。

一个环路也就是一个回路，既然回路是包含了所有节点的一个循环，因此可以将任何一个节点作为起点和终点。

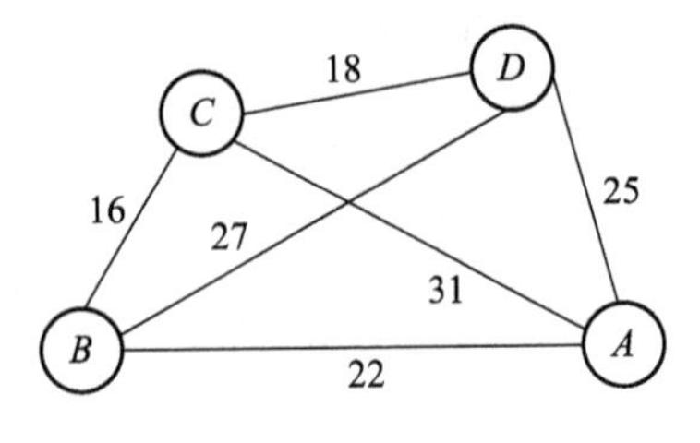

图 5-4　TSP 问题模型示意图

3. 求解方法

（1）如果节点数目较少，可运用简单贪婪算法或穷举法求解，且穷举法可以得到最佳方案。

（2）对于中小规模的 TSP 问题，利用运筹学中的分枝定界法和奇偶点图上作业法进行求解也比较有效。

（3）由于枚举的次数为$(n-1)!/2$次，所以对于大规模节点的路径优化问题，一般很难获得最优解，只能通过启发式算法(Hopfield 神经网络方法、遗传算法等)获得近似最优解。

本书主要介绍分枝定界法、简单贪婪算法和奇偶点图上作业法。

（二）分枝定界法的 TSP 问题求解

1. 旅行商问题介绍

有若干个城市，任何两个城市之间的距离都是确定的，现要求一旅行商从某城市出发，必须经过每一个城市且在一个城市只逗留一次，最后回到出发的城市，如何事先确定一条最短的线路，以保证其旅行费用最少？

旅行商问题又称为旅行推销员问题、货郎担问题，简称为 TSP 问题，是最基本的路线问题，求解方法主要有枚举法、分枝定界法、简单贪婪算法等。

首先，每个城市都必须被访问；其次，要使总路径最短，各城市最好只被访问一次。按照这两个要求，可建立 TSP 问题的 0-1 整数规划模型。

1）决策变量X_{ij}

决策变量 X_{ij} 表示路段(i, j)是否在线路上，即顶点 i 与顶点 j 是否直接相通。$X_{ij}=0$ 表示从 i 到 j 无通路；$X_{ij}=1$ 表示从 i 到 j 有通路，X_{ji} 同理。令 C_{ij} 表示车辆对应路段(i, j)所花的代价，如时间、距离或费用等。

2）目标函数

以总的行驶代价最小为目标，即

$$\min Z = \sum_{i=1}^{m} \sum_{j=1}^{n} C_{ij} X_{ij}$$

3）约束条件

（1）要求各城市仅被访问一次，表示为

$$\sum_{i=1}^{m} X_{ij} = 1 \qquad \forall_i = 1, 2, \cdots, m$$

$$\sum_{j=1}^{n} X_{ij} = 1 \qquad \forall_j = 1, 2, \cdots, n$$

$$X_{ij} \in \{0, 1\}$$

(2) 不能出现子回环，表示为

$$X_{ij} + X_{ji} \leqslant 1 \qquad \forall_i = 1, 2, \cdots, m; \forall_j = 1, 2, \cdots, n$$

2. 分枝定界法介绍

分枝定界法(Branchand Bound)是由三栖学者查理德·卡普(Richard M. Karp)在20世纪60年代发明的，该法成功求解了含有65个城市的旅行商问题，创下了当时的纪录。“分枝”即把全部可行解空间反复地分割为越来越小的子集，“定界”即对每个子集内的解集计算一个目标下界(对于最小值问题)。

分枝定界法的主要思路是：在每次分枝后，对凡是界限超出已知可行解的那些子集不再做进一步分枝(这称为剪枝)，这样解的许多子集(即搜索树上的许多节点)就可以不予考虑，从而缩小了搜索范围。这一过程反复进行，直到找出可行解为止。该可行解的值不大于任何子集的界限，因此这种算法一般可以求得最优解。

分枝定界法是一种搜索与迭代的方法，可选择不同的分枝变量和子问题进行分枝，常用于求解整数规划问题。同时也能够应用在混合整数规划问题上，其基本思路是：以一般线性规划之单形法解得最佳解后，将非整数值的决策变量分割成最接近的两个整数，分列条件加入原问题中，形成两个子问题(或分枝)分别求解，如此便可求得目标函数值的上限(上界)或下限(下界)，从中寻得最佳解。

3. 分枝定界法的求解步骤

分枝定界法求解问题的逻辑示意图如图5-5所示。

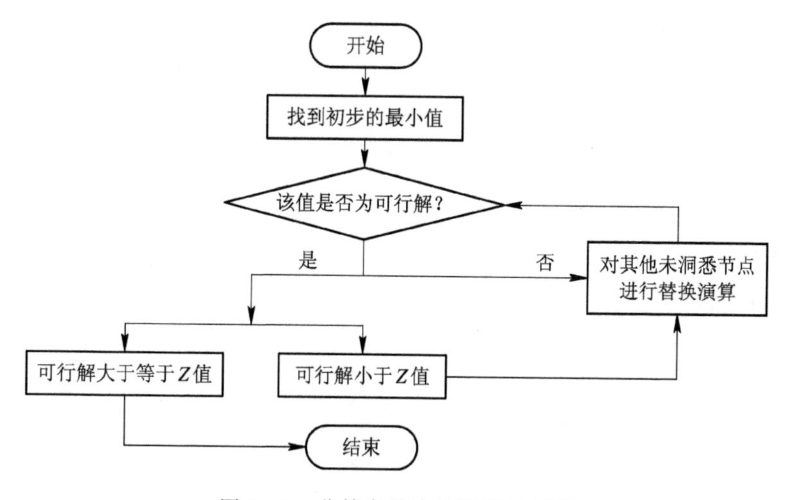

图5-5　分枝定界法的逻辑示意图

假设有 n 个城市节点，分枝定界法的步骤如下：

(1) 构建费用(代价)矩阵 $\boldsymbol{D}$，求得初始最短路径。构建一个 $n \times n$ 的费用(代价)矩阵 $\boldsymbol{D}$，将对角线以上的元素从小到大排列。

如果问题的目标为最小化，则设定目前最优解的值 $Z=\min$，取前 n 段路径的费用求和，即可得到初始最短路径。

(2) 判断可行解和最优解。因为旅行商问题要求旅行者遍历各城市一次且仅一次，所以最短路径中每个节点下标中的每个元素只能出现两次，满足此条件的解即为可行解。

如果初始最短路径满足可行解条件，则该初始最短路径即为最优解。

如果不是可行解，则根据分枝定界法进行替换验算，具体步骤如下：

① 对尚未被洞悉的节点按照费用从小到大依次排序。

② 进行第一轮替换验算。以最小费用尚未被洞悉的节点，依次去替换初始最短路径中不合理的节点，形成第一层新的分枝，并重新判断其是否为可行解。

③ 判断是否有可行解。

如果第一层新分枝中无可行解，则直接进入第二轮替换验算。

如果第一层新分枝中有可行解，则计算该可行解对应节点的下限值(Lower Bound，即为可行最短路径的最小费用)，找出最小下限值。

如果最小下限值≥Z 值，则停止验算，该最小下限值对应的可行解即为最优解。如果最小下限值<Z 值，则更新 Z 值，来到第二轮替换验算。

④ 进行第二轮替换验算。以下一个最小费用尚未被洞悉的节点重复步骤②③，继续替换验算，直到没有尚未被洞悉的节点为止。

如果最后一层新分枝中仍无可行解，则说明不可能包含可行解，验算停止。如果最后一层新分枝中有可行解，则该最小下限值对应的可行解即为最优解，验算停止。

4. 举例

分枝定界法

【例 5-3】 设有 5 个城市 v_1，v_2，v_3，v_4，v_5，从某一城市出发，遍历各城市一次且仅一次，最后返回原地，求最短路径。

费用矩阵如下：

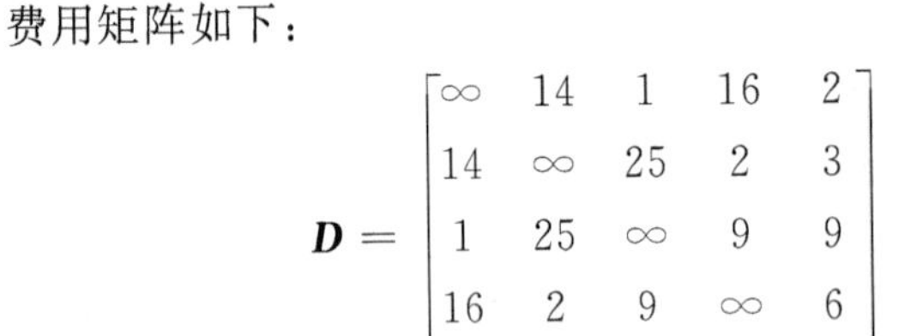

$$\boldsymbol{D}=\begin{bmatrix} \infty & 14 & 1 & 16 & 2 \\ 14 & \infty & 25 & 2 & 3 \\ 1 & 25 & \infty & 9 & 9 \\ 16 & 2 & 9 & \infty & 6 \\ 2 & 3 & 9 & 6 & \infty \end{bmatrix}$$

求解过程：

(1) 构建费用(代价)矩阵 $\boldsymbol{D}$，求得初始最短路径。本案例已经给出了费用矩阵 $\boldsymbol{D}$，即

$$\boldsymbol{D}=\begin{bmatrix} \infty & 14 & 1 & 16 & 2 \\ 14 & \infty & 25 & 2 & 3 \\ 1 & 25 & \infty & 9 & 9 \\ 16 & 2 & 9 & \infty & 6 \\ 2 & 3 & 9 & 6 & \infty \end{bmatrix}$$

由于本案例中涉及 5 座城市，需要求得 5 段路径费用的最小可行解。

将矩阵 $\boldsymbol{D}$ 对角线以上的元素从小到大排列为

$$d_{13}, d_{15}, d_{24}, d_{25}, d_{45}, d_{34}, d_{35}, d_{12}, d_{14}, d_{23}$$

显然，前 5 段路径的费用最少，取最小的 5 个费用求和得

$$d_{13}+d_{15}+d_{24}+d_{25}+d_{45}=14$$

可表示为

$$\begin{bmatrix} d_{13} & d_{15} & d_{24} & d_{25} & d_{45} \\ & & 14 & & \end{bmatrix}$$

(2) 判断可行解和最优解。因为要求遍历各城市一次且仅一次，所以每个节点的下标在选中的所有元素中各出现两次。

在最小值选定的 5 个点 d_{13}，d_{15}，d_{24}，d_{25}，d_{45} 中，显然 5 出现了 3 次，而 3 只出现了 1 次，因此不符合要求，最短路径不可行，进入替换验算。

为了得到最短路径，将尚未被洞悉的要素 d_{34}，d_{35}，d_{12}，d_{14}，d_{23} 对原最小值所选定的元素进行替换。

为确保在达到要求的前提下总和最小，按从小到大的顺序进行替换，即 d_{34}，d_{35}，d_{12}，d_{14}，d_{23}，首先进行替换就是 d_{34}，替换结果如图 5-6 所示。

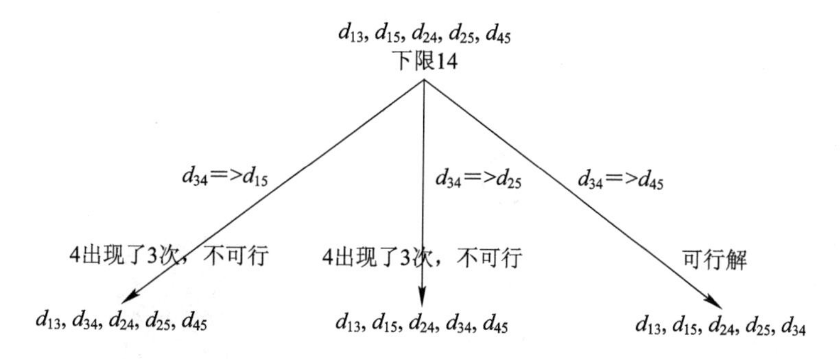

图 5-6　第一次替换结果

计算可行解对应的新分枝 d_{13}，d_{15}，d_{24}，d_{25}，d_{34} 的下限值：

$$d_{13}+d_{15}+d_{24}+d_{25}+d_{34}=17$$

这个唯一可行解对应的下限，就是最小下限。

明显地，该最小下限值 $17 \geqslant Z_{\min}=14$，则停止验算，该最小下限值对应的可行解即为最优解，结果分析如图 5-7 所示。

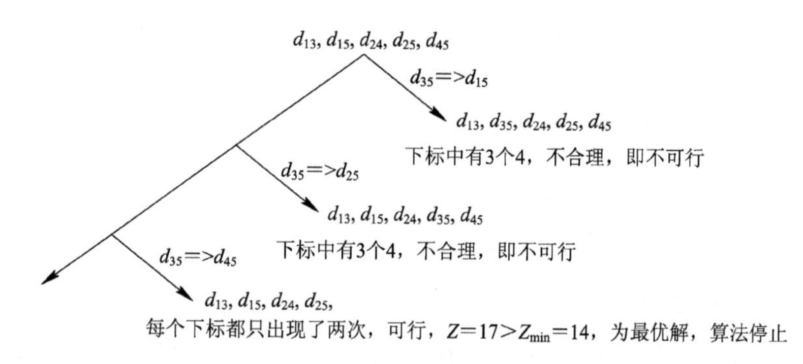

图 5-7　最优解分析示意图

故最佳路径为 d_{13}，d_{15}，d_{24}，d_{25}，d_{34} 对应的 $v_1 \to v_3 \to v_4 \to v_2 \to v_5 \to v_1$。

（三）简单贪婪算法的 TSP 问题求解

1. 简单贪婪算法介绍

简单贪婪算法在对问题进行求解时，总是做出当前情况下的最好选择，每次选择得到的都是局部最优解。选择的策略必须具备无后效性，即某个状态以前的过程不会影响以后的状态，只与当前状态有关。

2. 算法步骤

(1) 从某一个城市开始，每次选择一个城市，直到走完所有的城市。

(2) 每次在选择下一个城市的时候，只考虑当前情况，保证迄今为止经过的路径总距离最小。

(3) 如果所有位置都被选择了，则停止，否则返回到第(2)步。

3. 举例

【例 5-4】 如图 5-8 所示，要求车辆从配送中心 A 出发，送货到 B、C、D 三个客户后再返回配送中心。任意两点间的距离已知，即线段上的数字，用简单贪婪算法求最佳配送路径。

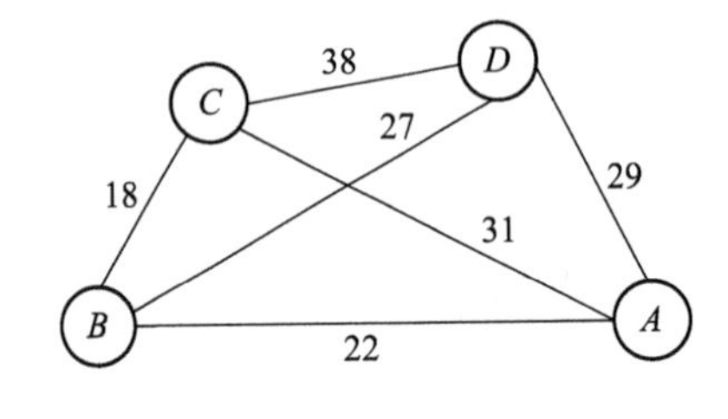

图 5-8　路网示意图

简单贪婪算法

求解过程：

(1) 选择距出发点最近的顾客位置。由于 B 点距 A 点最近，故先选择 B 点。

(2) 从剩下的节点中选择离当前已选择节点最近的顾客，即找出离 B 点最近的点，由图可知是 C 点。

(3) 如果所有位置都被选择了，则停止，否则返回到第(2)步。明显地，由于只剩下 D 点没被选择，所以 D 点成为继 C 点之后的顾客，然后返回 A。

这样，图中的最佳送货路线为 $A-B-C-D-A$，总行驶距离 $=22+18+38+45=123$。

（四）奇偶点图上作业法的中国邮递员问题求解

1. 中国邮递员问题介绍

中国邮递员问题即中国邮路问题，是我国数学家管梅谷于 1960 年首次提出的。其问题模型可以描述为：一位邮递员从邮局选好邮件去投递，然后返回邮局，他必须经过由他负责投递的每条街道至少一次，为这位邮递员设计一条投递线路，使其耗时最少。

中国邮递员问题与七桥问题(一种著名的古典图论)联系很密切，七桥问题又称为一笔画问题，如图 5－9 所示。七桥问题模型可描述为：河中有两个岛屿，河的两岸和岛屿之间有七座桥相互连接。一般问法为：一个人怎样才能不重复、不遗漏地走过这七座桥，最终回到原出发地？

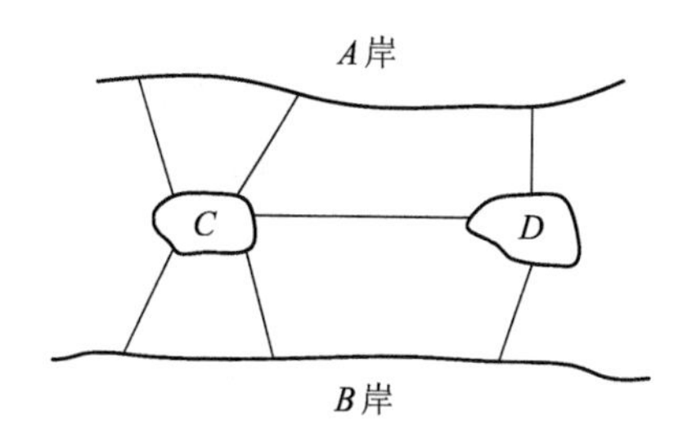

图 5－9　七桥问题示意图

中国邮递员问题与七桥问题这两个问题模型可以归结为：在平面上给出一个连通的线性图，要求将这个线性图从某点开始一笔画出（允许重复），并且最后仍回到起点，问怎样画才能使重复路线最短。

2. 奇偶点图上作业法介绍

1）奇偶点图上作业法的要点提炼

（1）给定一个连通多重图 G。

① 若存在一条链能过每边一次且仅一次，则称该链为欧拉链。

② 若存在一个简单圈能过每边一次且仅一次，则称该圈为欧拉圈。

③ 一个图若有欧拉圈，则称为欧拉图。显然，一个图若能一笔画出，这个图必然是欧拉图。

（2）连通多重图 G 有欧拉圈，当且仅当 G 中无奇点。

（3）连通多重图 G 有欧拉链，当且仅当 G 恰有 2 个奇点。

（4）如果在某邮递员所负责范围内的街道图中没有奇点，那么他就可以从邮局出发，走过每条街道一次且仅一次，最后回到邮局，这样他所走的路程就是最短的路程。

（5）对于有奇点的街道图，就必须在某些街道上重复走一次或多次。

（6）在任何一个图中，如有奇点，奇点个数必为偶数。因此，在图中，奇点可以配成对。

（7）因为图是连通的，因此，每一对奇点之间必有一条链，把这条链上所有边作为重复边加到图中去，形成的新连通图中必定无奇点，即可得到一个可行方案。

2）奇偶点图上作业法的定理

重复边总权最小的充分必要条件如下：

（1）每条边最多重复一次；

（2）对图 G 中每个初等圈来讲，重复边的长度之和不超过圈长的一半。重复边的总权最小，即为最优解。

3. 奇偶点图上作业法的步骤

（1）寻找初始可行方案。

① 先检查图中是否有奇点，如无奇点则已是欧拉图，找出欧拉回路即可。

② 如有奇点，把它们两两配成对。

每对奇点之间必有一条链（图是连通的），我们把这条链的所有边作为重复边追加到图中去，这样得到的新连通图必无奇点，这就给出了初始投递路线。

（2）调整可行方案，使重复边最多为一次，总长不断减少。

(3) 检查图中每个初等圈是否满足定理“每条边最多重复一次”和“对图 G 中每个初等圈来讲，重复边的长度之和不超过圈长的一半”，如不满足则调整到满足为止。

(4) 检查最终图形中的每个圈。若定理(1)(2)均已满足，则图中的欧拉回路就是最优路线。

奇偶点图上作业法

4. 举例

【例 5-5】 在图 5-10 中，V_1 是邮局所在地，$V_2 \sim V_9$ 是需要邮递员派件的位置，请通过奇偶点图上作业法求解最优路径方案。

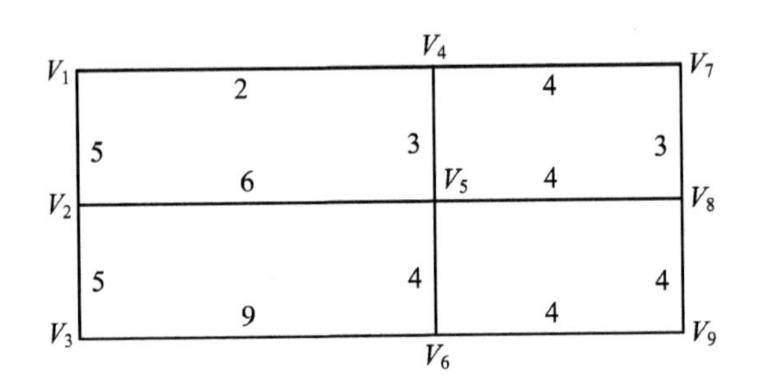

图 5-10 邮局以及派件位置示意图

求解过程：

在图 5-10 中，有四个奇点V_2、V_4、V_6、V_8 说明该图不是欧拉图，即图中无欧拉回路。因此，我们首先需要通过添加重复边得出一个有欧拉圈的欧拉图，作为第一个可行方案。

(1) 确定初始可行方案。

① 将四个奇点V_2、V_4、V_6、V_8 两两配对，比如V_2 和V_6 为一对，V_4 和 V_8 为一对。

② 在连接V_2 和V_6 的链中任取一条，如链(V_2，V_1，V_4，V_7，V_8，V_9，V_6)，再加入重复边(V_2，V_1)、(V_1，V_4)、(V_4，V_7)、(V_7，V_8)、(V_8，V_9)、(V_9，V_6)，如图 5-11 所示。

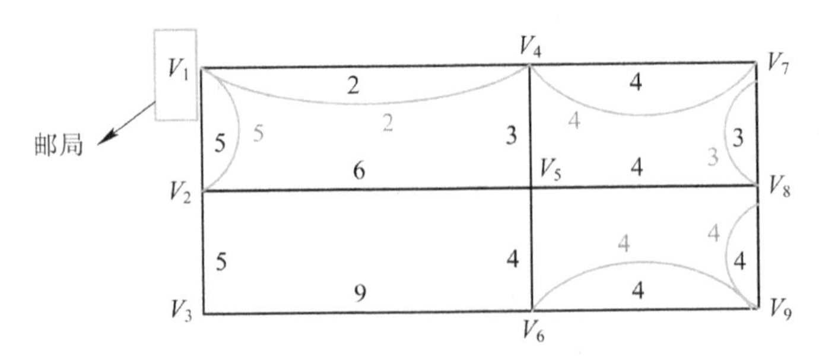

图 5-11 第一次添加重复边的结果

③ 同样任取连接V_4 和V_8 的一条链，如(V_4，V_1，V_2，V_3，V_6，V_9，V_8)，再加入重复边(V_4，V_1)、(V_1，V_2)、(V_2，V_3)、(V_3，V_6)、(V_6，V_9)、(V_9，V_8)，于是得到如图 5-12 所示的结果。

在新的连通图中，没有奇点，故它是欧拉图。对于这条邮递路线，重复边总权重为

$$2W_{12}+W_{23}+W_{36}+2W_{69}+2W_{98}+W_{87}+W_{74}+2W_{41}=51$$

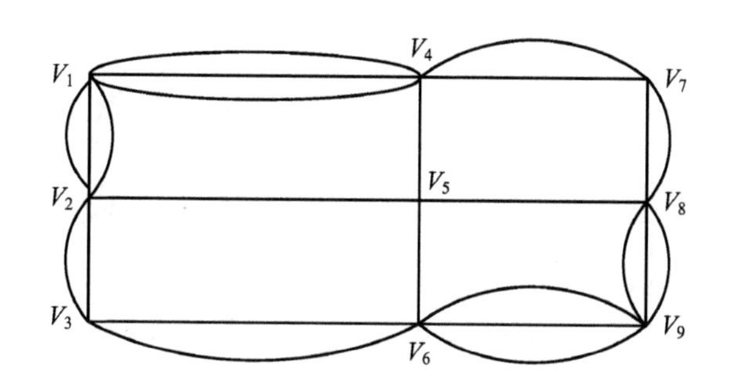

图 5-12　第二次添加重复边的结果

(2) 调整可行方案，使重复边最多为一次，总长度不断减少。

① 从图中可以看出，边(V_1，V_2)旁边有两条重复边，但是如果把它们都从图中去掉，所得到的连通图仍然无奇点，还是一个欧拉图，而总长度有所减少。

② 同理，去掉(V_1，V_4)、(V_6，V_9)、(V_9，V_8)旁边的重复边。

③ 从图 5-12 中去掉偶数条重复边得如图 5-13 所示的结果。

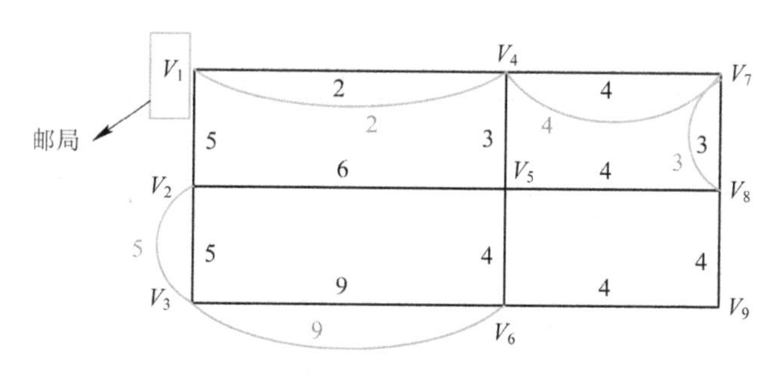

图 5-13　去掉偶数条重复边的结果

④ 此时重复边总权重减小为 $W_{23}+W_{36}+W_{47}+W_{78}=21$。

(3) 检查图中每个初等圈是否满足“图中每个圈上的重复边的总权不大于该圈总权的一半”，如不满足则调整到满足为止。

① 把图中某个圈上的重复边去掉，给原来没有重复的边加上重复边使得图中仍然没有奇点。

② 如果在某个圈上重复边的总权大于这个圈总权的一半，按照以上所说的做出调整，将会得到一个总权重减少的邮递路线。

如圈(V_2，V_3，V_6，V_5，V_2)中，重复边的总权重为 14，圈总长为 24，$14>\frac{1}{2}\times24$，因此做进一步调整。

③ 调整过程。去掉重复边(V_2，V_3)、(V_3，V_6)，加上重复边(V_2，V_5)、(V_5，V_6)，得到如图 5-14 所示的结果，此时重复边总权重减小为 10。

同理，圈(V_1，V_2，V_5，V_8，V_7，V_4，V_1)中，重复边的总权重为 13，圈总长为 24，$13>\frac{1}{2}\times24$，也需要调整。

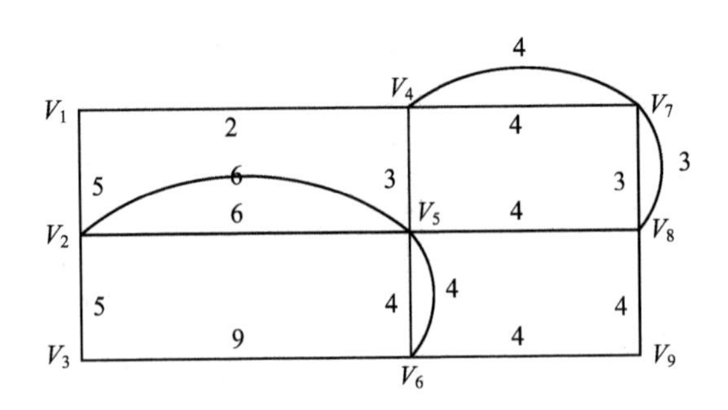

图 5-14　调整过后的结果

④ 继续调整。去掉重复边(V_4, V_7)、(V_7, V_8)、(V_2, V_5)，加上重复边(V_1, V_2)、(V_1, V_4)、(V_5, V_8)，如图 5-15 所示。

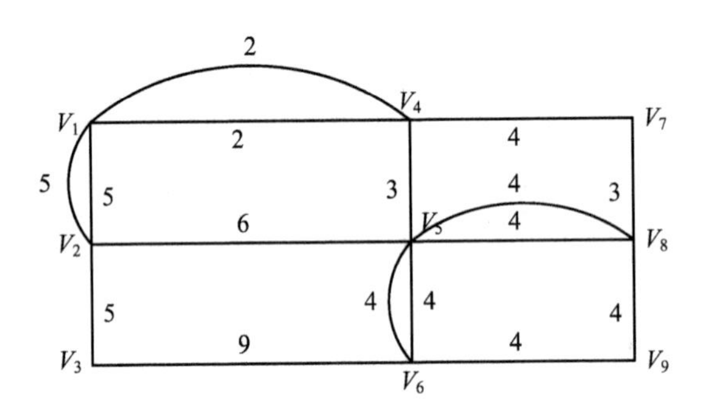

图 5-15　继续调整后的结果

此时该重复边的总权重为 11，小于该圈总长的一半。

(4) 检查最终图形中的每个圈。

经检查，图中每个圈都同时满足“图的每一边上最多有一条重复边”和“图中每个圈上的重复边的总权不大于该圈总权的一半”两个条件，所以，图中的任何一个欧拉回路都是邮递员的最优邮递路线。

二、起讫点不同的单车辆路径优化

(一) 问题介绍

1. 问题描述

现有 A、E 两座不同的城市，有一批货需要从 A 运送到 E，如何选择路径才能使得从 A 到 E 的距离最短，这就是起讫点不同的单车辆运输路径优化问题。

2. 模型

用节点代表经过的县市或站点，箭头表示两点间是连通的；箭头线上的数字表示两点间的运输代价，如图 5-16 所示。

运输代价可以是时间、距离或时间与距离的加权平均。以路径最短为目标构建模型，确定出从起点 A 到终点 E 的最佳运输路线，这类问题被归结为运筹学中的最短路径问题。

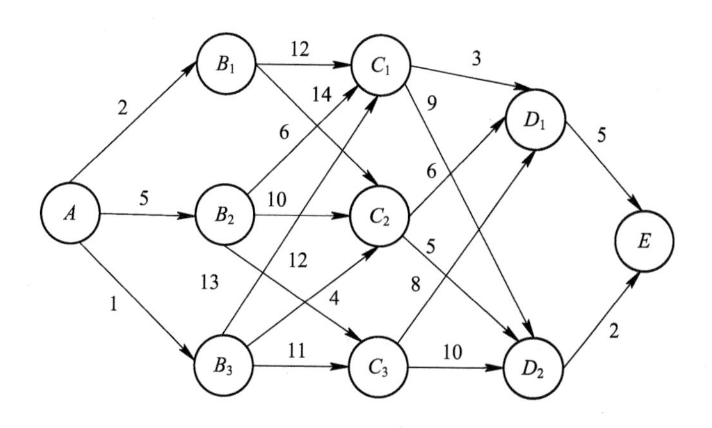

图 5－16　起讫点不同的单车辆运输问题示意图

3. 求解

要求解这类问题的最短线路，最直接的方法就是穷举法，如图 5－16 所示的网络中，从 A 到 E 的线路共计 16 条，全部列出来并逐一计算各线路的总距离进行比较，很快就能找出最短路是"$A \to B_2 \to C_1 \to D_1 \to E$"。当网络节点数较少的时候，穷举法是最有效的方法。但是，当节点增加后，可行方案呈指数倍增加，就需要借助其他方法来进行求解，主要有 *Dijkstra* 法、动态规划法、逐次逼近法等。本书主要介绍 *Dijkstra* 方法和动态规划法。

（二）Dijkstra 方法的最短路径问题求解

1. Dijkstra 方法介绍

Dijkstra 算法是由荷兰计算机科学家 E. W. Dijkstra 于 1959 年提出的，又叫标号法。是从一个顶点到其余各顶点的最短路径算法，解决的是有权图中最短路径问题。在此算法思想基础上，人们演绎出了几十种不同的路径优化算法，尽管如此，Dijkstra 方法仍是目前求解最短路径问题最常用的方法。

Dijkstra 算法的主要特点是从起始点开始，采用贪婪算法的策略，每次遍历到距离始点最近且未访问过的顶点的邻接节点，直到扩展到终点为止。从广义上说，"最短路径"不单指"纯距离"意义上的最短路径，它可以是"经济距离"意义上的最短路径，"时间"意义上的最短路径，"网络"意义上的最短路径等。

在一个连通的网络图 $G=(V, E)$ 中，点集 $V=\{v_1, v_2, v_3, \cdots, v_n\}$，边集 $E=\{e_1, e_2, \cdots, e_m\}$，Dijkstra 算法适合于每条边上权数 c_{ij} 不小于零的情况。该算法也称为双标号法，也就是对图中的每个点 v_j 赋予两个标号，即 T 标号和 P 标号。T 标号 $T(v_j)$ 表示从 v_1 到 v_j 的最短路长的上界，即最短路长不会超过此数，称为临时标号。P 标号 $P(v_j)$ 表示从起点 v_1 到 v_j 的最短路长，称为固定标号。

凡是已经得到 P 标号的点，则说明已求出 v_1 点到该点的最短路径；凡是没有得到 P 标号的点，就标上 T 标号。不断地进行搜索、计算，每一步都是将某一点的 T 标号变为 P 标号的过程。直至求出了终点的 P 标号，所有的顶点都成为固定标号顶点时，整个网络的最短路径也就找到了。

Dijkstra 算法基于这样一个基本原理：若点序列 $\{v_s, v_1, v_2, v_3, \cdots, v_n\}$ 是从 v_s 到 v_n

的最短路径，则$\{v_s, v_1, v_2, v_3, \cdots, v_{n-1}\}$必定是从$v_s$到$v_{n-1}$的最短路径。

2. 步骤

(1) 给起点V_1标上P标号$P(V_1)=0$，表示从V_1到V_1的距离为0；其余各点标上T标号，且$T(V_j)=+\infty$。

(2) 设V_i是刚得到P标号的点，考虑所有以V_i为起始点的弧的终点V_j，在一个无向图中，就是考虑所有与V_i直接相连的T标号的点V_j；按照下式修改V_j的T标号：

$$T_{新}(V_j)=\min\{T_{旧}(V_j), P(v_i)+c_{ij}\}$$

(3) 若所有的点都是P标号点，则计算结束，即已求出从起点到各点的最短距离。否则选择一个距离最小的T标号点，将其修改为P标号点(如果遇到同时有多个T标号点的标号值为最小，任选一个为P标号点即可)。再转向步骤(2)，继续修改T标号点，直到所有点都变成P标号点。

标号法的最短路径求解

若一次有多个距离最小的T标号点，可以从中任选一个作为P标号点，也可以同时标定。

3. 举例

【例5-6】 图5-17所示是从O点到T点的道路网络图，货运车辆必须沿此网络中的道路行驶。求从O点到T点的最佳行驶路线及最短距离。

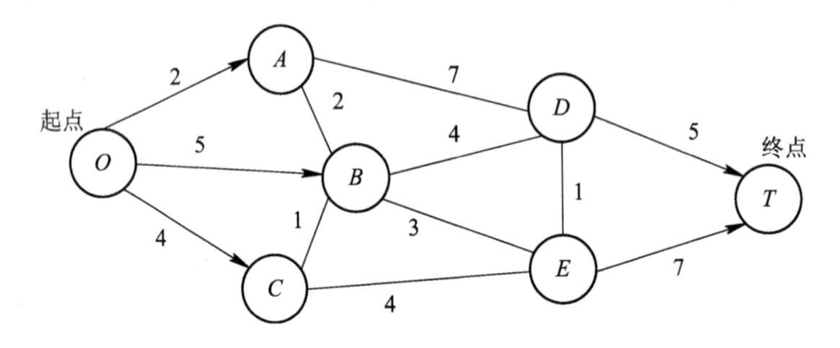

图5-17 某公路运输的路网示意图

求解过程：

(1) 给起点O标上P标号$P(O)=0$，其余各点标上T标号，且$T=+\infty$，如图5-18所示。

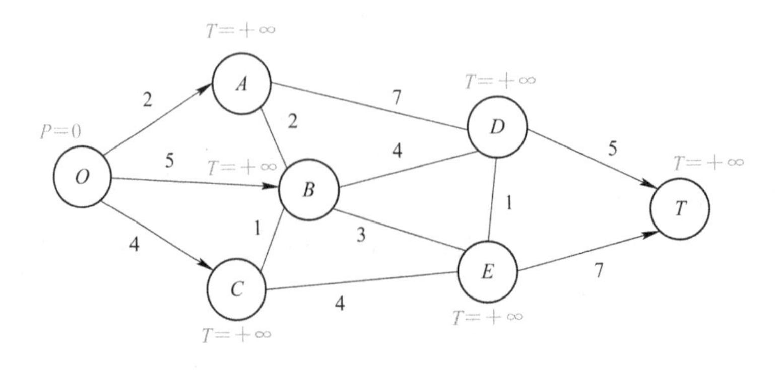

图5-18 第一轮标号结果示意图

(2) 考虑所有与 O 点直接相连的 T 标号的点，即 A、B、C 三点，修改这三点的 T 标号：

$$T_{新}(A) = \min\{T_{旧}(A), P(O) + C_{OA}\} = \min\{+\infty, 0+2\} = 2$$
$$T_{新}(B) = \min\{T_{旧}(B), P(O) + C_{OB}\} = \min\{+\infty, 0+5\} = 5$$
$$T_{新}(C) = \min\{T_{旧}(C), P(O) + C_{OC}\} = \min\{+\infty, 0+4\} = 4$$

修改结果如图 5-19 所示。

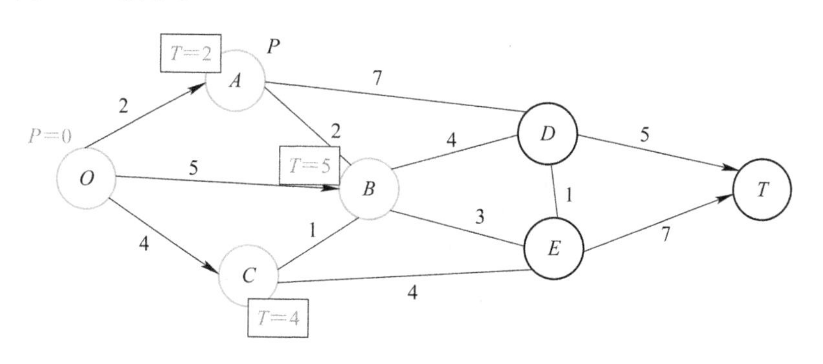

图 5-19　第一次调整标号的结果示意图

将修改的 T 标号值填入表中。现在，在所有的 T 标号的点中，最小值是 $T_{新}(A)=2$，所以将 A 点改为 P 标号，见表 5-13 中的步骤②。

表 5-13　Dijkstra 算法 T 标号点的标号步骤

步骤	O	A	B	C	D	E	T
①	P=0	T=+∞	T=+∞	T=+∞	T=+∞	T=+∞	T=+∞
②		(P=)T=2	T=5	T=4	T=+∞	T=+∞	T=+∞
③			T=4	(P=)T=4	T=9	T=+∞	T=+∞
④			(P=)T=4		T=9	T=8	T=+∞
⑤					T=8	(P=)T=7	T=+∞
⑥					(P=)T=8		T=14
⑦							(P=)T=13

当 T 标号相同时，任选一个先标 P 标号均可。

(3) 重复上述步骤(2)，继续修改 T 标号，直到所有的点都变成 P 标号时计算方才完成，如图 5-20 所示。

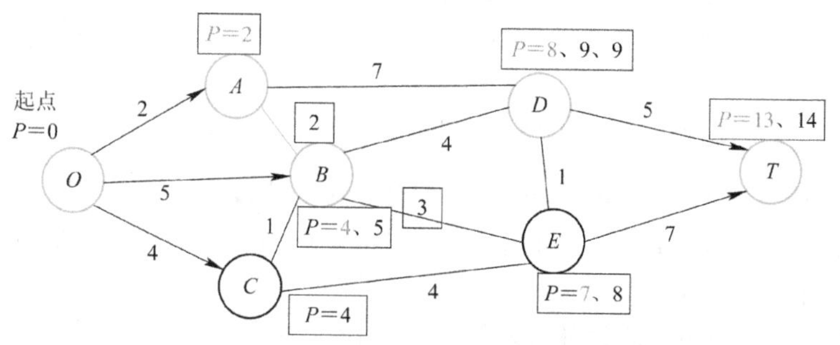

图 5-20　第二次调整标号的结果示意图

最终处理好的结果如图 5-21 所示。

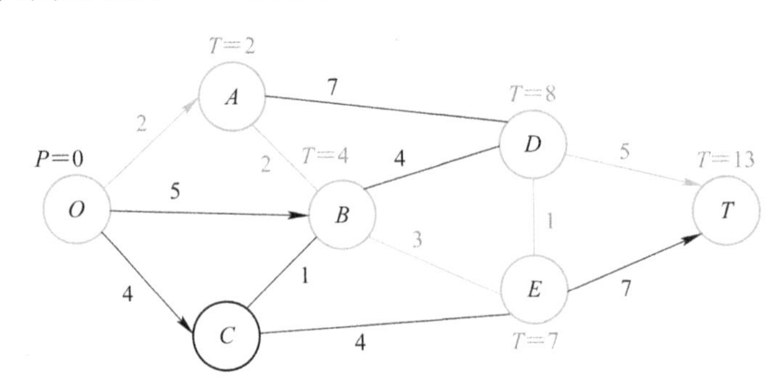

图 5-21 最终结果示意图

由图 5-21 可知最短路线为 $O\to A\to B\to D\to T$，最短距离长为 13。此外，还有另一个方案 $O\to A\to B\to E\to D\to T$，最短距离也是 13，但是增加了 1 个节点，从运输网络规划原则来看，应尽可能减少中间节点，所以最短路线方案仍然是 $O\to A\to B\to D\to T$ 。

（三）动态规划法的最短路径问题求解

1. 方法介绍

在现实生活中，有一类活动由于它的特殊性，可将过程分成若干个互相联系的阶段，在它的每一阶段都需要作出决策，从而使整个过程达到最好的活动效果。因此各个阶段决策的选取不能任意确定，它依赖于当前面临的状态，又影响以后的发展。当各个阶段决策确定后，就组成一个决策序列，因而也就确定了整个过程的一条活动路线，这种把一个问题看作一个前后关联且具有链状结构的多阶段过程称为多阶段决策过程，这种问题称为多阶段决策问题。

在多阶段决策问题中，各个阶段采取的决策一般来说是与时间有关的，决策依赖于当前状态，又随即引起状态的转移，一个决策序列就是在变化的状态中产生出来的，故有“动态”的含义，这种解决多阶段决策最优化的过程被称为动态规划法。

动态规划(Dynamic Programming，DP)是运筹学的一个分支，是求解决策过程最优化的过程。20 世纪 50 年代初，美国数学家贝尔曼(R. Bellman)等人在研究多阶段决策过程的优化问题时，提出了著名的最优化原理，从而创立了动态规划。

动态规划的应用极其广泛，包括经济管理、生产调度、工程技术、最优控制、工业生产、军事以及自动化控制等领域，并在背包问题、生产经营问题、库存管理、资金管理问题、资源分配问题、设备更新问题、最短路径问题和复杂系统可靠性问题、排序问题、装载问题等中取得了显著的效果。

2. 步骤

(1) 根据网络结构特征将整个线路网络划分为多个阶段。

(2) 对每个阶段的决策问题求解。通常采用从终点到起点的逆序法进行决策，因此决策阶段编号是按逆序进行的。

以每一个阶段的初始状态为基础确定下一阶段的可选状态，并计算各状态的代价(指各状态点到终点的距离)，然后从中选择代价最小的状态。

（3）从最后一个阶段开始，将每个阶段决策的距离最短的点依次连接起来，即得到从起点到讫点的最短路线。

3. 举例

动态规划法求解最短路径问题

【例 5－7】 某货运公司要将一批货物从 A 市运送到 E 市。该公司根据这两个城市之间可选择的行车路线的地图，绘制了如图 5－22 所示的公路网络，图中的字母表示节点，节点代表经过的站点或城市，箭头代表两个节点之间的公路，箭头上的数字表明两点之间的运输里程。求 A 市到 E 市的最短路。

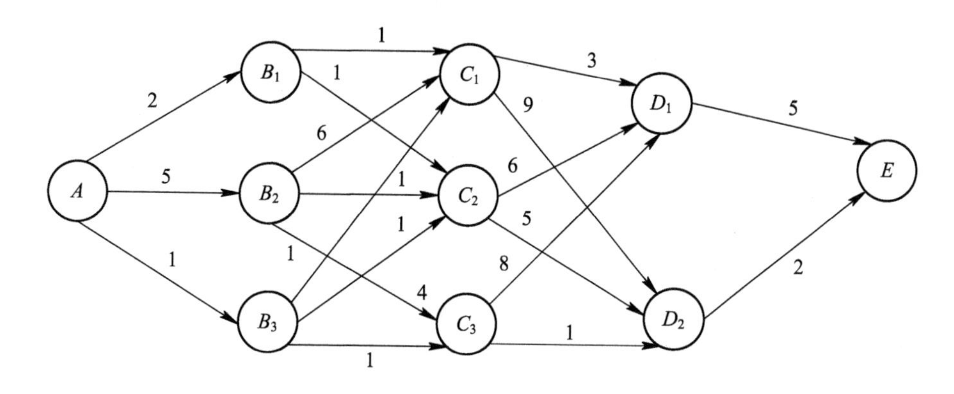

图 5－22　A 市到 E 市的公路网络示意图

求解过程：

（1）根据本案例中的公路网络情况，可将其分成四个阶段，如图 5－23 所示。

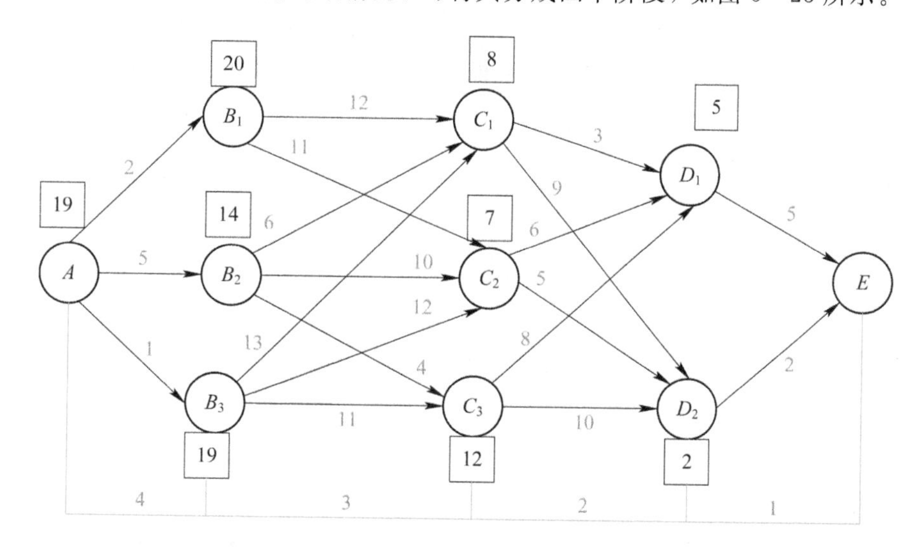

图 5－23　阶段划分示意图

（2）对每个阶段的决策问题求解，决策过程如表 5－14 所示。四个阶段的具体求解过程从后往前分别如下。

阶段 1：有两个可选状态 D_1 和 D_2，到终点的距离分别为 5 和 2。

阶段 2：从三个可选状态 C_1、C_2、C_3 中选择一个状态，使其经过 D_1 到达 E 的距离最短

(显然是 C_1 点，距离=8)，再从 C_1、C_2、C_3 中选择一个状态，使其经过 D_2 到达 E 的距离最短(即 C_2 点，距离=7)，将从该点到终点的最短距离写在节点旁的小方框中，如图 5-23 所示。

阶段 3：这一阶段可选状态是 B_1、B_2、B_3，从中选择一个状态，使其经过 C_1、C_2、C_3 到达 E 的距离最短。这里最短路径为 $B_2 \to C_1$、$B_2 \to C_2$、$B_2 \to C_3$，对应的最短距离分别是 14、17、16，即这一阶段的决策点为 B_2。

阶段 4：第 4 阶段的可选状态只有 A 点，使 A 点经过 B_1、B_2、B_3 到达 E 的距离最短，结果选 $A \to B_2$，总距离为 5+14=19。

表 5-14　多阶段决策过程表

输入节点	决策线路	输出节点	到终点 E 的最短距离
D_1	D_1E	E	5
D_2	D_2E	E	2
C_1	C_1D_1	D_1	8
D_2	C_2D_2	D_2	7
D_3	C_3D_3	D_2	12
B_1	B_1C_1	C_1	20
B_2	B_2C_2	C_1	14
B_3	B_3C_2	C_2	19
A	AB_2	B_2	19

(3) 从第 4 阶段开始，将每个阶段决策的距离最短的点依次连接起来，就得到了从 A 到 E 的最短距离，即 $A \to B_2 \to C_1 \to D_1 \to E$，最短距离为 5+6+3+5=19，得到最佳路线如表 5-15 所示。

表 5-15　最佳决策线路

阶段	4	3	2	1
决策路径	AB_2	B_2C_1	C_1D_1	D_1E

任务四　多车辆路径优化

一、多车辆路径优化问题介绍

(一) 问题描述

某货运中心要为 q 个客户提供服务，已知每个客户的地理位置及其货运需求量，货运中心需要调用多辆货车来满足这些客户的服务需求，每辆汽车的载重量一定。要求指派多辆货车，为每辆车分配一定的客户，并确定客户的服务顺序，即行车路径，目的是使总服务成本(如距离、时间等)最低。此外，还有一些约定的要求，例如，每条路线的货运量不能超过汽车载重量，每个客户的需求必须且只能由一辆汽车来完成，等等。这种问题就是多车辆路径问题(Vehicle Routing Problem，VRP)。

（二）多车辆路径问题数学模型

1. 假设

(1) 单一货运中心，多部车辆配送。

(2) 每个需求点由一辆车服务，每个客户的货物需求量不超过车辆的载重容量。

(3) 车辆为单一车种，即视为相同的载重量，且有容量限制。

(4) 无时间窗限制的配送问题。

(5) 客户的位置和需求量均为已知。

(6) 配送的货物视为同一种商品，便于装载。

2. 参数说明

(1) 客户集合，$\mathbf{V}=\{i\}$，$i=0, 1, \cdots, n$，其中，$i=0$ 是指配送中心。

(2) 车辆集合，$\mathbf{M}=\{k\}$，$k=0, 1, \cdots, m$，m 是一个待定的决策变量。

(3) 客户 i 的需求量为 q_i，$i\in\mathbf{V}(q_0=0)$。

(4) 客户 i 到客户 j 的距离为 C_{ij}，$i, j\in\mathbf{V}$，当 $i=j$ 时，$C_{ij}=0$。

(5) 每辆车的载重量为 Q，且 Q 不小于客户需求量的最大值，即 $Q\geqslant\max\{q_i, i\in\mathbf{V}\}$。

3. 决策变量

(1) x_{ijk} 为二进制变量，表示车辆 k 是否直接从节点 i 到节点 j，“是”=1，“否”=0；

(2) y_{ik} 表示车辆 k 是否访问节点 i，“是”=1，“否”=0。

4. 目标函数

这是一个多目标优化问题，通常会以车辆数量最少且总行驶里程最短为目标，即

(1) 保证车辆数最少：

$$\min m$$

(2) 总行驶距离最少：

$$\min_{i,j}\sum_{i,j}C_{ij}\sum_{k}x_{ijk}$$

5. 约束条件

(1) 每个客户点只能被一辆车访问(除了配送中心被所有车辆访问以外)：

$$\sum_{k=1}^{m}y_{ik}=\begin{cases}1 & i=1, 2, \cdots, n\\ m & i=0\end{cases}$$

(2) 车辆的载重能力约束：

$$\sum_{i=1}^{n}q_i y_{ik}\leqslant Q \qquad k=1, 2, \cdots, m$$

(3) 进入和离开某个客户的是同一辆车：

$$\sum_{j=1}^{n}x_{ijk}=\sum_{j=1}^{n}x_{jik}=y_{ik} \qquad i=0, 1, \cdots, n;\ k=1, 2, \cdots, m$$

(4) 消除子回环：

$$\sum_{i\in s}\sum_{j\in s}x_{ijk}\leqslant |S|-1 \qquad S\subseteq V,\ 2\leqslant |S|\leqslant n-1;\ k=1,2,\cdots,m$$

$|\boldsymbol{S}|$为集合$\boldsymbol{S}$中所含顶点的个数。

(5) 参数的取值范围：

$$y_{ik}\in\{0,1\},\ x_{ijk}\in\{0,1\} \qquad i=0,1,\cdots,n;\ k=1,2,\cdots,m$$

(6) 所需最少车辆数：

$$m=\frac{\sum_{i=1}^{n}q_i}{Q}$$

(三) 多车辆路径问题求解方法

多车辆路径问题的求解方法主要有扫描法、节约里程法、精确优化法、人工智能法、模拟法、启发式方法等。

1. 扫描法

扫描法是比较有代表性的启发式方法，它是由 Gillette 和 Miller 提出的。该方法先将节点的需求进行分组或划群，然后对每一组按旅行商问题求解，设计出一条最佳的路线。这种方法也称为两阶段法，即先对客户群进行划分，每个客户群用一辆车来完成配送服务，然后再确定每个群内的最短路线。

2. 节约里程法

节约里程法(Saving Method)是最具代表性的启发式方法，它是由 Clarke 和 Wright 在 1964 年提出的。许多成功的车辆调度软件就是根据该方法或其改进方法开发的。

3. 精确优化法

精确优化法主要是指运用线性规划和非线性规划技术进行的最优决策。在研究 VRP 问题的早期，主要解决从单源点派车如何用最短路线或在最短时间内对一定数量需求点运输的调度问题，即着眼于最优算法。

随着运输系统复杂化和对调度的多目标要求，获得整个系统的精确优化解越来越困难，而且用计算机求解大型优化问题的时间和代价太大，因此精确优化法及其简化算法现在常用于运输调度的局部优化问题。

4. 人工智能法

人工智能技术及其应用的不断发展，尤其是模拟退火算法、遗传算法以及人工神经网络和专家系统等新技术的发展，为解决大规模、多目标车辆调度问题提供了新的途径。

5. 模拟法

模拟法是指利用数学公式、逻辑表达式、图表、坐标图形等抽象概念表示实际运输系统内部状态和输入、输出的关系，并通过计算机对模型进行实验，通过实验取得改善运输系统或设计新运输系统所需的信息。虽然模拟法在模型构造、程序调试、数据整理方面的工作量大，但由于运输系统结构复杂，不确定因素多，模拟法仍以其描述和求解问题的能力优势而成为复杂运输调度系统建模的主要方法。

6. 启发式方法

用启发式方法解决问题时，强调的是“满意”解，而不是去追求最优性。用启发式方法求解问题是通过不断的迭代过程实现的，因而需拟定出一套解的搜索规则。为了能得到满意解，在整个迭代过程中要不断吸收新的信息，必要时还要改变原来拟定的不合适策略，建立新的搜索规划，注意从失败中吸取教训，并逐步缩小搜索范围。

启发式方法就是通过经验法则来求取运输过程的满意解。它能同时满足详细描绘问题和求解的需要，与精确优化法相比，启发式方法更加实用；其缺点是难以判断解的满意度。

本书主要介绍扫描法和节约里程法来求解多车辆路径优化问题。

二、采用扫描法的多车辆路径优化

（一）方法介绍

扫描法是一种先确定客户分群再确定车辆最低路线的算法。求解过程分为两步：第一步是指派车辆服务的站点或客户点；第二步是决定辆车的行车路线。

分派车辆的过程可以通过手工计算或直接在图纸上完成，也可以利用计算机程序求解，计算速度快、计算准确。该方法的缺点是，不能处理有时间窗的 VRP 问题。

扫描法的原理：先以货运中心为原点，将所有需求点的极坐标算出，然后依角度大小以逆时针或顺时针方向扫描，若满足车辆装载容量即划分为一群，将所有点扫描完毕后在每个群内部用最短路径法求出车辆行驶路径。

（二）步骤

（1）以货运中心为原点建立坐标系，将所有需求点坐标标出来。

（2）扫描划分客户群，以零角度为极坐标轴，按顺时针或逆时针方向，依角度大小开始扫描。

（3）将扫描经过的客户点需求量进行累加，当客户需求总量达到一辆车的载重量限制且不超过载重量极限时，就将这些客户划分为一个群，即由同一辆车完成送货服务。

（4）重复步骤(3)，按照同样的方法将其余客户划分为新的客户群，指派新的车辆，直到所有的客户都被划分到相应群中。

（5）在每个群内部可以用简单贪婪算法求出车辆行驶最短路径。

扫描法

（三）举例

【例 5-8】 某运输公司为其客户提供取货服务，货物运回仓库集中后将以更大的批量进行长途运输。所有取货任务均由载重量为 10 吨的货车完成。

已知运输公司仓库的坐标为(19.50，5.56)，要求合理安排车辆，并确定各车辆行驶路线，使总运输里程最短。

现在有 13 家客户有取货要求，各客户的取货量、客户的地理位置坐标如表 5-16 所示。

表 5-16　客户的货运需求和位置信息表

客户	1	2	3	4	5	6	7	8	9	10	11	12	13
D_i/吨	1.90	2.80	3.15	2.40	3.00	3.00	2.25	2.50	1.80	2.15	1.60	2.60	1.50
X_i	20.00	18.80	18.30	19.10	18.80	18.60	19.50	19.93	20.00	19.50	18.70	19.50	20.30
Y_i	4.80	5.17	5.00	4.78	6.42	5.88	5.98	5.93	5.55	4.55	4.55	5.19	5.20

求解过程：

（1）建立坐标系。

如图 5-24 所示，在图上标出客户的坐标位置，并在各客户编号旁边的方框中标出该客户的货运量。以仓库为极坐标原点，向右的水平线为零角度线。

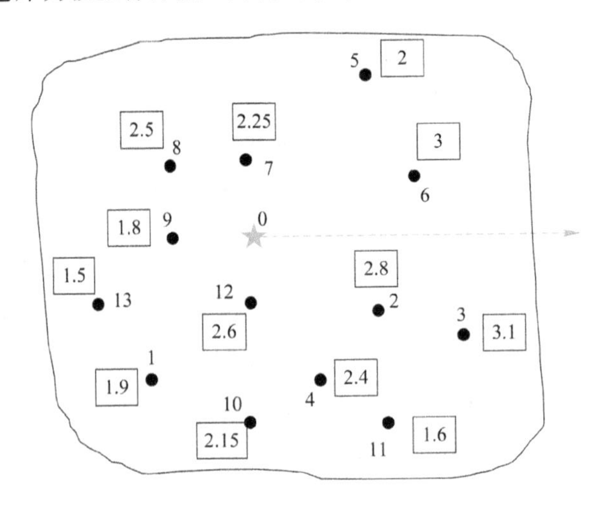

图 5-24　客户的坐标位置示意图

（2）扫描划分客户群。

以零角度线为起始位置，按逆时针方向进行扫描，经过客户 6、5、7、8，此时的客户取货量为 3+2+2.25+2.5=9.75，如果再增加一个客户，就会超过 10 吨的极限，所以客户 6、5、7、8 由第一辆车完成任务，并得到 1＃路线，我们用蓝色虚线将其隔开，如图 5-25 所示。

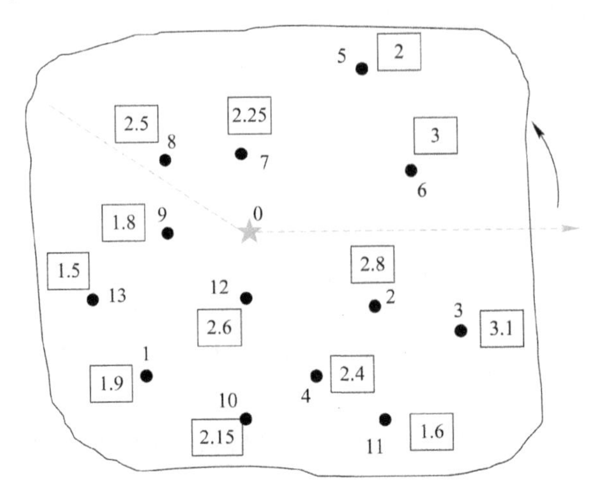

图 5-25　确定第一个配送客户群

同理，客户 9、13、1、10、12 五个客户被相继扫描，五个客户的取货量为 1.8+1.5+1.9+2.15+2.6=9.95<10，不超过车辆的载重极限，2＃路线被确定。

接着客户 4、11、3、2 相继被扫描，取货量为 2.4+1.6+3.1+2.8=9.9<10，没有超出车辆载重极限，3＃路线被确定，结果如图 5-26 所示。

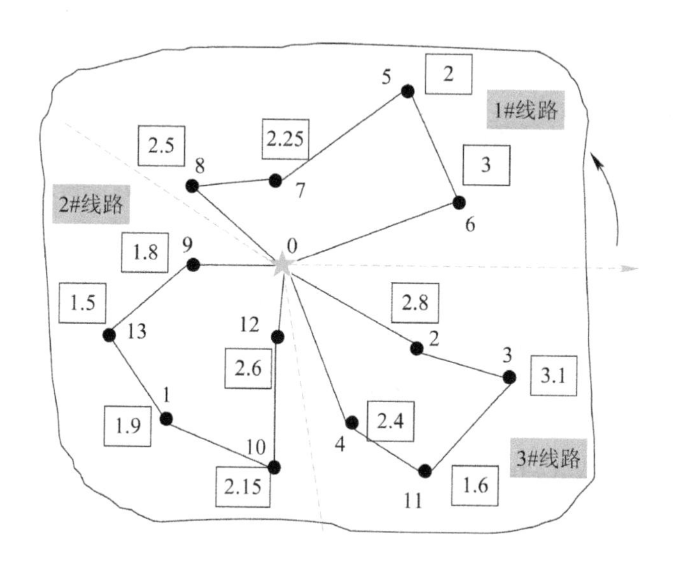

图 5-26　确定得到的三个配送客户群

(3) 确定每个车辆的最佳路线。

根据不超过载重极限又要最大限度提高车辆利用率的原则，13 家客户的取货任务可由 3 辆载重量为 10 吨的货车完成。

根据简单贪婪算法，确定这三个客户群的最佳行车路线。求解结果如下：

1＃路线经过的客户点序列是：0—6—5—7—8。

2＃路线经过的客户点序列是：0—9—13—1—10—12—0。

3＃路线经过的客户点序列是：0—4—11—3—2—0。

三、采用节约里程法的多车辆路径优化

（一）方法介绍

节约里程法能灵活处理许多现实的约束条件，当节点数不太多时，能较快地计算出结果，且结果与最优解很接近。用于多车辆路径问题时，该方法能同时确定车辆数及车辆经过各站点的顺序，是解决 VRP 模型非常有效的启发式方法。

节约里程法的目标是使所有车辆行驶的总里程最短，并使提供服务的车辆总数最少。算法的基本思想是：如果将运输问题中的两个回路合并成一个回路，就可以缩短线路的总里程(即节约了距离)，并减少了一辆车。

如图 5-27 所示，图(a)往返发货，距离为 $d=2(L_1+L_2)$；图(b)巡回发货，距离为 $d=L_1+L_2+L_3$。

显然地，将两个回路合并成一个回路，即从往返发货变为巡回发货模式后，节约的距离为 $\Delta d = L_1 + L_2 - L_3 > 0$，如图 5－27 所示。

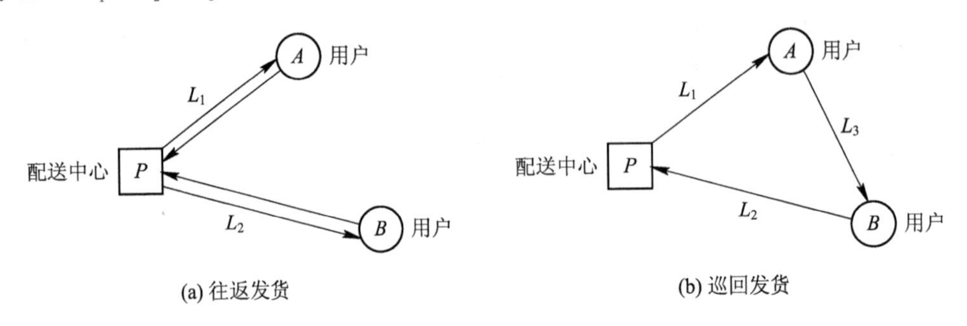

图 5－27　节约里程法原理示意图

根据上述思想，不断对可行运输方案中的回路进行合并，或将某个客户加入现有的回路中，并计算出相应的节约距离，节约距离最多的点(且满足约束条件)就应该纳入到现有路线中。重复这一过程，直到所有客户都被考虑到线路中。

节约里程法可方便地编制成程序，当节点规模不大时，也可通过手工方式完成计算，这时通常利用节约矩阵或表格的形式进行。

（二）步骤

1．确定距离方阵

计算出两两客户以及配送中心到各个客户之间的距离，并列成表格。

2．计算节约矩阵

计算两两客户加上一个配送中心所构成的三角形路径之间通过合并路线所节约的里程数，并列成表格。

3．将客户划归到不同的运输路线

将客户划归到不同运输路线的目的是使合并路线的客户群的配送路线节约距离最大化。

这里要遵循两个原则：一是保证两条线路的合并是可行的，如果两条运输线路上的运输总量不超过卡车的最大载重量，那么二者合并就是可行的；二是试图使节约最大的两条线路合并成一条新的可行线路。这一过程一直持续到不能再有新的合并方案产生才算结束。

4．确定每辆车的送货顺序

通常采用简单贪婪算法进行求解，确定出各个客户群体的配送顺序。

（三）举例

节约里程法

【例 5－9】 某货运站要为 13 个客户提供配送服务，货运站的位置、客户的坐标及客户的订单规模如表 5－17 所示。

表 5－17　客户坐标及订单规模

站点	x 坐标	y 坐标	订单规模/件
货运站	0	0	
顾客 1	0	12	48
顾客 2	6	5	36
顾客 3	7	15	43
顾客 4	9	12	92
顾客 5	15	3	57
顾客 6	20	0	16
顾客 7	17	－2	56
顾客 8	7	－4	30
顾客 9	1	－6	57
顾客 10	15	－6	47
顾客 11	20	－7	91
顾客 12	7	－9	55
顾客 13	2	－15	38

货运站共有 4 辆卡车，每辆车的载重量是 200 件。由于送货成本与车辆行驶总里程之间密切相关，公司经理希望获得总行驶距离最小的方案。

如何分配客户？如何确定车辆行驶路径？

求解过程：

（1）确定距离方阵，计算客户之间及客户与货运站之间的距离，结果如表 5－18 所示。

表 5－18　客户之间及客户与货运站之间的距离

	货运站	客户 1	客户 2	客户 3	客户 4	客户 5	客户 6	客户 7	客户 8	客户 9	客户 10	客户 11	客户 12	客户 13
客户 1	12	0												
客户 2	8	9	0											
客户 3	17	8	10	0										
客户 4	15	9	8	4	0									
客户 5	15	17	9	14	11	0								
客户 6	20	23	15	20	16	6	0							
客户 7	17	22	13	20	16	5	4	0						
客户 8	8	17	9	19	16	11	14	10	0					
客户 9	6	18	12	22	20	17	20	16	6	0				
客户 10	16	23	14	22	19	9	8	4	8	14	0			
客户 11	21	28	18	26	22	11	7	6	13	19	5	0		
客户 12	11	22	14	24	21	14	16	12	5	7	9	13	0	
客户 13	15	27	20	30	28	22	23	20	12	9	16	20	8	0

（2）计算所有客户之间的节约矩阵，结果如表 5－19 所示。

表 5-19　第一次计算的节约矩阵

	客户1	客户2	客户3	客户4	客户5	客户6	客户7	客户8	客户9	客户10	客户11	客户12	客户13
客户 1	0												
客户 2	11	0											
客户 3	21	15	0										
客户 4	18	15	28	0									
客户 5	10	14	18	19	0								
客户 6	9	13	17	19	29	0							
客户 7	7	12	14	16	27	33	0						
客户 8	3	7	6	7	12	14	15	0					
客户 9	0	2	1	1	4	6	7	8	0				
客户 10	5	10	11	12	22	28	29	16	8	0			
客户 11	5	11	12	14	25	34	32	16	8	32	0		
客户 12	1	5	4	5	12	15	16	14	10	18	19	0	
客户 13	0	3	2	2	8	12	12	11	12	15	16	18	0

（3）合并客户路线。客户线路合并原则是使节约的距离最大，且不超过车辆载重量。这是一个反复进行的过程。

观察表 5-20，最大的节约 34 来自客户 6 与客户 11 的合并，合并后的总运量＝16＋91＝107＜200 件，合并是可行的。

因此，首先应将这两个客户合并在一条线路，如表 5-20 中第二列所示，节约的 34 在下一步中不必再考虑。

表 5-20　第一次改进后的节约矩阵

	线路	客户1	客户2	客户3	客户4	客户5	客户6	客户7	客户8	客户9	客户10	客户11	客户12	客户13
客户 1	1	0												
客户 2	2	11	0											
客户 3	3	21	15	0										
客户 4	4	18	15	28	0									
客户 5	5	10	14	18	19	0								
客户 6	6	9	13	17	19	29	0							
客户 7	7	7	12	14	16	27	33	0						
客户 8	8	3	7	6	7	12	14	15	0					
客户 9	9	0	2	1	1	4	6	7	8	0				
客户 10	10	5	10	11	12	22	28	29	16	8	0			
客户 11	6	5	11	12	14	25	34	32	16	8	32	0		
客户 12	12	1	5	4	5	12	15	16	14	10	18	19	0	
客户 13	13	0	3	2	2	8	12	12	11	12	15	6	18	0

下一个最大的节约是客户 7 和客户 6，合并后可节约距离 33。

合并后的总运量＝107＋56＝163＜200 件，所以这一合并也是可行的，将客户 7 添加到线路 6 中，如表 5－21 所示。

表 5－21　第二次改进后的节约矩阵

	线路	客户 1	客户 2	客户 3	客户 4	客户 5	客户 6	客户 7	客户 8	客户 9	客户 10	客户 11	客户 12	客户 13
客户 1	1	0												
客户 2	2	11	0											
客户 3	3	21	15	0										
客户 4	4	18	15	28	0									
客户 5	5	10	14	18	19	0								
客户 6	6	9	13	17	19	29	0							
客户 7	6	7	12	14	16	27	33	0						
客户 8	8	3	7	6	7	12	14	15	0					
客户 9	9	0	2	1	1	4	6	7	8	0				
客户 10	10	5	10	11	12	22	28	29	16	8	0			
客户 11	6	5	11	12	14	25	34	32	16	8	32	0		
客户 12	12	1	5	4	5	12	15	16	14	10	18	19	0	
客户 13	13	0	3	2	2	8	12	12	11	12	15	6	18	0

接下来考虑的最大节约是客户 10 与客户 11(即线路 6)，合并后可节约 32。但是，合并后的总运量＝163＋47＝210＞200 件，因此合并不可行。

再考虑将客户 5 添加到线路 6 中，节约量是 29，但加入客户 5 的运量后，超过了车辆载重量，同样不可行。

接下来，考虑线路 3 和线路 4，合并后可节约 28，合并后的运量＝43＋92＝135＜200 件，合并可行。这两条线路合并后的节约矩阵如表 5－22 所示。

表 5－22　第三次改进后的节约矩阵

	线路	客户 1	客户 2	客户 3	客户 4	客户 5	客户 6	客户 7	客户 8	客户 9	客户 10	客户 11	客户 12	客户 13
客户 1	1	0												
客户 2	2	11	0											
客户 3	3	21	15	0										

续表

	线路	客户 1	客户 2	客户 3	客户 4	客户 5	客户 6	客户 7	客户 8	客户 9	客户 10	客户 11	客户 12	客户 13
客户 4	3	18	15	28	0									
客户 5	5	10	14	18	19	0								
客户 6	6	9	13	17	19	29	0							
客户 7	6	7	12	14	16	27	33	0						
客户 8	8	3	7	6	7	12	14	15	0					
客户 9	9	0	2	1	1	4	6	7	8	0				
客户 10	10	5	10	11	12	22	28	29	16	8	0			
客户 11	6	5	11	12	14	25	34	32	16	8	32	0		
客户 12	12	1	5	4	5	12	15	16	14	10	18	19	0	
客户 13	13	0	3	2	2	8	12	12	11	12	15	6	18	0

反复进行上述过程，已经合并的线路不再考虑，将没被合并的线路依次进行合并：

线路 5 与线路 10 合并，节约 22，合并后的运量=57+47=104 件，可行。

线路 1 与线路 3 合并，节约 21，合并后的运量=48+135=183 件，可行。

线路 12 与线路 6 合并，节约 19，合并后的运量=55+163=218 件，不可行。

线路 12 与线路 10 合并，节约 18，合并后的运量=55+104=159 件，可行。

线路 13 与线路 12(线路 10)合并，节约 18，合并后的运量=38+159=197 件，可行。

线路 8 与线路 6 合并，节约 15，合并后的运量=30+163=193 件，可行。

线路 2 与线路 1 合并，节约 11，合并后的运量=36+173=209 件，不可行。

线路 2 与线路 9 合并，节约 2，合并后的运量=36+57=93 件，可行。

最后，线路合并的结果是所有客户被划分为四条线路，分别是{1，3，4}、{2，9}、{6，7，8，11}、{5，10，12，13}，即由四辆卡车为这些客户送货。

(4) 确定每辆车的送货顺序。客户群{1，3，4}的最佳行车路径是：配送中心→客户 1→客户 3→客户 4→配送中心，行驶距离为 39。

客户群{2，9}的最佳行车路径是：配送中心→客户 2→客户 9→配送中心，行驶距离为 32。

客户群{6，7，8，11}的最佳行车路径是：配送中心→客户 8→客户 11→客户 6→客户 7→配送中心，行驶距离为 49。

客户群{5，10，12，13}的最佳行车路径是：配送中心→客户 5→客户 10→客户 12→客户 13→配送中心，行驶距离为 56。

因此，总的行驶里程为 176，客户分布及送货路线规划的结果如图 5-28 所示。

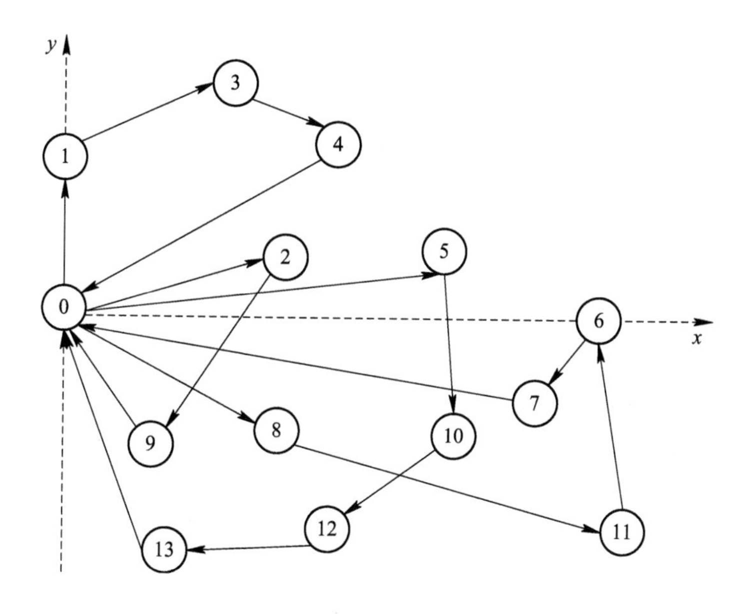

图 5-28　车辆分配及行车线路图

模块小结

(1) 系统优化是要在满足各方面限制条件的情况下，通过科学的方法，建立与现实系统相对应的数学模型，并合理确定模型的各种参数，以协调各子系统之间的冲突，达到最佳设计目标的过程。

(2) 系统优化的方法有：运筹学方法(规划论——线性规划、图论、排队论、存储论)、启发式算法(智能优化算法、模拟退火算法、遗传算法、蚁群算法)、系统仿真法。

(3) 系统优化的内容主要包括路径优化、车辆的调度、运输方式的选择、路网规划。

(4) 总成本分析法选择运输方式的基本思想是：使某种运输成本与该运输服务水平以及相关的库存成本之间达到平衡，也就是选择既能满足客户需求，又使总成本最低的运输服务，以实现最佳运输服务。

(5) 综合评价法的主要要素包括：① 评价者；② 被评价对象；③ 评价指标；④ 权重系数；⑤ 综合评价模型。

(6) 运输路径优化问题要分单车辆运输路径优化和多车辆运输路径优化两种来分析。单车辆运输路径优化主要是对单一运输车辆从起点到终点间的最短行车路线进行规划和优化。单一车辆的运输路径优化问题又可分为两种类型：

① 起讫点相同的车辆路径问题；

② 起讫点不同的车辆路径问题。

旅行商问题 TSP、中国邮递员问题等都是起讫点重合的单车辆运输问题，主要求解方法包括分枝定界法、简单贪婪算法和奇偶点图上作业法等。起讫点不同的车辆路径问题的求解方法主要有穷举法、Dijkstra 方法、动态规划法、逐次逼近法等。多车辆路径问题求解方法主要有扫描法、节约里程法、精确优化方法、人工智能方法、模拟法、启发式方法等。

(7) 扫描法的原理：先以货运中心为原点，将所有需求点的极坐标算出，然后依角度大小以逆时针或顺时针方向扫描，若满足车辆装载容量即划分为一群，将所有点扫描完毕后在每个群内部用最短路径的算法求出车辆行驶路径。

(8) 节约里程法的基本思想是：如果将运输问题中的两个回路合并成一个回路，就可以缩短线路的总里程(即节约了距离)，并减少用车。

同步测试

一、单选题

1. 系统优化的方法有(　　)等。

A. 运筹学方法　　B. 启发式方法

C. 系统仿真方法　　D. 以上均是

2. 节约里程法通常是用于解决(　　)。

A. 起讫点相同的车辆路径问题　　B. 起讫点不同的车辆路径问题

C. 多车辆路径问题　　D. 以上都不是

3. 分枝定界法通常用于(　　)的求解。

A. 起讫点相同的车辆路径问题　　B. 起讫点不同的车辆路径问题

C. 多车辆路径问题　　D. 以上都不是

4. 奇偶点图上作业法通常用于解决(　　)。

A. 起讫点相同的车辆路径问题　　B. 起讫点不同的车辆路径问题

C. 多车辆路径问题　　D. 以上均不是

二、多选题

1. 系统优化的内容主要包括(　　)。

A. 路径优化　　B. 车辆的调度

C. 运输方式的选择　　D. 路网规划

2. 起讫点不同的车辆路径问题的求解方法主要包括(　　)等。

A. 穷举法　　B. Dijkstra 方法

C. 动态规划法　　D. 逐次逼近法

3. 标号法主要可以针对(　　)等进行求解。

A. 单车辆路径问题求解　　B. 多车辆路径问题求解

C. 配送网络最大流量问题　　D. 配送网络最小费用最大流问题

三、简答题

1. 系统优化的含义是什么？

2. 扫描法的基本原理是什么？

3. 节约里程法的基本思想是什么？

四、计算题

1. 某发电站每天需要煤约 45 t，原料成本 176 元/t，年库存保管费率为 25%。利用火车运输，每节车厢可运 45 t，运输时间 15 天，发电站对煤的安全库存要求是供货期间需求量的 2 倍。考虑两个运输方案：一是采用单车皮运输，每节车厢运价为 3200 元/节；二是整车运输，70 节/列，运价为 120 000 元/列火车。请分别计算两个方案的总成本(总成本＝运输成本＋库存成本)，并选择出总成本最低的运输方案。

2. 某商品有 3 个生产基地和 3 个需求地，生产地 A_1、A_2、A_3 的供应量分别为 10 吨、7 吨、5 吨，需求地 B_1、B_2、B_3 的需求量分别为 6 吨、8 吨、8 吨。从生产基地到需求地的单位运价如表 5－23 所示，如何规划运输方案才能使得总运费最低，请建立数学模型。

表 5－23　生产/需求明细表

生产地	需　求　地		
	B_1	B_2	B_3
A_1	1	10	5
A_2	9	2	4
A_3	12	7	3

实训设计

【实训名称】

多车辆配送路径的优化。

【实训目的】

(1) 熟悉运输方式选择的原则，掌握供需之间直达运输及存在中间转运时的运输调配方案决策方法；

(2) 掌握节约里程法多车辆路径优化的数学模型；

(3) 解决“案例引入”部分提出的问题。

【实训内容】

(1) 确定距离方阵；

(2) 计算节约矩阵；

(3) 将客户划归到不同的运输线路；

(4) 确定每辆车的送货顺序。

【实训器材】

笔记本电脑、Office 办公软件。

【实训过程】

(1) 背景分析。

以本模块“案例引入”的背景介绍为切入点，为解决 H 公司配送路径优化的问题开展数据收集工作。

测定配送中心到每个门店的最短距离、各个连锁门店间的最短距离。依据惠州市交通地理数据以及公司在运营过程中，车辆行走记录的实际数据，对H公司配送中心到各个门店间的距离进行了测定，得出配送中心到各个门店间实际可通行道路的最短距离，以及各个门店之间实际可通行道路的最短距离并编制表5-24～表5-26。

表5-24　H公司自营水果连锁门店日订货量

门店	日订货量/t	门店	日订货量/t
A1	0.7	A7	0.6
A2	1.5	A8	0.8
A3	0.8	A9	0.7
A4	0.7	A10	0.6
A5	1.4	合计	8.9
A6	1.1		

表5-25　H公司自营水果连锁门店与配送中心之间的距离汇总表

门店	与配送中心最近路线距离/km	门店	与配送中心最近路线距离/km
A1	11	A6	10
A2	10	A7	4
A3	8	A8	5
A4	10	A9	11
A5	9	A10	8

表5-26　配送中心与各门站及各门店之间的最短距离表

	P									
A1	11	A1								
A2	10	5	A2							
A3	8	11	6	A3						
A4	10	17	12	6	A4					
A5	9	20	17	11	7	A5				
A6	10	21	20	18	15	8	A6			
A7	4	15	14	12	14	12	7	A7		
A8	5	16	15	13	15	14	10	3	A8	
A9	11	12	17	19	21	20	20	13	10	A9
A10	8	5	10	16	18	17	18	12	13	9

（2）建立节约里程法多车辆路径优化的数学模型，根据实训内容中给出的求解过程，利用Excel处理数据并求解模型。

（3）最后应用节约里程法优化后的配送方案，完成10个门店的配送，所需车辆为2t车辆1台、4 t车辆2台，完成配送所有车辆行驶的总里程为32＋36＋26＝94 km。

模块六

系统评价

知识结构导图

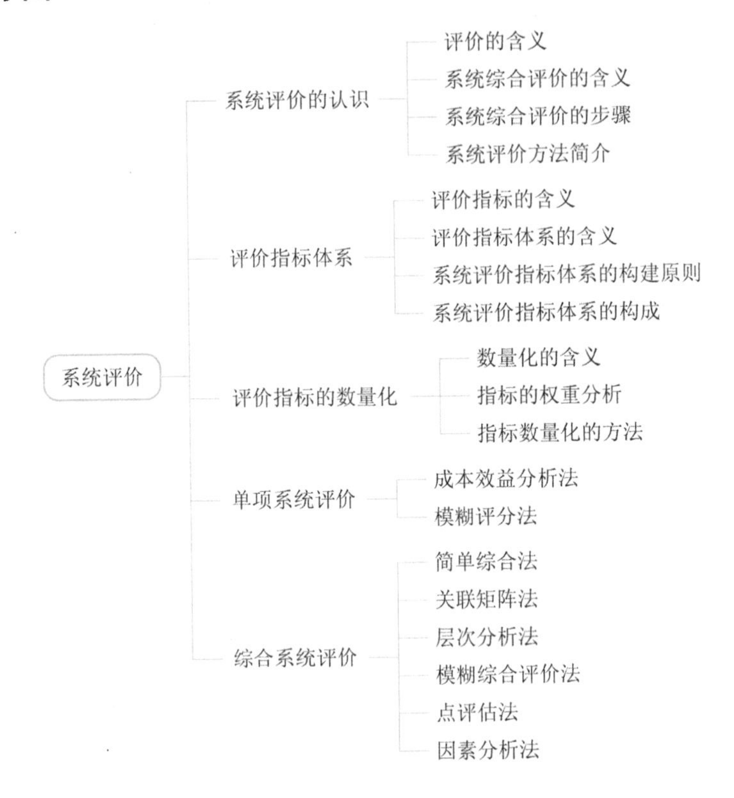

任务目标

(1) 理解系统评价的含义；
(2) 理解评价指标及评价指标体系的含义；
(3) 理解评价指标数量化的含义；
(4) 掌握判断矩阵法、连环比率法等几种常用的权重计算方法；
(5) 掌握成本效益分析法、模糊评分法等几种常用的单项系统评价方法；
(6) 掌握简单综合法、关联矩阵法、层次分析法、模糊综合评价法、因素分析法等几种常用的综合系统评价方法。

重点

(1) 评价指标体系；
(2) 评价指标的数量化；
(3) 单项系统评价；
(4) 综合系统评价。

难点

(1) 评价指标体系；
(2) 单项系统评价；
(3) 综合系统评价。

案例引入

2008年爆发全球金融危机，中国政府推出四万亿的投资计划，高铁建设受益颇多，《中长期铁路网规划(2008年调整)》顺利通过，2008年2月26日，原铁道部与科技部签署了《中国高速列车自主创新联合行动计划合作协议》。由此开始，全国高速铁路网络逐步开始落实。2009年12月，全长1068.6公里、时速350公里的武广高铁开通运营，列车直达运行时间为3小时08分。2010年2月，全长505公里、时速350公里的郑西高速铁路开通运营，直达运营时间为1小时48分钟，这是中国第一条建设在湿陷性黄土地域的高速铁路。2010年7月，全长301公里、时速350公里上海至南京的高速铁路投入运营，直达运行时间为1小时13分钟。2010年10月，全长202公里、时速350公里上海至杭州的高速铁路开通运营，直达运行时间为45分钟。截至2015年底，中国高速铁路运营线路共计71条(段)，运营总里程达2.36万公里，位居世界第一位。中国高速铁路网络非常庞大，既有热带的海南东环线，又有东北严寒的哈大高铁；既有穿越温润潮湿的东部沿海线路，又有穿越茫茫戈壁的兰新高铁。基于中国高速铁路运营的数据，不断反馈到高铁的技术创新中，逐渐实现了中国高速铁路从技术引进到技术输出的转变。

中国高速列车大致经历了三代。第一代为引进消化吸收时代，代表车型主要包括CRH1型、CRH2型系列、CRH3型、CRH5型等高速列车。第二代是中国高速动车组CRH380A系列，主要包括CRH380A(L)型、CRH380B(L)型、CRH380C型。在第二代高速动车组CRH380系列研制之后，第三代高铁列车采用复兴号CR400AF车体，主要是和谐号和复兴号电力动车组，和谐号为CRH380A型电力动车组和CRH2C型电力动车组，复兴号为CR400AF电力动车组，还有CRH6A型城际动车。如CRH6型城际动车组、CRH380AM永磁高速动车组、智能化高速动车组、广深港高速动车组、CJ1型城际动车组、CJ2型城际动车组等，这些均是中国动车组自主创新的重要成果。

2016年6月29日，国家发改委、交通运输部和中国铁路总公司联合发布了《中长期铁路网规划》(2016—2030年)，确定了新时期的“八纵八横”高速铁路网发展方向。根据新规划的发展目标，到2020年，高速铁路网规模将达到3万公里，2025年达到3.8万公里，展望到2030年，基本实现内外互联互通、区际多路畅通、省会高铁连通、县域基本覆盖的目标。

改革开放以来，中国高速铁路用短短10年时间，就发展成可以改变国内外政治经济基本格局的战略性产业。市场换技术在中国改革开放的进程中有过无数失败先例，唯独高速铁路取得了成功，实现了从“中国制造”到“中国创造”的飞跃，分析原因可总结如下：国内市场的刚性需求，政府主导顶层设计与整体规划，充分发挥企业的主体作用，技术创新体系的强力支撑。

由于中国高速铁路还处于初期发展的特定时期且正在进行大规模建设，所以高速铁路的建设和运营所遇到的融资问题以及各责任部门之间配合协调是目前考虑的重点，故而，“网运合一”运营模式更适合我国现阶段高速铁路发展。但是，若考虑中国高速铁路的长远发展，“网运分离”模式更有利于引入市场竞争机制，有利于运输服务质量的提高，更符合国家提出的“政企分开、引入竞争、加强监管”的总体改革发展思路。所以，“网运分离”模式将会成为未来中国高速铁路运营管理的发展方向。

想要提升中国高铁在国际市场上的竞争力，首先要做的就是全面提高其技术创新能力。贯彻落实国家提出的深化科技体制改革要求及创新驱动发展战略，响应政府提出的关于强化企业技术创新主体地位，提升企业创新能力的意见，我国已基本形成以中国铁路总公司为主体，高校与科研院所、相关企业共同参与的中国高速铁路技术创新体系。

然而，面对激烈的国际竞争，我国高速铁路国际化依然存在许多挑战与困难，需要进一步增强中国高速铁路的国际竞争力。具体从哪些方面着手？哪方面能力需要提升？从哪些方面去发展呢？这些都是需要深入思考和解决的问题。

思考：国际竞争力受哪些因素的影响？要想进一步增强中国高速铁路的国际竞争力，应该从哪些方面着手？

任务一　系统评价的认识

一、评价的含义

评价(Evaluating Assessing)是指评估价值，通过详细、仔细地研究和评估，确定对象的意义、价值或者状态。

评价有两层最基本的含义：第一层，评价过程是一个对评价对象的判断过程；第二层，评价过程是一个包括综合计算、观察和咨询等方法在内的复合分析过程。

评价有三个基本功能：诊断功能、导向功能、激励功能。

评价最基本的内容：确立评价标准；决定评价情景；设计评价手段；利用评价结果。

二、系统综合评价的含义

系统评价就是评定系统可行方案的价值。系统(综合)评价就是根据系统确定的目的，在系统调查和系统可行性研究基础上，主要从技术、经济、环境和社会等方面，就各种系统设计方案能够满足需要的程度与为之消耗和占用的各种资源进行评审，并选择出技术上先进、经济上合理、实施上可行的最优或者最满意的方案。

1. 系统评价的要点

(1) 正确、合理地选择评价因素。在选择评价指标时，不一定要把所有的指标因素都考虑进去，而是选择一些主要的、最能反映一个系统或一个方案优劣的指标，把那些与系统或方案优劣关系不大，或无关紧要的指标因素剔除出去。

(2) 系统评价指标的“价值”优化。系统评价指标确定后，需要将各评价指标统一到一个共同的评价尺度上，这就是系统评价指标的“价值”化。

在众多的评价指标中，有些指标只能定性描述，有些指标可以用数量来定量描述，如果单位不一致，没有一个标准的尺度，就无法进行比较和评价。利用“价值”的概念，把每一个评价指标对系统的贡献或“价值”逐一评定出来，才有可能做出科学的评价。

2. 系统评价遵循的4个基本原则

(1) 保证评价的客观性；

(2) 保证方案的可比性；

(3) 评价指标要成体系；

(4) 评价方法和手段的综合性。

3. 系统评价的分类

(1) 事前评价；

(2) 中间评价；

(3) 事后评价；

(4) 跟踪评价。

三、系统综合评价的步骤

系统综合评价的质量影响着系统决策的正确性。为了使系统综合评价更加有效，首先必须保证评价的客观性，为此必须保证评价资料的全面性和可靠性，保证评价人员具有普遍的代表性。其次，要保证系统方案具有可比性和一致性。另外，系统评价的重要依据是评价指标的数量值。因此，评价指标的确定是系统评价的一项重要内容。

系统综合评价的主要步骤如图6-1所示。

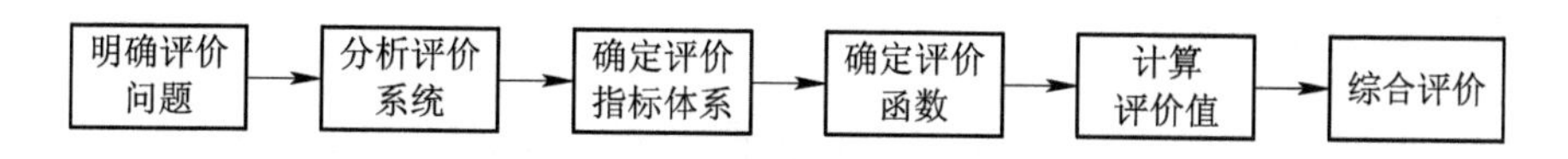

图6-1　系统综合评价的主要步骤

(一) 分析评价系统

明确系统评价的问题之后，评价的第一步是分析评价系统的目的，界定评价系统的范围，熟悉所提出的系统方案及系统要素。

系统评价的最终目的是为决策提供依据，具体目标包括对多个系统方案进行优劣比较。评价系统的范围主要是指评价对象涉及哪些领域、哪些部门，以便在评价过程中充分考虑各部门的影响和作用，并尽可能吸收各方面人员参加评价。

(二) 确定评价指标体系

指标是衡量系统总体目标的具体标志。对于所评价的系统，必须建立能够对照和衡量各个方案的统一尺度，即评价指标体系。

指标体系是根据具体的评价目标及其影响因素的分析，在对大量资料进行了调查与分析的基础上确定的。评价指标的选择是由评价目标与实际情况共同决定的，具体选择时应注意以下几点：

(1) 评价指标必须与系统评价的目的密切相关；

(2) 评价指标应当构成一个完整的体系，全面地反映所要评价对象的各个方面；

(3) 评价指标总数应当尽可能地少，以降低评价负担；

(4) 尽可能科学、客观、全面地考虑各种因素。

(三) 确定评价函数

评价函数是使评价指标定量化的一种数学模型。不同问题使用的评价函数可能不同，同一个评价问题也可以使用不同的评价函数。因此，对选用什么样的评价函数本身也必须作出评价，一般应选用能更好达到评价目的的函数。

评价函数本身是多属性、多目标的，尤其当评价目的在于形成统一意见或进行群体决策时，会有多种不同的看法。因此，在对系统评价之前，应该在系统评价人员之间进行充分的、无拘束的讨论，以获得最有效的评价。

(四) 计算评价值

当评价函数确定后，根据实际情况计算出各指标的评价值。在计算评价值之前，还需确定各评价指标的权重。

(五) 综合评价

首先进行单项指标(如功能、经济效益、社会效益等方面)的评价，再按照一定的方法对各指标值进行综合，得出更高层次的指标值，最后综合成大类指标的总价值。

四、系统评价方法简介

如图 6－2 和图 6－3 所示，系统评价可以采用很多不同的方法，主要分为单项评价方法和综合评价方法，通常综合评价过程中也会包含单项评价的内容。其中，单项评价方法包括经济评价方法、技术评价方法等，综合评价方法包括简单综合法、关联矩阵法、层次分析法、模糊综合评价法、因素分析法等。

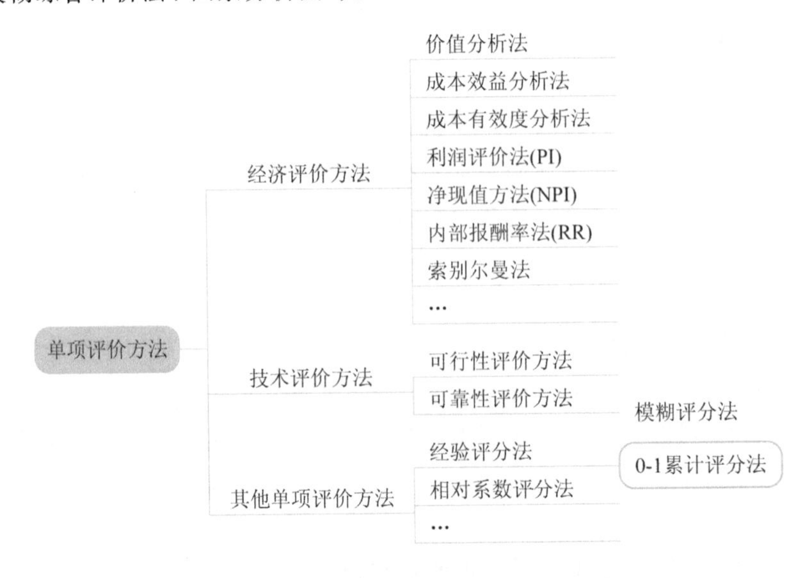

图 6－2　单项评价方法

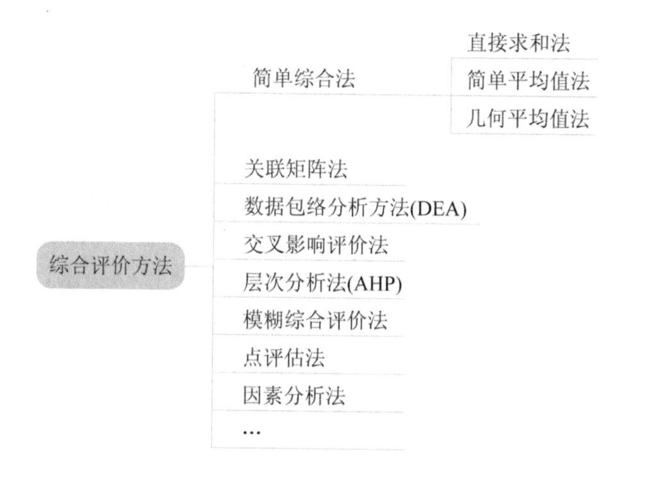

图 6-3　综合评价方法

任务二　评价指标体系

一、评价指标的含义

评价指标通常为一个数量概念，也就是用一定的数量概念来综合反映社会现象某一方面的状况，这个数量概念可以是绝对数，也可以是相对数或平均数。

衡量一个系统或者一个可行方案的优劣要有一组评价标准，即评价指标。用来作为评价标准的指标通常有投资费用、效益成本、投资收益率、返本期、劳动生产率、时间、质量和品种的改善、技术的先进性、可靠性、劳动强度的改善、公害等。系统的评价指标虽然很多，但基本上是按照性能、费用、时间三大类来考虑的。

评价指标具有评价标准和控制标准的双重功能。在制订评价指标中，必须具备下面三个必要条件。

1. 可查性

任何指标都应该是相对稳定的，可以通过一定的途径、一定的方法观察得到。系统是极其错综复杂的，并不是所有的现象都可以调查测量。任何易变、振荡、发散及无法把握的指标都不能列入评价指标体系。

2. 可比性

评价指标体系的每一条指标都应该是确定的、可以比较的。比较包括三方面的含义，即指标可以在不同的方案间、不同的范围内、不同的时间点(或等长的时间间隔)上进行比较。

3. 定量性

评价指标体系的每一条指标都应定量，这是适应建立模型进行数学处理的需要。对于缺乏数据的指标，要么舍弃不用，改用其他相关指标；要么利用专家意见，进行软数据的硬化。

由于系统的复杂性，很难用单一的指标来进行评价，因此必须进行多角度、多透视点的评价，建立分层次的指标体系。

二、评价指标体系的含义

系统评价指标体系是由若干个单项评价指标所组成的整体，它反映了系统所要解决问题的各项目标要求。

一般来说，指标越多，方案间的差异越明显，越有利于方案的判断和比较。但是，指标越多，指标值的获取任务难度越大，且指标间的权重划分就越困难，也不利于准确评价。因此，评价指标体系既要全面反映所要评价的系统的各项目标要求，尽可能做到科学、合理且符合实际情况，同时还要具有可测、简易、可比等特点；指标总数要尽可能少，以降低评价负担。表 6－1 所示为物流园区的综合评价指标体系。

表 6－1　物流园区的综合评价指标体系

一级指标	二级指标	评价标准
社会效益	园区所在地交通状态	交通便利程度是否能满足采购与销售的需要
	区域发展规划	是否符合区域发展规划中的用地、发展目标的要求
	污染状态	尽可能减小对环境的污染、最大限度地实现与环境相容
	对当地居民生活的影响	尽可能减少对城市居民出行、生活的干扰，要求降低或消除噪声等负影响
	地质、气候等自然环境的状态	能满足物流园区内的建筑、生活等要求
经济效益	当地消费容量与水平	接近消费市场，有充足消费容量与消费购买力
	运输成本	要求运输成本低
	地价因素	具有低地价区位优势
	周边企业状况	周边企业环境和谐，企业聚集程度适中
	劳动力成本与技术水平	具有成本合适、数量充足、素质较高的劳动力资源
	公共设施状态	具有充足的供水、排水等基本公共设施，便利的通信设备，合适的污水、固体废弃物处理能力
	资金落实程度	融资环境良好
	效益费用比	效益费用比合理
	投资收益率	投资收益率较好
技术效能	功能设计的完备、可靠性程度	功能完备，同时具有较高的可靠性
	多式联运	多式联运运作协调、方便、可达性较好
	利用现有设施	与现有的物流设施兼容
	靠近主干道	靠近交通主干道，特别是高速公路的主干道出入口
	靠近货运枢纽	靠近公路货运集散中心，同时力求与铁路货运中心、港口中心及航空中心等距离最短
	道路运输网络	具有完善的道路运输网络
	总建筑面积满意度	能满足园区中长期发展的需要
	总站场面积满意度	能满足规划中长期发展的需要
	土地面积利用率	土地面积利用率较高

三、系统评价指标体系的构建原则

系统评价指标体系的建立主要包括系统性、可测性、层次性、简明性、可比性、定性指标与定量指标相结合、绝对指标与相对指标相结合等七项原则。

（一）系统性原则

指标体系应能全面地反映被评价对象的各方面情况，还要善于从中抓住主要因素，使评价指标既能反映系统的直接效果，又能反映系统的间接效果，以保证综合评价的全面性和可信度。

（二）可测性原则

评价的一个目的是进行方案的排序。这就要求评价指标必须是可以测度的，指标的含义是明确的。另外，所选指标的值还要易于计算、操作简便。所以，在确定系统评价指标时，既要考虑指标的含义明确，还要考虑指标能否通过现有的统计数据或其他经验数据估算得到。

（三）层次性原则

系统具有层次性，系统目标也具有层次性。因此，对系统目标的衡量也可以分解成不同层次的具体准则(即评价指标)进行衡量。指标体系的层次性有利于将一个复杂的评价问题划分成一个个简单评价问题。

（四）简明性原则

评价指标体系要简明，避免烦琐。简明性原则要求每个指标的语言表述简单且含义明确，避免用很长的句子来表述一个指标，同一层次的指标之间要相互独立、互不重复，避免冗余。

（五）可比性原则

可比性指的是一个评价指标可在不同的评价对象之间进行指标值的比较，而且这种比较对区分不同的系统对象优劣是有意义的。即使是定性指标，也要具有可比性。

（六）定性指标与定量指标相结合

系统的综合评价既包括对技术、经济绩效的衡量，也包括对社会、环境绩效的考量。前者易于定量化测度，后者很难用定量化的指标衡量，如员工关怀、环境协调性等。要使系统的评价更具客观性，就必须坚持定量指标与定性指标相结合的原则。

（七）绝对指标与相对指标相结合

绝对指标反映系统的规模和总量，相对指标反映系统在某些方面的强度或性能，衡量系统方案优劣的很多标准是随着时间而发展变化的，因此，必须将绝对指标与相对指标结合起来使用，才能够全面地衡量系统的特性。

四、系统评价指标体系的构成

系统评价指标体系是由若干个单项评价指标所组成的整体，它反映了系统所要解决问题的各项目标要求。指标体系要实际、完整、合理、科学，且基本上能为相关人员和部门所接受，其构成主要包括以下六个类别。

1. 政策性指标

政策性指标包括政府方针、政策、法令，以及法律约束、标准和发展规划等方面的要求。

2. 技术性指标

技术性指标包括产品或服务的性能、寿命、可靠性、安全性等。

3. 经济性指标

经济性指标主要指方案成本、利润和税金、投资额、流动资金占有量、回收期、建设周期等内容。系统评价时既要考虑经济效益，也要注重社会效益。经济效益还有企业内部效益和外部效益之分。

4. 社会性指标

社会性指标主要是指系统对国民经济大系统的影响，包括社会福利、社会节约、综合发展、就业机会、废物排放量、污染程度、生态环境平衡等。

5. 资源性指标

资源性指标包括系统建设对人、财、物、能源、水源、土地资源占用等资源的保证程度。

6. 时间性指标

时间性指标包括系统实施的进度、时间节约、调试周期、系统的生命周期等方面的指标。

上述六个方面是系统评价一般要考虑的大类指标，每一大类指标中又可包含许多中类、小类指标，可根据具体条件有所选择。评价指标体系的组成是因具体问题而异的，不同的系统其组成的指标因素可能大不相同。

任务三　评价指标的数量化

一、数量化的定义

各种评价指标在实现系统的目标和功能上的重要程度是不一样的，这个重要程度称为指标的权重，相当于评价指标的数量化过程。

指标权重以定量方式反映各项指标在系统中所占的比重，权重的确定必须反映系统的目标与功能要求。

二、指标的权重分析

权重体现了价值的相对性。系统由多个要素组成，每一个要素就是一个价值因素，它们之间的相互联系共同决定着总的价值，如图 6－4 所示。

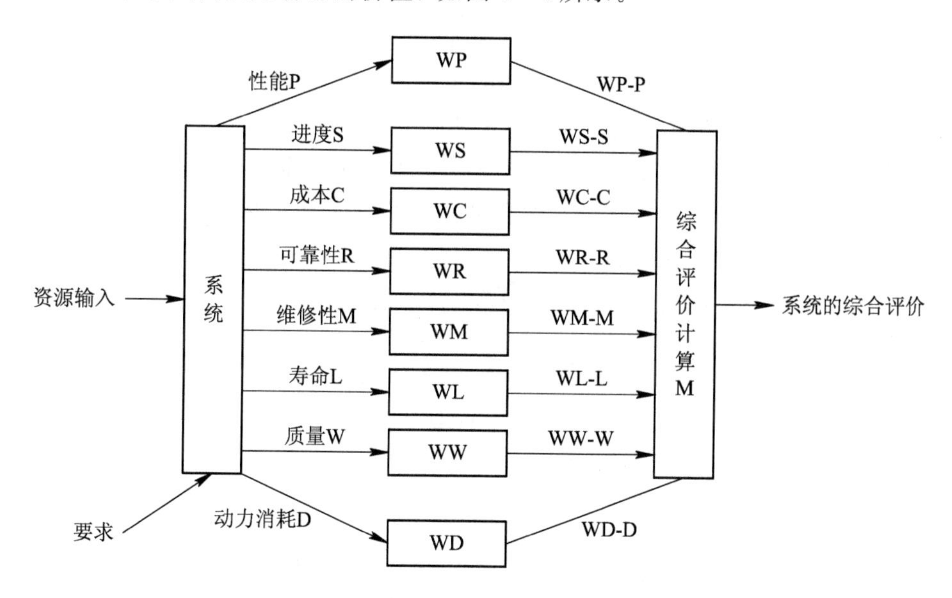

图 6－4　综合评价过程示意图

系统的评价因素通常有性能、进度、成本、可靠性、实用性(安装、维修)、寿命、质量、体积、兼容性、适应性、生存能力、技术水平、竞争能力、组织生产的连续性、外观以及能量消耗等。根据相对价值的概念，它们是一个有序的集合，可根据每一个价值因素在系统中所处的地位和重要程度来评定它们的顺序(序值)，以不同的权重加以量化。

图 6－4 是对一个机械系统所作的评价，选择性能、进度、成本、可靠性、维修性、寿命、动力消耗和质量等作为主要指标，分析每一个指标在特定任务下所具有的地位，赋予其不同的权重值，进而求出系统的综合评价值，通过对各种不同方案的比较确定最优方案。

三、指标数量化的方法

常用的系统评价指标数量化(即权重确定)的方法主要有排队打分法、体操评分法、判断矩阵法、连环比率法等。

(一) 排队打分法

1. 方法介绍

如果指标(如汽车的时速、油耗，工厂的产值、利润、能耗等)已有明确的数量表示，就可以采用排队打分法。

排队打分法的基本原理是：先将所有评价单位的各单项评价指标值按优劣顺序排列，再根据评价单位指标值的名次计算各单项的得分，将各单项得分加权平均得到综合得分，综合得分的多少将综合说明评价单位整体状况的优劣及其在全部单位中的相对地位。

设有 m 种方案，则可采取 m 级记分制：最优者记 m 分，最劣者记 1 分，中间各方案可以等步长记分(步长为 1 分)，也可以不等步长记分，灵活掌握；或者各项指标均采用 10 分制，最优者满分为 10 分。以此对多种方案进行排队。

2. 步骤

设有 n 个评价单位，评价指标有 m 个，其步骤如下：

(1) 将所有评价单位分别按各评价指标的优劣进行排列，得到 m 个名次序列。

(2) 分别计算各评价单位在每个评价指标上的单项得分。

假设第一名得分为100，最后一名得分为0，中间单位的得分介于100到0之间。在某个评价指标的排序中，如果某一评价单位在全部评价单位中位居第 k 名，则该评价单位在此项评价指标上的单项得分DF为

$$\mathrm{DF}=100-\frac{k-1}{n-1}\times 100=\frac{n-k}{n-1}\times 100$$

(3) 将各单项得分加权平均，求得综合得分ZDF：

$$\mathrm{ZDF}=\frac{\sum_{j=1}^{m}\mathrm{DF}_j\times W_j}{\sum_{j=1}^{m}W_j}$$

综合得分ZDF介于0～100之间，ZDF的数值越大，被评价单位越优。

(4) 依据综合得分的大小，由大到小将全部评价单位进行排序，得分最大的就是最优方案。

排队打分法

3. 举例

【例6-1】 现有五种运输方式，有六个评价指标，相关指标数据如表6-2所示，请用排队打分法选择最优运输方式。

表6-2 五种运输方式的技术参数

运输方式	运量/t	运输速度/(km/h)	运输距离/km	运输成本/元	运输期限/天
铁路	90	250	500	2	4
公路	15	120	300	3	6
水路	100	55	500	1	12
航空	30	1000	350	7	3
管道	40	30	500	4	5

求解过程：

(1) 将所有评价单位分别按各评价指标的优劣进行排队，如表6-3所示，得到6个名次序列。

表6-3 五种运输方式的优劣排队情况

运输方式	运量/t	运输方式	运输速度/(km/h)	运输方式	运输距离/km	运输方式	运输成本/元	运输方式	运输期限/天
水路	100	航空	1000	铁路	500	航空	7	水路	12
铁路	90	铁路	250	水路	500	管道	4	公路	6
管道	40	公路	120	管道	500	公路	3	管道	5
航空	30	水路	55	航空	350	铁路	2	铁路	4
公路	15	管道	30	公路	300	水路	1	航空	3

(2) 分别计算各评价单位在每个评价指标上的单项得分。

假设第一名得分为100，最后一名得分为0，中间单位得分介于100到0之间。

水路运输的运量在所有运输方式中的运量位列第1名，则水路运输在运量上的单项得分DF为

$$DF=100-\frac{1-1}{5-1}\times 100=100$$

铁路运输的运量在所有运输方式中的运量位列第2名，则铁路运输在运量上的单项得分DF为

$$DF=100-\frac{2-1}{5-1}\times 100=75$$

同理，计算各评价单位在每个评价指标上的单项得分，如表6-4所示。

表6-4　五种运输方式的评分情况

运输方式	运量/t	运输方式	运输速度/(km/h)	运输方式	运输距离/km	运输方式	运输成本/元	运输方式	运输期限/天
水路	100	航空	100	铁路	100	航空	100	航空	100
铁路	75	铁路	75	水路	75	管道	75	铁路	75
管道	50	公路	50	管道	50	公路	50	管道	50
航空	25	水路	25	航空	25	铁路	25	公路	25
公路	0	管道	0	公路	0	水路	0	水路	0

将各种运输方式对应的各指标值及其DF值整理汇总后的数据如表6-5所示。

表6-5　五种运输方式的各指标值及其DF值

运输方式	运量/t	运输速度/(km/h)	运输距离/km	运输成本/元	运输期限/天
铁路	90	250	500	2	4
	75	75	100	25	75
公路	15	120	300	3	6
	0	50	0	50	25
水路	100	55	500	1	12
	100	25	75	0	0
航空	30	1000	350	7	3
	25	100	25	100	100
管道	40	30	500	4	5
	50	0	50	75	50

(3) 将各单项得分加权平均，求得综合得分ZDF。

可以直接将各评价单位的各个指标值作为权重值 W 代入公式，即可计算得出综合得分ZDF。比如：

$$ZDF_{铁路}=\frac{90\times75+400\times75+500\times100+2\times25+0.9\times75+4\times25}{90+400+500+2+0.9+4}=87.24$$

同理，其他运输方式的综合得分如表 6－6 所示。

表 6－6　五种运输方式的综合得分

运输方式	得分
铁路	87.24
公路	25.80
水路	59.95
航空	79.26
管道	40.10

（4）依据综合得分的大小，对全部评价单位进行排序，如表 6－7 所示。

表 6－7　五种运输方式的排序

运输方式	综合得分	排序
铁路	87.24	1
公路	25.80	5
水路	59.95	3
航空	79.26	2
管道	40.10	4

（5）结论。经过对这六种指标的全面评测可知，最优运输方式是铁路运输。

（二）体操评分法

1．方法介绍

体育比赛中的许多计分方法也可以用到系统评价工作中。比如，请 6 位专家各自独立地对表演者按一定的计分法（如 10 分制）进行评分，然后舍去最高分和最低分，将中间的 4 个分数取平均，就得到比赛者最后的得分。

2．步骤

（1）请专家给评价对象打分。

（2）去掉一个最高分和一个最低分，将剩余的分数求平均值。

（3）确定评分高低，分数越高者评分越高，反之评分越低。

3．举例

【例 6－2】 6 名专家依据经济发展情况拟在北京、上海、成都、西安、武汉这 5 个地方建立货场。

求解过程：

（1）请专家给评价对象打分（满分为 100 分），如表 6－8 所示。

表 6-8　专家评分情况

地区	专家 1	专家 2	专家 3	专家 4	专家 5	专家 6
北京	95	93	94	91	92	90
上海	93	92	93	91	90	92
成都	89	92	89	88	93	92
西安	89	88	89	86	87	89
武汉	82	88	87	86	89	90

（2）去掉一个最高分和一个最低分，将剩余的分数求平均值，如表 6-9 所示。

表 6-9　专家评分平均值

地区	专家 1	专家 2	专家 3	专家 4	专家 5	专家 6	最高分	最低分	剩余分数平均值
北京	95	93	94	91	92	90	95	90	92.5
上海	93	92	93	91	90	92	93	91	91.75
成都	89	92	89	88	93	92	93	88	90.5
西安	89	88	89	86	87	89	89	86	88.25
武汉	82	88	87	86	89	90	90	82	87.5

（3）确定评分高低，分数越高者评分越高，反之评分越低，如表 6-10 所示。

表 6-10　专家评分排名

地区	平均值	排序
北京	92.5	1
上海	91.75	2
成都	90.5	3
西安	88.25	4
武汉	87.5	5

（4）结论。根据经济发展情况，可选择在北京建立货场。

（三）判断矩阵法

1. 判断矩阵法的前身

判断矩阵法的前身是两两比较法。两两比较法也叫相对比较法，这是一种感觉(经验)评分法。它把针对一个目标的所有评价指标都列出来组成一个方阵，根据方案的两两比较情况来打分，然后对每一方案的得分求和，并进行规范化处理。

评分法可以采用 0-1 打分法、0-4 打分法或多比例打分法等。

1）0-1 打分法

设有 n 个评价指标，把它排成一个 $n \times n$ 的矩阵，其元素 q_{ij} 表示第 i 项指标相对于第 j

项指标的重要性，取值如下：

$$q_{ij}=\begin{cases}1 & \text{当指标 } i \text{ 比指标 } j \text{ 重要时}\\0.5 & \text{当指标 } i \text{ 与指标 } j \text{ 同样重要时}\\0 & \text{当指标 } i \text{ 不如指标 } j \text{ 重要时}\end{cases}$$

其中，$\sum_{j=1}^{n} q_{ij}$ 表示第 i 指标得到的总分数。

一般情况下，矩阵的对角线(即 q_{ij} 处)不填元素，或画"×"。

2) 0-4 打分法

0-4 打分法比 0-1 打分法分级更细：当两个方案 i 与 j 同等优越时，令 $q_{ij}=q_{ji}=2$；当方案 i 比方案 j 稍微优越时，令 $q_{ij}=3$，$q_{ji}=1$；当方案 i 比方案 j 显著优越时，令 $q_{ij}=4$，$q_{ji}=0$。

3) 多比例打分法

多比例打分法的原理与 0-4 打分法类似，即按比例等级打分。但是，多比例打分法的比例等级划分更细，并且得分之和为 1，包括 1∶0、0.9∶0.1、0.8∶0.2、0.7∶0.3、0.6∶0.4、0.5∶0.5 六个。

2. 判断矩阵法的介绍

判断矩阵法从本质上来讲也是一种两两比较法，它是对两两比较法的改进，采用了一种更精准的记分方法，可对人的主观判断进行一致性检验。如果通过检验，则判断矩阵可行，否则不可行。

对于判断矩阵，只需判断主对角线以上或以下的元素值就可以了。然后进行相加或者相乘并进行规范化(一般指归一化)，所求的特征向量就是要求的权重值。

为了便于将比较判断定量化，引入 1-9 标度方法，具体标度如表 6－11 所示。

表 6－11　标度的具体赋值

重要性等级	赋值
i、j 两元素同等重要	1
i 元素比 j 元素稍重要	3
i 元素比 j 元素明显重要	5
i 元素比 j 元素强烈重要	7
i 元素比 j 元素极端重要	9
i 元素比 j 元素稍不重要	1/3
i 元素比 j 元素明显不重要	1/5
i 元素比 j 元素强烈不重要	1/7
i 元素比 j 元素极端不重要	1/9

构造判断矩阵应遵循两个原则：

(1) 不把所有因素放在一起比较，而是两两相互比较；

（2）对比时采用相对尺度，应尽可能减少性质不同的因素相互比较的困难，以提高准确度。

3. 步骤

（1）打分。可采用 0-1 打分法、0-4 打分法、多比例打分法、1-9 标度方法对方案进行打分。

（2）构建两两比较的判断矩阵 **A**。

（3）计算权重系数。求权重系数的近似算法主要有求和法和求根法两种。

① 求和法。

a. 将判断矩阵 **A** 按列归一化，得到矩阵 **B**，计算公式为

$$b_{ij}=\frac{a_{ij}}{\sum_{i=1}^{n}a_{ij}}$$

b. 按行求和，得到矩阵 **V**，计算公式为

$$v_i=\sum_{j=1}^{n}b_{ij}$$

c. 归一化处理，得到权重矩阵 **W**，计算公式为

$$w_i^0=\frac{v_i}{\sum_{i=1}^{n}v_i}$$

② 求根法。

a. 将判断矩阵 **A** 按行求积，得到矩阵 **V**，计算公式为

$$v_i=\sqrt[n]{\prod_{j}a_{ij}}$$

b. 归一化处理，得到权重矩阵 **W**，计算公式为

$$w_i=\frac{v_i}{\sum_{j=1}^{n}v_i}$$

（4）一致性检验。为避免一些逻辑错误的产生，需要进行一致性检验。根据判断矩阵法的基本原理，利用 **A** 的理论最大特征值 $\lambda_{\max}$ 与 n 之差检验一致性。

一致性指标：

$$\mathrm{CI}=\frac{\lambda_{\max}-n}{n-1}$$

$$\lambda_{\max}=\frac{1}{n}\sum_{i}\frac{(\boldsymbol{AW})_i}{w_i}$$

CI 的值越大，判断矩阵的一致性就越差。一般情况下，当 $\mathrm{CI}<0.1$ 时，就认为判断矩阵的一致性可以接受，否则就要重新进行两两比较，直到取得一致性。

判断矩阵的维数 n 太大也会影响矩阵的一致性。这时 n 值越大，判断矩阵的一致性也会越差，因此就需要放宽对维数大的矩阵的一致性要求，引入 RI 对 CI 进行修正，RI 是平均随机一致性指标，可查表 6－12 得到。

令修正平均值 $\mathrm{CR}=\frac{\mathrm{CI}}{\mathrm{RI}}$，将此更为合理的 CR 作为衡量判断矩阵一致性的指标。同理，

CR<0.1，就认为判断矩阵基本符合一致性要求。

表 6-12　RI 平均随机一致性指标表

阶数 n	3	4	5	6	7	8	9	10	11	12	13	14	15
RI	0.52	0.89	1.12	1.26	1.36	1.41	1.46	1.49	1.52	1.54	1.56	1.58	1.59

具体过程：

① 利用 $\lambda=\dfrac{1}{n}\sum\limits_{i=1}^{n}\dfrac{(\boldsymbol{AW})^{\mathrm{T}}}{w_i}$ 计算判断矩阵的最大特征根 λ。

② 利用 $\mathrm{CI}=\dfrac{\lambda-n}{n-1}$ 计算一致性指标 CI。

③ 引入修正系数 RI。

④ 判断是否接受判断矩阵。若 $\mathrm{CR}=\dfrac{\mathrm{CI}}{\mathrm{RI}}<0.1$，接受判断矩阵，否则返回上一步骤，调整矩阵使 CR<0.1，接受判断矩阵。

⑤ 求得权重。

4. 举例

判断矩阵法

【例 6-3】 利用判断矩阵法确定方案 A_1、方案 A_2、方案 A_3 的权重。其中，A_1 比 A_2、A_3 都重要，A_3 比 A_2 重要。

求解过程：

(1) 利用多比例打分法对方案进行打分。

A_1 比 A_2、A_3 都重要，A_3 比 A_2 重要，因此可令 $A_1:A_2$ 为 5∶1，$A_1:A_3$ 为 3∶1，$A_3:A_2$ 为 5∶3。

(2) 构建两两比较判断矩阵，如表 6-13 所示。

表 6-13　三个方案的对比打分情况

三个方案	A_1	A_2	A_3
A_1	1	5	3
A_2	1/5	1	1/3
A_3	1/3	3	1

(3) 求权重系数的近似算法，本案例采取求和法处理矩阵，如表 6-14 所示。

① 将判断矩阵按列规范化(归一化)。

表 6-14　三个方案得分的归一化处理

三个方案	A_1	A_2	A_3
A_1	0.652	0.556	0.692
A_2	0.130	0.111	0.077
A_3	0.217	0.333	0.231

② 按行求和，结果如表 6-15 所示。

表 6-15　三个方案归一化结果的求和处理

A_1	1.900
A_2	0.318
A_3	0.781

③ 按列规范化，得权重系数向量 W_i，如表 6-16 所示。

表 6-16　三个方案的权重系数向量

A_1	0.633
A_2	0.106
A_3	0.261

(4) 进行一致性检验。

① 利用 $\lambda=\frac{1}{n}\sum_{i=1}^{n}\frac{(\boldsymbol{AW})^{\mathrm{T}}}{w_i}$ 计算判断矩阵的最大特征根，最大特征根 $\lambda=3.039$。

② 利用 $\mathrm{CI}=\frac{\lambda-n}{n-1}$ 计算一致性指标 CI：

$$\mathrm{CI}=0.196$$

查随机一致性指标 RI 得

$$\mathrm{RI}=0.58$$

③ 判断是否接受判断矩阵：

$$\mathrm{CR}=\frac{\mathrm{CI}}{\mathrm{RI}}=0.033<0.1$$

(5) 结论。通过一致性检验，最大特征值对应的特征向量归一化求得的权重为(0.633，0.106，0.261)，即方案 A_1 的权重值最大，为 0.633。方案 A_2 和 A_3 的权重值分别为 0.106 和 0.261。

(四) 连环比率法

1. 方法介绍

连环比率法是一种确定得分系数或加权系数的方法。它首先给定初始或暂定比分，然后以环比相乘的方式对该比分进行修正，并进行归一化处理，即可得到各评价对象的得分或者权重。

2. 步骤

(1) 填写暂定分数列(由上而下)。

(2) 填写修正分数列(由下而上)。

(3) 计算得分系数 f_i，即进行归一化，得权重：

$$f_i=\frac{A_i\text{ 的修正分数}}{\sum A_i\text{ 的修正分数}}$$

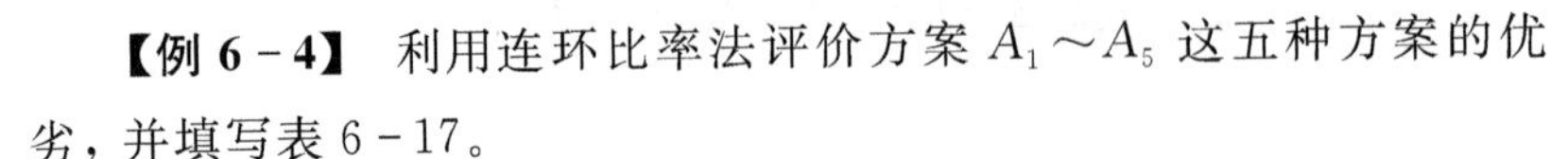

连环比率法

3. 举例

【例 6-4】 利用连环比率法评价方案 $A_1 \sim A_5$ 这五种方案的优劣，并填写表 6-17。

表 6-17 方案打分表

方案	暂定分数	修正分数	得分系数
A_1			
A_2			
A_3			
A_4			
A_5			
求和			

求解过程：

(1) 填写暂定分数列(由上而下)。

① 对比 A_1 与 A_2，假设 A_1 的优越性是 A_2 的 2 倍，则对应的 A_1 填写 2。

② 对比 A_2 与 A_3，假设 A_2 的优越性仅为 A_3 的 1/3，则对应的 A_2 填写 0.5。

③ 对比 A_3 与 A_4，假设 A_3 的优越性为 A_4 的 3 倍，则对应的 A_3 填写 3。

④ 对比 A_4 与 A_5，假设 A_4 的优越性为 A_5 的 1.5 倍，则对应的 A_4 填写 1.5，A_5 取 1。

(2) 填写修正分数列(由下而上)。取 A_5 为基准，其修正分数为 1；用 1 乘以 A_4 的暂定分数 1.5，得到 A_4 的修正分数 1.5；用 1.5 乘以 A_3 的暂定分数 3，得到 A_3 的暂定分数 4.5；类似地，得到 A_2 和 A_1 的修正分数为 2.25 与 4.5。

(3) 计算得分系数 f_i，即进行归一化，得到权重。

根据公式 $f_i = \dfrac{A_i \text{ 的修正分数}}{\sum A_i \text{ 的修正分数}}$，计算的得分系数如表 6-18 所示。

表 6-18 连环比率法的打分结果

方案	暂定分数	修正分数	得分系数
A_1	2.0	4.5	0.33
A_2	0.5	2.25	0.16
A_3	3.0	4.50	0.33
A_4	1.5	1.5	0.11
A_5	1.0	1.00	0.07
求和		13.75	1.00

(4) 结论。表 6-18 中的得分系数列即为权重，方案 $A_1 \sim A_5$ 五种方案的权重分别为 0.33、0.16、0.33、0.11、0.07。如此看来，方案 A_1 和 A_3 的权重最大。

任务四　单项系统评价

单项系统评价主要指利用经济理论和技术水平指标对系统的某个方面做出定量评价。经济评价方法主要有成本效益分析法、成本有效度分析法、模糊评分法、价值分析法、利润评价法等，技术评价方法主要有可行性评价方法、可靠性评价方法等。本任务重点介绍成本效益分析法和模糊评分法两种单项系统评分法。

一、成本效益分析法

（一）方法介绍

成本效益分析法(Cost Benefit Analysis)就是对不同系统方案的成本和效益进行比较分析的方法。成本反映的是建立新系统或改进系统所需要的主要投资耗费；效益则反映新建或改建的系统所能产生的经济效益和社会效益。与此方法原理相同的方法还有成本有效度分析法，在此不再赘述。

实质上，系统评价中的所有指标都可归结为效益指标或成本指标。效益是实现系统方案后能获得的结果；成本是为了实现系统方案必须支付的投资。

将每个方案的效益与成本分别计算后，再比较其效益/成本，就可以评价方案的优劣，显然，效益/成本愈大，方案愈好。

成本效益分析法的核心是成本效益模型。成本效益模型由成本模型、效益模型、综合模型三个模型组成。

1. 成本模型

成本模型应能说明方案的特性参数与成本之间的关系。一般的成本模型为

$$C = F(x)$$

式中：C 为方案的成本；x 为特性参数；F 为函数形式。

分析系统方案成本的另一种方法是分别分析系统方案的直接成本和间接成本。

2. 效益模型

与成本模型一样，效益模型既可建立方案本身的效益模型，也可分别分析其直接效益和间接效益。一般效益模型可表示为

$$E = G(x)$$

式中：E 为系统方案的效益；G 为函数形式。

3. 综合模型

综合模型主要研究成本与效益的关系，可应用三个准则进行综合：

(1) 在一定成本下，评价哪个方案的效益最高(或简称 C 准则)；

(2) 在一定效益下，评价哪个方案的成本最低(或简称 E 准则)；

(3) 计算效益成本比(E/C)，评价哪个方案的比值最大。

（二）步骤

成本效益分析法的步骤如下：

(1) 确定分析对象，收集整理得到某周期内的成本、效益数据。

(2) 建立成本效益综合模型，计算和分析对象的成本效益情况。

(3) 根据三项准则实施决策。

投入不同的成本将得到不同的效益，将其对应结果绘成成本效益曲线。图 6－5 所示为四种备选方案的成本效益综合模型图。

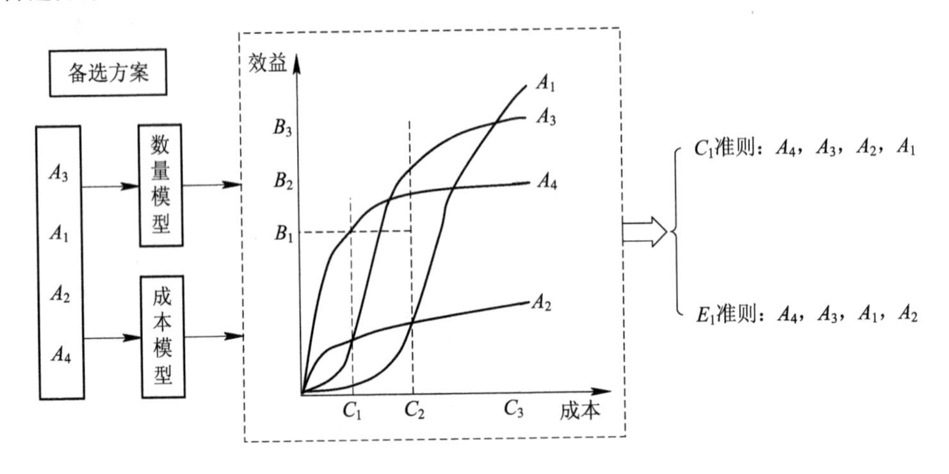

图 6－5　成本效益综合模型图

根据选择的决策准则，若以 C_1 为准则，即在投资成本限定为 C_1 的情况下，从综合模型图上可以确定各方案的优劣顺序是 A_4、A_3、A_2、A_1；若以E_1 为准则，即希望获得的利益为E_1，则各方案的优劣顺序是 A_4、A_3、A_1、A_2。

同理可知，在成本为 C_2 时采用方案 A_3，在成本为 C_3 时采用方案 A_1 均可使效益最高；在效益为B_3 时，采用方案 A_1 可使方案的投资成本最低。

（三）举例

【例 6－5】 某企业准备投资新建一个货运站场，经过初步调查研究，提出了三个方案，各方案主要指标如表 6－19 所示，请用成本效益分析法对三个方案进行评价并做决策。

表 6－19　货运站场方案指标比较

指　　标	方案Ⅰ	方案Ⅱ	方案Ⅲ
造价/万元	100	86	75
建成年限/年	5	4	3
建成后需流动资金/万元	45.8	33.3	38.5
建成后发挥效益时间/年	10	10	10
年产值/万元	260	196	220
产值利润率/%	12	15	12.5
环境污染程度	稍重	最轻	轻

求解过程：

(1) 根据案例描述可知，分析对象为计划新建的货运站场，收集整理到的相关数据如表6-19所示。对三个方案进行比较后发现它们各有优缺点。为了便于进一步判断，应将目标适当集中。由于在系统评价中最关心的是成本和效益这两项指标，因此应该首先集中注意这两项指标。

(2) 已知货运站场建成后发挥效益的时间是10年，则可计算出三个方案的10年总利润及全部投资额，比较结果如表6-20所示。

表6-20　货运站场各方案投资利润率比较

指　　标	方案Ⅰ	方案Ⅱ	方案Ⅲ
总利润额/万元	312	294	275
全部投资额/万元	145.8	119.3	113.5
利润高于投资的余额/万元	166.2	174.7	161.5
投资利润率/%	214	246	242

(3) 根据E/C准则实施决策。从表6-20中可看出，方案Ⅰ的总利润虽然高于方案Ⅱ、Ⅲ，但投资额也相应地高于方案Ⅱ、Ⅲ，结果使投资利润率低于方案Ⅱ、Ⅲ，另外，该方案对环境的污染也较严重，因此，应放弃方案Ⅰ。进一步分析方案Ⅱ和方案Ⅲ，同理应放弃方案Ⅲ。

(4) 结论。经过成本效益分析，选择方案Ⅱ是最理想的。

二、模糊评分法

（一）方法介绍

模糊评分法用在模糊目标的评价上。对重要性、可靠性、稳定性等模糊目标的评价只能依靠专家的经验，并通过模糊评分加以量化。

（二）步骤

(1) 给出明确的单目标。

(2) 有一组确定的待评方案。

(3) 请10名及以上有实践经验的专家背靠背模糊打分。记分标准可以是1分、5分、10分、100分。

(4) 将评分结果集中起来，并根据下式求出每个方案的平均得分：

$$\bar{d}_i = \frac{1}{p}\sum_{k=1}^{p} d_{ik} \qquad i = 1, 2, 3, \cdots, n$$

式中，$\bar{d}_i$ 为第 i 个方案的得分；d_{ik} 为第 k 位专家给第 i 个方案的评分；p 为参加评分的人数；n 为待评方案数。

(5) 根据 $\bar{d}_i$ 大小给出方案优劣排序。

（三）举例

【例 6－6】 请 10 位专家采用 100 分制为五种仓库设计方案打分，评价结果汇总于表 6－21 中。

表 6－21　五种仓库设计方案的模糊评分汇总表

仓库设计方案	评分									
	专家 1	专家 2	专家 3	专家 4	专家 5	专家 6	专家 7	专家 8	专家 9	专家 10
方案 1	75	80	90	80	70	75	78	75	80	75
方案 2	80	70	88	75	80	90	92	80	84	76
方案 3	85	90	75	90	75	80	78	88	75	75
方案 4	70	75	60	85	60	75	75	70	90	80
方案 5	65	70	75	80	75	70	70	75	80	76

求解过程：

（1）根据案例描述请专家针对仓库设计方案进行模糊打分，根据打分结果来选择最优方案。

（2）案例中已知有五种仓库设计方案，分别是方案 1～方案 5。

（3）案例中请了 10 名专家背靠背模糊打分，记分标准是 100 分。

（4）将评分结果集中起来，并根据平均得分的计算公式求出每个方案的平均得分：

$$\bar{d}_1=\frac{1}{10}\sum_{k=1}^{10}d_{1k}=\frac{75+80+90+80+70+75+78+75+80+75}{10}=77.8$$

$$\bar{d}_2=\frac{1}{10}\sum_{k=1}^{10}d_{2k}=\frac{80+70+88+75+80+90+92+80+84+76}{10}=81.5$$

$$\bar{d}_3=\frac{1}{10}\sum_{k=1}^{10}d_{3k}=\frac{85+90+75+90+75+80+78+88+75+75}{10}=81.1$$

$$\bar{d}_4=\frac{1}{10}\sum_{k=1}^{10}d_{4k}=\frac{70+75+60+85+60+75+75+70+90+80}{10}=74.0$$

$$\bar{d}_5=\frac{1}{10}\sum_{k=1}^{10}d_{5k}=\frac{65+70+75+80+75+70+70+75+80+76}{10}=73.6$$

（5）根据 $\bar{d}_i$ 的大小给出方案优劣排序，如表 6－22 所示。

表 6－22　五种方案的优劣排序

仓库设计方案	评分										平均得分	优劣排序
	专家 1	专家 2	专家 3	专家 4	专家 5	专家 6	专家 7	专家 8	专家 9	专家 10		
方案 1	75	80	90	80	70	75	78	75	80	75	77.8	3
方案 2	80	70	88	75	80	90	92	80	84	76	81.5	1
方案 3	85	90	75	90	75	80	78	88	75	75	81.1	2
方案 4	70	75	60	85	60	75	75	70	90	80	74.0	4
方案 5	65	70	75	80	75	70	70	75	80	76	73.6	5

将专家的评分求和取平均，得到每一种方案的平均得分。按照平均得分的高低来判断，五种方案的优劣排序依次为：方案 2、方案 3、方案 1、方案 4、方案 5。

结论：选择方案 2 最优。

任务五　综合系统评价

一、简单综合法

（一）方法介绍

简单综合法是一种简单的多目标评价方法，包括直接求和法、算术平均值法和几何平均值法。简单综合法的一般形式如表 6 - 23 所示。不同的方法有其自身的特点，需要正确选用。

表 6 - 23　简单综合法的一般形式

方案	目标				简单综合法		
	P_1	P_2	…	P_n	直接求和法	算术平均值法	几何平均值法
G_1	d_{11}	d_{12}	…	d_{1n}	$\sum_{j=1}^{n} d_{1j}$	$\frac{1}{n}\sum_{j=1}^{n} d_{1j}$	$\sqrt[n]{\prod_{j=1}^{n} d_{1j}}$
G_2	d_{21}	d_{22}	…	d_{2n}	$\sum_{j=1}^{n} d_{2j}$	$\frac{1}{n}\sum_{j=1}^{n} d_{2j}$	$\sqrt[n]{\prod_{j=1}^{n} d_{2j}}$
⋮	⋮	⋮	⋮	⋮	⋮	⋮	⋮
G_m	d_{m1}	d_{m2}	…	d_{mn}	$\sum_{j=1}^{n} d_{3j}$	$\frac{1}{n}\sum_{j=1}^{n} d_{mj}$	$\sqrt[n]{\prod_{j=1}^{n} d_{mj}}$

1. 直接求和法

将每个方案对应的几个目标的评分累加起来，然后根据累计得分的多少给出方案优劣排序，这种方法称为直接求和法。

该法简单实用，但如果评价目标个数不相等，就不能再用直接求和法，而应采用算术平均值法。

2. 算术平均值法

将每个方案对应的几个目标的评分累加起来取平均值，并根据平均值的大小给出方案优劣排序，这种方法称为算术平均值法。

这种方法适用于目标个数相等或不相等两种情况，其实质是等权重的思想。当目标个数相等时，直接求和法与算术平均值法给出的排序结果是相同的。

3. 几何平均值法

将每个方案对应的几个目标的评分连乘再开几次方作为每个方案的综合得分，并依此给出方案优劣排序，此法称为几何平均值法。

这种方法不仅适用于目标个数相等或不相等两种情况，还可把不同目标但评分比较集中的方案选为最好方案。

（二）步骤

（1）拟定备选方案。

（2）拟定评价方案的指标。

（3）针对不同的指标对各方案进行评分，可以采用排队打分法、0-1打分法、0-4打分法、多比例打分法、模糊评分法等，择优选用。

（4）对评分进行简单综合评选最优方案，可采用直接求和法、算术平均值法、几何平均值法，择优选用。

（三）举例

【例6－7】 对某城市的地铁交通枢纽设计了Ⅰ、Ⅱ、Ⅲ三个可行的备选方案，请分别从 A、B、C、D 四个方面来综合评估和选择最优方案。

求解过程：

（1）根据案例描述可知，拟定了Ⅰ、Ⅱ、Ⅲ三个备选方案。

（2）根据案例可知，需从 A、B、C、D 四个方面来评价方案。

（3）针对不同的指标采用模糊评分法对各方案进行评分，如表6－24所示。

（4）对评分进行简单综合，评选出最优方案。

由于目标个数相等时直接求和法与算术平均值法给出的排序结果是相同的，因此，按算术平均值法和几何平均值法分别计算总的得分，如表6－24所示。

表6－24　三种不同方案的综合评分表

指标/方案	A	B	C	D	算术平均值法		几何平均值法	
					得分	排序	得分	排序
Ⅰ	1	3	5	11	5	1	$\sqrt[4]{165}$	3
Ⅱ	3	4	6	7	5	1	$\sqrt[4]{504}$	2
Ⅲ	5	5	5	5	5	1	$\sqrt[4]{625}$	1

由表6－24的计算结果可以看出：应用算术平均值法来计算时，三个方案得分相同，分不出优劣；而采用几何平均值法来计算时，方案Ⅲ对应不同指标的评分非常集中。

结论：应该选择方案Ⅲ为最优方案。

二、关联矩阵法

（一）方法介绍

关联矩阵法是用矩阵形式来表示各备选方案有关评价项目的数据值，然后计算各方案评价值的加权和，再进行分析比较，评价值加权和最大的方案即为最优方案。

应用关联矩阵法的关键在于确定各评价指标的相对重要度(即权重)，以及由评价主体给定的评价指标的评价尺度。

假设 G 代表参与评价的方案，P 代表评价指标，w 代表指标的权重，d 代表评价方案的评分值，关联矩阵模型表示如表 6－25 所示。

表 6－25　关联矩阵模型一览表

方案	P_1	P_2	…	P_n	综合评价值
	w_1	w_2	…	w_n	
G_1	d_{11}	d_{12}	…	d_{1n}	$\sum_{j=1}^{n} w_j d_{1j}$
G_2	d_{21}	d_{22}	…	d_{2n}	$\sum_{j=1}^{n} w_j d_{2j}$
⋮	⋮	⋮	⋮	⋮	⋮
G_m	d_{m1}	d_{m2}	…	d_{mn}	$\sum_{j=1}^{n} w_j d_{mj}$

评价方案 G_m 的综合评价值为 Q_m，计算公式为

$$Q_m = \sum_{j=1}^{n} w_j d_{mj}$$

根据 Q_m 值的大小进行比较，可选出最优方案。

（二）步骤

(1) 拟定备选方案 G。

(2) 拟定评价方案的指标 P，并确定出各指标的权重值 w。权重值的确定方法主要有排队打分法、体操评分法、判断矩阵法、连环比率法等，应根据需求择优选用。

(3) 针对不同的指标对各方案进行评分得到 d。可以采用排队打分法、0-1 打分法、0-4 打分法、多比例打分法、模糊评分法等，择优选用。

(4) 构建关联矩阵，对评分进行加权，综合得到各方案的综合评价值 Q，评选最优方案。

（三）举例

关联矩阵法

【例 6－8】 为了扩大市场，某医药制剂厂拟建分厂，现对分厂的选址提出 A、B、C 三个方案，需对其进行评价。评价指标主要有建厂成本、交通条件、市场需求量、年收益、环境污染程度五项。经过深入调查和预测，三个方案的五项指标数值列于表 6－26 中。

表 6－26　三种方案的指标值

方案	建厂成本/万元	交通条件/级	市场需求量/(万/年)	年收益/万元	环境污染程度/级
A	200	1	50	250	5
B	175	2	40	210	3
C	150	3	35	160	2

求解过程：

(1) 案例中拟定了 A、B、C 三个备选方案。

(2) 案例中拟定的主要评价指标有建厂成本、交通条件、市场需求量、年收益、环境污染程度共五项。

本案例采取判断矩阵法来确定各指标的权重 w，通过专家打分以及构建判断矩阵计算得到建厂成本、交通条件、市场需求量、年收益、环境污染程度五项指标的权重分别为 0.2、0.1、0.15、0.3 和 0.25。采用判断矩阵法确定权重的详细步骤见本模块“任务三 评价指标的数量化”，此处省略详细过程。

(3) 针对不同的指标对各方案进行评分，本案例设计了专门的评分标准，如表 6－27 所示。

表 6－27　评 分 标 准

方案	建厂成本/万元	交通条件/级	市场需求量/(万/年)	年收益/万元	环境污染程度/级
5	120 以下	1	70 以上	300 以上	1
4	120～140	2	60～70	250～300	2
3	140～160	3	50～60	200～250	3
2	160～180	4	40～50	150～200	4
1	180～200	5	30～40	100～150	5
0	200 以上	6	30 以下	100 以下	6

对照评分标准对各方案的各项指标进行打分，使不同量纲的指标值转化为统一无量纲的标准值，见表 6－28。

表 6－28　专家评分汇总表

方案	建厂成本/万元	交通条件/级	市场需求量/(万/年)	年收益/万元	环境污染程度/级
A	1	5	3	4	1
B	2	4	2	3	3
C	3	3	1	2	4

(4) 建立关联矩阵，计算综合评价值，给出方案的优劣排序，如表 6－29 所示。

表 6－29　关联矩阵及综合评分表

方案	建厂成本/万元	交通条件/级	市场需求量/万	年收益/万元	环境污染程度/级	综合评价值	排序
	$w=0.2$	$w=0.1$	$w=0.15$	$w=0.3$	$w=0.25$		
A	1	5	3	4	1	2.6	3
B	2	4	2	3	3	2.95	1
C	3	3	1	2	4	2.65	2

从表 6－29 中可以看出，三个方案中 B 方案的排序在第一位，是首选方案，C 为第二方案，A 方案最不可取。

结论：应该选择 B 方案为最优方案。

三、层次分析法

（一）方法介绍

1. 含义

层次分析法(Analytic Hierarchy Process，AHP)是美国著名运筹学家 T. L. Saaty 教授于 20 世纪 70 年代初期提出的一种定性与定量相结合的多准则决策方法，是一种层次权重决策分析方法。具体地说，它是将决策问题的有关元素分解成目标、准则、方案等层次，用一定标度将人的主观判断进行客观量化。

这种分析法可以在对复杂决策问题的本质、影响因素以及内在关系等进行深入分析后，构建一个层次结构模型，然后利用较少的定量信息，把决策的思维过程进行数学处理，从而为求解多目标、多准则或无结构特性的复杂决策问题提供一种简便的决策方法。

2. 基本原理

人们在日常生活中经常要从一堆同样大小的物品中挑选出最重的物品。这时一般利用两两比较的方法来达到目的。

假设有 n 个物品，其真实重量用 w_1，w_2，w_3，…，w_n 表示。要想知道 w_1，w_2，w_3，…，w_n 的值，最简单的方法就是用秤称重，但如果没有秤，可以将几个物品两两比较，得到它们的重量比判断矩阵 $\mathbf{A}$：

$$\mathbf{A}=\begin{bmatrix} \frac{w_1}{w_1} & \cdots & \frac{w_1}{w_n} \\ \vdots & & \vdots \\ \frac{w_n}{w_1} & \cdots & \frac{w_n}{w_n} \end{bmatrix}$$

如果用物品重量向量 $\mathbf{W}=[w_1, w_2, \cdots, w_n]^{\mathrm{T}}$ 右乘矩阵 $\mathbf{A}$，则有

$$AW = \begin{bmatrix} \frac{w_1}{w_1} & \cdots & \frac{w_1}{w_n} \\ \vdots & & \vdots \\ \frac{w_n}{w_1} & \cdots & \frac{w_n}{w_n} \end{bmatrix} \begin{bmatrix} w_1 \\ \vdots \\ w_n \end{bmatrix} = \begin{bmatrix} nw_1 \\ \vdots \\ nw_n \end{bmatrix} = nW$$

由上式可知，n 是 $\boldsymbol{A}$ 的特征值，$\boldsymbol{W}$ 是 $\boldsymbol{A}$ 的特征向量。

根据矩阵理论，n 是矩阵 $\boldsymbol{A}$ 的唯一非零解，也是最大的特征值。这就提示我们，可以利用求物品重量比判断矩阵的特征向量的方法来求得物品真实的重量向量 $\boldsymbol{W}$，从而确定最重的物品。

假设上述 n 个物品代表 n 个指标(要素)，物品的重量向量就表示各指标(要素)的相对重要性向量，即权重向量，可以通过两两因素的比较建立判断矩阵，再求出其特征向量就可以确定哪个因素最重要。以此类推，如果 n 个物品代表 n 个方案，按照这种方法，就可以确定哪个方案最有价值。

(二) 步骤

1. 建立层次结构模型

将决策的目标、考虑的因素和决策对象按它们之间的相互关系分为最高层、中间层和最底层，建立多级递阶的层次结构模型，如图 6-6 所示。

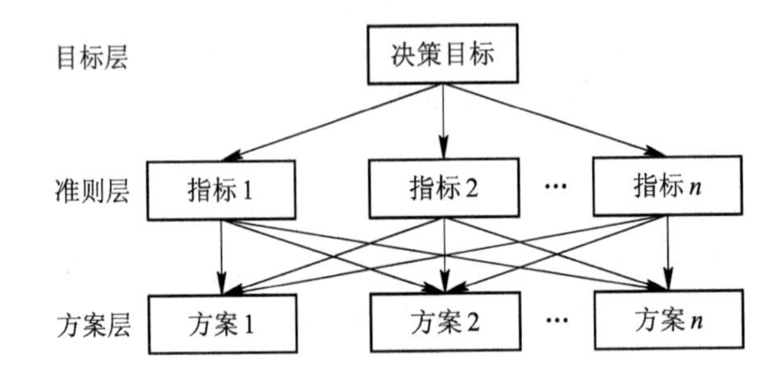

图 6-6 方案比较层次分析结构图

最高层(目标层)：决策的目的、要解决的问题。

中间层(准则层)：考虑的因素、决策的准则。

最底层(方案层)：决策时的备选方案。

对于相邻的两层，统一称上一层为目标层，下一层为准则层。

2. 构造判断矩阵

对同属一级的要素以上一级的要素为准则进行两两比较，根据评价尺度确定其相对重要度，据此建立判断矩阵 $\boldsymbol{A}$，构造判断矩阵的详情见任务三的判断矩阵法。

3. 相对重要程度(权重)计算

计算判断矩阵的特征向量，以确定各要素的相对重要度。可以采用排队打分法、体操评分法、判断矩阵法、连环比率法等计算特征值的近似值，详情见任务三的判断矩阵法。

4. 一致性检验

为避免一些逻辑错误的产生，需要进行一致性检验，详情见任务三的判断矩阵法。

5. 综合重要度计算

获得同一层次各要素之间的相对重要度后，就可以自上而下地计算各级要素相对于总体的综合重要度。

6. 方案排序与决策

依据上一步骤计算得到的各个方案综合重要度的大小对方案进行排序，从而为决策提供依据。

（三）举例

【例 6-9】 某配送中心的设计中要对某类物流设备进行决策，现初步选定三种设备配套方案（B_1、B_2、B_3），应用层次分析法对优先考虑的方案进行排序。

层次分析法

对设备方案的判断主要从设备的功能 C_1、成本 C_2、维护性 C_3 三方面进行评价。本案例为分析简便，省略了更详细的指标。

求解过程：

（1）建立层次结构模型。

根据案例描述可知，目标层是物流设备决策，指标层有功能 C_1、成本 C_2、维护性 C_3 三个评价指标，方案层是 B_1、B_2、B_3 三个方案，因此可以建立递阶层次模型如图 6-7 所示。

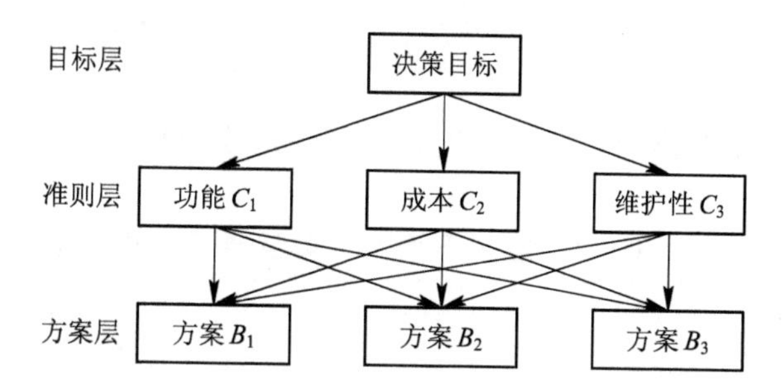

图 6-7　选择设备的层次结构模型图

（2）构造判断矩阵。

① 以目标层为准则，对指标层功能 C_1、成本 C_2、维护性 C_3 的重要度进行两两比较。根据 1-9 标度表对这三个指标进行两两比较，结果如表 6-30 所示。

表 6-30　两两指标重要度比较结果

选择设备	C_1	C_2	C_3
C_1	1	5	3
C_2	1/5	1	1/3
C_3	1/3	3	1

根据表 6－30 中指标层功能 C_1、成本 C_2、维护性 C_3 的重要度对比结果得到判断矩阵：

$$\mathbf{A}_1=\begin{bmatrix}1 & 5 & 3\\ 1/5 & 1 & 1/3\\ 1/3 & 3 & 1\end{bmatrix}$$

② 分别以指标层的功能 C_1、成本 C_2、维护性 C_3 为准则，对方案层 B_1、B_2、B_3 的重要度进行两两比较。

首先，以功能 C_1 为准则，对方案 B_1、B_2、B_3 的重要程度进行两两比较，结果如表 6－31 所示。

表 6－31　C_1 准则下两两方案重要度比较结果

功能	B_1	B_2	B_3
B_1	1	1/7	1/5
B_2	7	1	3
B_3	5	1/3	1

其次，以成本 C_2 为准则，对方案 B_1、B_2、B_3 的重要程度进行两两比较，结果如表 6－32 所示。

表 6－32　C_2 准则下两两方案重要度比较结果

成本	B_1	B_2	B_3
B_1	1	2	3
B_2	1/2	1	2
B_3	1/3	1/2	1

再次，以维护性 C_3 为准则，对方案 B_1、B_2、B_3 的重要程度进行两两比较，结果如表 6－33 所示。

表 6－33　C_3 准则下两两方案重要度比较结果

维护性	B_1	B_2	B_3
B_1	1	5	3
B_2	1/5	1	1/2
B_3	1/3	2	1

因为这一层有功能 C_1、成本 C_2、维护性 C_3 三个准则，故有三个 3×3 的判断矩阵，分别是第 1 个指标功能 C_1 的方案对比判断矩阵 $\mathbf{A}_{21}$：

$$\mathbf{A}_{21}=\begin{bmatrix}1 & 1/7 & 1/5\\ 7 & 1 & 3\\ 5 & 1/3 & 1\end{bmatrix}$$

第 2 个指标成本 C_2 的方案对比判断矩阵 $\mathbf{A}_{22}$：

$$\mathbf{A}_{22}=\begin{bmatrix}1 & 2 & 3\\ 1/2 & 1 & 2\\ 1/3 & 1/2 & 1\end{bmatrix}$$

第 3 个指标维护性 C_3 的方案对比判断矩阵 $\boldsymbol{A}_{23}$：

$$\boldsymbol{A}_{23}=\begin{bmatrix}1 & 5 & 3\\1/5 & 1 & 1/2\\1/3 & 2 & 1\end{bmatrix}$$

(3) 计算相对重要程度(权重)。

① 对选择设备的判断矩阵进行求解，可以用求和法计算。

a. 将判断矩阵 $\boldsymbol{A}$ 按列归一化，得到矩阵 $\boldsymbol{B}$：

$$\boldsymbol{B}=\begin{bmatrix}0.652 & 0.556 & 0.692\\0.130 & 0.111 & 0.077\\0.218 & 0.333 & 0.231\end{bmatrix}$$

b. 按行求和，得到矩阵 $\boldsymbol{V}$：

$$\boldsymbol{V}=\begin{bmatrix}1.900\\0.318\\0.782\end{bmatrix}$$

c. 归一化处理，得到权重矩阵 $\boldsymbol{W}$：

$$\boldsymbol{W}=\begin{bmatrix}0.633\\0.106\\0.261\end{bmatrix}$$

可见，功能、成本、维护性三个指标的权重分别是 0.633、0.106、0.261。

② 以此类推，对功能、成本、维护性的判断矩阵进行求解，可以用求根法计算。

③ 功能判断矩阵求解如表 6－34 所示，成本判断矩阵求解如表 6－35 所示，维护性判断矩阵求解如表 6－36 所示。

表 6－34　功能判断矩阵求解表

功能	B_1	B_2	B_3	重要度
B_1	1	1/7	1/5	0.0719
B_2	7	1	3	0.6491
B_3	5	1/3	1	0.2790

表 6－35　成本判断矩阵求解表

成本	B_1	B_2	B_3	重要度
B_1	1	2	3	0.5400
B_2	1/2	1	2	0.2970
B_3	1/3	1/2	1	0.1633

表 6-36 维护性判断矩阵求解表

维护性	B_1	B_2	B_3	重要度
B_1	1	5	3	0.6483
B_2	1/5	1	1/2	0.1220
B_3	1/3	2	1	0.2297

(4) 检验一致性。

① 对选择设备的判断矩阵进行一致性检验：

$$\boldsymbol{AW}=\begin{bmatrix}1 & 5 & 3\\ 1/5 & 1 & 1/3\\ 1/3 & 3 & 1\end{bmatrix}\times\begin{bmatrix}0.633\\ 0.106\\ 0.261\end{bmatrix}=\begin{bmatrix}1.936\\ 0.318\\ 0.785\end{bmatrix}$$

A 的理论最大特征值：

$$\lambda_{\max}=\frac{1}{3}\left(\frac{1.936}{0.633}+\frac{0.318}{0.106}+\frac{0.785}{0.261}\right)=3.022$$

一致性指标：

$$\mathrm{CI}=\frac{3.037-3}{3-1}=0.0185$$

由于 $\mathrm{CI}<0.1$，故判断矩阵的一致性可以接受。

② 以此类推，对功能、成本、维护性的判断矩阵进行一致性检验，检验结果均为 $\mathrm{CI}<0.1$，上述判断矩阵的一致性皆可以接受。

(5) 计算综合重要度。

得到三个方案对功能、成本、维护性三个指标的重要度值后，可按照功能、成本、维护性对总目标的重要度，采用关联矩阵法求出三个方案对总目标的综合重要度，计算如下所示：

$$w_1'=0.633\times0.0719+0.106\times0.5400+0.261\times0.6483=0.2814$$
$$w_2'=0.633\times0.6491+0.106\times0.2970+0.261\times0.1220=0.4742$$
$$w_3'=0.633\times0.2790+0.106\times0.1633+0.261\times0.2297=0.2539$$

(6) 方案排序与决策。

将以上计算结果列入表中，如表 6-37 所示。

表 6-37 方案的综合重要度

方案	准则			重要度
	C_1	C_2	C_3	
	0.637	0.105	0.258	
B_1	0.0719	0.5400	0.6483	0.2814
B_2	0.6491	0.2970	0.1220	0.4742
B_3	0.2790	0.1633	0.2297	0.2539

结论：根据综合重要度的比较，B_2 的综合重要度最大，综合重要度为 0.4742，因此，对于该配送中心的设备配置问题，选择方案 B_2 更理想。

四、模糊综合评价法

生产管理、领导决策、工程项目评价等时，经常会碰到影响因素模糊或者评判结果模糊的情况，这些问题的评价通常都由决策人主观作出优、良、中、差之类的模糊评价。但是不同决策人的主观判断会有差异，为了实现不同决策者能够以同一套评价标准比较公平地对不同对象进行评价，就需要用到模糊数学的原理，考虑与评价对象相关的各种因素进行综合评价，这就是模糊综合评价。模糊综合评价是一种常用的综合评价方法，通常可以用于方案选择、企业员工考评等。

模糊综合评价法具有模糊性、定量性和层次性的特点。模糊综合评价模型分为单层次综合评价模型和多层次综合评价模型。

（一）单层次模糊综合评价

1. 方法介绍

单层次模糊综合评价模型又叫单级评价模型，特指因素集(指标体系)，是单层的模糊综合模型。这种模型中的权重矩阵是按以下过程形成的：先拟定模糊性质的评语集；对该单层因素分别进行模糊评价，汇总形成评价矩阵；通过一定的方法拟定各因素的权重，汇总形成权重矩阵；得到权重矩阵后，将权重矩阵与评价矩阵相乘，并采用一定的算法求解，得出某评价对象的评价向量，如此得出对某评价对象的评价结论。

2. 步骤

(1) 确定评价因素集合 U。将因素集 U 按属性的类型划分为 i 个子集，或者说影响 U 的 i 个指标，记为 $U=\{U_1, U_2, \cdots, U_i\}$。

(2) 确定评语集合 V。对评价对象可能设置的评语集合 $V=\{V_1, V_2, \cdots, V_m\}$。比如，采取四级评分制，评语集合 $V=\{$优秀，良好，及格，不及格$\}$。再比如，采用打分制，评语集合$V=\{100, 70, 30\}$。再比如，用不同层次的参考对象作为评价标准，评语集合 $V=\{$对象 1，对象 2，对象 3，…$\}$或 $V=\{$方案 1，方案 2，方案 3，…$\}$等。

(3) 建立模糊评价矩阵 $\widetilde{\boldsymbol{R}}$。元素 r_{ij} 表示从第 i 个因素着眼对某一对象作出的第 j 种评语。此时模糊评价矩阵表示为

$$\widetilde{\boldsymbol{R}}=\begin{bmatrix} r_{11} & \cdots & r_{1m} \\ \vdots & & \vdots \\ r_{n1} & \cdots & r_{nm} \end{bmatrix}$$

其中，$\sum_{j=1}^{m} r_{ij}=1$。

(4) 确定评价因素 U_i 的权重，得到权重矩阵 $\widetilde{\boldsymbol{A}}$。评价因素的权重$\{\widetilde{\boldsymbol{A}}(U_i)\}(i=1, 2, \cdots, n)$，相当于 U 中元素 U_i 对 $\widetilde{\boldsymbol{A}}$ 的隶属度，表示为 $\widetilde{\boldsymbol{A}}(U_i)$。一般令 $\sum_{i=1}^{n}\widetilde{\boldsymbol{A}}(U_i)=1$。

权重 $\widetilde{\boldsymbol{A}}$ 确定的方法主要有层次分析法、专家打分法、加权平均法等。

(5) 进行模糊计算得到综合评价矩阵 $\widetilde{\boldsymbol{B}}$=权重矩阵 $\widetilde{\boldsymbol{A}}$×评价矩阵 $\widetilde{\boldsymbol{R}}$。模糊计算有两种方法：主观因素突出型和加权平均型。

主观因素突出型计算过程：先取 $\min(a_{ij}, r_{ij})$，然后取综合评价值 $b_{ij}=\max\{\min(a_{ij}, r_{ij})\}$，得到综合评价矩阵 $\widetilde{\boldsymbol{B}}$。

加权平均型计算过程：综合评价值 $b_{ij}=\sum\sum a_{ij}\times b_{ji}$，比如 $b_{11}=a_{11}\times b_{11}+a_{12}\times b_{21}+a_{13}\times b_{31}+\cdots$，如此进行计算，即可得到综合评价矩阵 $\widetilde{\boldsymbol{B}}$。

(6) 得出评价结论。比如说，百分之多少的人认为评价对象好，或者该评价对象优秀，或者某某方案是最优的，等等。

3. 举例

【例 6-10】 对员工的整体素质作出客观合理的评价是人力资源部门的工作内容之一，其目的在于确定和调整企业的工作计划和员工的培训计划。

传统的评价主要依靠各级管理部门对员工的工作效率以及平时表现的考察，但由于考察时间有局限，接触分散和认识片面，往往会导致评价有偏差，为避免这种偏差，可以采用模糊评价的方法，使评价工作定量化、科学化。

现需要对某配送中心全体员工的素质进行模糊综合评价，请建立对单个员工评价的模型，并给出评价过程。

求解过程：

(1) 确定评价因素集合 U。

假设该企业将从工作效率、履行职责、创新精神、遵守纪律四个方面对员工进行模糊评价，则构建评价因素集合如下：

$$U=\{U_1, U_2, U_3, U_4\}=\{\text{工作效率，履行职责，创新精神，遵守纪律}\}$$

(2) 确定评语集合 V。

假设我们以很好、较好、一般、不好来评价每一位员工，则构建评语集合如下：

$$V=\{V_1, V_2, V_3, V_4\}=\{\text{很好，较好，一般，不好}\}$$

(3) 建立模糊评价矩阵。

在配送中心调查和有关人员调查的基础上，确定了某个员工的评价矩阵。

工作效率方面，调查结果显示：40%的人认为该员工很好，50%的人认为该员工较好，10%的人认为该员工一般。

履行职责方面，调查结果显示：60%的人认为该员工很好，30%的人认为该员工较好，10%的人认为该员工一般。

创新精神方面，调查结果显示：10%的人认为该员工很好，20%的人认为该员工较好，60%的人认为该员工一般，10%的人认为该员工不好。

遵守纪律方面，调查结果显示：10%的人认为该员工很好，20%的人认为该员工较好，50%的人认为该员工一般，20%的人认为该员工不好。

汇总形成评价矩阵：

$$\widetilde{\boldsymbol{R}}=\begin{bmatrix}0.4 & 0.5 & 0.1 & 0\\ 0.6 & 0.3 & 0.1 & 0\\ 0.1 & 0.2 & 0.6 & 0.1\\ 0.1 & 0.2 & 0.5 & 0.2\end{bmatrix}$$

(4) 确定评价因素的权重。

利用专家打分的方法求得评价因素的权重如下：

[工作效率，履行职责，创新精神，遵守纪律]=[0.5　0.2　0.2　0.1]

(5) 模糊计算。

由于对该员工的评价考虑因素较少(少于6个)，可以利用主观因素突出型算法进行计算，为此对该员工的单级评价模型为

$$\widetilde{\boldsymbol{B}}=\widetilde{\boldsymbol{A}}\widetilde{\boldsymbol{R}}=(0.5,0.2,0.2,0.1)\begin{bmatrix}0.4 & 0.5 & 0.1 & 0\\ 0.6 & 0.3 & 0.1 & 0\\ 0.1 & 0.2 & 0.6 & 0.1\\ 0.1 & 0.2 & 0.5 & 0.2\end{bmatrix}=(0.35,0.37,0.24,0.04)$$

明显地，以上结果矩阵不需要进行归一化处理。

(6) 得出评价结论。

按隶属度原则来识别，该员工的工作效率较好(取最大值0.37)。

(二) 多层次模糊综合评价

1. 方法介绍

多层次模糊综合评价模型特指因素集(指标体系)是多层的、拟定模糊性质的评语集。对该多层因素按照由低到高的顺序，分层次逐层进行模糊评价，首先汇总形成最底层因素的评价矩阵，再通过一定的方法拟定该层次各因素的权重，汇总成权重矩阵，将权重矩阵与模糊评价矩阵相乘，采用一定的算法求解，得出该层次某评价对象的评价矩阵(向量)，该向量即为它上一层因素评价矩阵的构成要素，将要素汇总即可形成上一层的评价矩阵，如此反复，就可以得到最高层因素的评价矩阵和权重矩阵，最后相乘得出最高层某评价对象的最终评价向量，即可得出对某评价对象的评价结论。

2. 步骤

(1) 确定多层次的评价因素(指标)集合U。如果有两层评价因素，则因素集合U按层次可以记为U_{jk}^{i}，表示第i层的第j个因素的第k个二级因素。当然，根据不同场景也可以记为其他字符。

(2) 确定评语集合V。对评价对象可能设置的评语集合$V=\{V_1, V_2, \cdots, V_m\}$。比如，采取四级评分制，评语集合$V=${优秀，良好，及格，不及格}。再比如，采用打分制，评语集合$V=\{100, 70, 30\}$。再比如，用不同层次的参考对象作为评价标准，评语集合$V=${对象1，对象2，对象3，…}或$V=${方案1，方案2，方案3，…}等。

(3) 建立第 i 层的 j 因素的模糊评价矩阵 $\widetilde{\boldsymbol{R}}$。元素 r_{jkl}^{i} 表示从第 i 层的 j 因素的第 k 个二级因素做出的第 $l(l=1, 2, \cdots, m)$ 种评语。为此模糊评价矩阵表示为

$$\widetilde{\boldsymbol{R}}=\begin{bmatrix} r_{j11}^{i} & \cdots & r_{j1m}^{i} \\ \vdots & & \vdots \\ r_{jk1}^{i} & \cdots & r_{jkm}^{i} \end{bmatrix}$$

对于多层次模糊评价，需自最底层开始逐级往上进行评语集合的建立，$\sum_{l=1}^{m} r_{jkl}^{i}=1$。

(4) 确定第 i 层评价因素 U_{jk}^{i} 的权重，得到权重矩阵 $\widetilde{\mathbf{A}}$。评价因素的权重 $\{\widetilde{\mathbf{A}}(U_{jk}^{i})\}$ 相当于元素 U_{jk}^{i} 对 $\widetilde{\mathbf{A}}$ 的隶属度，表示为 $\widetilde{\mathbf{A}}(U_{jk}^{i})$。一般令 $\sum_{i=1}^{k}\widetilde{\mathbf{A}}(U_{jk}^{i})=1$。

权重 $\widetilde{\mathbf{A}}$ 确定的方法主要有层次分析法、专家打分法、加权平均法等。

(5) 进行第 n 层的模糊计算，得到综合评价矩阵 $\widetilde{\boldsymbol{B}}$。权重矩阵 $\widetilde{\mathbf{A}}\times$ 评价矩阵 $\widetilde{\boldsymbol{R}}$ 即得到综合评价矩阵 $\widetilde{\boldsymbol{B}}$，也称为评价向量。模糊计算有两种方法：主观因素突出型和加权平均型。

主观因素突出型计算过程：先取 $\min(a_{ij}, r_{ij})$，然后取综合评价值 $b_{ij}=\max\{\min(a_{ij}, r_{ij})\}$，得到综合评价矩阵 $\widetilde{\boldsymbol{B}}$。

加权平均型计算过程：综合评价值 $b_{ij}=\sum\sum a_{ij}b_{ji}$，比如 $b_{11}=a_{11}b_{11}+a_{12}b_{21}+a_{13}b_{31}+\cdots$，如此进行计算，即可得到综合评价矩阵 $\widetilde{\boldsymbol{B}}$。

(6) 形成第 $i-1$ 层因素的模糊评价矩阵 $\widetilde{\boldsymbol{R}}=\boldsymbol{R}^{i-1}$。对于多层次模糊综合评价，需自最底层开始逐级往上进行综合评价矩阵的计算。因此，现在需要将第 n 层的评价向量作为第 $i-1$ 层因素的评价矩阵的构成要素，形成第 $i-1$ 层因素的评价矩阵。

(7) 重复以上第(4)、(5)、(6)步，最终就可以得到最高层(即第 1 层)因素的综合评价矩阵 $\boldsymbol{B}$。

(8) 得出评价结论。

3. 举例

模糊综合评价法

【例 6-11】 物流中心选址要考虑许多因素，设有 A、B、C、D、E、F、G、H 等 8 个地点，物流中心选址的三级指标体系表如表 6-38 所示，请利用模糊综合评价法进行选址分析。

表 6-38 物流中心选址的三级指标体系表

第一级指标	第二级指标	第三级指标
自然环境 $U_1'(0.1)$	气象条件 $U_{11}^{2}(0.25)$	
	地质条件 $U_{12}^{2}(0.25)$	
	水文条件 $U_{13}^{2}(0.25)$	
	地形条件 $U_{14}^{2}(0.25)$	

续表

<table>
<tr><th>第一级指标</th><th>第二级指标</th><th>第三级指标</th></tr>
<tr><td>交通运输 U_2'(0.2)</td><td></td><td></td></tr>
<tr><td>经营环境 U_3'(0.3)</td><td></td><td></td></tr>
<tr><td rowspan="4">候选地 U_4'(0.2)</td><td>面积 U_{41}^2(0.1)</td><td></td></tr>
<tr><td>形状 U_{42}^2(0.1)</td><td></td></tr>
<tr><td>周边干线 U_{43}^2(0.4)</td><td></td></tr>
<tr><td>地价 U_{44}^2(0.4)</td><td></td></tr>
<tr><td rowspan="7">公共设施 U_5^2(0.2)</td><td rowspan="3">三供 U_{51}^2(0.4)</td><td>供水 U_{511}^2(1/3)</td></tr>
<tr><td>供电 U_{512}^2(1/3)</td></tr>
<tr><td>供气 U_{513}^2(1/3)</td></tr>
<tr><td rowspan="2">废物处理 U_{52}^2(0.3)</td><td>排水 U_{521}^2(0.5)</td></tr>
<tr><td>固体废物处理 U_{522}^2(0.5)</td></tr>
<tr><td>通信 U_{53}^2(0.2)</td><td></td></tr>
<tr><td>道路设施 U_{54}^2(0.1)</td><td></td></tr>
</table>

求解过程：

(1) 确定因素集 U。

第一层：

$$U^1=\{U_1^1, U_2^1, U_3^1, U_4^1, U_5^1\}=\{0.1, 0.2, 0.3, 0.2, 0.2\}$$

第二层：

$$U_1^2=\{U_{11}^2, U_{12}^2, U_{13}^2, U_{14}^2\}=\{0.25, 0.25, 0.25, 0.25\}$$
$$U_4^2=\{U_{41}^2, U_{42}^2, U_{43}^2, U_{44}^2\}=\{0.1, 0.1, 0.4, 0.4\}$$
$$U_5^2=\{U_{51}^2, U_{52}^2, U_{53}^2, U_{54}^2\}=\{0.4, 0.3, 0.2, 0.1\}$$

第三层：

$$U_{51}^3=\{U_{511}^3, U_{512}^3, U_{513}^3\}=\left\{\frac{1}{3}, \frac{1}{3}, \frac{1}{3}\right\}$$
$$U_{52}^3=\{U_{521}^3, U_{522}^3\}=\{0.5, 0.5\}$$

(2) 确定评语集合 V。

本案例是做地址选择，即对 8 个候选方案进行模糊评价。我们可以假设这 8 个候选地址为 8 个不同“评价标准等级”，则评语集合 $V=\{$方案 A，方案 B，方案 C，方案 D，方案 E，方案 F，方案 G，方案 $H\}$。

另外，通过对三级指标逐层进行调研，针对某指标完成“你将选择哪些地址?”的问题，每个人可以选择一个地址，也可以选择多个地址，最多不超过 3 个，这样汇总处理调研数据后得到诸多因素的模糊综合评价，结果如表 6-39 所示。

表 6-39 各因素的评语表

因 素	A	B	C	D	E	F	G	H
气象条件 U_{11}^2	0.91	0.85	0.87	0.98	0.79	0.60	0.60	0.95
地质条件 U_{12}^2	0.93	0.81	0.93	0.87	0.61	0.61	0.95	0.87
水文条件 U_{13}^2	0.88	0.82	0.94	0.88	0.64	0.61	0.95	0.87
地形条件 U_{14}^2	0.95	0.83	0.94	0.89	0.63	0.71	0.95	0.91
交通运输 U_2^1	0.95	0.90	0.90	0.94	0.60	0.91	0.95	0.94
经营环境 U_3^1	0.90	0.90	0.87	0.95	0.87	0.65	0.74	0.61
候选地面积 U_{41}^2	0.60	0.95	0.60	0.95	0.95	0.95	0.95	0.95
候选地形状 U_{42}^2	0.60	0.69	0.92	0.92	0.87	0.74	0.89	0.95
候选地周边干线 U_{43}^2	0.95	0.69	0.93	0.85	0.60	0.60	0.94	0.78
候选地地价 U_{44}^2	0.75	0.60	0.80	0.93	0.84	0.84	0.60	0.80
供水 U_{511}^3	0.60	0.71	0.77	0.60	0.82	0.95	0.65	0.76
供电 U_{512}^3	0.60	0.71	0.70	0.60	0.80	0.95	0.65	0.75
供气 U_{513}^3	0.91	0.90	0.93	0.91	0.95	0.93	0.81	0.89
排水 U_{521}^3	0.92	0.90	0.93	0.91	0.95	0.93	0.81	0.89
固体废弃物处理 U_{522}^3	0.87	0.87	0.64	0.71	0.95	0.61	0.74	0.65
通信 U_{53}^2	0.81	0.94	0.89	0.60	0.65	0.95	0.95	0.89
道路设施 U_{54}^2	0.90	0.60	0.92	0.60	0.60	0.84	0.65	0.81

(3) 建立第 3 层因素的模糊评价矩阵 $\boldsymbol{R}$。在表 6-39 中已经给出了各层指标的评价值了，因此直接就可以构建评价矩阵。

比如，U_{511}^3、U_{512}^3、U_{513}^3的模糊评价构成的单因素判断(评语)矩阵：

$$\boldsymbol{R}_{51}=\begin{bmatrix}0.6 & 0.71 & 0.77 & 0.6 & 0.82 & 0.95 & 0.65 & 0.76\\ 0.6 & 0.71 & 0.7 & 0.6 & 0.8 & 0.95 & 0.65 & 0.75\\ 0.91 & 0.9 & 0.93 & 0.91 & 0.95 & 0.93 & 0.81 & 0.89\end{bmatrix}$$

类似地：

$$\boldsymbol{R}_{52}=\begin{bmatrix}0.92 & 0.9 & 0.93 & 0.91 & 0.95 & 0.93 & 0.81 & 0.89\\ 0.87 & 0.87 & 0.64 & 0.71 & 0.95 & 0.61 & 0.74 & 0.65\end{bmatrix}$$

(4) 确定第 3 层评价因素的权重，得到权重矩阵 $\boldsymbol{A}$。表 6-38 中已经给出了各层指标的权重了，因此直接就可以构建权重矩阵：

U_{511}^3，U_{512}^3，U_{513}^3的权重矩阵为

$$\boldsymbol{A}_{51}=[A_{511}\quad A_{512}\quad A_{513}]=\begin{bmatrix}\frac{1}{3} & \frac{1}{3} & \frac{1}{3}\end{bmatrix}$$

U_{521}^3，U_{522}^3的权重矩阵为

$$\boldsymbol{A}_{52}=[A_{521}\quad A_{522}]=[0.5\quad 0.5]$$

(5) 对第 3 层进行模糊计算得到综合评价矩阵 $\boldsymbol{B}$。利用加权平均型方法计算得

$$\boldsymbol{B}_{51}=\boldsymbol{A}_{51}\boldsymbol{R}_{51}$$

$$=\begin{bmatrix}\frac{1}{3} & \frac{1}{3} & \frac{1}{3}\end{bmatrix}\begin{bmatrix}0.6 & 0.71 & 0.77 & 0.6 & 0.82 & 0.95 & 0.65 & 0.76\\0.6 & 0.71 & 0.7 & 0.6 & 0.8 & 0.95 & 0.65 & 0.75\\0.91 & 0.9 & 0.93 & 0.91 & 0.95 & 0.93 & 0.81 & 0.89\end{bmatrix}$$

$$=[0.703 \quad 0.773 \quad 0.8 \quad 0.703 \quad 0.857 \quad 0.943 \quad 0.703 \quad 0.8]$$

同理计算得

$$\boldsymbol{B}_{52}=\boldsymbol{A}_{52}\boldsymbol{R}_{52}=[0.895, 0.885, 0.785, 0.81, 0.95, 0.77, 0.775, 0.77]$$

(6) 形成第2层因素的模糊评价矩阵 $\boldsymbol{R}$。$\boldsymbol{B}_{53}$ 和 $\boldsymbol{B}_{54}$ 评价向量可以从表6-39中获取数据：

$$\boldsymbol{B}_{53}=[0.81 \quad 0.94 \quad 0.89 \quad 0.6 \quad 0.65 \quad 0.95 \quad 0.95 \quad 0.89]$$

$$\boldsymbol{B}_{54}=[0.9 \quad 0.6 \quad 0.92 \quad 0.6 \quad 0.6 \quad 0.84 \quad 0.65 \quad 0.81]$$

如此，由 $\boldsymbol{B}_{51}$、$\boldsymbol{B}_{52}$、$\boldsymbol{B}_{53}$、$\boldsymbol{B}_{54}$ 就可以构成第2层因素的模糊评价矩阵：

$$\boldsymbol{R}_5=\begin{bmatrix}0.703 & 0.773 & 0.8 & 0.703 & 0.857 & 0.943 & 0.703 & 0.803\\0.895 & 0.885 & 0.785 & 0.81 & 0.95 & 0.77 & 0.775 & 0.77\\0.81 & 0.94 & 0.89 & 0.6 & 0.65 & 0.95 & 0.95 & 0.89\\0.9 & 0.6 & 0.92 & 0.6 & 0.6 & 0.84 & 0.65 & 0.81\end{bmatrix}$$

同理可得

$$\boldsymbol{R}_4=\begin{bmatrix}0.6 & 0.95 & 0.6 & 0.95 & 0.95 & 0.95 & 0.95 & 0.95\\0.6 & 0.69 & 0.92 & 0.92 & 0.87 & 0.74 & 0.89 & 0.95\\0.95 & 0.69 & 0.93 & 0.85 & 0.6 & 0.6 & 0.94 & 0.78\\0.75 & 0.6 & 0.8 & 0.93 & 0.84 & 0.84 & 0.6 & 0.8\end{bmatrix}$$

$$\boldsymbol{R}_3=[0.9 \quad 0.9 \quad 0.87 \quad 0.95 \quad 0.87 \quad 0.65 \quad 0.74 \quad 0.61]$$

$$\boldsymbol{R}_2=[0.95 \quad 0.9 \quad 0.9 \quad 0.94 \quad 0.6 \quad 0.91 \quad 0.95 \quad 0.94]$$

$$\boldsymbol{R}_1=\begin{bmatrix}0.91 & 0.85 & 0.87 & 0.98 & 0.79 & 0.6 & 0.6 & 0.95\\0.93 & 0.81 & 0.93 & 0.87 & 0.61 & 0.61 & 0.95 & 0.87\\0.88 & 0.82 & 0.94 & 0.88 & 0.64 & 0.61 & 0.95 & 0.87\\0.95 & 0.83 & 0.94 & 0.89 & 0.63 & 0.71 & 0.95 & 0.91\end{bmatrix}$$

(7) 重复步骤(4)、(5)，计算得到第2层指标的综合评价矩阵 $\boldsymbol{B}$。

(8) 利用加权平均型方法计算得

$$\boldsymbol{B}_5=\boldsymbol{A}_5\boldsymbol{R}_5$$

$$=[0.4, 0.3, 0.2, 0.1]\begin{bmatrix}0.703 & 0.773 & 0.8 & 0.703 & 0.857 & 0.943 & 0.703 & 0.803\\0.6 & 0.69 & 0.92 & 0.87 & 0.74 & 0.92 & 0.89 & 0.95\\0.95 & 0.69 & 0.93 & 0.85 & 0.6 & 0.6 & 0.94 & 0.78\\0.75 & 0.6 & 0.8 & 0.93 & 0.84 & 0.84 & 0.6 & 0.8\end{bmatrix}$$

$$=[0.802, 0.823, 0.826, 0.704, 0.818, 0.882, 0.769, 0.811]$$

$$\boldsymbol{B}_4=\boldsymbol{A}_4\boldsymbol{R}_4$$

$$=[0.1, 0.1, 0.4, 0.4]\begin{bmatrix}0.6 & 0.95 & 0.6 & 0.95 & 0.95 & 0.95 & 0.95 & 0.95\\0.6 & 0.69 & 0.92 & 0.87 & 0.74 & 0.92 & 0.89 & 0.95\\0.95 & 0.69 & 0.93 & 0.85 & 0.6 & 0.6 & 0.94 & 0.78\\0.75 & 0.6 & 0.8 & 0.93 & 0.84 & 0.84 & 0.6 & 0.8\end{bmatrix}$$

$$=(0.8, 0.68, 0.844, 0.899, 0.785, 0.745, 0.8, 0.822)$$

$$\boldsymbol{B}_1=\boldsymbol{A}_1\boldsymbol{R}_1$$

$$=[0.25,0.25,0.25,0.25]\begin{bmatrix}0.91 & 0.85 & 0.87 & 0.98 & 0.79 & 0.60 & 0.60 & 0.95\\0.93 & 0.81 & 0.93 & 0.87 & 0.61 & 0.61 & 0.95 & 0.87\\0.88 & 0.82 & 0.94 & 0.88 & 0.64 & 0.61 & 0.95 & 0.91\\0.90 & 0.83 & 0.94 & 0.89 & 0.63 & 0.71 & 0.95 & 0.91\end{bmatrix}$$

$$=[0.905,0.828,0.92,0.905,0.688,0.633,0.863,0.91]$$

(9) 形成第1层因素的模糊评价矩阵 $\boldsymbol{R}$。$\boldsymbol{B}_3$ 和 $\boldsymbol{B}_2$ 评价向量可以从表 6 - 39 中获取数据：

$$\boldsymbol{B}_3=\boldsymbol{R}_3=[0.9\quad 0.9\quad 0.87\quad 0.95\quad 0.87\quad 0.65\quad 0.74\quad 0.61]$$

$$\boldsymbol{B}_2=\boldsymbol{R}_2=[0.95\quad 0.9\quad 0.9\quad 0.94\quad 0.6\quad 0.91\quad 0.95\quad 0.94]$$

如此，由 $\boldsymbol{B}_1$、$\boldsymbol{B}_2$、$\boldsymbol{B}_3$、$\boldsymbol{B}_4$、$\boldsymbol{B}_5$ 就可以构成第1层因素 B 的模糊评价矩阵 $\boldsymbol{R}$：

$$\boldsymbol{R}=\begin{bmatrix}0.905 & 0.828 & 0.92 & 0.905 & 0.668 & 0.633 & 0.863 & 0.91\\0.95 & 0.9 & 0.9 & 0.94 & 0.6 & 0.91 & 0.95 & 0.94\\0.9 & 0.9 & 0.87 & 0.95 & 0.87 & 0.65 & 0.74 & 0.61\\0.8 & 0.68 & 0.844 & 0.899 & 0.758 & 0.745 & 0.8 & 0.822\\0.802 & 0.823 & 0.826 & 0.704 & 0.818 & 0.882 & 0.769 & 0.811\end{bmatrix}$$

(10) 重复步骤(4)、(5)，计算得到第1层指标的综合评价矩阵 $\boldsymbol{B}$。利用加权平均型方法计算得

$$\boldsymbol{B}=\boldsymbol{A}\boldsymbol{R}$$

$$=[0.1,0.2,0.3,0.2,0.2]\begin{bmatrix}0.905 & 0.828 & 0.92 & 0.905 & 0.668 & 0.663 & 0.863 & 0.91\\0.95 & 0.90 & 0.9 & 0.94 & 0.6 & 0.91 & 0.95 & 0.94\\0.9 & 0.9 & 0.87 & 0.95 & 0.87 & 0.65 & 0.74 & 0.61\\0.8 & 0.68 & 0.844 & 0.899 & 0.758 & 0.745 & 0.8 & 0.822\\0.802 & 0.823 & 0.826 & 0.704 & 0.818 & 0.882 & 0.769 & 0.811\end{bmatrix}$$

$$=[0.871,0.833,0.867,0.884,0.763,0.766,0.812,0.789]$$

(11) 给出最终的评价结论。由最终的模糊综合评价矩阵(评价向量)可知，8块候选地的综合评价结果的排序为 D、A、C、B、H、F、E、G。

结论：应该选取综合评价值较高的 D 点作为物流中心地址。

五、点评估法

(一) 方法介绍

点评估法(Point Evaluation Method)是一种定性定量相结合的综合评价方法，它考虑了主客观因素的影响，先通过主观判断并计算各评价指标的权重，再通过主观评分、加权求和获得各方案的得分，最后根据得分高低作为方案取舍的依据。

(二) 步骤

1. 评估因素/评价指标的权重分析

(1) 经由讨论，确定各项评估因素/评价指标。

(2) 各项评估因素重要程度的两两比较：若 $A>B$，权重值=1；$A=B$，权重值=0.5；$A<B$，权重值=0。据此建立点评估矩阵。

(3) 分别统计各项评估因素/评价指标的合计得分，计算权重。

2. 进行方案评估

(1) 制订评估给分标准，如非常满意 5 分，较好 4 分，满意 3 分，可行 2 分，尚可 1 分，差 0 分。

(2) 以规划评估小组表决的方式，依据方案评估资料针对各项评估因素/评价指标进行评估，并给予适当分数。

(3) 根据加权求和得出其综合评分。

(4) 根据综合评分排出方案优先级，选出最优方案。

(三) 举例

点评估法

【例 6-12】 A 企业是一家商贸企业，业务规模较大且有自营仓储。随着企业发展，业务量逐年增加，现有仓库的仓储空间已供不应求。为满足仓储需求，企业打算对仓库进行规划设计，现设计出三个备选方案：方案一、方案二、方案三，分别从面积需求、仓库扩充性、弹性、人力需求、自动化程度、整体性、先进先出等 7 个方面进行评价，现请采用点评估法，帮助 A 企业选出最优的方案。

求解过程：

(1) 确定评估因素。根据点评估法的步骤，首先对面积需求 a、仓库扩充性 b、弹性 c、人力需求 d、自动化程度 e、整体性 f、先进先出 g 等 7 个方面的评估因素进行权重分析。

(2) 对项评估因素重要程度进行两两比较。

经调研与讨论，比较结果如下：

面积需求 a 与仓库扩充性 b 相比，面积需求更重要，则权重值为 1。

面积需求 a 与弹性 c 相比，面积需求更重要，则权重值为 1。

面积需求 a 与人力需求 d 相比，两者同等重要，则权重=0.5。

面积需求 a 与自动化程度 e 相比，面积需求更重要，则权重值为 1。

面积需求 a 与整体性 f 相比，面积需求更重要，则权重值为 1。

面积需求 a 与先进先出 g 相比，面积需求更重要，则权重值为 1。

仓库扩充性 b 与弹性 c 相比，弹性需求更重要，则权重值为 0。

仓库扩充性 b 与人力需求 d 相比，人力需求更重要，则权重值为 0。

仓库扩充性 b 与自动化程度 e 相比，两者同等重要，则权重值为 0.5。

仓库扩充性 b 与整体性 f 相比，仓库扩充性更重要，则权重值为 1。

仓库扩充性 b 与先进先出 g 相比，两者同等重要，则权重值为 0.5。

弹性 c 与人力需求 d 相比，人力需求更重要，则权重值为 0。

弹性 c 与自动化程度 e 相比，弹性更重要，则权重值为 1。

弹性 c 与整体性 f 相比，两者同等重要，则权重值为 0.5。

弹性 c 与先进先出 g 相比，先进先出更重要，则权重值为 0。

人力需求 d 与自动化程度 e 相比，自动化程度更重要，则权重值为 0。

人力需求 d 与整体性 f 相比，人力需求更重要，则权重值为 1。

人力需求 d 与先进先出 g 相比，人力需求更重要，则权重值为 1。

自动化程度 e 与整体性 f 相比，自动化程度更重要，则权重值为 1。

自动化程度 e 与先进先出 g 相比，自动化程度更重要，则权重值为 1。

整体性 f 与先进先出 g 相比，两者同等重要，则权重值为 0.5。

(3) 各因素两两重要度比较结果如表 6-40 所示，并按行合计得分。

表 6-40　各因素两两重要度的比较结果

评估因素		a	b	c	d	e	f	g	权重和	权重比	排序
面积需求	a		1	1	0.5	1	1	1	5.5	26.2%	1
仓库扩充性	b	0		0	0	0.5	1	0.5	2	9.5%	5
弹性	c	0	1		0	1	0.5	0	2.5	11.9%	4
人力需求	d	0.5	1	1		0	1	1	4.5	21.4%	2
自动化程度	e	0	0.5	0	1		1	1	3.5	16.7%	3
整体性	f	0	0	0.5	0	0		0.5	1	4.8%	7
先进先出	g	0	0.5	1	0	0	0.5		2	9.5%	6
总计									21	100%	

(4) 对备选方案一、二、三进行评估。组建由 6 位成员构成的规划评估小组，以规划评估小组表决的方式，按照"非常满意 5 分、较好 4 分、满意 3 分、可行 2 分、尚可 1 分、差 0 分"的标准，分别针对不同评估因素给各个方案评分，再求各评估因素下各方案的平均得分，如表 6-41 所示。

表 6-41　各方案的平均得分

评估因素		方案一	方案二	方案三
面积需求	a	3	5	5
仓库扩充性	b	5	3	5
弹性	c	4	2	2
人力需求	d	3	2	2
自动化程度	e	4	4	2
整体性	f	1	5	1
先进先出	g	3	5	2

(5) 根据加权求和得出其综合评分，如表 6-42 所示。

表 6－42　各方案的综合评分表

评估因素		权重比	方案一		方案二		方案三	
			点数	乘积	点数	乘积	点数	乘积
面积需求	a	26.20%	3	78.60%	5	131.00%	5	131.0%
仓库扩充性	b	9.50%	5	47.5%	3	28.50%	5	47.50%
弹性	c	11.90%	4	47.60%	2	23.80%	2	23.80%
人力需求	d	21.40%	3	64.20%	2	42.80%	2	42.80%
自动化程度	e	16.70%	4	66.80%	4	66.80%	2	33.40%
整体性	f	4.80%	1	4.80%	5	24.00%	1	4.80%
先进先出	g	9.50%	3	28.50%	5	47.50%	2	19.00%
合计		100.00%		338.00%		364.40%		302.30%

(6) 排出方案优先级，选出最优方案。如表 6－42 所示，方案一的综合权重为 338%，方案二为 364.4%，方案三为 302.3%，明显地，优先级分别是方案二、方案一、方案三。

结论：最优方案是方案二。

六、因素分析法

因素分析法也称连环替代法，是指将综合性指标分解为若干个相互联系的因素，通过测定这些因素来判断对综合性指标差异额影响程度的一种分析方法。

因素分析法的具体计算思路为：以系统的某个指标为基础，按预定的顺序将各个因素的计划指标依次替换为实际指标，一直替换到全部计划指标都被实际指标代替为止。每次计算结果与前一次计算结果进行比较，就可以得出某一因素对原本计划完成情况的影响。

因素分析法具体又分为连环替代法和差额计算法两种。

（一）连环替代法

1. 方法介绍

连环替代法是根据因素之间的内在依存关系，依次测定各因素变动对经济指标差异影响的一种分析方法。该方法的主要作用在于分析计算综合经济指标变动的原因及各因素的影响程度。

应用连环替代法的前提条件：经济指标与其构成因素之间要存在因果关系，而且能够构成一种代数式。

连环替代法具有一定的局限性，表现在：

(1) 连环替代具有顺序性，即替代因素时，必须按照各因素的依存关系排列成一定的顺序并依次替代，不可随意颠倒。

(2) 替代因素具有连环性，除第一次替代外，每个因素的替代都是在前一个因素替代的基础上进行的。

(3) 计算结果具有假设性，即运用这一方法在测定某一因素的影响程度时，是以假定其他因素固定不变为条件的。

2. 步骤

(1) 在分析各因素的变动对指标的影响时，需要先确定影响因素。设某一经济指标 A 由 x，y，z 三个因素组成，其计划指标 A_0 是 x_0，y_0，z_0 三个因素相乘的结果；实际指标 A_1 是 x_1，y_1，z_1 三个因素相乘的结果，即

$$A_0=x_0\times y_0\times z_0$$

$$A_1=x_1\times y_1\times z_1$$

其计划与实际的差异(V)为 $V=A_1-A_0$。

(2) 假定其他两个因素 y，z 不变，先计算第一个因素 x 变动对指标的影响。

第一个因素变动的影响(V_1)计算如下：

$$A_0=x_0\times y_0\times z_0$$

$$A_2=x_1\times y_0\times z_0$$

$$V_1=A_2-A_0$$

也可用下列公式计算(V_1)：$V_1=(x_1-x_0)\times y_0\times z_0$。

(3) 在第一个因素 x 已变的基础上，计算第二个因素 y 变动对指标的影响。

第二个因素变动的影响(V_2)计算如下：

$$A_3=x_1\times y_1\times z_0$$

$$V_2=A_3-A_2$$

(4) 在第二个因素 y 已变的基础上，计算第三个因素 z 变动对指标的影响。如果还有更多因素，那么就要以此类推，直到各个因素变动的影响都计算出来为止。

第三个因素变动的影响(V_3)计算如下：

$$A_1=x_1\times y_1\times z_1$$

$$V_3=A_1-A_3$$

将各因素变动的影响加以综合，其结果应与实际脱离计划的总差异相等，即

$$V=V_1+V_2+V_3$$

3. 举例

因素评分法

【例 6－13】 某配送中心某年 10 月包装材料费用的实际数是 4620 元，而其计划数是 4000 元。其他数据资料如表 6－43 所示。请用连环替代法来计算并分析成本。

表 6－43　包装材料费用明细表

项　　目	单位	计划数	实际数
包装货物数量	件	100	110
单位货物包装材料消耗量	千克	8	7
包装材料单价	元	5	6
包装材料费用总额	元	4000	4620

求解过程：

(1) 包装材料费用由包装货物数量、单位货物包装材料消耗量和包装材料单价 3 个因

素的乘积组成，因此可以使用连环替代法来逐一研究它们对包装材料费用总额的影响程度。

（2）计划指标：100×8×5 元＝4000 元 ①

第一次替代：110×8×5 元＝4400 元 ②

第二次替代：110×7×5 元＝3850 元 ③

第三次替代：110×7×6 元＝4620 元 ④

（3）实际指标：

②－①＝4400－4000 元＝400 元　　包装货物数量增加的影响

③－②＝3850－4400 元＝－550 元　　包装材料消耗量节约的影响

④－③＝4620－3850 元＝770 元　　包装材料价格提高的影响

400－550＋770 元＝620 元　　全部因素的影响

（4）通过上述计算，包装材料费用超支 620 元的原因是：由于产量增加导致材料费用增加 400 元；材料消耗量节约导致材料费用减少 550 元；材料价格提高导致材料费用增加 770 元。总之，包装材料费用增加是这 3 个因素共同作用的结果。

（二）差额计算法

1. 方法介绍

差额计算法是利用各因素的比较值与基准值之间的差额来计算各因素对分析指标的影响。应用该方法时，先要确定各因素实际数与计划数之间的差异，然后按照各因素的排列顺序，依次求出各因素变动的影响程度。

差额计算法计算简便，特别是在影响因素只有两个时更为适用。

2. 举例

【例 6－14】 某工厂某年 11 月的装卸搬运费用如表 6－44 所示。请进行成本差额计算。

表 6－44　工厂某年 11 月的装卸搬运费用表

指　　标	单位	计划数	实际数
产品产量	件	20	21
单位产品装卸搬运劳动消耗量	次	18	17
产品装卸搬运单价	元	10	12
装卸搬运费用总额	元	3600	4284

求解过程：

装卸搬运费用由产品产量、单位产品装卸搬运劳动消耗量和产品装卸搬运单价 3 个因素的乘积组成，可以采用差额计算法计算。

（1）计算出各指标的计划数与实际数的差异数字，如表 6－45 所示。

表 6-45　各指标的计划数与实际数的差额情况

指　　标	单位	计划数	实际数	差异
产品产量	件	20	21	+1
单位产品装卸搬运劳动消耗量	次	18	17	−1
产品装卸搬运单价	元	10	12	+2
装卸搬运费用总额	元	3600	4284	+684

(2) 计算总成本差异：

$$4284-3600\text{ 元}=+684\text{ 元}$$

(3) 计算各因素的影响程度：

$$\text{产品产量变动影响}=(+1)\times 18\times 10\text{ 元}=+180\text{ 元}$$

$$\text{单位产品装卸搬运劳动消耗量变动影响}=21\times(-1)\times 10\text{ 元}=-210\text{ 元}$$

$$\text{产品装卸搬运单价变动影响}=21\times 17\times(+2)\text{元}=+714\text{ 元}$$

$$\text{合计}=+180-210+714\text{ 元}=+684\text{ 元}$$

(4) 结论。对成本影响最大的是产品装卸搬运单价，使得成本增加了 714 元，其次是产品产量的变动，使成本增加了 180 元。同时，单位产品装卸搬运劳动消耗量控制得当，使成本降低了 210 元。但总的来说，它们的综合影响使总费用增加了 684 元。

模块小结

(1) 评价的定义：评价意为评估价值，是指通过仔细的研究和评估，确定对象的意义、价值或者状态。评价有 3 个基本功能：诊断功能、导向功能、激励功能。评价最基本的内容：确立评价标准；决定评价情景；设计评价手段；利用评价结果。

(2) 系统评价的定义：根据系统确定的目的，在系统调查和系统可行性研究基础上，主要从技术、经济、环境和社会等方面，就各种系统设计方案能够满足需要的程度与为之消耗和占用的各种资源进行评审，并选择出技术上先进、经济上合理、实施上可行的最优或者最满意的方案。

(3) 系统综合评价主要步骤包括分析评价系统、确定评价指标体系、确定评价函数、计算评价值、综合评价。

(4) 评价指标通常为一个数量概念，就是用一定的数量概念来综合反映社会现象某一方面的状况，这个数量概念可以是绝对数，也可以是相对数或平均数。在制订评价指标中，必须具备可查性、可比性、定量性三个必要条件。

(5) 系统评价指标体系是由若干个单项评价指标所组成的整体，它反映了系统所要解决问题的各项目标要求。系统评价指标体系建立的原则主要包括系统性、可测性、层次性、简易性、可比性、定性指标与定量指标相结合、绝对指标与相对指标相结合等七项原则。

(6) 系统评价一般由政策性指标、技术性指标、经济性指标、社会性指标、资源性指标、时间性指标等六个方面的大类指标构成，每一类指标中又可包含许多中类、小类指标，可根据具体条件有所选择。

(7) 各种评价指标在实现系统的目标和功能上的重要程度是不一样的，就把这个重要程度称为指标的权重，相当于评价指标的数量化过程。

(8) 常用的系统评价指标数量化(即权重确定)的方法主要有排队打分法、体操评分法、判断矩阵法、连环比率法等。

(9) 单项系统评价主要指利用经济理论和技术水平对系统的某个方面做出定量评价。经济评价方法主要有成本效益分析法、成本有效度分析法、模糊评分法、价值分析法、利润评价法等，技术评价方法主要有可行性评价方法、可靠性评价方法等。

(10) 常用的综合系统评价方法主要有简单综合法、关联矩阵法、层次分析法、模糊综合评价法、点评估法、因素分析法等。

同步测试

一、多选题

1. 系统评价指标体系构建的原则包括(　　)。

A. 层次性原则　　B. 可比性原则

C. 定性指标与定量指标结合的原则　　D. 绝对指标和相对指标结合的原则

2. 系统评价指标体系的构成包括(　　)。

A. 政策性指标　　B. 技术性指标

C. 经济性指标　　D. 时间性指标

3. 系统综合评价主要步骤包括(　　)等。

A. 分析评价系统　　B. 确定评价指标体系

C. 确定评价函数　　D. 计算评价值

4. 评价的基本功能包括(　　)。

A. 诊断功能　　B. 导向功能

C. 激励功能　　D. 决策功能

5. 在制订评价指标中，必须具备(　　)的必要条件。

A. 可查性　　B. 可比性

C. 定量性　　D. 数量多

二、单选题

1. 系统的效率、速度是(　　)。

A. 技术性指标　　B. 经济性指标

C. 社会性指标　　D. 资源性指标

2. 系统成本、收益是(　　)。

A. 技术性指标　　B. 经济性指标

C. 社会性指标　　D. 资源性指标

3. 系统对区域经济的贡献是(　　)。

A. 技术性指标　　B. 经济性指标
C. 社会性指标　　D. 资源性指标

4. 技术评价方法主要有(　　)、可靠性评价方法等。

A. 成本效益分析法　　B. 成本有效度分析法
C. 价值分析法　　D. 可行性评价方法

5. 常用的综合系统评价方法主要有关联矩阵法、层次分析法、模糊综合评价法、(　　)等。

A. 因素分析法　　B. 价值分析法
C. 成本效益分析法　　D. 可行性评价方法

三、简答题

1. 请解释系统综合评价。
2. 请简述使用层次分析法进行系统评价的主要步骤。

实训设计

【实训名称】

AHP-模糊综合评价法的综合应用。

【实训目的】

(1) 掌握层次分析法、模糊综合评价法及其应用技巧；
(2) 解决“案例引入”部分提出的问题。

【实训内容】

(1) 通过分析影响案例所涉及的国际竞争力的因素，构建出评价指标体系；
(2) 采用层次分析法来确定各指标的权重；
(3) 采用模糊综合评价法对各影响因素(即指标)进行评价；
(4) 得出评价结果，确定出哪些方面需要进一步优化提升。

【实训器材】

笔记本电脑、Office办公软件。

【实训过程】

(1) 背景分析。以本模块“案例引入”的背景介绍为切入点，为解决“国际竞争力受哪些因素的影响？要想进一步增强中国高速铁路的国际竞争力，应该从哪些方面着手？”这一问题，开展数据收集工作。

通过电子邮件、朋友介绍以及实地调研，邀请了30名铁路方面的专家，这些专家大多是高校老师、铁路局的管理人员，向各位专家发送了中国高速铁路核心能力评价指标体系。评价指标体系共设计了四个层次，各位专家根据经验对每一层指标相对于它所属的上一层指标的重要程度两两对比，然后结合重要性程度含义表进行打分。设最高层为 D，准

则层为 C，子准则层为 B，方案层为 A，最终可以构建出多个判断矩阵，根据判断矩阵求得各级指标的权重，相关数据如表 6－46～表 6－59 所示。

表 6－46　中国高速铁路核心能力评价指标体系

<table>
<tr><th>目标层</th><th>一级指标</th><th>二级指标</th><th>三级指标</th></tr>
<tr><td rowspan="29">中国高速铁路核心能力</td><td rowspan="11">市场运营能力</td><td rowspan="4">环境整合能力</td><td>主营领域的明确程度</td></tr>
<tr><td>主营领域收益占总收入的比重</td></tr>
<tr><td>主营领域的市场前景</td></tr>
<tr><td>主营领域的市场地位</td></tr>
<tr><td rowspan="7">市场营销能力</td><td>核心产品的明确程度</td></tr>
<tr><td>核心产品的市场占有率</td></tr>
<tr><td>宣传促销效果</td></tr>
<tr><td>品牌信誉</td></tr>
<tr><td>销售收入增长速度</td></tr>
<tr><td>核心产品优势地位稳固性</td></tr>
<tr><td>核心产品的市场前景</td></tr>
<tr><td rowspan="18">技术创新能力</td><td rowspan="7">吸收能力</td><td>信息系统先进有效性</td></tr>
<tr><td>获取信息渠道的广泛有效性</td></tr>
<tr><td>技术信息动态追踪效果</td></tr>
<tr><td>与高校和科研院所年合作项目数</td></tr>
<tr><td>信息分析与处理效率</td></tr>
<tr><td>年参加培训人员占员工比率</td></tr>
<tr><td>新技术年吸收转化率</td></tr>
<tr><td rowspan="10">开发合成能力</td><td>技术管理人员占职工比率</td></tr>
<tr><td>年研发费用投入量</td></tr>
<tr><td>产品研发人员占员工比率</td></tr>
<tr><td>高级技术人才占技术人员比率</td></tr>
<tr><td>年科技立项数</td></tr>
<tr><td>基于核心技术的专利数</td></tr>
<tr><td>核心技术的独特性</td></tr>
<tr><td>核心技术的领先程度</td></tr>
<tr><td>生产工艺技术先进性</td></tr>
<tr><td>基于核心技术的新产品开发数</td></tr>
<tr><td>技术</td><td>核心技术发展前景</td></tr>
</table>

表 6-47　环境整合能力指标判断矩阵 B_1

B_1	A_1	A_2	A_3	A_4
A_1	1.00	2.00	0.20	0.33
A_2	0.50	1.00	0.14	0.20
A_3	5.00	7.00	1.00	3.00
A_4	3.00	5.00	0.33	1.00

表 6-48　市场营销能力指标判断矩阵 B_2

B_2	A_5	A_6	A_7	A_8	A_9	A_{10}	A_{11}
A_5	1.00	0.20	5.00	2.00	3.00	2.00	0.25
A_6	5.00	1.00	9.00	3.00	7.00	8.00	3.00
A_7	0.20	0.11	1.00	0.17	0.50	0.33	0.14
A_8	0.50	0.33	6.00	1.00	5.00	3.00	0.33
A_9	0.33	0.14	2.00	0.20	1.00	0.50	0.13
A_{10}	0.50	0.13	3.00	0.33	2.00	1.00	0.17
A_{11}	4.00	0.33	7.00	3.00	8.00	6.00	1.00

表 6-49　吸收能力指标判断矩阵 B_3

B_3	A_{12}	A_{13}	A_{14}	A_{15}	A_{16}	A_{17}	A_{18}
A_{12}	1.00	2.00	8.00	6.00	7.00	5.00	0.33
A_{13}	0.50	1.00	6.00	4.00	5.00	3.00	0.25
A_{14}	0.13	0.17	1.00	0.25	0.50	0.17	0.11
A_{15}	0.17	0.25	4.00	1.00	3.00	0.50	0.14
A_{16}	0.14	0.20	2.00	0.33	1.00	0.25	0.13
A_{17}	0.20	0.33	6.00	2.00	4.00	1.00	0.17
A_{18}	3.00	4.00	9.00	7.00	8.00	6.00	1.00

表 6-50　开发合成能力指标判断 B_4

B_4	A_{19}	A_{20}	A_{21}	A_{22}	A_{23}	A_{24}	A_{25}	A_{26}	A_{27}	A_{28}
A_{19}	1.00	3.00	0.50	0.50	2.00	0.33	0.17	0.20	0.25	0.33
A_{20}	0.33	1.00	0.33	0.33	0.50	0.20	0.11	0.13	0.14	0.25
A_{21}	2.00	3.00	1.00	1.00	3.00	0.33	0.20	0.25	0.33	0.50
A_{22}	2.00	3.00	1.00	1.00	3.00	0.33	0.17	0.20	0.25	0.50
A_{23}	0.50	2.00	0.33	0.33	1.00	0.20	0.13	0.14	0.17	0.25
A_{24}	3.00	5.00	3.00	3.00	5.00	1.00	0.20	0.25	0.33	2.00
A_{25}	6.00	9.00	5.00	6.00	8.00	5.00	1.00	2.00	3.00	5.00
A_{26}	5.00	8.00	4.00	5.00	7.00	4.00	0.50	1.00	2.00	4.00
A_{27}	4.00	7.00	3.00	4.00	6.00	3.00	0.33	0.50	1.00	3.00
A_{28}	3.00	4.00	2.00	2.00	4.00	0.50	0.20	0.25	0.33	1.00

表 6-51　技术延展能力指标判断矩阵 B_5

B_5	A_{29}	A_{30}	A_{31}	A_{32}	A_{33}
A_{29}	1.00	0.50	5.00	4.00	3.00
A_{30}	0.20	1.00	7.00	5.00	4.00
A_{31}	0.20	0.14	1.00	0.50	0.33
A_{32}	0.25	0.20	2.00	1.00	0.50
A_{33}	0.33	0.25	3.00	2.00	1.00

表 6-52　现有核心能力的保护与发展指标判断矩阵 B_6

B_6	A_{34}	A_{35}	A_{36}	A_{37}	A_{38}	A_{39}	A_{40}
A_{34}	1.00	0.17	3.00	0.20	0.50	0.33	2.00
A_{35}	6.00	1.00	8.00	2.00	4.00	3.00	7.00
A_{36}	0.33	0.13	1.00	0.17	0.25	0.20	0.50
A_{37}	5.00	0.50	6.00	1.00	4.00	2.00	5.00
A_{38}	2.00	0.25	4.00	0.25	1.00	0.50	3.00
A_{39}	3.00	0.33	5.00	0.50	2.00	1.00	5.00
A_{40}	0.50	0.14	2.00	0.20	0.33	0.20	1.00

表 6-53　高层领导的素质与能力指标判断矩阵 B_7

B_7	A_{41}	A_{42}	A_{43}	A_{44}	A_{45}
A_{41}	1.00	1.00	0.50	0.33	0.25
A_{42}	1.00	1.00	0.50	0.33	0.25
A_{43}	2.00	2.00	1.00	0.50	0.33
A_{44}	3.00	3.00	2.00	1.00	0.50
A_{45}	4.00	4.00	3.00	2.00	1.00

表 6-54　战略管理能力指标判断矩阵 B_8

B_8	A_{46}	A_{47}	A_{48}	A_{49}	A_{50}
A_{46}	1.00	0.33	0.50	0.25	2.00
A_{47}	3.00	1.00	2.00	0.50	4.00
A_{48}	2.00	0.50	1.00	0.33	3.00
A_{49}	4.00	2.00	3.00	1.00	5.00
A_{50}	0.50	0.25	0.33	0.20	1.00

表 6-55　市场运营能力指标判断矩阵 C_1

C_1	B_1	B_2
B_1	1.00	1.00
B_2	1.00	1.00

表 6-56　技术创新指标判断矩阵 C_2

C_2	B_3	B_4	B_5
B_3	1.00	0.33	1.00
B_4	3.00	1.00	3.00
B_5	1.00	0.33	1.00

表 6-57　运营管理能力指标判断矩阵 C_3

C_3	B_6	B_7	B_8
B_6	1.00	5.00	3.00
B_7	0.20	1.00	0.33
B_8	0.33	3.00	1.00

表 6-58　中国高速铁路核心能力指标判断矩阵 D

D	C_1	C_2	C_3
C_1	1.00	0.25	0.33
C_2	4.00	1.00	3.00
C_3	3.00	0.33	1.00

表 6-59　中国高速铁路核心能力评价指标总权重

目标层 D	C 层	C 层指标相对于 D 层指标的权重	B 层	B 层指标相对于 C 层指标的权重	A 层	A 层指标相对于 B 层指标的权重	A 层指标相对于目标层 D 的总权重
中国高速铁路核心能力	市场运营能力 C_1	0.11	环境整合能力 B_1	0.50	主营领域的明确程度 A_1	0.1151	0.0063
					主营领域收益占总收入的比重 A_2	0.0600	0.0033
					主营领域的市场前景 A_3	0.5210	0.0287
					主营领域的市场地位 A_4	0.3039	0.0167
			市场营销能力 B_2	0.50	核心产品的明确程度 A_5	0.1236	0.0068
					核心产品的市场占有率 A_6	0.3308	0.0182
					宣传促销效果 A_7	0.0225	0.0012
					品牌信誉 A_8	0.1486	0.0082
					销售收入增长速度 A_9	0.0395	0.0022
					核心产品优势地位的稳固性 A_{10}	0.0655	0.0036
					核心产品的市场前景 A_{11}	0.2695	0.0148
	技术创新能力 C_2	0.57	吸收能力 B_3	0.20	信息系统先进有效性 A_{12}	0.2524	0.0288
					获取信息渠道的广泛有效性 A_{13}	0.1699	0.0194
					技术信息动态追踪效果 A_{14}	0.0200	0.0023
					与高校和科研院所年合作 A_{15}	0.0780	0.0089

（2）建立精确重心法数学模型，根据实训内容中给出的分析过程，利用 Excel 处理数据并求解模型。

（3）经计算可得，中国高速铁路核心能力评价的综合得分为 79.1295 分，属于一般水平，需要进一步提升。中国高速铁路的市场运营能力得分较高，属于较高水平，应该继续保持，而技术创新能力和运营管理能力均属于一般水平，需进一步提升。中国高速铁路核心能力在环境整合能力、市场营销能力、技术延展能力的得分较高，位于较高水平，而吸收能力、开发合作能力、现有核心能力的保护与发展、高层领导的素质与能力、战略管理能力均位于一般水平，需要进一步提升。

模块七

系统决策

知识结构导图

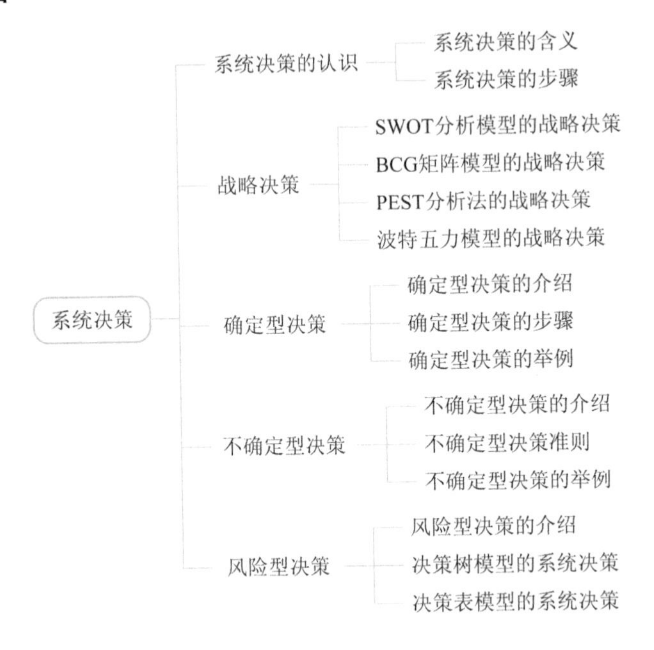

任务目标

(1) 理解系统决策的含义及步骤；

(2) 掌握 SWOT 分析模型、BCG 矩阵模型、PEST 分析法、波特五力模型等几种主要的系统战略决策；

(3) 理解确定型、不确定型、风险型决策的含义与区别；

(4) 掌握确定型决策、不确定型决策和风险型决策的几种方法。

重点

(1) SWOT 分析模型、BCG 矩阵模型、PEST 分析法、波特五力模型的系统战略决策；

(2) 确定型决策、不确定型决策的含义。

难点

(1) PEST 分析法、波特五力模型的系统战略决策；

(2) 确定型、不确定型和风险型决策；

(3) 不确定型和风险型决策。

案例引入

大奇玩具加工厂坐落在福建泉州市晋江安海镇桥头工业区，地理位置优越，紧邻厦门经济特区，货运港口资源丰富，交通便利，临近厦门、晋江两机场。为了提高产品在国际市场上的竞争力，公司从成立之日起就致力于引进先进的生产设备以及提升生产技术。公司拥有国外进口的15台注塑机、6台干燥机、4台吸塑机、8部超音机、9条生产流水线、各式锯床、刨床、铣床等木工机械，200多部电动缝纫针车、5部大型冲床、1台检针机，使用国外进口的布绒面料生产各种布绒产品。同时，公司还自行加工制作各种模具，不断开发新产品，以满足市场需要。

公司年生产总值达8000万元，产品85%以上出口。公司目前设计开发近千种塑料玩具，主要包括智力拼装玩具、促销玩具、婴儿玩具、糖果玩具、电子玩具等。公司坚持质量第一的原则，每年都将产品送交国家玩具检验机构进行安全检测，全部产品均通过CE认证，同时公司品质部配备玩具检验的专业仪器，并聘请专业的检验人员进行检查，保证产品质量符合国家和欧洲标准。产品深受消费者好评。公司产品对外主要销往英国、德国、意大利、美国等几十个国家。

公司秉承“让客户得到最满意的质量、最有保证的服务、最有竞争力的价格”的宗旨，团结、奋斗、实践、创新的企业精神，努力扩展业务。竭诚希望与广大客户建立长期友好的合作关系，发挥优势，共谋发展。

公司坚持“以质量求生存，以品种求发展，以信誉为根本，以效益为途径”的原则，坚持贯彻执行GB/T 19001—2000的质量管理标准，建立和完善公司质量体系，自行设计并生产了上千种款式新颖、形式多样的玩具，促进公司业绩的飞速发展。

1992年邓北旺董事长创办泉州大奇玩具有限公司时，泉州市的玩具产业已经颇成气候，竞争激烈。面对如此情况，董事长认为，首先要抓好企业内部管理，否则就没办法跟人家竞争。“客户买东西回去不好卖，就算给予退货，长此以往，50个客户只剩下10个，工厂怎么能经营下去?”

正是这种理念，董事长邓先生在创办大奇之初，就亲抓管理不放松。于是，在短时间内通过了ISO9000认证，并建立标准的监督机制，聘请欧洲SGS检验机构不定时进行突击检查，一旦发现问题，坚决处罚，不留情面。

除了质量管理，产品也应不断推陈出新才不至于被市场淘汰。深谙此理的董事长大胆地同时开发塑料、毛绒、木头三种材质的玩具产品，以满足客户的需要，这使得大奇成为全球为数不多的同时具备三种材质玩具生产能力的厂家，至今已自行设计并生产了上千种款式新颖、形式多样的玩具。

正是得益于这种强大的设计开发能力，2008年，当国内玩具行业开始面临层层危机，许多玩具企业倒闭时，大奇玩具依然能够独善其身。董事长认为，包括玩具企业在内的出口型企业在危机面前之所以不抗压，就是因为缺乏设计能力，只是做简单的OEM，而大奇玩具能够从容应对危机的秘诀就在于具有自主开发能力，在定价上具有较强的主动权，产品附加值较高。“这也是许多传统出口型企业需要做的，只有从简单的OEM生产，升级为加入自主开发能力的ODM，企业才有出路。”

为扩大再生产，公司投资了2千多万元，在安海镇工业区兴建了占地面积3千多平方米，总建筑面积1.2万平方米的厂区。主导产品分为塑胶、布绒、木制、电子四大类玩具。

在品质上，公司坚持以安全、新颖、美观、实用的理念研发新产品，根据市场的需求不断更新换代开发新产品。公司品管部严格控制产品的质量，除做相应的检验外，并将所有产品送交国家检验部门及SGS测试，遵循国标、美国ASTM及欧洲EN-71玩具安全检测标准生产。

现在为了扩大市场，要举办一个产品展销会，经过市场调查和预测得知，某新产品今后5年在市场上的销售只可能有三种情况：畅销、一般和滞销，根据以往的数据显示，不同情况下利润也会不同，且可以通过对以往出现不同情况的频率分析得知其概率。为使该新产品更好地投产，该企业已经拟定出了三种可供选择的行动方案，分别是投资150万元新建一车间、投资60万元扩建原有车间和利用原有车间，企业希望选择出总利润最优的方案作为最终实施的方案。

思考：大奇玩具加工厂该如何决策？

任务一　系统决策的认识

一、系统决策的含义

（一）系统决策与其他模块的关系

在完成了系统的分析、建模、规划和评价之后，就要将各种行动方案及其后果等信息提供给决策者，让他们在这些信息的基础上根据经验、直觉做出决策。系统决策与其他模块之间的关系如图7－1所示。

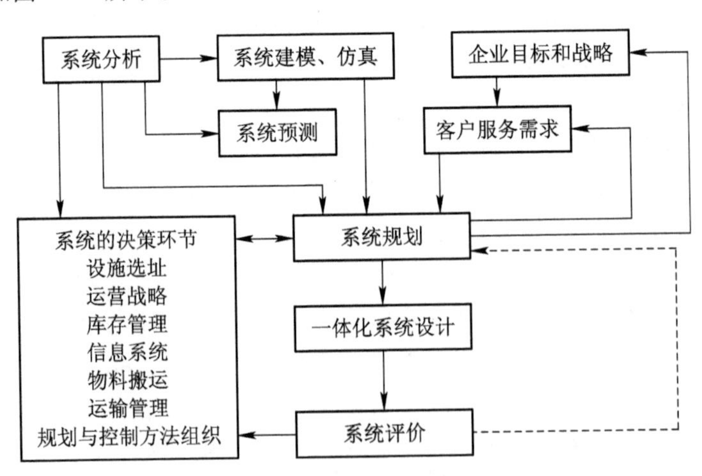

图7－1　系统决策与其他模块的关系

（二）系统决策的含义

决策(Decision-Making)是指为了实现某一特定目标，借助一定的科学手段和方法，从两个或两个以上可行方案中选择一个最优方案，并组织实施的全部过程。

决策的目标必须清楚，且必须有两个或两个以上备选方案。在本质上，决策是一个循环过程，贯穿整个管理活动的始终。

系统决策的作用主要表现在3个方面：

(1) 科学决策是现代管理的核心，决策贯穿管理活动的全过程。

(2) 决策是决定管理工作成败的关键，是任何有目的的活动发生之前必不可少的一步。不同层次的决策有不同程度的影响。

(3) 科学决策是现代管理者的主要职责。

系统决策的原则包括：

(1) 系统原则，即运用系统理论进行决策。

(2) 信息原则，信息是决策的基础。

(3) 可行性原则，决策能否成功取决于主、客观等方面的条件，科学决策不仅要考虑市场组织发展的需要，还要考虑到组织外部环境和内部条件各方面是否有决策实施的可行性。

(4) 满意原则，由于决策者不可能掌握很充分的信息和做出十分准确的预测，对未来的情况也不能完全肯定，因此，决策者不可能做出"最优化"的决策。

(三) 系统决策的基本属性

(1) 系统决策的前提：要有明确的目的。决策是为实现组织的某一目标而开展的管理活动，没有目标就无从决策，没有问题则无须决策。决策的目标可以是一个，也可以是相互关联的几个形成的一组。在决策前，要解决的问题必须十分明确，要达到的目标必须具体，可衡量，可检验。

(2) 系统决策的条件：有若干个可行方案可供选择。决策最显著的特点之一就是要在多个可行方案中选择最优方案。"多方案抉择"是科学决策的重要原则。决策要以可行方案为依据，决策时不仅要有若干个方案来相互比较，而且各方案必须是可行的。

(3) 系统决策的重点：方案的比较与分析。决策过程实际上是一个选择的过程，选择性是决策的重要特征之一。必须对每个方案进行综合分析与评价，确定它们对目标的贡献程度和可能带来的潜在问题。相互比较与权衡是方案选择的基础。

(4) 系统决策的结果：选择一个满意方案。目标确定之后，就要寻求有效的途径，即提出各种备选的行动方案。通过综合比较和评估，所选择的满意方案就是在现实条件下能使主要目标得以实现，其他次要目标也足够好的可行方案。

(5) 系统决策的实质：主观判断过程。决策或多或少会带有决策者的主观意志。决策有一定的程序和规则，但又受到诸多价值观念和决策者经验的影响。在分析判断时，参与决策的人员的价值判断与经验会影响决策目标的确定、备选方案的提出、方案优劣的判断及满意方案的抉择。因此，决策从本质上而言，是决策者或管理者基于客观事实的主观判断过程。

(四) 系统决策的分类

1. 按决策的作用分类

(1) 战略决策：指直接关系到组织的生存和发展，以及系统全局的长远性、方向性的决策。战略决策风险大，一般需要长时间才可看出决策结果，所需解决的问题复杂，环境变动较大，并不过分依赖数学模式和技术，定性、定量并重，对决策者的洞察力和判断力要求高。战略决策通常由高层管理人员做出。

（2）战术决策：又称管理决策，是为保证企业总体战略目标的实现而解决局部问题的重要决策，是战略决策过程的具体决策，会影响组织目标的实现和工作效率的高低。战术决策通常由中层管理人员做出。

（3）运行决策：又称执行性决策，是指基层管理人员为解决日常工作和作业任务中的问题，为了提高生产效率、工作效率所做的决策。运行决策涉及范围较小，只对局部产生影响。

2. 按决策问题的可控程度分类

（1）确定型决策：是指在决策所需的各种情报资料已完全掌握的条件下做出的决策。

（2）风险型决策：决策方案未来的自然状态不能预先肯定，可能有几种状态，每种自然状态发生的概率可以做出客观估计，但不管哪种方案都有风险。

（3）不确定型决策：资料无法具体测定，而客观形式又要求必须做出决定的决策。在可供选择的方案中存在两种或两种以上自然状态，而且这些自然状态所发生的概率是无法估计的。

此外，按决策的重复性，决策可分为程序化决策和非程序化决策；按决策问题的规律性，决策可分为结构化决策、非结构化决策和半结构化决策；按照决策权限的制度安排，决策可分为个人决策与群体决策；按照后来决策与先前决策的一致性程度，决策可分为激进型决策与保守型决策；按照决策影响的时间长短，决策可以分为长期决策、中期决策和短期决策；按照决策者在管理系统中所处的层级不同，决策可分为高层决策、中层决策和基层决策；根据决策思维的方法不同，决策可分为直觉决策、经验决策和推理决策等。

（五）系统决策的影响因素

在决策过程中，影响系统决策的因素是比较多的，其中最重要的有如下 4 类。

1. 环境因素

系统存在于环境之中。环境的特点会决定系统的方案及实施效果。比如，在一个相对稳定的市场环境中，企业的决策相对简单，大多数决策都可以在过去决策的基础上做出；如果市场环境复杂，变化频繁，那么企业就可能要经常面对许多非程序性的、从未见过的问题。

2. 过去的决策

“非零起点”是一切决策的基本特点。当前的决策不可能不受过去决策的影响。大多数情况下的组织决策都是对初始决策的完善、调整或改革。过去的决策是当前决策的起点，过去方案的实施伴随着人力、物力、财力等资源的消耗，体现了内部状况的改善，带来了对外部环境的影响。

过去决策对目前决策的制约程度主要由过去决策与现任决策者的关系决定。如果过去的决策是由现任决策者制订的，则决策者一般不会进行重大调整，而趋向于仍将大部分资源投入过去未完成的方案执行中；相反，如果现在的主要决策者与过去的重大决策没有很深的关系，则会易于接受重大改变。

3. 决策者的风险态度

毋庸置疑，决策问题本身的紧迫性和重要性对于决策的影响是重大的，同时，决策者的风险态度也决定了决策方案的确定。决策是确定未来活动的方向、内容和行动的目标。由于人们对未来的认识能力有限，目前预测的未来状况与未来的实际情况不可能完全相符，因此任何决策都存在一定的风险，也就是不确定性。

人们对待风险的态度是不同的，有人喜欢冒险，在多种选择中趋向于选择风险大的方案，也有人不愿冒险，在多种选择中趋向于风险小的方案。因此决策者的风险偏好就直接影响着对决策的选择。

4. 组织成员对组织变化所持的态度

任何决策的制订与实施都会给组织带来某种程度的变化。对待变化是担心和抗拒，还是被动接受，或是积极应对，直接影响着决策的实施效果。因此，必须做好沟通工作，以调整组织成员的态度。

决策方案的确定既取决于组织中每一个成员(尤其是重要成员)的个人能力、个人价值观，也取决于决策群体的关系融洽程度。

二、系统决策的步骤

系统决策是一项复杂的活动，有其自身的工作规律性，需要遵循一定的科学程序。在现实工作中，导致决策失败的原因之一就是没有严格按照科学的程序进行决策，因此，明确和掌握科学的决策过程，是管理者提高决策正确率的一个重要方面。

一般来说，系统决策大致包括如图 7－2 所示的 6 个步骤，即识别机会、明确目标、拟定方案、筛选方案、实施方案、评估效果。

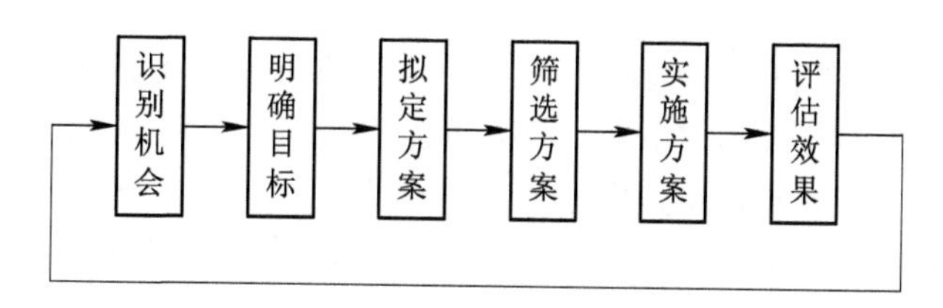

图 7－2　决策过程示意图

(一) 识别机会

所谓的识别机会，其实也就是界定问题。决策的目的是解决现实中的问题或者达到期望的目标。决策是围绕着问题而展开的。没有问题就不需要决策；问题不明，则难以做出正确的决策。

决策正确与否首先取决于判断的准确程度，因此，认识和分析问题是决策过程中最为重要也最为困难的环节。一个组织中总会存在各种各样的问题。例如，怎样在市场竞争中发展自己，开发什么样的新产品，开发新产品的资金如何筹措，等等。提出并分析问题，找到造成问题的真正原因，这是决策的第一步。

(二) 明确目标

决策目标是指在一定的环境和条件下，根据预测针对这一问题所希望得到的结果。目标的确定十分重要，对于同样的问题，目标不同，决策方案也会大不相同。明确目标时，要经过调查和研究，掌握系统准确的统计数据和事实，并进行整理分析，还要结合组织的价值准则和系统的实际条件。

（三）拟定方案

决策实际上是对解决问题的种种行动方案进行选择的过程。应遵循“满意原则”来拟定多个备选方案，既注重科学性，又要有创造性。运用定性与定量相结合的方法，充分发挥集体的智慧才能，制订出来的备选方案往往更有针对性和创新意义。

（四）筛选方案

决策过程中需要依据科学的准则对各备选方案进行逐一评价和筛选，列出各方案满足决策准则的程度和限制因素、所需成本支出以及相应的后果，之后根据分析和比较的结果提出推荐方案。

（五）实施方案

在对各方案进行理性分析和比较的基础上，决策者要选择一个满意方案并付诸实施。此时不要一味追求所谓的最佳方案，由于环境的多变性和决策者预测能力的局限性，以及信息的完备性方面的缺陷，绝对完美的决策是不存在的，因此只能做出一个相对满意的决策。

实施决策方案时，全体成员要积极参与，协调和解决不断出现的新问题。

（六）评估效果

一个决策者应该通过信息的反馈来衡量效果。在决策的实施过程中，由于形势的发展和条件的变化，在一些不可控因素的作用下，可能出现一些新的情况，这时需要对决策方案做出调整。决策者应全面掌握决策实施的各种信息，及时发现新问题，并对原决策进行必要的修订、补充或完善，确保决策方案的科学性、合理性和实用性。

决策的过程也可以由图 7－3 来表示。在分析现实问题的基础上确定系统的决策目标，设计不同的备选方案，对方案的效果进行评估，并确定其概率和重要性(权重)，然后对各个方案进行全面衡量，决定最终采取的方案。

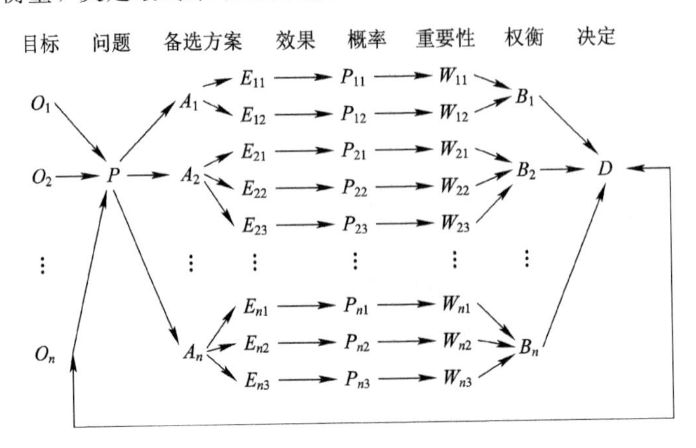

图 7－3　决策过程流程图

任务二　战略决策

一、SWOT 分析模型的战略决策

（一）方法介绍

SWOT 分析模型(也称 TOWS 分析法、道斯矩阵)即态势分析法，20 世纪 80 年代初由美国旧金山大学的管理学教授韦里克提出，是一种企业内部分析方法，其核心思想是通过对企业外部环境与内部条件的分析，明确企业可利用的机会和可能面临的风险，并将这些机会和风险与企业的优势和缺点结合起来，形成企业成本控制的不同战略措施。

表 7－1 所示为 SWOT 矩阵表。表 7－1 中，S 代表 Strength(优势)，W 代表 Weakness(弱势)，O 代表 Opportunity(机会)，T 代表 Threat(威胁)。其中，S、W 是内部因素，O、T 是外部因素。

表 7－1　SWOT 矩阵表

外部环境	内部环境	
	优势(S)	劣势(W)
机会(O)	增长型战略	扭转型战略
威胁(T)	多元化战略	防御型战略

SWOT 分析法就是将与研究对象密切相关的内部优势、劣势和外部的机会与威胁通过调查列举出来，并依照矩阵形式排列，然后用系统分析的思想把各种因素相互匹配起来加以分析，从中得出相应的结论。

优劣势分析主要着眼于企业自身的实力及其与竞争对手的比较。机会和威胁分析则将注意力放在外部环境的变化及外部环境对企业的影响上。

SWOT 分析有四种不同类型的组合：优势-机会(SO)组合、劣势-机会(WO)组合、优势-威胁(ST)组合和劣势-威胁(WT)组合。具体适用情况如下：

(1) 优势-机会(SO)策略：适用于发挥企业内部优势而利用外部机会，一般采用增长型战略。

(2) 劣势-机会(WO)策略：适用于利用外部机会来弥补企业内部弱点，一般采用扭转型战略。

(3) 优势-威胁(ST)策略：适用于发挥企业内部优势而回避减轻外部威胁，一般采用多元化战略。

(4) 劣势-威胁(WT)策略：适用于旨在减少内部劣势并回避减轻外部威胁，一般采用防御型战略。

SWOT 分析法经过提炼发展已不仅仅局限在分析单个企业的规划发展上，而被广泛用来评判事物是否具有强大的生命力，是否有发展前景。SWOT 分析法已成为当前市场分析研究和策略学的主要分析理论之一。

按照企业竞争战略的完整概念，战略应是一个企业“能够做的”(即组织的优势和劣势)

和“可能做的”(即环境的机会和威胁)之间的有机组合。它将对企业内外部条件的各方面内容进行综合和概括，进而分析组织的优劣势、面临的机会和威胁，帮助企业把资源和行动聚集在自己的优势和机会最多的地方。

(二) 步骤

(1) 分析企业的内部优势和劣势，既可以是相对于企业目标而言的，也可以是相对于竞争对手而言的；再分析企业的外部机会和威胁，可能来自与竞争无关的外环境因素的变化，也可能来自竞争对手的力量与因素变化，或二者兼有，但关键性的外部机会与威胁应予以确认。

(2) 将企业内部优势和劣势与外部机会与威胁相互匹配，形成SO、ST、WO和WT策略，构成SWOT矩阵。

(3) 对SO、ST、WO和WT策略分别进行甄别和选择，确定组织目前应采取的具体战略与方针。

(三) 举例

SWOT分析法

【例7-1】 中鼎铁路物流园区SWOT分析。

中鼎铁路物流园是太原铁路局“1+3+13+300+N”物流实体网络体系中的“1”，是山西省物流业发展中长期规划的重大储备项目，也是全国多式联运示范工程培育项目和国家“十三五”口岸建设项目。园区占地4000余亩，规划建设有“ABCD”4区11港。“A区七港”，包括铁路港、多式联运港、城市配送港、公路港、综合集散港、信息服务港、国际保税港，主要包括四大物流运输方式，即铁路运输、公路运输、航空运输、水路运输。

铁路港：提供快递快运类、集装箱和商品汽车的综合物流服务。

多式联运港：提供快递快运类、电商、区域代理的综合物流服务。

城市配送港：提供专业生产材料、快速消费品的收集和分销服务。

公路港：提供车货信息匹配、零担专线、停车修车、加油加气充电、司机之家及相关配套服务。

综合集散港：提供仓储分拨和同城配送服务。

信息服务港：提供综合物流信息和高端商务服务。

国际保税港：提供进出口货物联检、保税仓储、保税物流、跨境电商、商品展示展销等综合保税物流服务。

中鼎铁路物流园发展到2018年时，已初成规模，其中包括仓储设施、多式联运港(1库15 959.97 m^2、2库13 572.06 m^2、3库12 708.82 m^2、4库11 988.82 m^2、5库25 405.24 m^2、6库23 965.24 m^2)、铁路港(线边库共74 919.3 m^2，中转雨棚共35 280 m^2)。装卸设备的情况如表7-2所示。

表7-2 装卸设备的情况

装卸设备	40.5 t集装箱专用门式起重机	集装箱正面吊	六吨叉车	空箱堆垛机	小型内燃叉车	电瓶叉车	人力地牛	电动地牛
数量	2台	1台	1台	2台	5台	10台	10台	10台

此时，该区拥有充足的公路运力，包括集装箱卡车及省内、城配货车。针对相关道路限行问题，已办理相关工程、运输车辆的通行证。铁路作业线包括商品车(特货)作业线 1 条，集装箱作业线 2 条，包件货物作业线 2 条。

相关数据显示，中鼎铁路物流园区自 2016 年正式开园运营一年来，货物吞吐量累计为 210 余万吨。

该区先后开行了前往俄罗斯、哈萨克斯坦的中欧中亚班列，开发了鸣李至佛山东、大同至京津冀、临汾北至广州小塘西等近 20 项"点到点"快速货物班列产品，推出太原至天津港、太原至包头东等 10 多条公路及多式联运专线。

截至 2017 年 11 月，中鼎铁路物流园区的仓储运用率已突破 80%。

"中鼎物流云平台"商品物资交易系统已注册店铺 270 多家，云仓系统发布的出租仓源为 170 多个，共计 130 多万平方米。

分析过程：

(1) 分析组织内部的优势和劣势，以及外部的机会和威胁。

① 内部优势。经过近几年的快速发展，中鼎铁路物流园已形成以中心园区为核心、省内多点覆盖的物流发展格局，其中核心园区在园区建设方面达到了省内领跑的地位，为下一步带动区域铁路现代物流发展打下了良好的基础。

中鼎铁路物流园现有的晋南、晋北货物快速班列，以中鼎物流园站为中心，南至运城，运行时间仅 7 小时，北至大同，运行时间仅 8 小时。

港口到达的中转货物在中鼎物流园实施多式联运，在一夜间运输到山西南北；太原铁路口岸建成后，与京津冀口岸集群同步发展，发挥枢纽口岸功能，将山西全境与沿海港口、中欧(中亚)国家紧密联系起来，可改变内陆省份的不利条件。随着铁路、公路运输网络的不断完善，中鼎物流园运营区域覆盖了山西省的大部分地区。

近年来，山西省已完成高速公路"天"字形布局，并逐步融入全国性交通枢纽范围，成为华北、西北地区承接东西、联通南北的重要区域，特别是随着"一带一路"的发展，交通区位优势日益明显，核心节点园区位于山西省太原、晋中市交界处，是山西省规划的转型综改示范区中心区域。

中鼎物流园可连接晋中经济技术开发区、武宿保税区、榆次工业园区等新兴产业工业园区，衔接太中线、大西高铁、太焦等 7 条铁路干线，紧邻 3 条高速公路、1 条国道，靠近晋中高铁站、太原武宿国际机场。

在高素质管理人员方面，中鼎物流园现有正式职工 5500 人，其职称状况如图 7－4 所示，具有技术职称的职工 3000 人，占 55%。其中，高级职称 700 人，占 13%；中级职称 650 人，占 12%；初级职称 1650 人，占 30%。

由图 7－4 可以看出，当前中鼎物流园职工的职称状况较好，高级职称的人数较多。

② 内部劣势。

a. 软硬件设施不完善。多式联运在软硬件协调方面提出了较高的要求，其中软件包括配套的运输制度、运输体系建设、行业物流标准、集装箱规范标准等；联运硬件则包含运输节点的建设(如物流港口、铁路站点、民用机场、高速公路、物流园配套服务设施)、物流载具的维修以及存储店面等。

现阶段，中鼎物流园还未在上述领域投入建设，各项软硬件设施尚不达标，无法较好

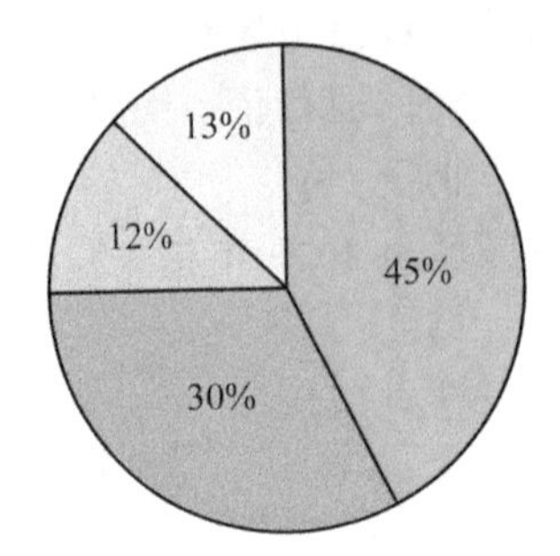

图 7-4 职工的职称状况统计图

地完成物流园的正常作业。

中鼎物流园运营区域内以煤炭运输为主，硬件设施（如运输车辆）种类一直保持以C70/C64k等空敞车辆为主，N/NX型平板车的利用不充分，除核心园区外，其他既有货场转变为物流中心节点的硬件设施水平也不足，加之管理上计划性运输方式、解编编组效率、通道利用等方面也存在不足，这些都使得发展物流的软硬件落后。

b. 经营模式一体化不足。据相关数据显示，截至2016年，中鼎物流园全局完成货物发送量5.12亿吨，占全路货运发送量的19.3%，煤炭发送量4.07亿吨，占全路煤炭发送量的30.1%，货物周转量3129.99亿吨，目前以铁路运输为主，剩余运输占比较低，货运基数大，但整体运输效率不高。

中鼎物流园配送体系主要包括四大物流运输方式，下设七大服务港，提供从货物仓储、暂存、分拣、配送和干线运输的全方位服务，但由于多式联运系统各环节间缺乏联系，运输线路互不协调，集团效应不明显，运输相对不集中，区域与区域间的运输方式在基础设施的衔接上缺乏统一执行标准，使得各项运输优势无法得到全面的发挥，影响最终交接的顺畅。

c. 现有的多式联运模式手续烦琐，费用高。多式联运运载工具缺乏规范化标准。中鼎物流园的多式联运包含陆运、空运、水运三大领域，各大领域的运输载具各有不同，种类繁多。

从企业目前的发展来看，其多式联运的物流方案出台不久，还未完成对同领域载具的统一规范以及行业执行标准的下发和制定。

d. 混乱的载具规格限制了各环节、各地域物流的交接，在联运业务的开展方面或多或少有一定的制约，其中以涉外联运的制约最为显著。

③ 外部机会。

a. 政策积极支持。《山西省物流业发展中长期规划2015—2010)》的出台将进一步推进物流通道能力建设，完善物流配送网络，推进物流信息化、标准化建设，发展绿色物流，同时也将着力提升物流从业人员素质等。此外，国家发改委公布的《中欧班列建设发展规划(2016—2020)》中规划了太原经阿拉山口（霍尔果斯）、二连浩特出境至哈萨克斯坦阿拉木图、俄罗斯莫斯科等中欧铁路直达班列线条；同时山西省外向型企业的进出口货源满足中欧班列的开行需求。

铁路“货改”政策发布后，特别是2015年沈阳物流现场会召开后，太原铁路局先后出台了一系列物流发展政策文件，全方位、多角度对铁路物流发展搭建框架，物流转型发展成为其重点投入的一项重大工程。

同时，针对物流发展建设过程中的难点，建立协调机制，积极协调局内及政府主管部门间合作，开展物流规模化发展。

b. 经济环境良好。依托山西省既有经济产业基础，沿汾河经济带汇集了山西省主要工业企业，核心节点中鼎物流园周边聚集了众多重工业企业和新兴产业。例如，太原钢铁集团生产的卷钢、钢板、碳钢年出口量在 130 万吨以上；铬矿、镍矿、铬铁等年出口量在 90 万吨以上；煤炭、金属矿石、建筑材料以及粮食为主的大宗货物运输量将近 10 万吨；太原富士康 2016 年进出口总额 625 亿元，其中出口额 406 亿元、进口额 219 亿元。这些为铁路运输发挥长远距离及大宗运输优势奠定了坚实的市场基础。

④ 外部威胁。

a. 山西地理大环境不利，市场增长缓慢，竞争压力大。从经济结构来看，山西省一直保持着一煤独大的经济结构，公路、集装箱等运输方式欠活跃，这给铁路转型物流业带来了巨大挑战。

b. 山西经济转型不足。中鼎物流园在转型中遇到了诸多问题，特别是从未接触过海关监管场所建设，从未接触过铁路口岸建设等。

(2) 优势和劣势，机会与威胁相互组合，形成 SO、ST、WO 和 WT 策略构成的 SWOT 矩阵。通过以上分析，进一步构建中鼎物流园的 SWOT 矩阵战略表，如表 7－3 所示，根据内部优势、劣势和外部机会、威胁组合形成相应战略。

表 7－3　中鼎物流园的 SWOT 矩阵战略表

外部环境	内部环境	
	优势(S)	劣势(W)
机会(O)	增长型战略： 顺势提升发展水平； 增加客户资源； 发挥人才优势，增加收益	扭转型战略： 完善基础设施； 建立以铁路为核心的一体化模式； 构建全新的经营模式； 实现信息标准化
威胁(T)	多元化战略： 充分挖掘细分市场； 优化运输产品结构	防御型战略： 优化公铁、铁水、公铁水联运格局

(3) 对 SO、ST、WO 和 WT 策略分别进行甄别和选择，确定组织目前应采取的具体战略与方针。通过对中鼎物流园区进行 SWOT 分析，我们大致可以了解到其铁路物流园区的现存环境，其主要的优势表现在市场需求、政府支持两个方面。除此之外，其内部铁路、公路运输环境良好，人才管理以及用户体验等方面表现突出。

但限于山西地理环境的制约以及部分设施设备的落后，园区整体发展存在高成本、低利润的环境劣势。

通过以上对中鼎物流园的分析我们可以发现，中鼎物流园有自己的优势，但也存在着不少劣势，面临着许多机会，也有来自外部的威胁。

中鼎物流园可建立利用外部机会来弥补内部弱点的目标，即选择扭转型战略，建立以铁路为核心的一体化多式联运模式，提出铁路多式联运的对策，降低物流运输的成本，为我国铁路物流运输注入新的活力，促进国内铁路物流运输的发展。

二、BCG 矩阵模型的战略决策

（一）方法介绍

1. BCG 矩阵简介

BCG 矩阵的精髓在于把战略规划和资本预算紧密结合了起来，以应对复杂的战略问题。

BCG 矩阵(BCG Matrix，波士顿矩阵）又称四象限分析法，是由美国大型商业咨询公司——波士顿咨询集团(Boston Consulting Group，BCG)在 20 世纪 70 年代初首创的一种规划企业产品组合的方法。BCG 矩阵将复杂的企业行为用两个重要的衡量指标分为四种类型，标在二维矩阵图上，通过业务的优化组合实现企业的现金流量平衡。

企业可采用 BCG 矩阵来分析、确定业务发展方向以保证企业收益。该方法的核心在于解决如何使企业的产品种类及其结构适合市场需求的变化这一问题。它是制订企业战略最流行的方法之一。该方法的关键是如何协助企业分析与评估其现有产品线，并利用企业现有资金进行产品的有效配置与开发。

2. BCG 矩阵图

BCG 矩阵图根据企业的相对市场占有率和市场增长率情况，区分出 4 种业务组合，分别是问题型业务(Question)、明星型业务(Star)、现金牛型业务(Cash Cow)和瘦狗型业务(Dog)。BCG 矩阵示意图如图 7－5 所示。

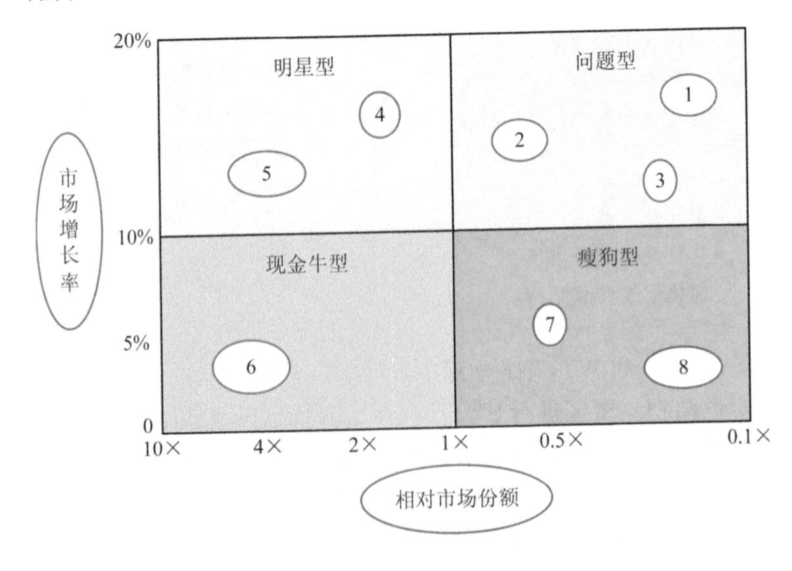

图 7－5　BCG 矩阵示意图

在矩阵图上，纵向表示市场增长率，横向表示相对市场份额，分别以10%和20%作为区分高、低的中点，四个象限依次为：高市场增长率—低相对市场份额的“问题(?)”；高市场增长率—高相对市场份额的“明星(★)”；低市场增长率—高相对市场份额的“现金牛(￥)”；低市场增长率—低相对市场份额的“瘦狗(×)”。

企业可将产品按各自的市场增长率和相对市场份额归入不同象限，通过产品所处不同象限的划分，使企业采取不同决策，以保证其不断淘汰无发展前景的产品，保持“问题”“明星”“现金牛”产品的合理组合，实现产品及资源分配结构的良性循环。

1）问题型业务

公司必须慎重回答“是否继续投资发展该业务”的问题，应选择那些符合企业长远发展目标、企业资源优势，能够增强企业核心竞争力的业务作为企业发展的战略。

2）明星型业务

明星型业务可以视为高速成长市场中的领导者，市场在高速成长，企业必须继续投资，并击退竞争对手。明星型业务要发展成为现金牛型业务适合采用增长战略。

3）现金牛型业务

现金牛型业务享有规模经济和高边际利润的优势，是成熟市场中的领导者，是企业现金的来源，适合采用稳定战略，不必大量投资来继续扩大市场规模。

4）瘦狗型业务

瘦狗型业务是微利甚至亏损的，绩效改进无望，且占用很多资源，适合采用收缩战略，出售或清算业务，把资源转移到更有利的领域。

3. BCG矩阵模型应用法则

产品市场占有率越高，创造利润的能力越大；销售增长率越高，为了维持其增长及扩大市场占有率所需的资金亦越多，这样可以使企业的产品结构更加合理，实现产品间互相支持、资金良性循环的局面。

按照产品在象限内的位置及移动趋势的划分，形成了BCG矩阵模型的基本应用法则。

1）第一法则：成功的月牙环

在企业所从事的事业领域内各种产品的分布若显示月牙环形，则是成功企业的象征，表明问题产品和瘦狗产品的销售量都很少。若产品结构显示为散乱分布，则说明其事业内的产品结构未规划好，企业业绩必然较差。

2）第二法则：黑球失败法则

如果在第三象限内一个产品都没有，或者即使有，其销售收入也几乎近于零，可用一个大黑球表示，则表示企业没有任何盈利大的产品，此时应当对现有产品结构进行撤退、缩小的战略调整，考虑向其他事业渗透，开发新的事业。

3）第三法则：西北方向大吉

一个企业的产品在四个象限中的分布越集中于西北方向，表示该企业的产品结构中明星产品越多，该企业越有发展潜力；相反，产品的分布越集中在东南角，说明瘦狗类产品数量大，表示该企业产品结构衰退，经营不成功。

4）第四法则：踊跃移动速度法则

从产品的发展趋势看，产品的销售增长率越高，为维持其持续增长所需的资金越大；

市场占有率越大，创造利润的能力也越大，持续时间越长。

按正常趋势，问题产品经明星产品最后进入现金牛产品阶段，表示该产品从纯资金耗费到为企业提供效益的发展过程，但是这一趋势移动速度的快慢会影响到其所能提供收益的大小。

（二）步骤

(1) 分析得到 BCG 矩阵。

① 以 10%的市场增长率和 20%的相对市场份额为高低标准分界线，将矩阵图划分为四个象限。

② 进行产品分析，把企业的全部产品按其市场增长率和相对市场份额的大小，在矩阵图上标出其相应位置，形成 BCG 矩阵，如图 7－6 所示。

③ 定位后，按每种产品当年销售额的多少绘成面积不等的圆圈，顺序标上不同的数字代号以示区别。

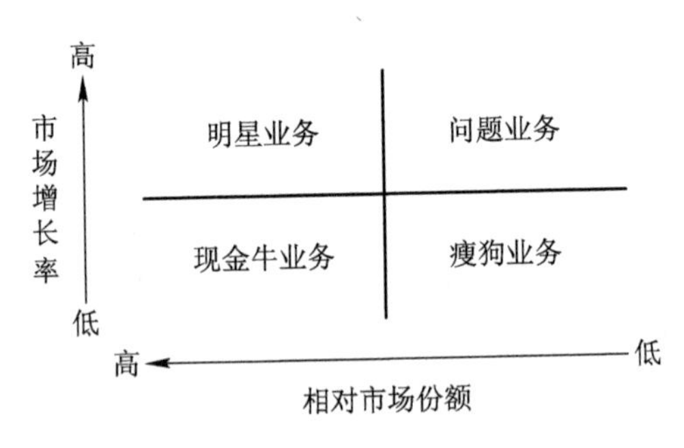

图 7－6　四种类型的产品示意图

(2) 进一步分析各类型产品的下一步发展战略和业务组合转移。根据产品所属的矩阵区间，分析其下一步的发展战略和业务组合转移。

组合的移动表现为组合重心的移动，反映企业战略重点的转移。组合重心在短期内移动的速度快，企业的业绩变化就大。

对不同业务来说，如果要求组合较快地由问题业务或者瘦狗业务向现金牛业务转移，则会出现总体利润在短时间之内大量减少的结果，这需要考虑企业财务上的承受能力。

反之，问题业务或瘦狗业务转移的速度太慢，会使企业资源消耗在没有前途的业务上，影响对有利机会的利用。

因此，从总的方向上看，我们希望：① 企业的问题业务应该选择放弃；② 企业的瘦狗业务要么就以较快的速度向明星业务为重心进行组合转移，要么选择放弃；③ 企业的明星业务向现金牛业务进行组合转移。

BCG 矩阵分析法

（三）举例

【例 7－2】 宝洁公司(P&G)是美国一家消费用品生产商，也是目前全球最大的日用品公司之一。其产品包括洗发用品、护发用品、护肤用品、化妆品、婴儿护理产品、医药、食品、饮料、织物、家居护理用品等。

分析过程：

（1）收集宝洁洗发系列产品数据，如表 7－4 所示。

表 7－4　宝洁洗发系列产品数据收集情况表

产品	市场综合占有率	市场销售增长率
海飞丝	16.30%	4.70%
潘婷	15.60%	3.10%
飘柔	34.80%	2.50%
沙宣	8.38%	10.30%
伊卡璐	4.29%	11.20%
润妍	三年研发，两年连连亏损，战略定位错误	

（2）形成宝洁洗发系列产品的 BCG 矩阵，如图 7－7 所示。

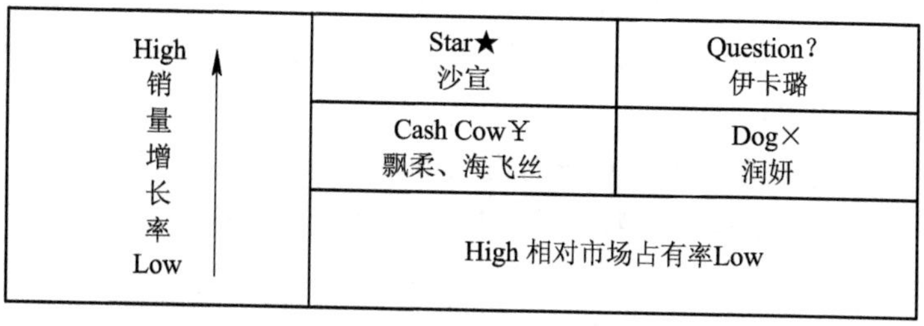

High 销量增长率 Low ↑	Star★ 沙宣	Question? 伊卡璐
	Cash Cow￥ 飘柔、海飞丝	Dog× 润妍
	High 相对市场占有率Low	

图 7－7　宝洁洗发系列产品的 BCG 矩阵示意图

本案例省略根据市场占有情况画圈表示的步骤。

（3）进一步分析各类型产品的下一步发展战略。

① 明星产品——沙宣。该品牌有着很高的市场渗透率和占有率，强势品牌特征非常明显，占绝对优势，而且拥有了稳定的顾客群，这类产品可能成为企业的现金牛产品，因而需要加大投资以支持其迅速发展。

② 现金牛产品——飘柔、海飞丝。这两类产品销量增长率低，但相对市场占有率高，已进入成熟期，可以为企业提供资金，因而成为企业回收资金、支持其他产品尤其是明星产品投资的后盾。

③ 问题产品——伊卡璐。把它定位为问题产品，主要是它“出生”时间较其他洗发产品晚，市场销售增长率较高，市场占有率低，产生的现金流不多，但是公司对它的发展抱有很大希望。

④ 瘦狗产品——润妍。该产品销售增长率低，相对市场占有率也偏低，采用撤退战略：首先减少批量，逐渐撤退，对那些销售增长率和市场占有率均极低的产品应立即淘汰；其次将剩余资源向其他产品转移；最后整顿产品系列，最好将瘦狗产品与其他事业部合并，统一管理。

（4）进一步分析各类型产品的业务组合转移。根据以上分析，可以得到业务组合的转移战略，如图 7－8 所示。

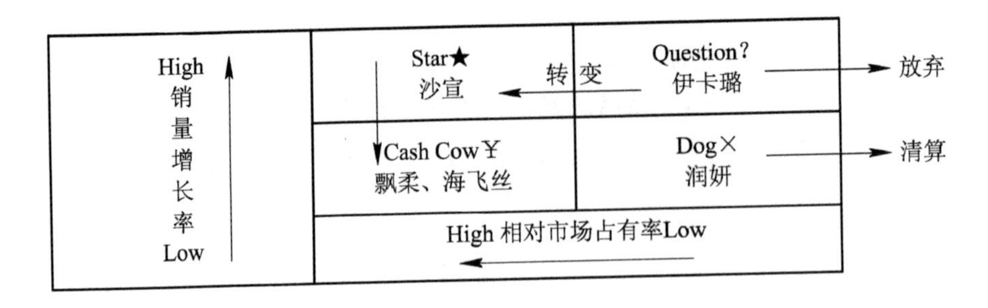

图 7-8 业务组合转移分析示意图

① 明星业务组合转移分析。宝洁在中国行销十几年，占据中高端市场 60% 的市场份额。

中国市场由于美容美发院洗发价格便宜，因此女性(沿海发达城市)在美发沙龙洗发的频率高于全球水平，市场存在巨大潜力。中高端专业通路当时威娜(德国)品牌一家独大，市场占有率超过 50%。全球知名专业品牌欧莱雅当时并未进入中国专业市场，宝洁公司因此决定引进旗下专业品牌——沙宣进军高端专业市场。

由于其定位明确，营销势头强劲，因此沙宣打入市场不多时日便快速抢占专业沙龙市场份额，成为专业的代名词。

沙宣的营销策略主要有：聘请专业美发大师的电视广告；营销大赛；赞助模特大赛；建立专业美发学校；等等。这一系列手段都与其企业经营风格相当契合，体现了集团专业、合作的企业精神，既方便企业高层合理调配资源，又在客户中树立了良好的企业形象。

② 问题业务组合转移分析。伊卡璐于 1996 年进入中国市场，同样是中高端路线。同类产品沙宣的成功在于：细分市场，将产品定位于专业沙龙以及营销策略的本土化。反观伊卡璐，它的广告一直采用金发美女作为主角，美则美矣，但是给人一种国外译制片的感觉，产品形象不够亲民，而且除了广告营销外，没有更多有影响的营销手段，更没有与宝洁公司的经营风格相呼应，没有充分利用母公司的优质资源。

③ 瘦狗业务组合转移分析。润妍是宝洁旗下唯一失败的产品。2001 年 5 月，宝洁收购伊卡璐，由此宣告了润妍的消亡。2002 年 4 月，润妍全面停产。目标人群有误，失去需求基础，未突出新功能和配方，购买诱因不足是润妍失去市场的主要原因。

三、PEST 分析法的战略决策

(一) 方法介绍

PEST 分析法也叫作宏观环境分析法，是战略外部环境分析的基本工具，它从政治(Political)、经济(Economic)、社会(Society)和技术(Technology)的角度分析环境变化对本企业的影响，是企业制订战略目标的基础。图 7-9 所示是 PEST 分析的框架图。

政治环境(P)一般指会对企业和拟建项目造成影响的政策和法规，是保障企业和项目建设、生产等发展的基本影响面。宏观来说包括国家政治制度、方针政策，国家和地方政府的法律、法规、法令等；从微观上说，还包括了基于上层建筑的企业和拟建项目会对社会造成影响的自身所设置的规章制度及文件机制。

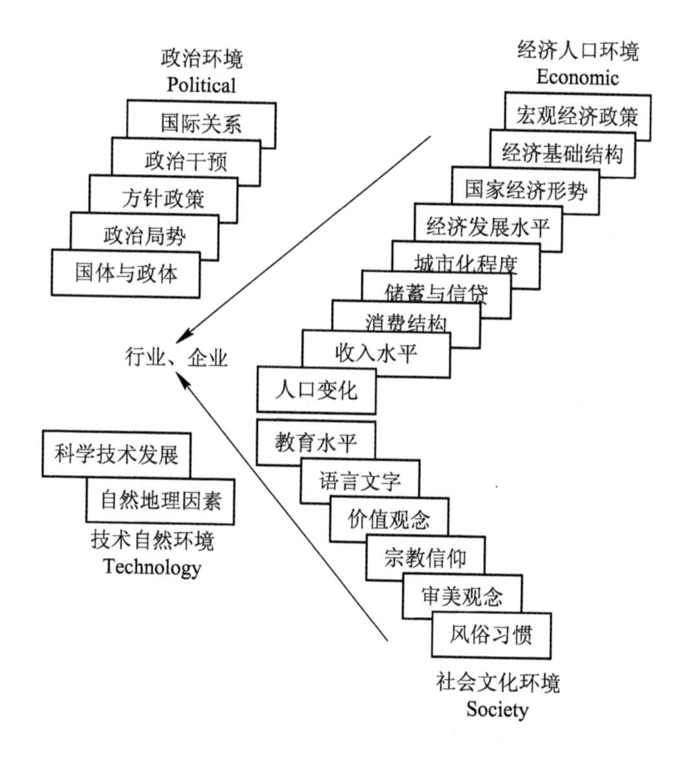

图 7-9　PEST 分析的框架图

经济环境(E)指的是与企业和拟建项目发展建设有关的经济环境，从宏观上说包括国家经济发展水平、经济结构、经济制度和市场机制等，关系到企业和项目的发展空间、行业发展前景、投资方向；从微观上说包括企业和项目所在地民众的需求、收入、消费等因素，与企业和项目制订具体发展措施的依据。

社会环境(S)与当地民俗文化和自然资源条件有关，包括民俗活动、文化底蕴、民众观念、人口规模及构成、气候、生态环境等。民俗文化和人口基底会在很大程度上影响到企业及拟建项目发展方向和速度。

技术环境(T)一方面指的是企业及拟建项目自身的能力定位或自身能力在社会中的发展趋势，另一方面指的是与创新和技术有关的宏观环境。企业和项目需要了解技术发展现状，提升自身技术，保持企业核心竞争力。

PEST 分析法结构示意图如图 7-10 所示。

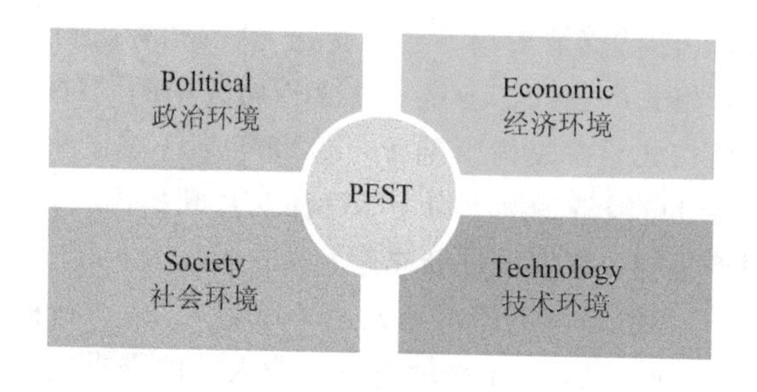

图 7-10　PEST 分析法结构示意图

（二）步骤

(1) 对需要调查地点的政治环境、经济环境、社会环境以及技术环境进行调研分析，筛选出能反映相应环境发展水平的指标；

(2) 详细分析各个指标对相应环境的影响；

(3) 基于之前的分析，总结该地发展环境的优缺点，并提出针对性的建议。

（三）举例

PEST 分析法

【例 7-3】 近年来，福建省跨境电商发展较为迅速。福建省跨境电商年进口票数从 2016 年不足 1 万票发展到 2019 年的近 600 万票，增长迅猛。福建省跨境电商的发展得益于政策红利和区域优势，但同时也面临和全国其他自贸试验区的激烈竞争。疫情之后如何保持住目前的优势，并能趁势转型，助力福建经济的高质量发展，请使用 PEST 分析法分析福建省跨境电商在发展中存在的问题，并提出优化策略。

分析过程：

(1) 经过查阅资料等方式调研后发现：

反映福建跨境电商政治环境(P)的指标有：① 对相应跨境电商发展政策的监管系统较薄弱；② “一带一路”和“对台合作”双重省份带来的新契机。

反映福建跨境电商经济环境(E)的指标有：① 疫情影响下经济受挫；② 实体经济基础良好，但品牌影响力不强；③ 电子商务产业规模扩大。

反映福建跨境电商社会环境(S)的指标有：① 网民数量增多，但对跨境电商了解不多；② 人均消费水平不断提高；③ 跨境电商市场人才缺口增大。

反映福建跨境电商技术环境(T)的指标有：① 互联网整体发展态势存在差距；② 技术升级不全面。

(2) 对以上总结的各个评价指标进行详细分析。以下针对每个环境中的一个指标进行分析示例。

① 政治环境(P)里，针对“‘一带一路’和‘对台合作’双重省份带来的新契机”进行分析：在“一带一路”倡议中，确定福建省是 21 世纪海上丝绸之路的核心地区，为福建跨境电子商务发展创造了巨大机遇。同时，福建省是“海上丝绸之路”和“对台合作”双重省份，为福建省跨境电商产业的发展带来了诸多政策利好，促进了跨境电商的发展。

② 经济环境(E)里，针对“疫情影响下经济受挫”这一指标进行分析：受新冠疫情的影响，全球市场需求萎缩，相关产业的产业链、供应链局部中断，对我国整体外贸造成强烈冲击。福建的外向型经济突出，在疫情影响下，2020 年第一季度福建 GDP 增速同比下降 5.2%，2020 年上半年的出口经济持续下滑，不过在 6 月开始出口增速转正。从整体上看，后疫情时代，如何重组产业链，探索发展新思路和方向是必须和紧迫的。

③ 社会环境(S)里，针对“跨境电商市场人才缺口增大”这一指标进行分析：福建省现有的跨境电商企业约有 15 000 家，对于跨境电商专业人才的需求在 50 000 人左右，虽然福建各大高校都开设有与跨境电商相关的课程，但是较少有以跨境电商为主要培养方向的专业，所以输送出去的人才质量不高，不能满足目前跨境电商的人才需求。

④ 技术环境(T)里，针对“技术升级不全面”这一指标进行分析：福建省一直重视物流行业的发展，出台了许多支持物流业发展的政策措施，其中，涉及物流企业及相关密切行业企业的专项扶持政策 34 项，占“十三五”规划五年专项扶持政策总量的 45%左右。虽然福建省现在的第三方物流产业发展很快，技术也较为成熟，但是物流政策及措施的传播主体角色意识缺乏，传播机制中存在一定的问题，同时在冷链技术整体设施上还存在着不足。冷库的技术跟不上现代化销售的速度，在管理上没有一套规范的准则，而且冷库整体的利用率很低，真正能用上的只有一半左右。物流信息化在福建的发展相对较迟，信息平台的建设比较落后，企业间的资源共享等有空白现象，在配送过程中有配送不规范、监控不完整等情况。

(3) 基于上述分析，提出以下建议：

① 完善监管系统，建立综合服务体系。

② 提高产品质量，打造自有品牌。

③ 加强“政－校－企”三方协同育人，培养合格的跨境电商专业人才。

④ 以海外仓为支点，完善现有的物流系统。

四、波特五力模型的战略决策

(一) 方法介绍

波特五力模型最早是由美国著名的战略学家迈克尔·波特教授提出的，如图 7－11 所示。它主要用来分析行业的竞争情况和竞争环境。根据波特理论，每个行业中都存在着五种最基本的竞争力量。这五种力量分别为供应商议价能力、需求方议价能力、同行业竞争、替代品威胁以及潜在进入者的威胁。

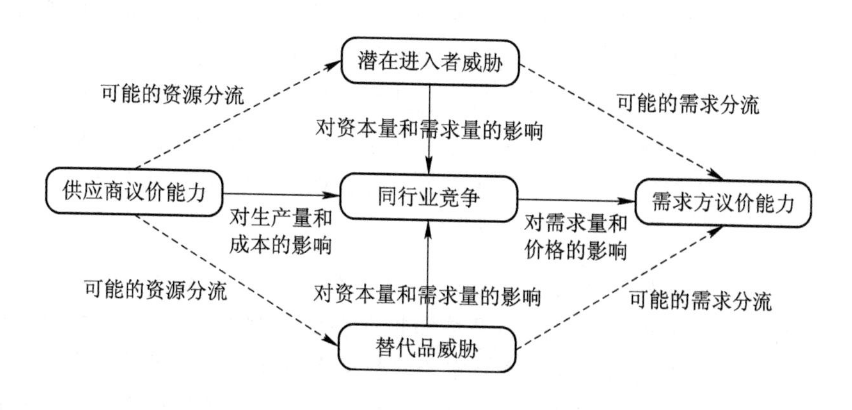

图 7－11 波特五力竞争结构模型图

波特理论认为，五种竞争力的合力决定了行业竞争的强度和盈利能力。所以，制订各种战略时围绕的目标就是提升企业的核心竞争力。行业基本结构能够从竞争力大小中反映出来，但这应该不同于对行业竞争和利润有暂时影响的短期因素。每个企业由于各自竞争力的不同，都有着应对行业结构的独特优势和劣势，随着时间的不断推移，行业结构也会慢慢发生改变。

（二）步骤

下面分别对波特理论中的五种竞争力量进行讨论分析。

1. 供应商议价能力

供应商是为企业提供产品或服务的。强势的供应商可以向企业提出涨价要求，否则就有可能降低产品或者服务质量。供应商凭借这样的地位，就能够发挥自己的议价能力。当供应商面向很多行业，而某个行业的采购数量占其总量比例不高时，供应商就更有可能施加影响力。如果某行业内的客户对于供应商非常重要，供应商的财富与该行业紧密相连，供应商就会更加慎重维护好双方的合作关系，这样一来供应商的产品定价就会比较合理，还有可能在买方的产品研发等科研服务项目中发挥辅助作用。

2. 需求方议价能力

需求方议价能力与供应商议价截然相反，需求方在行业内主张降低价格，并不断提升产品的质量。需求方往往为了追求自身企业利益的最大化，有意挑起企业之间的激烈竞争，这些都使得全行业的整体盈利性降低。行业内的市场状况与技术特征都决定了需求方的实际议价能力。行业产品对于需求方整体业务的重要性及其采购的规模、数量也是影响需求方决策的关键因素。

3. 同行业竞争

为了在行业内获得更多的市场份额以及相对于其他企业的竞争优势，同行业企业之间的竞争异常激烈。每个竞争企业都会使出浑身解数采取多种战略寻求行业内的竞争优势。各企业间你追我赶的态势也在一定程度上促进了全行业不断向前发展。

4. 潜在进入者威胁

潜在进入者的不断出现会给行业注入新的力量，但这些新进入者也有可能抢占现有企业的市场份额。很多新进入的企业都是实力颇为雄厚的商业巨头，这些企业的进入往往会带来全行业产品价格的大幅下降或是原料等制造成本的不断上升，从而对原有企业的盈利水平起到抑制作用。通过收购兼并的方式进入行业并确立市场地位也可以被视作一种新企业的进入行为，因为这将造成市场上原有的竞争力量对比发生实质性变化。

5. 替代品威胁

在实际生产生活中，我们经常会发现许多其他行业的商品会对本行业的商品进行替代。正是有了替代品的出现，行业内的平均回报率会受到制约。由于替代品威胁的存在，行业内的生产企业就不敢过分提价，产品定价将长期保持在一个合理的上限水平之内。

通过对上述五种竞争力量的讨论，可以制订行之有效的竞争战略来影响行业的竞争规则，并占据主动优势去应对五种竞争力量，保持在行业中的竞争优势和市场中的有利地位。

（三）举例

【例 7－4】 南京某企业经营了一家艺术画廊，近些年来当代艺术品市场受到大环境的刺激逐渐活跃起来，同时，市场的发展也造成了艺术品行业竞争加剧，请以波特五力模型对南京的艺术画廊行业的竞争环境进行分析。

分析过程：

波特五力模型

（1）基于波特五力模型，将南京当地的艺术画廊面临的竞争力分为五类：潜在进入者威胁(新进入当代艺术市场企业的威胁)、供应商议价能力(艺术家、其他画廊、艺术博览会等供应者讨价还价的能力)、需求方议价能力(艺术消费者讨价还价的能力)、同行业竞争(现有画廊之间的竞争)、替代品威胁(艺术消费替代品的威胁)。

（2）分别对这五种竞争力进行分析。

① 同行业竞争的分析。从全国来看，画廊数量排名中，北京地区位居首位，为1219家，占比30.14%；其次是山东地区，画廊数量为486家，占比12.01%；上海地区位居第三，数量为404家，占比10%；从南京地区来看，整个行业内画廊数量不多，并且区域间画廊的发展情况不一，竞争强度低。

② 潜在进入者威胁的分析。南京的当代艺术画廊经营规模小，内部管理体系尚不够健全，画廊员工通常在10人以内，其中还包含兼职人员，员工入职离岗变动较为频繁，缺乏专业人才参与，维护并运营画廊非常困难。新加入的竞争者不积累经验，不进行规模的扩大，则将承担成本劣势。且由于画廊短期很难收回成本，收益情况起伏较大，会对经营者造成较大资金压力。

③ 替代品威胁的分析。南京本地存在许多拍卖公司，如南京经典拍卖有限公司、江苏凤凰国际拍卖有限公司、荣宝斋(南京)、十竹斋拍卖等大拍卖公司等在本地市场中有较高知名度，并且具有一定的藏家基础，是画廊的有力竞争对手。

此外，如今电商平台设立艺术品交易频道，近几年有着大量的交易，但因为艺术品作为商品存在特殊性，网上销售的作品价格到达一定区间后就很难突破。还有“信任”危机、线上销售系统管理不善等问题，电商平台很难切入中高端艺术品市场。

④ 需求方议价能力的分析。南京当代艺术画廊各自代理不同的中青年艺术家作品，为客户提供差异化、多元化的艺术品，可替代性较弱。即使购买者有便捷的信息获取渠道，但是整体而言购买者的专业度还是与画廊存在差距，南京当代艺术画廊客户的整体议价能力相对较弱。

⑤ 供应商议价能力的分析。从私人藏家以及其他艺术机构获得当代艺术品时，对方的议价能力较强，对画廊存在一定的压力。但画廊的供应者主要还是艺术家，因此，总体来说供应者的议价能力对南京当代艺术画廊不构成较大威胁。

（3）总结。基于上述分析，可以看出南京当代艺术画廊面临的行业竞争环境如下：整个行业内竞争对手众多，外省存在许多实力强劲、具备影响力的当代艺术画廊。在南京本地艺术市场中，当代艺术品市场基础薄弱，现有当代艺术画廊以民营小微企业为主，规模小，数量少，画廊之间的竞争程度相对较弱，因此画廊在本地市场的成长发展存在一定优势；画廊行业壁垒较高，潜在进入者进入行业的难度较大；艺术品电商、艺术衍生品创意设计等新兴行业以及拍卖等为艺术消费提供了更多的替代选择，对南京当代艺术画廊造成的威胁较大；不同的供应者和购买者对画廊的议价能力高低不一。通过对相关从业者发放问卷的方式进行调研，并对行业环境中五种竞争力的强弱进行打分，做出统计表7-5。

表7-5　南京当代艺术画廊行业五力模型分析调查结果

五种竞争力	评分要素	平均得分
潜在进入者威胁	(1) 进入当代艺术画廊行业的技术壁垒； (2) 画廊艺术品、服务的不可替代性； (3) 进入画廊行业的资本需求； (4) 顾客选择新加入者的转换成本； (5) 新加入者获得艺术品销售渠道的难易程度； (6) 进入画廊行业的政策壁垒	2.6
同行业竞争	(1) 本地画廊之间的竞争激烈程度； (2) 外省当代艺术画廊的威胁； (3) 画廊当前的盈利能力； (4) 宏观环境对现有画廊的影响	3.6
替代品威胁	(1) 拍卖行对当代艺术画廊的威胁； (2) 线上交易平台对当代艺术画廊的威胁； (3) 文创衍生复制品对当代艺术画廊的威胁； (4) 个人中间商对画廊的威胁	3.5
需求方议价能力	(1) 购买者对艺术品信息的了解程度； (2) 购买者对画廊的忠诚度； (3) 购买者是否有其他渠道获得心仪的艺术品； (4) 购买者的转换成本	2.7
供应商议价能力	(1) 合作艺术家的社会影响力； (2) 供应者是否有其他渠道售出作品； (3) 艺术品对画廊的重要程度； (4) 画廊是否有多种渠道获得艺术品	3

根据五种竞争力平均得分的高低排序，可以看出同行业竞争的影响力最大，其次是替代品威胁，南京当代艺术画廊在现有竞争者中的竞争力较低，抵御替代品的能力较弱。在供应商议价能力方面，目前画廊竞争优势不明显。购买者的议价能力和新加入者的威胁较弱，在这两方面画廊的竞争力较强。因此，行业内现有竞争者以及替代品威胁是南京当代艺术画廊首先需要解决的问题。在制订竞争战略时，画廊应当重点考虑如何应对现有竞争者的威胁、如何不被替代品替代，提升这两方面的竞争力之后还要考虑如何继续保持或是提高潜在进入者的入行壁垒以及画廊对购买者和供应者的议价能力。

任务三　确定型决策

一、确定型决策的介绍

确定型决策是指在决策所需的各种情报资料已完全掌握的条件下做出的决策，它是定量决策方法。

各种情报资料主要包括自然状态和概率等，确定型即表示自然状态和概率都已知的情况下做出决策。

在确定型决策中，决策者面对确定的未来环境和条件，掌握了完备信息，所以决策程序只需按技术的或者经济的常规方法进行即可。

确定型决策具体包括直接选优决策法、简单模型选优决策法（比如线性规划）和价值分析决策法（比如说量本利分析、价值分析）三类。

二、确定型决策的步骤

（1）判断是否为确定型决策，如果是，进入第(2)步。

（2）选择具体的决策方法进行建模求解，从直接选优决策法、简单模型选优决策法和价值分析决策法三类方法中选择。

（3）得出结论。

三、确定型决策的举例

确定型决策

【例 7-5】 某工厂生产两种手枪，左轮手枪 R，半自动手枪 S，具体情况如表 7-6 所示，如何安排生产才能使利润最大？

表 7-6　产品的资源需求情况

部　　门	每把手枪所需时间/小时		
	左轮手枪 R	半自动手枪 S	月生产能力
制造	2	4	1200
装配	2	2	900
每把手枪利润	100 元	180 元	

求解过程：

（1）判断是否为确定型决策。在案例背景的表 7-6 中，决策所需的各种情报资料已完全清楚，属于确定型决策问题。

（2）选择具体的决策方法进行建模求解，从直接选优决策法、简单模型选优决策法和价值分析决策法三类方法中选择。

本案例中，决策变量为可控变量，且取值是连续的，目标函数和约束条件都是线性的，所以可以选择简单模型选优决策法中的线性规划法进行决策。

线性规划问题的数学模型包含三个组成要素：决策变量、目标函数、约束条件。

决策变量：左轮手枪的数量 R、半自动手枪的数量 S。

目标函数：最大化利润 $MAX=100R+180S$。

月制造生产能力约束：$2R+4S\leqslant 1200$。

月装配生产能力约束：$2R+2S\leqslant 900$。

用图解法求解，如图 7-12 所示。

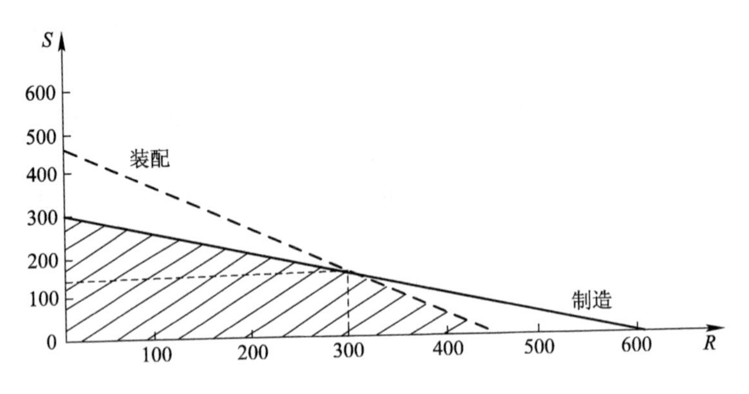

图 7-12　线性规划图解示意图

最优解在阴影部分右上角的顶点上取得。

顶点处：$R=300$，$S=150$。

由此可以计算得到

$$最大化利润=100R+180S=100\times300+180\times150=57\ 000$$

(3) 得出结论。如此可知，分别生产左轮手枪 300 把、半自动手枪 150 把，使得利润最大，最大利润是 57 000 元。

任务四　不确定型决策

一、不确定型决策的介绍

不确定型决策是指在既不知道哪种状态会发生、也不知道状态发生概率情况下的决策。这种情况下的决策主要取决于决策者的经验和主观要求。

二、不确定型决策准则

常用的不确定型决策准则有平均准则、乐观准则、悲观准则、折中准则和最小后悔值准则。

(一) 平均准则

1. 准则介绍

平均准则也称为拉普拉斯(Laplace)准则，它是一种等可能性法。这种准则的出发点是：既然不能肯定哪一种状态比另一种状态更可能出现，只好认为每种结局出现的概率相等。

通过比较每个方案的损益平均值来进行方案选择：在利润最大化目标下，选择平均利润最大的方案；在成本最小化目标下，选择平均成本最小的方案。

2. 决策步骤

(1) 计算每一个方案的平均损益值，通常用收入减去成本得到；

(2) 编制决策损益表；

(3) 从每个方案的平均损益值中找出最大的平均损益值对应的方案，即为最优决策方案。

(二) 乐观准则

1. 准则介绍

乐观准则(max-max 准则)又称大中取大法，这是一种趋险型决策准则。这种准则处理问题的思路与悲观准则相反，决策者对未来持乐观态度，首先确定每个方案在最佳自然状态下的收益值，然后对其进行比较，选择其中最大收益值对应的方案作为最优方案。

根据这种准则做出的决策虽然有可能获得最大收益，但同时也可能有最大亏损结果，需要承担一定的风险，因此也叫冒险准则。

2. 决策步骤

(1) 计算每一个方案的平均损益值，通常用收入减去成本得到；

(2) 编制决策损益表；

(3) 计算找出各个方案的最大收益值；

(4) 在这些最大收益值对应的决策方案中，选择一个收益值最大的方案即为备选方案。

(三) 悲观准则

1. 准则介绍

悲观准则(Wald 准则或 max-min 准则)又称小中取大法，它是一种规避风险的避险型决策准则。这种准则处理问题的思路是：从最不利的结果出发，将在最不利的结果中取得最有利结果的方案作为最优方案。

采用悲观准则时无论如何也不会得到最差结果，但是对风险规避的同时也放弃了对最大利益的追求。

2. 决策步骤

(1) 计算每一个方案的平均损益值，通常用收入减去成本得到；

(2) 编制决策损益表；

(3) 计算找出各个方案的最小收益值；

(4) 在这些最小收益值对应的决策方案中，选择一个收益值最大的方案即为备选方案。

(四) 折中准则

1. 准则介绍

折中准则(Hurwicz 准则)又称为乐观系数准则，其基本思路是对乐观准则和悲观准则进行折中。

决策者确定一个乐观系数 α，据此计算出各方案的乐观期望值，并选择期望值最大的一个方案。乐观系数 α 的值根据决策者的个性和经验来取，然后，对每一个方案按乐观、悲观两个方面算出一个折中收益值。

2. 决策步骤

(1) 计算每一个方案的平均损益值，通常用收入减去成本得到；

(2) 编制决策损益表；

(3) 计算各个方案的折中收益值：

$$折中收益值=\alpha\times 最大收益值+(1-\alpha)最小收益值$$

其中，乐观系数 α 在 0 与 1 之间，可自行主观选定。α 越大，最大收益值对方案评价的结果影响越大。若 $\alpha=1$，则为最大最大收益值法；若 $\alpha=0$，即为最大最小收益值法。

(4) 在这些折中收益值对应的决策方案中，选择一个最大折中收益值对应的方案即为决策方案。

(五) 最小后悔值准则

1. 准则介绍

最小后悔值准则(Savage 准则)又称大中取小法。通常，决策做出之后，若客观情况的发展与决策时的估计相差较大，决策者便有后悔的感觉。

后悔值法的思路是希望找到一个方案，当此方案执行后，无论自然状态如何变化，决策者产生的后悔感都为最小，后悔情绪的大小用后悔值表示。

每一种自然状态下，每一个方案的收益值与该状态的最大收益值之差就叫作后悔值，也叫作机会成本。

2. 决策步骤

这种方法依据遗憾原则作为评价标准，既不太保守，也不会过于冒进，具体决策步骤：

(1) 找出各个自然状态的最大收益值，将其定为该状态下的理想目标；

(2) 将该状态下的其他收益与理想目标之差称为该方案的后悔值；将它们排列成一个矩阵，称为后悔矩阵；

(3) 找出每一方案的最大后悔值；

(4) 在这些最大后悔值中选出最小值，该值对应的方案即为决策方案。

三、不确定型决策的举例

不确定型决策

【例 7-6】 根据以往的资料，一条集装箱船舶每个航次从天津至厦门港所需的舱位数可能 100、150、200、250、300 中的某一个，而其概率分布不知道，如果一个舱位空着，则在开船前 24 小时起，以 80 美元低价运输。

每个舱位预定的运价为 120 美元，每个舱位的运输成本是 100 美元。假定所准备的空舱量为所需量中的某一个。

方案 1：准备的空舱量为 100；方案 2：准备的空舱量为 150；方案 3：准备的空舱量为 200；方案 4：准备的空舱量为 250；方案 5：准备的空舱量为 300。

决策过程：

（1）计算每一个方案的平均损益值。对于方案1，空舱供应量为100个：

当需求为100个时正好满仓，损益值＝100个×（运价120－运输成本100）＝2000美元；

当需求为150个时供不应求，损益值＝100个×（运价120－运输成本100）＝2000美元；

当需求为200个时供不应求，损益值＝100个×（运价120－运输成本100）＝2000美元；

当需求为250个时供不应求，损益值＝100个×（运价120－运输成本100）＝2000美元；

当需求为300个时供不应求，损益值＝100个×（运价120－运输成本100）＝2000美元。

对于方案2，空舱供应量为150个：

当需求为100个时供过于求，损益值＝100个×（运价120－运输成本100）＋50个×（运价80－运输成本100）＝1000美元；

当需求为150个时正好满仓，损益值＝150个×（运价120－运输成本100）＝3000美元；

当需求为200个时供不应求，损益值＝150个×（运价120－运输成本100）＝3000美元；

当需求为250个时供不应求，损益值＝150个×（运价120－运输成本100）＝3000美元；

当需求为300个时供不应求，损益值＝150个×（运价120－运输成本100）＝3000美元。

如此反复就可以计算得到所有方案在不同需求情况下的损益值。

（2）编制决策损益表。表中单元格中的数据为各方案在不同需求情况下的损益值，如表7－7所示。

表7－7　决策损益表

供应量	需求量				
	需求100	需求150	需求200	需求250	需求300
方案1：供应100	2000	2000	2000	2000	2000
方案2：供应150	1000	3000	3000	3000	3000
方案3：供应200	0	2000	4000	4000	4000
方案4：供应250	－1000	1000	3000	5000	5000
方案5：供应300	－2000	0	2000	4000	6000

（3）选取不同的准则实施决策。采用平均准则、悲观准则、乐观准则、折中准则的计算结果如表7－8所示。

表7-8　不同准则的决策结果

供应量	需求量								
	需求100	需求150	需求200	需求250	需求300	平均准则	悲观准则	乐观准则	折中准则 $\alpha=0.3$
方案1：供应100	2000	2000	2000	2000	2000	2000	2000	2000	2000
方案2：供应150	1000	3000	3000	3000	3000	2600	1000	3000	1600
方案3：供应200	0	2000	4000	4000	4000	2800	0	4000	1200
方案4：供应250	−1000	1000	3000	5000	5000	2600	−1000	5000	800
方案5：供应300	−2000	0	2000	4000	6000	2600	−2000	6000	400

明显地，决策结果分别是选择方案3、方案1、方案5、方案1。

采用最小后悔值准则，则需要根据损益矩阵，首先按列选出该列最大的损益值，其次用该最大损益值减去该列的每个损益值，即可得到后悔值。

计算如下：

在需求为100个时，5个方案中最大损益值是2000，用2000分别减去方案1的损益值2000得到0，减去方案2的损益值1000得到1000，减去方案3的损益值0得到2000，减去方案4的损益值−1000得到3000，减去方案5的损益值−2000得到4000。

如此反复，即可计算得到需求为150、200、250、300时的后悔值。

汇总后悔值结果，形成后悔矩阵，如表7-9所示。

表7-9　后悔值计算结果汇总表

供应量	需求量					
	需求100	需求150	需求200	需求250	需求300	最大后悔值
方案1：供应100	0	1000	2000	3000	4000	4000
方案2：供应150	1000	0	1000	2000	3000	3000
方案3：供应200	2000	1000	0	1000	2000	2000
方案4：供应250	3000	2000	1000	0	1000	3000
方案5：供应300	4000	3000	2000	1000	0	4000

计算得到表7-9所示的各方案的最大后悔值，再选择最大后悔值中最小的那个后悔值所对应的方案为最优方案，即方案3为最优方案。

任务五　风险型决策

一、风险型决策的介绍

（一）风险型决策的含义

在对于未来事件可能出现的结果不能做出充分肯定的情况下，根据各种可能结果的客观概率做出的决策，就叫风险型决策。

风险型决策，其决策者对决策对象的自然状态和客观条件并不十分清楚，但各种状态出现的概率是已知的，实现决策目标需要冒一定风险。

风险型决策是以概率或概率密度为基础的，具有随机性。例如，一个厂家不知道新型组合家具投产后的实际购买率如何，但是可以根据历史资料得到几种可能的购买率及其相应的概率，这对于生产厂家进行决策是有帮助的。这种决策由于各种自然状态的发生与否是与概率相关联的，而决策又是根据概率做出的，因而具有一定的风险，称为风险型、随机型或统计型决策。

风险是经济发展的伴生物，是无法回避的，但采用科学的方法可以尽量降低风险系数，最大限度地减少风险损失，实现企业的经营目标。

（二）风险型决策必须满足的条件

（1）存在决策人希望达到的一个明确目标(如收益最大或损失最小)；

（2）存在两种或两种以上自然状态；

（3）存在可供决策人选择的两个以上的决策方案；

（4）不同的备选方案在不同状态下的损益值可以计算出来；

（5）在 N 种自然状态中，究竟哪一种状态会出现，决策人不能肯定，但是各种自然状态发生的概率事先可以根据历史数据或经验判断或计算出来。

上述第(4)条中的损益值是指在不同自然状态下相应方案所产生的损失或收益状态，收益用正数表示，损失用负数表示。例如，针对新产品投产问题，对于{产品销路好，产品销路一般，产品销路差}这三种自然状态，如果采取{不生产，小批量生产，大批量生产}三种方案，会有 9 种不同的经济效益状况，这就是损益值，它们构成一个矩阵，称为损益矩阵或风险矩阵。

（三）风险型决策的准则

风险型决策问题可采用两种准则进行决策判断：最大可能收益值准则和期望值准则。其中，期望值准则更为常用。

1. 最大可能收益值准则

最大可能收益值准则主张以最可能状态作为选择方案时考虑的前提条件。所谓最可能状态，是指在状态空间中具有最大概率的状态。按照最大可能收益值准则，在最可能状态下可实现最大收益值的方案为最佳方案。

最大可能收益值准则是将风险条件下的决策问题简化为确定条件下的决策问题。只有当最可能状态的发生概率明显大于其他状态时，应用该准则才能取得较好的效果。若各种状态的概率相差不大，就不能使用这种方法。

最大可能收益值准则的决策过程非常简单。首先，从各自然状态的概率值中选出最大值对应的状态，其余状态则不再考虑；然后，再根据最大可能状态下各方案的损益值进行决策。

2. 期望值准则

风险型问题的决策准则必须考虑各种状态出现的概率，所以，需要引入期望后果值的概念。一般情况下，经营管理决策中用收益、损失这类指标来表示方案的后果，这样，期望收益值就成为一种应用最广泛的准则。期望值准则就是根据各备选方案在各自然状态下的损益值概率平均的大小，决定各方案的取舍。这里所说的期望值就是概率论中离散随机变量的数学期望，即

$$E(A_i)=\sum_{j=1}^{n} c_{ij}P_j$$

式中，$E(A_i)$是第i个方案的期望值，c_{ij}是第i个方案在第j种状态下的损益值，P_j是第j种状态发生的概率。

期望值准则法实际上包括了期望值的两种状态，即期望收益最大、期望损失最小，例如，若决策目标是收益最大，则期望收益最大的方案为最优方案；若决策目标是损失最小，则期望损失最小的方案为最优方案。

期望值准则法其实还包括了第三种，也就是机会均等决策法。机会均等决策法假设各种自然状态发生的概率值相等。当决策者手中的信息资料缺乏、情况不明时，就假设各种状态发生的概率为相同值。

期望值准则法的决策过程可以在决策表上进行，也可通过决策树法来完成。

二、决策树模型的系统决策

（一）方法介绍

1. 决策树的概念

决策树(Decision Tree)是一种能构建出反映风险决策环境(即环境的各种状态及相应概率和后果值)和决策序贯性(即当前的决策必须考虑接下来几个阶段的决策)的决策模型的结构形式。

决策树能很好地表现决策模型的两个要求：一是反映风险决策环境，即环境的各种状态及相应概率和后果值；二是决策的序贯性，即当前的决策必须考虑接下来几个阶段的决策。决策树用决策点、状态节点来辅助描述决策模型，形象直观，是风险决策问题常用的方法，尤其适合解决多阶段的决策问题。

2. 决策树的结构

决策树是一种树形结构，其中每个内部节点表示一个属性上的测试，每个分支代表一个测试输出，每个叶节点代表一种类别。决策树的结构比较简单，如图 7-13 所示。

决策树由节点和分枝组成。节点有三种：

(1) 决策节点，用符号□表示。决策节点表示此时的行为是决策者在自己能够控制的情况下进行分析和选择的。从决策节点引出的分枝叫方案分枝，分枝数反映可能的方案数目。

(2) 方案(状态)节点，用符号○表示。方案节点表示此时的行为是决策者在自己无法

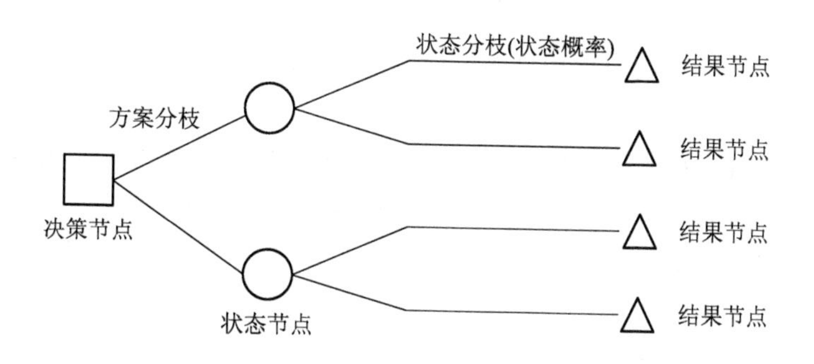

图 7-13　决策树的结构

控制的状态下选择的。从方案节点引出的分枝叫状态分枝，每一枝代表一种自然状态。分枝数反映可能的自然状态数目。

每条分枝上标明自然状态及其可能出现的概率。

(3) 结果节点，用符号△表示。结果节点是状态分枝的最末端。节点后面的数字是方案在相应结局下的损益值。

（二）步骤

决策树法分为两个大的内容，一是构建决策树模型；二是应用决策树进行决策。应用决策树进行决策时，是从右向左逐步进行的。根据右端结果节点的损益值和状态分枝的概率，计算出期望损益值的大小，确定方案的期望结果。然后根据不同方案的期望结果作出决策。方案的舍弃叫作修枝，被舍弃的方案在方案枝上做标记“≠”；最后在决策节点留下一条树枝，即为最优方案。

第一步，根据要求，确定自然状态及其发生概率；

第二步，确定损益值；

第三步，绘制决策树；

第四步，计算各个方案的期望收益值或者净现值；

第五步，方案选择(决策)及结论。

（三）举例

决策树法

【例 7-7】 某旅游胜地拟建一饭店，提出甲、乙两方案，甲为建高档饭店，投资 25 000 万元，乙为建中档饭店，投资 13 000 万元，饭店建成后要求 15 年收回投资。

根据预测，该地区饭店出租率较高的概率是 0.7，较低的概率是 0.3。若建高档饭店，当出租率较高时，每年可获利 3000 万元，出租率不高时，将亏损300 万元。若建中档饭店，出租率较高时，每年可获利 1200 万元，出租率不高时，可获利300 万元。

另据预测，在 15 年中，情况会发生变化，必须将 15 年分成前 6 年和后 9 年两期进行考虑。如果在前 6 年，本地区旅游业发展较快，则后 9 年可发展得更好，饭店出租率高的概率可上升至 0.9，如前 6 年发展较慢，则后 9 年的情况相应较差，饭店出租率低的概率为0.9。

请用决策树的方法决策应采用哪一个方案。

决策过程：

(1) 分析得到自然状态、发生概率和损益值。本案例中虽然分为了前6年和后9年两个阶段的不同状态及其概率，但是决策必须要根据15年的综合情况进行，因此自然状态、发生概率以及损益值都必须站在15年来看，分析可知存在如下四种自然状态：

① 前6年好，后9年更好；

② 前6年好，后9年不好；

③ 前6年不好，后9年好；

④ 前6年不好，后9年也不好。

根据四种自然状态的概率，我们也可以计算得到：

① 前6年好，后9年更好，发生的概率＝0.7×0.9＝0.63；

② 前6年好，后9年不好，发生的概率＝0.7×0.1＝0.07；

③ 前6年不好，后9年好，发生的概率＝0.3×0.1＝0.03；

④ 前6年不好，后9年不好，发生的概率＝0.3×0.9＝0.27。

根据甲方案的四种自然状态下的损益情况，我们也可以计算得到：

① 前6年好，后9年更好，损益值＝3000×6＋3000×9＝45 000；

② 前6年好，后9年不好，损益值＝3000×6＋(－300)×9＝15 300；

③ 前6年不好，后9年好，损益值＝(－300)×6＋3000×9＝25 200；

④ 前6年不好，后9年不好，损益值＝(－300)×6＋(－300)×9＝－4500。

根据乙方案的四种自然状态下的损益情况，我们也可以计算得到：

① 前6年好，后9年更好，损益值＝1200×6＋1200×9＝18 000；

② 前6年好，后9年不好，损益值＝1200×6＋300×9＝9900；

③ 前6年不好，后9年好，损益值＝300×6＋1200×9＝12 600；

④ 前6年不好，后9年不好，损益值＝300×6＋300×9＝4500。

(2) 绘制决策树，如图7-14所示。

甲方案的期望收益＝0.63×45 000＋0.07×15 300＋0.03×25 200＋0.27×(－4500)
＝28 962(万元)

乙方案的期望收益＝0.63×18 000＋0.07×9900＋0.03×12 600＋0.27×4500
＝13 626(万元)

(3) 结论。根据期望值准则进行决策，甲方案期望收益最大，应为最优方案，其净收益期望值为28 962－25 000＝3962(万元)。

三、决策表模型的系统决策

(一) 方法介绍

决策表又称判断表，是一种呈表格状的图形工具，适用于描述处理判断条件较多，各条件又相互组合、有多种决策方案的情况。它将决策问题的基本要素(如方案、自然状态及

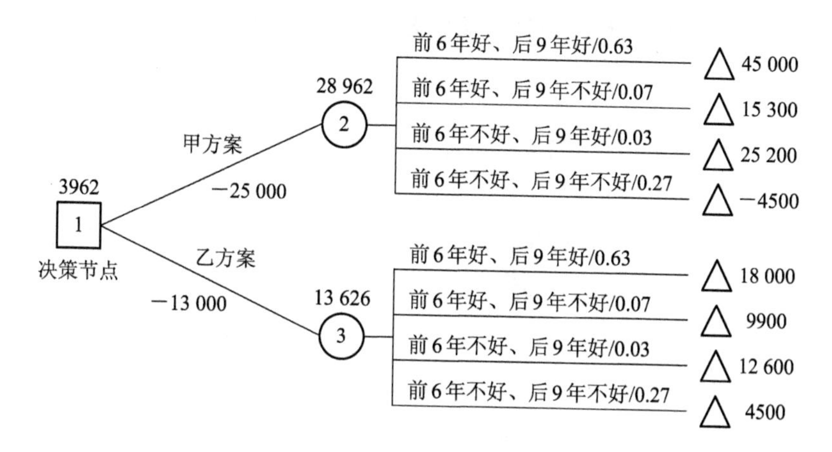

图 7－14　决策树的决策结果示意图

发生概率、损益值等）统一表示在一个表格中，表中的数据就是一个决策矩阵。根据决策矩阵求出各方案的损益期望值，经过比较做出决策。方案的损益期望值是指该方案在各种自然状态下的损失或者收益值与相应状态发生概率的乘积之和。

首先按各行计算各自然状态下的损益值与概率值乘积之和，得到期望值；再比较各行的期望值；根据期望值的大小和决策目标选出最优者，对应的方案就是决策方案。

期望值的计算方法如下：

$$E(A_i)=\sum_{j=1}^{n} c_{ij}\,P_j$$

其中，$E(A_i)$是第 i 个方案的期望值；c_{ij}是第 i 个方案在第 j 种状态下的损益值；P_j 是第 j 种状态发生的概率。

（二）步骤

（1）根据要求，确定自然状态及其发生概率；

（2）确定损益值；

（3）得到决策表，按各行计算各状态下的损益值与概率值乘积之和，得到期望值；

（4）再比较各行的期望值；

（5）根据期望值的大小和决策目标选出最优者，对应的方案就是决策方案。

（三）举例

【例 7－8】 同样以例 7－7 为例，用决策表的方法来决策出最优方案。

决策表法

决策过程：

（1）分析得到自然状态、发生概率和损益值。

此分析步骤与例 7－7 决策树法一致。

（2）得到不同自然状态的损益值及期望收益如表 7－10 所示。

表 7-10　不同自然状态的损益值计算结果表

方　案	损　益　值				期望收益
	前 6 年好，后 9 年更好	前 6 年好，后 9 年不好	前 6 年不好，后 9 年好	前 6 年不好，后 9 年不好	
	概率为 0.63	概率为 0.07	概率为 0.03	概率为 0.27	
甲方案	45 000	15 300	25 200	−4500	28 962
乙方案	18 000	9900	12 600	4500	13 626

(3) 对比计算选择最优方案。甲为建高档饭店，投资 25 000 万元，乙为建中档饭店，投资 13 000 万元。

最终获利情况：

甲方案＝28 962－25 000＝3962 万元

乙方案＝13 626－13 000＝626 万元

明显地，甲方案的最终获利能力更强，选择最优方案为甲方案。

模块小结

(1) 系统决策就是为了实现某一特定目标，借助于一定的科学手段和方法，从两个或两个以上的可行方案中选择一个最优方案，并组织实施的全部过程。

(2) 系统决策的原则包括：

① 系统原则；

② 信息原则；

③ 可行性原则；

④ 满意原则。

(3) 系统决策的基本属性包括：

① 系统决策的前提：要有明确的目的；

② 系统决策的条件：有若干个可行方案可供选择；

③ 系统决策的重点：方案的比较分析；

④ 系统决策的结果：选择一个满意方案；

⑤ 系统决策的实质：主观判断过程。

(4) 按决策的作用来划分，系统决策可分为战略决策、战术决策、运行决策；按决策问题的可控程度来划分，系统决策可分为确定型决策、风险型决策、不确定型决策。

(5) 在一个决策过程中，影响决策的因素是比较多的，其中最重要的有环境因素、过去的决策、决策者的风险态度、组织成员对组织变化所持的态度。

(6) 一般来说，系统决策大致包括识别机会、明确目标、拟订方案、筛选方案、实施方案、评估效果 6 个步骤。

(7) SWOT模型中，S代表Strength(优势)，W代表Weakness(弱势)，O代表Opportunity(机会)，T代表Threat(威胁)，其中，S、W是内部因素，O、T是外部因素。SWOT分析有四种不同类型的组合：优势—机会(SO)组合、弱点—机会(WO)组合、优势—威胁(ST)组合和弱点—威胁(WT)组合。

(8) BCG矩阵模型根据企业的相对市场占有率和市场增长率情况，区分出4种业务组合：问题型业务(Question)，明星型业务(Star)，现金牛型业务(Cash Cow)，瘦狗型业务(Dog)。

(9) PEST分析法也叫作宏观环境分析法，是战略外部环境分析的基本工具，它从政治(Political)、经济(Economic)、社会(Society)和技术(Technology)的角度分析环境变化对企业的影响，是企业制订战略目标的基础。

(10) 确定型决策是指在决策所需的各种情报资料已完全掌握的条件下做出的决策，它是定量决策方法。不确定型决策是指在既不知道哪种状态会发生、也不知道状态发生概率的情况下的决策。常用的不确定型决策准则有平均准则、乐观准则、悲观准则、折中准则和最小后悔值准则。风险型决策就是对于未来事件可能出现的结果不能做出充分肯定，根据各种可能结果的客观概率做出的决策。风险型决策问题可采用两种准则进行决策判断：最大可能收益值准则和期望值准则。

同步测试

一、多选题

1. 系统决策的原则包括(　　)。

A. 系统原则　　B. 信息原则　　C. 可行性原则　　D. 满意原则

2. 按决策的作用来划分，系统决策可分为(　　)。

A. 战略决策　　B. 战术决策　　C. 确定型决策　　D. 运行决策

3. 按决策问题的可控程度来划分，系统决策可分为(　　)。

A. 风险型决策　　B. 确定型决策　　C. 不确定型决策　　D. 战略决策

4. 在一个决策过程中，影响决策的因素是比较多的，其中最重要的有(　　)。

A. 环境因素　　B. 过去的决策

C. 决策者的风险态度　　D. 组织成员对组织变化所持的态度

5. SWOT模型中(　　)是内部因素。

A. S　　B. W　　C. O　　D. T

二、单选题

1. 风险型决策问题可采用(　　)进行决策判断。

A. 乐观准则　　B. 悲观准则

C. 折中准则　　D. 最大可能收益值准则

2. SO组合是SWOT模型的(　　)组合。

A. 优势-机会　　B. 弱点-机会　　C. 优势-威胁　　D. 弱点-威胁

3. WT组合是SWOT模型的(　　)组合。

A. 优势-机会　　B. 弱点-机会　　C. 优势-威胁　　D. 弱点-威胁

4. BCG矩阵模型的应用法则是(　　)。

A. 成功的月牙环　　B. 黑球失败法则　　C. 西北方向大吉　　D. 以上均是

5. 常用的(　　)决策准则有平均准则、乐观准则、悲观准则、折中准则和最小后悔值准则。

A. 确定型　　B. 不确定型　　C. 风险型　　D. 以上均是

三、判断题

1. 目标层次越低，决策依据越多，决策越客观。　(　　)
2. 系统的目标一般只有一个。　(　　)
3. 运营目的的决策大多是确定型的。　(　　)
4. 基本目的的决策一般都是不确定型决策。　(　　)

四、简答题

1. 请简述不同类型的决策。
2. 请简述系统决策的步骤。
3. 请简述系统决策的基本属性。
4. 请简述BCG矩阵中4种业务组合的战略选择。
5. 请简述SWOT分析模型中4种不同类型的战略组合的适用情况。

五、计算题

某钟表公司计划通过它的分销网络推销一种低价钟表，计划零售价为每块10元。初步考虑有三种分销方案：方案一需一次性投入10万元，投产后每块成本5元；方案二需一次性投入16万元，投产后每块成本4元；方案三需一次性投入25万元，投产后每块成本3元。该钟表的需求不确切，但估计有三种可能：需求30 000、120 000、200 000。

(1) 请问这是哪种类型的决策?

(2) 建立损益矩阵。

(3) 建立后悔值矩阵，用最小后悔值法决定应采用哪一种方案。

实训设计

【实训名称】

风险型决策。

【实训目的】

(1) 理解系统决策分析的概念及其分析框架；

(2) 掌握风险型系统决策分析方法及过程；

(3) 解决“案例引入”部分提出的问题。

【实训内容】

(1) 风险型决策必须满足以下5个条件：

① 存在决策人希望达到的一个明确目标(如收益最大或损失最小)；

② 存在两种或两种以上的自然状态；

③ 存在可供决策人选择的两个以上的决策方案；

④ 不同的备选方案在不同状态下的损益值可以计算出来；

⑤ 在N种自然状态中，究竟哪一种状态会出现，决策人不能肯定，但是各种自然状态发生的概率事先可以估计或计算出来(根据历史数据或经验判断估计)。

(2) 风险型决策的步骤。

① 根据要求，确定自然状态及其发生概率；

② 确定损益值；

③ 绘制决策树或编制决策表；

④ 计算各状态下的损益值与概率值乘积之和，得到期望值；

⑤ 比较各行的期望值；

⑥ 根据期望值的大小和决策目标选出最优者，对应的方案就是决策方案。

【实训器材】

笔记本电脑、Office办公软件。

【实训过程】

(1) 背景分析。以本模块“案例引入”的背景介绍为切入点，案例中提到了新产品今后5年中在市场上的销售可能存在畅销、一般和滞销三种情况。经过历史数据的统计和分析，得到不同情况发生的概率和利润情况，如表7-11所示。

表7-11　玩具厂决策方案表

自然状态	天气情况		
	S_1(畅销)	S_2(一般)	S_3(滞销)
行动方案(p表示概率)	$p_1=0.3$	$p_2=0.5$	$p_3=0.2$
A_1(投资150万元)	500	250	−50
A_2(投资60万元)	350	200	50
A_3(原有生产设备)	200	100	0

为使该新产品更好地投产，该企业已经拟定出了三种可供选择的行动方案，分别是投资150万元新建一车间、投资60万元扩建原有车间和利用原有车间，企业希望选择出总利润最优的方案作为最终实施的方案。

明显地，该案例的决策是一种风险型决策，可以采用决策表模型或决策树模型对其进行决策。

(2) 建立决策表或决策树的风险型决策模型，根据实训内容中给出的求解步骤，利用决策表或决策树进行建模与求解。

(3) 应用风险型决策，选择扩建原有车间的方案比较合适。

参考文献

[1] 王长琼，张莹．系统工程[M]．3版．北京：高等教育出版社，2021.
[2] 丁立言，张铎．物流系统工程[M]．北京：清华大学出版社，2010.
[3] 张庆英．物流系统工程：理论、方法与案例分析[M]．北京：电子工业出版社，2011.
[4] 李成标，刘新卫．运筹学[M]．北京：清华大学出版社，2011.
[5] 刘军，张方风，朱杰．系统工程[M]．北京：机械工业出版社，2014.
[6] 王婷，付江月，贺庆仁．系统工程[M]．重庆：重庆大学出版社，2020.
[7] 丁波．交通运输系统工程[M]．南京：东南大学出版社，2017.
[8] 王黎明．控制系统基于模型的系统工程开发方法研究[D]．西安：西安电子科技大学，2013.
[9] 杨亮．基于教育系统工程理论的高等教育学科结构优化研究[D]．天津：天津大学，2011.
[10] 谢乃明．灰色系统建模技术研究[D]．南京：南京航空航天大学，2008.
[11] 杨祎玥，伏潜，万定生．基于深度循环神经网络的时间序列预测模型[J]．计算机技术与发展，2017，27(03)：35－38.
[12] ALAA A H，BENDAK S，GHANIM F. Construction site layout planning problem：Past，present and future[J]. Expert Systems with Applications，2021，168(3)：247－265.
[13] 刘启芳，周刚．设施布置理论的应用[J]．工程机械，2006(02)：36－38.
[14] 韩琨．铁路物流中心内部功能区布局规划研究[D]．兰州：兰州交通大学，2014.
[15] 张天天．基于SLP分析法的医院门诊大楼设施布置优化研究[D]．西安：西安建筑科技大学，2021.
[16] 朱兴航．基于SLP方法的铁路物流中心平面布局规划研究[J]．物流工程：物流系统规划与设计，2016.
[17] 王良杰．陕西省果品冷链物流需求预测[D]．太原：太原理工大学，2016.
[18] 牛瑾．基于层次分析法和模糊综合评价的中国高铁核心能力评价[D]．兰州：兰州理工大学，2017.
[19] 胡敏．多址重心法在A公司区域配送中心选址中的应用研究[D]．上海：上海交通大学，2014.
[20] 梁乃锋．基于节约里程法的H水果连锁店配送路线优化管理研究[D]．广州：广东工业大学，2019.